Mathematica 基础培训教程

主　编　李汉龙　隋　英　缪淑贤　韩　婷

参　编　艾　瑛　王凤英　杜利明　翟中海

　　　　董连红

国防工业出版社

National Defense Industry Press

·北京·

内 容 简 介

本书是作者结合多年的 Mathematica 教学实践编写的. 其内容包括 Mathematica 软件介绍、Mathematica 基础、Mathematica 图形图像处理、Mathematica 数值计算方法、Mathematica 高等数学学习基础、Mathematica 线性代数学习基础、Mathematica 概率统计学习基础、Mathematica 在数学建模和经典物理中的应用、Mathematica 程序设计,共九章. 书中配备了较多的实例,这些实例是学习 Mathematica 与数学建模必须掌握的基本技能;同时给出了大量的练习及其参考答案.

本书由浅入深,由易到难,可作为在职教师学习 Mathematica 的自学用书,也可以作为数学建模培训班学生的培训教材.

图书在版编目(CIP)数据

Mathematica 基础培训教程/李汉龙等主编. —北京:
国防工业出版社,2017.4 重印
ISBN 978 - 7 - 118 - 10396 - 0

Ⅰ.①M... Ⅱ.①李... Ⅲ.①Mathematica 软件 –
教材 Ⅳ.①TP317

中国版本图书馆 CIP 数据核字(2015)第 228055 号

※

*国防工业出版社*出版发行
(北京市海淀区紫竹院南路 23 号 邮政编码 100048)
三河市腾飞印务有限公司印刷
新华书店经售
*

开本 787×1092 1/16 印张 26 字数 643 千字
2017 年 4 月第 1 版第 2 次印刷 印数 4001—7000 册 定价 45.00 元

(本书如有印装错误,我社负责调换)

国防书店:(010)88540777 发行邮购:(010)88540776
发行传真:(010)88540755 发行业务:(010)88540717

前言

　　Mathematica 是美国 Wolfram 研究公司生产的一种数学分析型软件,该软件是当今世界上最优秀的数学软件之一,以符号计算见长,也具有高精度的数值计算功能和强大的图形功能.由于 Mathematica 具有界面友好、使用简单、功能强大等优点,在工程领域、计算机科学、生物医药、金融和经济、数学、物理、化学和许多社会科学领域得到了广泛应用,尤其在科学研究单位和学校中广为流行,目前在世界范围内拥有几百万用户群体.

　　本书是以 Mathematica 10 为基础,结合作者多年的 Mathematica 课程教学实践编写的.其内容包括 Mathematica 软件介绍、Mathematica 基础、Mathematica 图形图像处理、Mathematica 数值计算方法、Mathematica 高等数学学习基础、Mathematica 线性代数学习基础、Mathematica 概率统计学习基础、Mathematica 在数学建模和经典物理中的应用、Mathematica 程序设计,共九章.

　　本书从介绍 Mathematica 软件基本应用开始,重点介绍了 Mathematica 图形图像处理、Mathematica 数值计算方法、Mathematica 高等数学学习基础、Mathematica 线性代数学习基础、Mathematica 概率统计学习基础以及 Mathematica 在数学建模和经典物理中的应用,并通过具体的实例,使读者一步一步随着作者的思路完成课程的学习;同时在每章后面作出归纳总结,并给出一定的练习题.书中所给实例具有技巧性而又道理显然,可使读者思路畅达,将所学知识融会贯通,灵活运用,达到事半功倍之效.本书所使用的素材包含文字、图形、图像等,有的为作者自己制作,有的来自于互联网.使用这些素材的目的是给读者提供更为完善的学习资料.

　　本书第 1 章由王凤英编写;第 2 章、第 3 章以及第 8 章的大部分内容由李汉龙编写;第 4 章、第 5 章由隋英编写;第 6 章由缪淑贤编写;第 7 章由艾瑛编写;第 8 章的 8.3.1 节由翟中海编写;第 9 章由杜利明编写;前言由韩婷编写.全书由李汉龙统稿,李汉龙、隋英审稿.另外,本书的编写和出版得到了国防工业出版社的大力支持,在此表示衷心的感谢!

　　本书参考了国内外出版的一些教材,见本书所附参考文献,在此表示谢意.由于水平所限,书中不足之处在所难免,恳请读者、同行和专家批评指正.

　　本书是 Mathematica 软件培训教程和数学建模学习辅导书.本书由浅入深,由易到难,可作为在职教师学习 Mathematica 软件和数学建模的自学用书,也可作为 Mathematica 软件和数学建模培训班学生的培训教材.

　　本书配有实例源文件,需要的读者可到 http://yun.baidu.com/s/1c0077aCw 下载(区分大小写),或发邮件 896369667@QQ.com 索取.

编 者

2015 年 7 月

第3章 Mathematica 图形图像处理

第 4 章　Mathematica 数值计算方法

第 5 章　Mathematica 高等数学学习基础

参考文献

本章概要

- Mathematica 概述
- Mathematica 软件安装
- Mathematica 软件界面介绍
- Mathematica 10 系统简单操作

1.1 Mathematica 概述

Mathematica 是美国 Wolfram 研究公司开发的符号计算系统,是一种数学分析型的软件,该软件自 1988 年首次发布以来,以其具有的高精度的数值计算功能和强大的图形功能广为流传,经不断扩充功能和完善修改,现在 Wolfram 公司已经推出 Mathematica 10 版本,其界面友好、使用简单,在工程领域、计算机科学、生物医药、金融和经济、数学、物理、化学和许多社会科学领域得到了广泛应用,尤其在科研院所和高等学校中广为流行,目前在世界范围内拥有几百万用户群体,已经成为当今世界上最优秀的数学软件之一.

 ### 1.1.1 Mathematica 的产生和发展

Mathematica 系统是由美国物理学家 Stephen Wolfram 领导的科研小组开发的用来进行量子力学研究的软件,软件开发的成功促使 Stephen Wolfram 于 1987 年创建 Wolfram 研究公司,并推出了商品软件 Mathematica 1.0 版.1991 年该公司推出了系统的 2.0 版本,对原有的系统做了较大的扩充,在一些基本问题的处理上也做了改动.1996 年和 1998 年,该公司相继推出了 3.0 版本和 4.0 版本,在用户界面和使用方式上都做了很大的改进.2004 年,推出 5.1 版本,增加了微分进化算法及其相应的计算软件,使得优化方法求解的范围较原来大为扩充.2008 年推出的 Mathematica 7 增加了的内置并行高性能计算(HPC),全面支持样条技术等功能,也在符号式计算方面有许多突破.2011 年推出的 Mathematica 8.0.1 简体中文版不仅在工作流程的开始和终端提供了增强功能,更重要的是它添加了 500 多个新函数,功能涵盖更多应用领域,并拥有更友好的中文用户界面、中文参考资料中心及数以万计的中文互动实例,使中文用户学习和使用 Mathematica 更加方便快捷.2012 年推出的 Mathematica 9.0.0 增加和完善了"集成模拟和数字信号处理"等 13 项功能.2013 年应用户的需求完善了"提高许多随机过程函数的性能和鲁棒性"等 7 项功能,推出了 Mathematica 9.0.1.2014 年,Wolfram 研究公司先后推出了 Mathematica 10.0.0、Mathematica 10.0.1 和 Mathematica 10.0.2 三个版本,将软件引入了许多新领域,如机器学习、计算几何、地理计算和设备连接,以及深化算法领域的功能和覆盖面,修改和新增了"结构化数据集和语义数据导入的计算""34 种新的 Interpreter 类型""对天气数据、相关性、符号集成和在隐式区域上的测量值等广泛领域计算的更新和提高"等 43 项功能.

Mathematica 产品家族中包括 Mathematica、gridMathematica、webMathematica、Mathematica Player、Mathematica Workbench、Mathematica Applications 等一系列产品,其中 Mathematica 是产品家族中最大的应用程序.

 ## 1.1.2　Mathematica 的主要特点

Mathematica 系统是用 C 语言开发的,因此能方便地移植到各种计算机系统上. 目前在计算机上使用 Mathematica 系统的操作平台有 Windows 系列、Maxintosh 和 UNIX 系列操作系统.

Mathematica 的特点可以总结为以下几点:

(1) 内容丰富,功能齐全. Mathematica 能够进行初等数学、高等数学、工程数学等的各种数值计算和符号运算. 特别是其符号运算功能,给数学公式的推导带来极大的方便. 它有很强的绘图能力,能方便地画出各种美观的曲线、曲面,甚至可以进行动画设计.

(2) 语法简练,编程效率高. Mathematica 的语法规则简单,语句精练. 和其他高级语言(如 C,Fortran 语言)相比,其语法规则和表示方式更接近数学运算的思维和表达方式. 用 Mathematica 编程,用较少的语句,就可完成复杂的运算和公式推导等任务.

(3) 操作简单,使用方便. Mathematica 命令易学易记,运行也非常方便. 用户既可以和 Mathematica 进行交互式的"对话",逐个执行命令,也可以进行"批处理",将多个命令组成的程序,一次性地交给 Mathematica,完成指定的任务.

(4) 和其他语言交互性好. Mathematica 和其他高级语言(如 C,Fortran 语言等)能进行简单的交互,可以调用 C,Fortran 等的输出并转化为 Mathematica 的表示形式,也可以将 Mathematica 的输出转化为 C 语言、Fortran 语言和 Tex 编译器(注:Tex 是著名的数学文章编辑软件,用它打印的文章,字体漂亮、格式美观)所需的形式,甚至还可以在 C 语言中嵌入 Mathematica 的语句,这使 Mathematica 编程更灵活方便,同时也增强了 Mathematica 的功能.

 ## 1.1.3　Mathematica 的应用

Mathematica 是一个交互式、集成化的计算机软件系统,它的主要功能包括四个方面:符号演算、数值计算、图形功能和程序设计.

所谓交互式,是指在使用 Mathematica 系统时,计算是在用户和 Mathematica 系统之间互相交换、传递信息和数据的过程中完成的. 用户通过输入设备(一般指计算机的键盘)给系统发出命令,由 Mathematica 系统完成计算工作,并把结果显示在屏幕上. 而集成化是指 Mathematica 系统是一个集成化的环境,在此环境中用户可以完成从符号运算到图形输出等各项功能.

Mathematica 可用于解决各领域内涉及复杂的符号计算和数值计算的问题,例如它可以做多项式的各种计算,包括运算、展开和分解等. 而且它也可以求各种方程的精确解和近似解、求函数的极限、导数、积分和幂级数展开等.使用 Mathematica 可以做任意位的整数的精确计算、分子分母为任意位数的有理数的精确计算,以及任意位精确度的数值计算等.

在图形方面,Mathematica 不仅可以绘制各种二维图形(包括等值线图等),而且能绘制很精美的三维图形,帮助用户进行直观分析.

Mathematica 具有很好的扩展性,Mathematica 提供了一套描述方法,相当于一个编程语言,用这个语言可以编写程序,解决各种特殊问题.Mathematica 本身提供了一批能完成各种功能的软件包,而且还有一套类似于高级程序设计语言的记法,用户可以利用这个语言编写具有专门用途的程序或者软件包.

Mathematica 10 具体包括以下功能:

(1) 使用一行代码可显示图形;

(2) 各种基本数学函数库;

(3) 各种特殊属性函数库;

(4) 矩阵和数据操纵工具,包括对稀疏矩阵的处理;

(5) 支持复数、任意精度数、区间算术和符号运算;

(6) 二维和三维数据以及函数的可视化和动画工具;

(7) 求解方程组、常微分方程、偏微分方程、微分代数方程、时滞微分方程、递推关系式等;

(8) 离散和连续微积分的数值和符号工具;

(9) 多变量统计程序库,包括支持 100 多种数据分布的数据拟合、假设检验、概率和期望的运算;

(10) 对运算和应用程序添加用户界面的各种工具包;

(11) 约束和非约束以及局部和全局的最优化技术支持;

(12) 程序语言支持:过程式编程语言、函数式编程语言和面向对象的编程语言;

(13) 图像处理工具,包括图像识别;

(14) 提供用于图论中图的分析和可视化的工具;

(15) 分析组合问题的工具;

(16) 用于文本挖掘的工具;

(17) 数据挖掘的工具,如聚类分析、字符串对齐和模式匹配;

(18) 数论函数库;

(19) 金融运算的工具,包括期权、债券、年金、派生工具等的计算;

(20) 群论函数;

(21) 技术文本处理,包括公式编辑器和自动报告生成;

(22) 用于声音、图像和数据的小波分析程序库;

(23) 控制系统程序库;

(24) 连续和离散的积分变换;

(25) 导入和导出数据、图像、视频、GIS、CAD 等各种文件格式,并支持对生物医学类数据的输入和输出;

(26) 链接 Wolfram Alpha 的大量数学、科学、社会经济学类的数据集合;

(27) 查看并且重新使用前面的输入和输出(包括图像和文本记号)的笔记本界面;

(28) 和基于 DLL、SQL、Java、.NET、C++、FORTRAN、CUDA、OpenCL 以及 http 的系统相

链接的工具;

（29）编写并行程序的工具;

（30）当与互联网连接时,在笔记本中可同时使用"自由格式语言输入"(一个自然语言型的用户界面)和 Mathematica 语言.

Mathematica 的能力不仅体现在上面的这些功能,更重要的在于它将这些功能有机地结合在一个系统里.在使用这个系统时,用户可以根据自己的需要,从符号演算转去画图形,又转去做数值计算,这种灵活功能带来极大的方便,常使一些看起来非常复杂的问题变得易如反掌.

 ### 1.1.4 Mathematica 软件安装

本书中介绍所有的实例都是基于 Mathematica_10.0.1(以下简称 Mathematica 10)版本制作的,本节介绍该软件的安装及激活过程.

（1）下载 Mathematica_10.0.1 的安装软件包,在安装软件的磁盘预留足够的空间(4GB 以上),解压并运行安装包内 Mathematica_10.0.1_WIN.EXE 文件,首先会出现 Wolfram Mathematica 安装窗口,如图 1-1 所示.单击"Next"按钮后会跳到如图 1-2 所示的安装目标位置窗口,用户可以根据磁盘空间设置系统安装路径.确定安装路径后单击"Next"按钮到下一页选择组件窗口(图 1-3),勾选组件后单击"Next"按钮转到下一页.

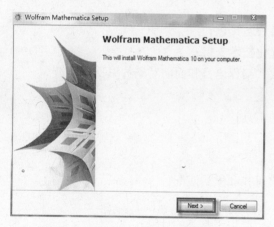

图 1-1　Mathematica 10.0.1 安装首页

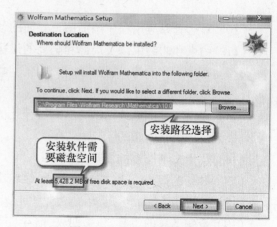

图 1-2　软件安装路径选择

如图 1-4 所示,该窗口用来设置 Mathematica 软件在"开始"菜单中文件夹的名称,用户可使用默认文件夹名或根据喜好自行命名文件夹.确定好软件在开始菜单上的名称后,单击"Next"按钮进入预备安装页面(图 1-5),这里显示了用户在前面设置的所有信息,这时如果需要修改前面设置可以通过单击"Back"按钮返回修改,如不需修改则单击"Install"按钮进行系统安装,如图 1-6 所示,安装过程需要几分钟,安装完毕后如图 1-7 所示,单击"Finish"按钮后软件安装完毕.

（2）软件安装完成后,从桌面的【开始】/【程序】中启动软件程序 Mathematica 10,如图 1-8所示.

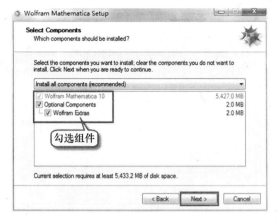

图 1-3　选择组件窗口

图 1-4　确定本软件在开始菜单上的名称

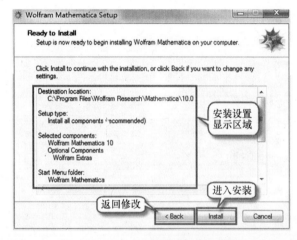

图 1-5　预备安装页面

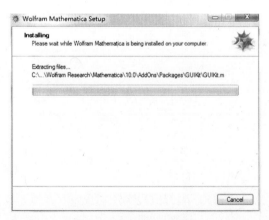

图 1-6　系统正在安装

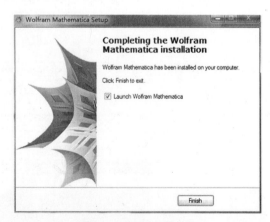

图 1-7　系统安装完毕

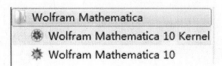

图 1-8　从开始菜单启动 Mathematica 10

（3）首次运行软件会弹出如图1-9所示的"产品激活"窗口,该窗口默认提供了在线激活方式,需要输入激活密钥(获得软件时会得到一个激活密钥),激活密钥将连接到Wolfram的服务器,提供所使用的计算机的独特识别码——MathID,以及与此MathID对应的独特密码,从而激活软件.如果计算机未连接互联网,可以选择手动激活该软件,单击图1-9中的"其他方式激活",打开如图1-10所示的页面,选择"手动激活"后切换到如图1-11所示页面,单击"Activate"按钮激活,激活完成后弹出欢迎界面(图1-12),即可使用Mathematica 10软件开始相应的工作.

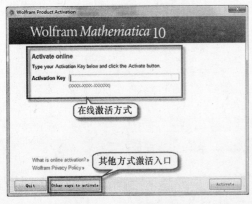

图1-9 产品激活首页

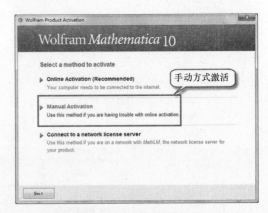

图1-10 多种激活方式

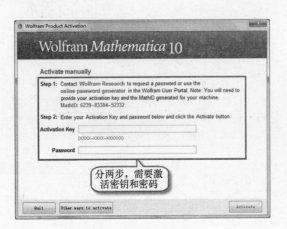

图1-11 手动激活窗口

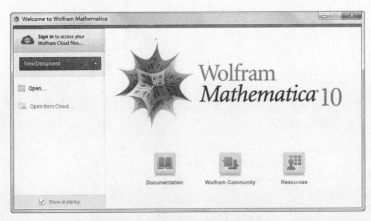

图1-12 Mathematica 10欢迎界面

如果计算机连接着 MathLM,Mathematica 的网络许可证服务器,可以单击连接到网络许可服务器,如图 1-13 所示.

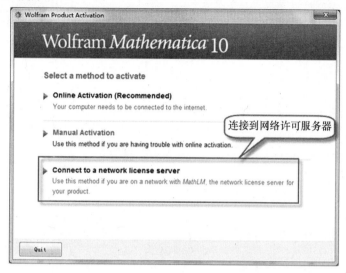

图 1-13　连接到网络许可服务器

习题 1-1

1. 查阅资料,分析对比 Mathematica 与 Matlab 的功能特点,给出使用两个软件的建议.
2. Mathematica 10 在 9.0 版本基础上增加和完善了 43 个功能,你对哪些方面最感兴趣?简述理由.
3. 简述 Mathematica 10 的特点.
4. 写出 Mathematica 10 的安装步骤和注意事项.
5. 写出激活 Mathematica 10 软件的步骤.
6. 结合自己专业特点,分析 Mathematica 在本专业领域的应用,举例说明.
7. 打开 Mathematica 10,熟悉软件环境.

1.2　Mathematica 软件界面介绍及系统简单操作

1.2.1　Mathematica 10 的菜单

启动 Mathematica 10 软件后根据提示建立一个未命名的笔记本文件(建立的细节在稍后介绍),就会进入 Mathematica 10 的主界面,界面由标题栏、菜单栏、浮动输入面板组和文件内容区域等几部分组成,如图 1-14 所示.

Mathematica 10 菜单栏包括 File(文件)、Edit(编辑)、Insert(插入)、Format(格式)、Cell(单元)、Graphics(图形)、Evaluation(计算)、Palettes(面板)、Window(窗口)和 Help(帮助)等 10 个主要菜单项,如图 1-15 所示,菜单项的作用及详细说明如下:

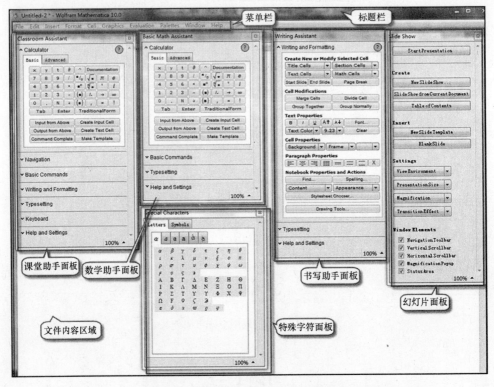

图1-14 Mathematica 10 主界面

图1-15 Mathematica 10 菜单栏

1. File 菜单

用来管理文件,如文件的新建、打开、保存、另存为、关闭、打印等基本操作. New(新建项目)依次为 Notebook(笔记本文件)、Slide Show(幻灯片文件)、Template Notebook (笔记本模板)、Testing Notebook (测试笔记本文件)、Demonstration(演示项目)、Styled Notebook (格式笔记本文件)、Package(程序包)和 Text File(文本文件). Printing Settings(打印设置)中依次可以进行 Page Setup(页面设置)、Printing Options (打印选项设置)、Headers and Footers(页眉和页脚设置)、Show Page Breaks(显示分页)和 Printing Environment (打印环境设置),如图1-16所示.

File 菜单中的"Install(安装资源)"功能可以为系统加载多种资源,打开的对话框如图1-17所示,图中标注的是安装资源的步骤,包括选择"Type of Item to Install (输入安装项目)"、选择"Source(资源项目)"、输入"Install Name(安装名称)"、选定"for this user(使用对象)"和"OK(确认安装)",其中"Type of Item to install (输入安装项目)"选项有6种类型,分别是 Palette(面板)、Stylesheet(样式表)、Package(程序包)、.mx 文件、MSTP Program (MSTP 程序)和 Application(应用程序)(图1-18),选择其中一个项目后,资源下拉列表里显示了对应的子选项(图1-19),如面板项目的子选项为从剪贴板加载和从文件加载,输入这个新安装资源名称,选择用户后单击"OK"按钮开始安装资源.

8

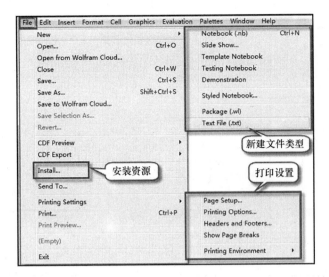

图 1 - 16　File 菜单

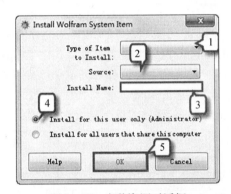

图 1 - 17　安装资源对话框

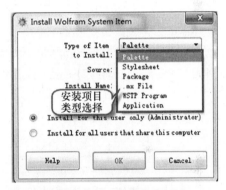

图 1 - 18　输入安装项目内容

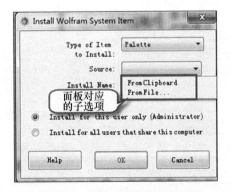

图 1 - 19　面板资源子选项内容

2. Edit 菜单

　　用来编辑文本内容,包含对文本内容的剪切、复制、粘贴、查找、替换、选择等基本功能,复制文本时可以以 8 种格式中任意一种形式复制到剪贴板. Edit 菜单和子菜单的功能及其中文注释如图 1 - 20 所示,显示了 Edit 菜单上的命令,为了便于用户更方便地使用这些命令,图中给出了命令对应的中文名称.

9

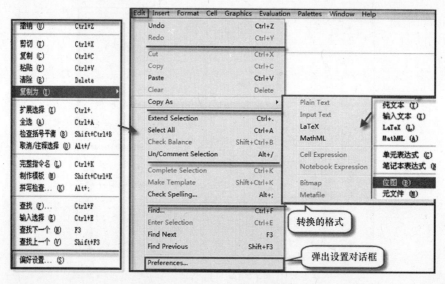

图 1 - 20　Edit 菜单功能说明

在 Edit 菜单中有一个"Preferences"项,又称"偏好设置",激活的"Preferences"对话框如图 1 -21所示,设置细节分为"Interface(界面)""Evaluation(计算)""Messages(消息)""Appearance(外观)""System(系统)""Parallel(并行)""Internet Connectivity(网络连接)"和"Advanced(高级)"等 8 个选项卡,其中"Interface"选项卡除了可以进行菜单和对话框显示语言、标尺单位和文件历史长度等内容的设置,还可进行其他 12 项功能设置,具体功能描述如图 1 -21 所示.

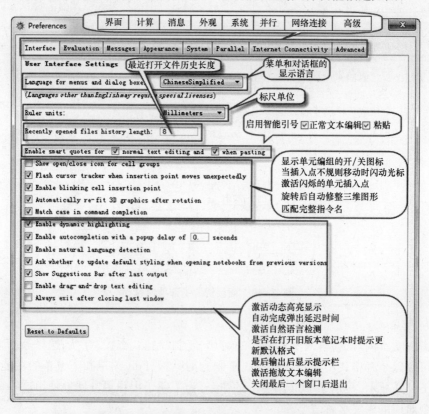

图 1 -21　Preferences 中的"Interface"对话框说明

"Evaluation"选项卡对系统的输入输出的格式进行设置,设置项的中文描述如图1-22所示.

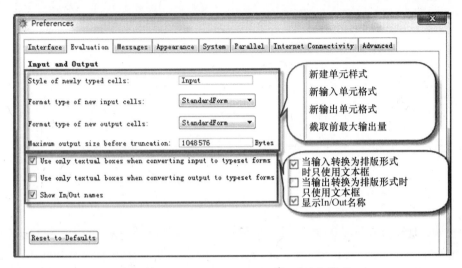

图1-22 "Evaluation"选项卡设置项功能说明

"Messages(消息)"是 Mathematica 10 新增加的选项卡,选项卡内可以设置的消息提示分为用户界面和计算时的消息提示,用户界面信息提示包含轻度用户界面警告、严重用户界面错误、用户界面日志信息、格式化错误信息提示;计算时信息提示包含内核信息提示和 Print 命令输出,如图1-23所示.

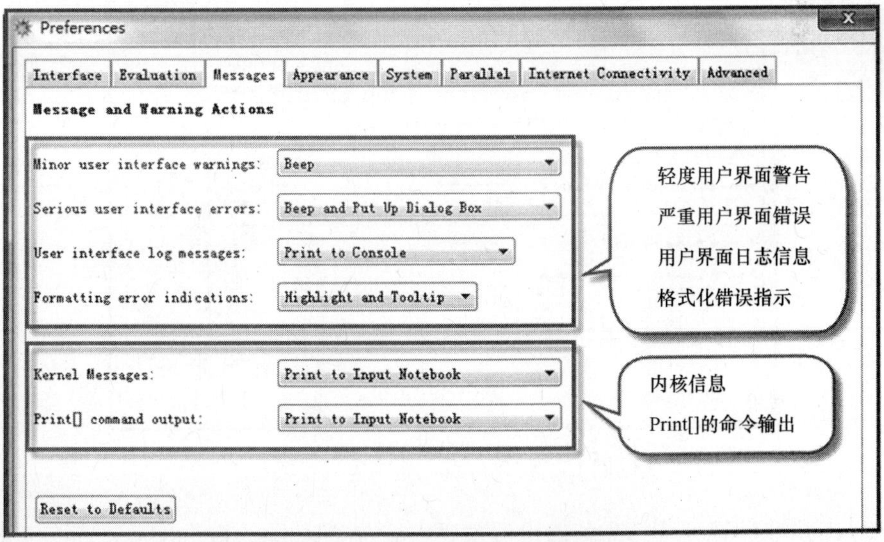

图1-23 "Messages"选项卡设置项

Appearance(外观)选项卡设置的项目较多,包含"Syntax Coloring(句法着色)""Debugger(调试工具)""Numbers(数字)"和"Graphics(图形)"四个子选项卡,以"Syntax Coloring (句法着色)"为例,可以激活自动句法着色,能够对"Local Variables(局部变量)""Errors and Warnings(错误和警告)"等其他属性进行设置,如图1-24所示.

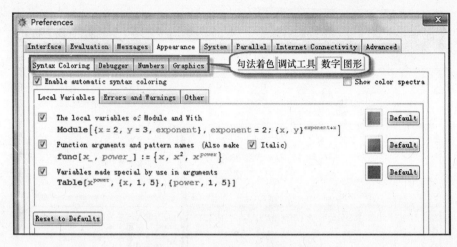

图 1 – 24 "Appearance"选项卡设置项

　　"System(系统)"选项卡包含 Notebook Security(笔记本安全)和 System Settings(系统设置)两个部分,可以对笔记本内容,所存储的文件夹的安全性设置,System Settings(系统设置)中可以确定以哪个页面作为系统开始页面,对于系统安装时未安装 Extras 组件的用户可以追加安装该组件,如图 1 – 25 所示.

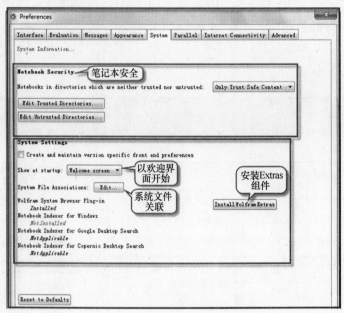

图 1 – 25 "System"选项卡设置项

　　"Parallel(并行)"选项卡首先能够设置主要内核,在"General Preferences"部分进行内核加载方式设置、对计算失败处理方式设置,可以激活重新启动已失败内核和并行监控工具;"Parallel Kernel Configuration"部分可以进行处理器内核数量设置,远程内核和簇配置,如图 1 – 26 所示."Internet Connectivity(网络连接)"选项卡设置访问互联网的信息;"Advanced(高级)"选项卡是笔记本历史和兼容性设置,还包含"其他选项设置",激活后显示如图 1 – 27 所示,可以对各个选项做详细的设置.

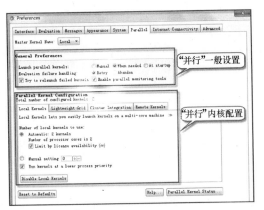

图 1-26 "Parallel"选项卡设置项

图 1-27 "Advanced"中的'Global Preferences'选项设置

3. Insert 菜单

用来插入各种元素,如根据已有内容生成内容、特殊字符、排版、表格/矩阵、水平线、图片及超链接等.如图 1-28 所示,单击菜单上的"Special Character(特殊字符)"和"Color(颜色)",分别弹出字符和颜色对话框,"Typesetting(排版)"项可以从子菜单中选择插入内容的格式,可以通过"Table/ Matrix"菜单对表格和矩阵进行创建和编辑操作,"Automatic Numbering"功能可以激活一个创建自动编号的对话框,如图 1-29 所示,可以从"当前编号对象"或者"带第一个标记的单元"开始计数,所编的"对象类别"有"章节""图形""公式""页面""标题"和"子标题"等 25 种类型可供选择,可通过编号将笔记本中的内容分出层次.

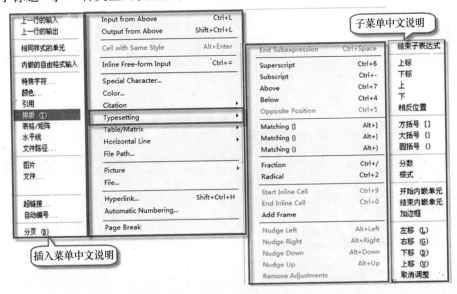

图 1-28 Insert 菜单及其功能的中文注释

4. Format 菜单

用来给文本内容定义格式,编排和打印与 Word 效果相似的文稿,如设置文本内容的样式、字体、尺寸、字体颜色、文字格式等(图 1-30).可以通过选择第一项"Style"的子菜单选项将文本内容选为"Title(标题)"或"Input(输入)"等 23 种样式中的一种;通过"Option Inspec-

13

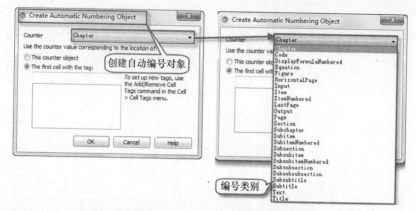

图 1-29 "Automatic Numbering"功能对话框

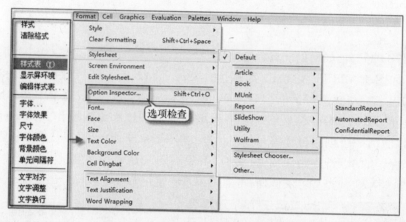

图 1-30 "Format"菜单及其功能注释

tor"也可以激活图 1-27 的选项设置对话框;"Stylesheet(样式表)"设置整个文档文件的样式,可以通过子选项的方式或者在"样式表选择器"里选择,在如图 1-31(a)所示的"样式表选择器"中选择"Primary Color"选项,应用到文档中的效果如图 1-31(b)所示.

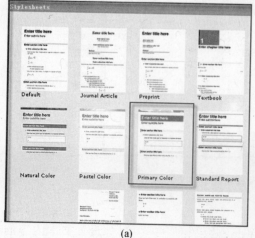

(a)

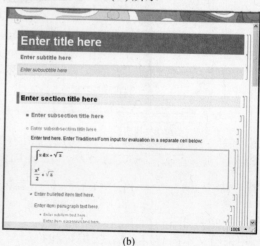

(b)

图 1-31 样式表中选项应用于笔记本文档的效果
(a)样式选择;(b)样式应用.

5. Cell 菜单

用来设置单元属性、单元标签,单元编组.如图 1 - 32 所示,笔记本窗口中右面最小的 "]",在 Mathematica 中称为 Cell(单元),每个单元中可以输入多个命令,每个命令间用分号分隔,并且一个单元也可能占用多个行,若干个单元组成更大的单元.图 1 - 33 显示的是 Cell 菜单中,"Convert To(转换成)"选项是将单元从一种形式转换为另一种形式,例如输入 Integrate $[3*y,y]$,并将光标定位在此单元内,然后选择"TraditionalForm",会将此行转换为 $\int 3y\,dy$ 的形式;箭头所指的"Cell Properties(单元属性)"的子选项用于设定单元的各种属性;"Grouping(编组)"子选项是合并或拆散所选定的单元;"Notebook History(笔记本历史)"选项弹出的对话框如图 1 - 34 所示,显示了笔记本文件"Untitled - 11.nb"的历史操作,可以复制数据和图案;"Show Expression(显示表达式)"选项是将选中的数据显示为表达式形式,如图 1 - 35 和图 1 - 36所示.

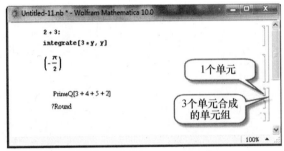

图 1 - 32 笔记本中的 Cell(单元)及 Cells(单元组)

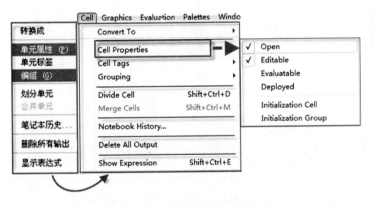

图 1 - 33 Cell 菜单及其功能注释

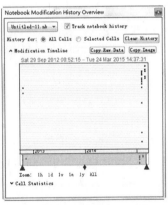

图 1 - 34 笔记本历史记录

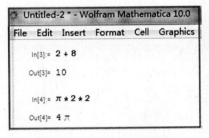

图 1 - 35 笔记本中的数据

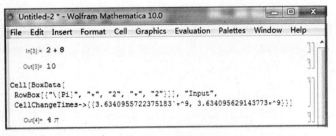

图 1 - 36 转换为表达式形式

6. Graphics 菜单

用来创建和对图形排版和基本属性设置. 文档中没有创建图形或没有选中图形时, "Graphics" 菜单的大部分菜单项呈"不可用"状态, 即灰度显示, 这些呈灰度的选项主要是图形的排列形式的设置, 要激活它们, 首先需要采用菜单项"New Graphics"在文档中创建新图形区域, 如图 1-37 所示是建立了新图形之后的"Graphics"菜单项. 采用菜单项"Drawing Tools (绘图工具)"打开"绘图工具"面板, 如图 1-38 所示, 红色框标记是选项组, "工具"中包含常用的绘图工具; "操作"中是快捷操作按钮; "填充"是选择图形填充颜色、透明度等. 其他选项也是图形元素细节的设置, 如图形边线、文本等.

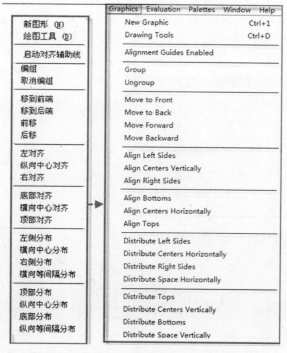

图 1-37　Graphics 菜单项及其功能注释

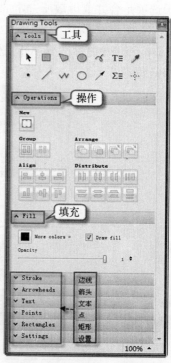

图 1-38　绘图工具面板

7. Evaluation 菜单

主要包含计算内容的范围设置项、调试设置和应用, 计算内核的相关设置(图 1-39). 其中"Evaluate Cells(计算单元)"选项是计算选定的单元; "Evaluate in Place(在当前位置上计算)"是计算选定的内容, 并在同一位置用其计算结果替换该内容; "Evaluate Notebook(计算笔记本)"能够计算当前整个笔记本文件的内容. 激活"Debugger(调试)"选项后, 系统会启动名为"Local"的调试面板(图 1-40). 当选中文档中的内容时, "Debugger Controls(调试控制器)"子菜单的大部分选项被激活, 可以通过这些工具对程序进行调试. 菜单的其他功能都是围绕"Kernel(内核)", 可以这样理解, "笔记本"只是负责对输入及输出进行格式化的工作, 真正进行数学运算的程序称为系统"Kernel(内核)". 一般情况下, Mathematica 进行第一次计算时就自动装入"Kernel(内核)". 单击 Kernel(内核)配置区的三个选项分别会弹出三个对话框进行相关设置, 其中"Parallel Kernel Configuration(并行内核配置)"会弹出如图 1-26 所示的"Preferences(偏好设置)"对话框的"Parallel(并行)"选项卡, 完成系统计算时的并行工作的内核的设置.

16

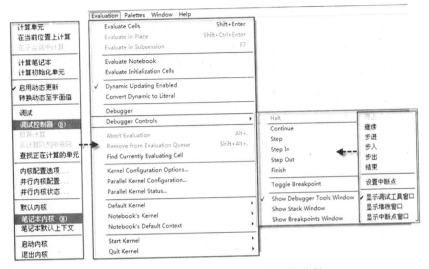

图 1 – 39　Evaluation 菜单项及其功能注释

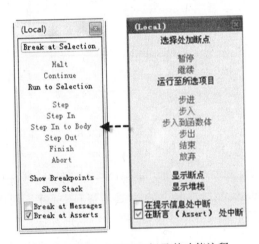

图 1 – 40　local 调试面板及其功能注释

8. Palettes 菜单

用来载入和激活各种面板,图 1 – 41 显示了面板菜单的选项,通过该菜单可以激活"Writing Assistant(书写助手)""Basic Math Assistant(数学助手)""Classroom Assistant(课堂助手)""Slide Show(幻灯片)""Chart Element Schemes(图表元素方案)""Color Schemes(色彩方案)""Special Characters(特殊字符)"以及常用的"Algebraic Manipulation(代数操作)""Basic Math Input(基本数学输入)"和"Basic Typesetting(基本排版)"等面板."Generate Palette from Selection"是通过已经选择的内容创建面板,"Generate Notebook from Palette"的功能是选择面板来新建笔记本文件","Install Palette(安装面板)"的功能和"File(文件)"菜单下的"Install(安装)"功能相同,对于较常用的 Palette(面板)的详细说明见 1.3.2 节.

9. Window 菜单

用来管理界面上各个窗口,如窗口的缩放、视窗的排列方式等.图 1 – 42 所示的"基本排版"标记为"√",表明光标目前在该面板窗口,下拉菜单的最下面显示的是系统正在使用的文档.

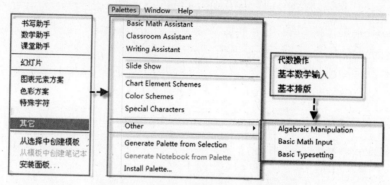

图 1-41　Palettes 菜单项及其功能注释

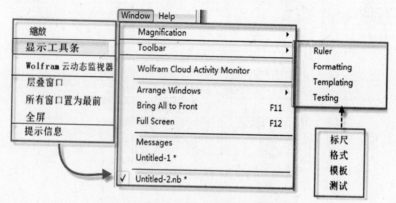

图 1-42　Window 菜单项及其功能注释

10. Help 菜单

主要是 Mathematica 软件的联机帮助功能. 图 1-43 用加粗线突出了帮助菜单上分隔的 7 个区域,第一个区域是"Wolfram Documentation(参考资料中心)",用户可以根据核心语言和结构、数据操作与分析和可视化与图形等 21 个分类了解软件和使用软件,如图 1-44 所示;第二个区域的"Find Selected Function(查找所选函数)"用来查找 Notebook(笔记本)中的选定的一个函数的用法,如在笔记本中选中"line"命令,查找的结果如图 1-45 所示;第三个区域是网站账户的设置和登录功能;第四个区域是"Wolfram Website(网站)"和"Demonstrations(演示项

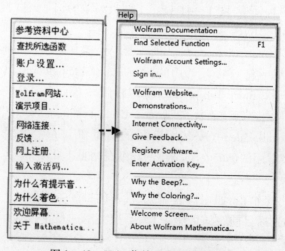

图 1-43　Help 菜单项及其功能注释

目)"入口,通过"Wolfram 网站"选项可以链接到 Wolfram 公司的官方网站,了解该公司的最近动态(图 1-46),有技术需求的用户可以通过"Demonstrations(演示项目)"选项链接到 Wolfram 公司项目部网站,了解软件的技术说明及下载和获得相关资源(图 1-47);第五个区域包含网络的设置、软件的网上注册、反馈和输入软件激活码等;第六个区域是辅助调试功能;第七个区域显示欢迎屏幕和版权信息.

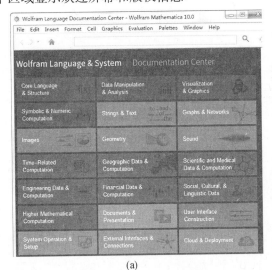

(a)   (b)

图 1-44 "Wolfram Documentation(参考资料)"分类及注释

(a) 英文版分类;(b) 对应的中文分类注释.

图 1-45 查找"line"命令的结果   图 1-46 Wolfram 官方网站

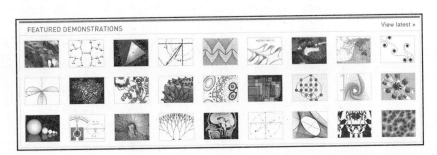

图 1-47 Wolfram 公司项目部的 Demonstrations(演示项目)

1.2.2 Mathematica 的输入面板

Mathematica 主界面的另一个组成部分是浮动输入面板,Mathematica 10 中提供了 10 种输入面板,这些面板不仅包含多种数学工具,还包含图表绘制、单元排版以及环境的设置等功能,这些面板启动与否可以在"Palettes"菜单中控制,常用的面板的功能介绍如下:

1."Special Characters(特殊字符)"面板

此面板包含了除键盘字符之外的大部分数学字符,在进行数学表达和计算时的使用频率是比较高的,主要分为两大类:Letters(字母)和 Symbols(符号).在"Letters(字母)"选项卡中包含希腊字母、手写字母、哥特字母、双斜字体、拉丁扩展和 Formal 字符等 6 类字母子选项卡,以常用的字母命名,当鼠标停在卡上能够显示字母类别(图 1-48).在每个选项卡内可以通过鼠标选取字母,放大显示的字母窗口如图 1-49 所示,窗口内给出字母的写法、名称和采用键盘输入的快捷键;"Symbols(符号)"选项卡分 7 个子选项卡,分别为技术符号、通用运算符、关系运算符、箭头、形状和图标、Textural 形式、键盘形式,其显示和使用方法与"Letters(字母)"选项卡相似,具体显示如图 1-50 和图 1-51 所示.

图 1-48 Special Characters
面板中的 Letters 选项卡

图 1-49 被选中字母的放大显示效果

图 1-50 Special Characters 面板
中的 Symbols 选项卡

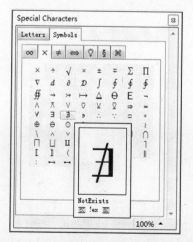

图 1-51 被选中的符号的放大显示效果

2．"Basic Typesetting(基本排版)"面板

面板大致有三个大区域(图1-52),顶部区域提供了常用的特殊字符,中间部分是排版格式,在笔记本中插入这些格式后在标记实心和空心方框的位置填入数字或符号,该面板的最下面区域是可展开的符号区,包含常用操作符、箭头和图标.

3．"Basic Math Input(基本数学输入)"面板

该面板包含常用的数学符号、字符和公式的格式(图1-53),图1-54是插入一个带格式的公式的实例.

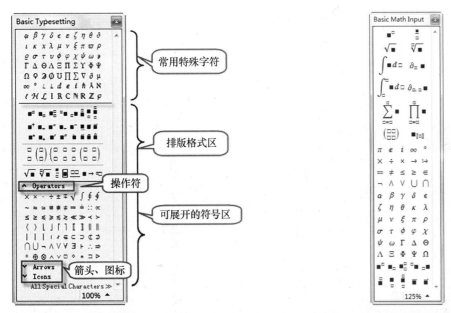

图1-52　Basic Typesetting 面板及注释　　　　图1-53　Basic Math Input 面版

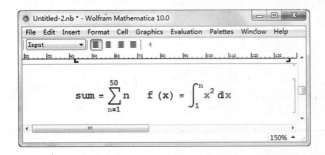

图1-54　采用 Basic Math Input 格式输入的实例

4．"Writing Assistant(书写助手)""Basic Math Assistant(数学助手)"和"Classroom Assistant(课堂助手)"面板

其中 Classroom Assistant(课堂助手)面板集成了其他多个面板的功能,功能较全面、完善,包含计算器、导航、基本命令、编写和格式、排版、键盘、帮助、设置等子选项,Mathematica 10 版本的该面板功能继承了 Mathematica 8 版本,功能基本和前版本相同,如图1-55 所示,其中"Calculator(计算器)"选项分 Basic(基本)和 Advanced(高级)两个选项卡,不仅包含基本的计算器计算功能,还包含实用的常用公式;"Navigation(导航)"选项提供了移动光标和移动内容的更快捷的方式;"Basic Commands(基本命令)"中包含的命令比较丰富,包含7个类型的选项

卡,分别是数学常数和函数、代数指令、微积分指令、矩阵指令、表格列表和矢量指令、2D 绘图指令、3D 绘图指令,还可以激活"Drawing Tools(绘图工具)"面板(已在介绍 Graphics 菜单时提及到),如图 1 – 56(a)所示;"Writing and Formatting(编写和格式)"选项中是对单元、文本、笔记本的编排格式的设定;"Typesetting(排版)"选项包含 5 个选项卡,分别是排版格式、符号和希腊字母、算符、箭头、水平分隔符和图标,如图 1 – 56(b)所示.

(a) Mathematica 8中文版

(b) Mathematica 10

图 1 – 55　两个版本的 Classroom Assistant(课堂助手)面板功能展示

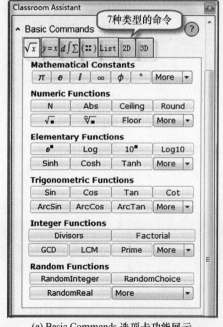

(a) Basic Commands 选项卡功能展示

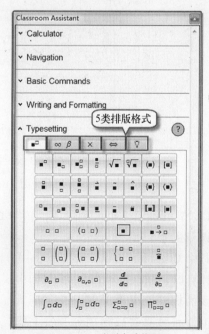

(b) Typesetting选项卡功能展示

图 1 – 56　Classroom Assistant 中的面板功能展示

22

"Writing Assistant(书写助手)"更侧重文本内容的编写格式和排版,包含了"Classroom Assistant"面板的 3 个子选项,即"Writing and Formatting(编写和格式)""Typesetting(排版)"以及"Help and Settings(帮助和设置)",如图 1 – 57 所示;"Basic Math Assistant(数学助手)"面板则侧重于数学公式及图表的计算与处理,包含"Calculator(计算器)""Basic Commands(基本命令)""Typesetting(排版)"及"Help and Settings(帮助和设置)"选项,各项的功能与"Classroom Assistant(课堂助手)"中的功能相同,如图 1 – 58 所示.

(a) Writing Assistant选项卡功能

(b) Writing Assistant功能注释

图 1 – 57　Writing Assistant(书写助手)面板功能及注释

(a) Basic Math Assistant选项卡功能

(b) Basic Math Assistant功能注释

图 1 – 58　Basic Math Assistant(数学助手)面板功能注释

23

5. "Chart Element Schemes(图标元素方案)"面板

该面板包含常用的二维、三维图表,在 Mathematica 8 版本中有 3 种图表类型:"General(常用)""Statistical(统计)"和"Financial(金融)".如图 1-59 所示,Mathematica 10 版本保留了 3 个选项卡的基础上新增了"Gauges(测量)"选项卡,如图 1-60 所示,Gauges(测量)类型中的每个工具都有标杆、表面与边框等 3 个图表元素,选中某个图表元素,如选中"Frame"中的 "Glass Rectangle",在"Option Preview"中显示出其放大的预览效果,如图 1-61 和图 1-62 所示.

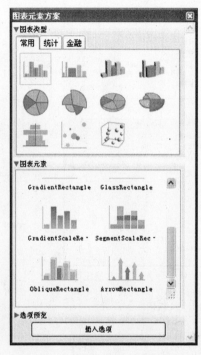

图 1-59　Mathematica 8 的图表面板

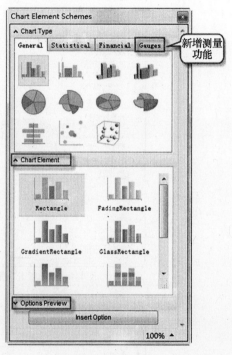

图 1-60　具有新功能的 Mathematica 10 图表面板

6. "Color Schemes(色彩方案)"面板

该面板是 Mathematica 10 提供的多种精心选择的颜色方案,颜色方案的模板可以快速应用于 Mathematica 图形和可视化系统中,功能注释如图 1-63 所示.

 1.2.3　进入与退出系统

1. 进入系统

从菜单中选择【开始】/【程序】,找到"Wolfram Mathematica 10"项,启动 Mathematica 10 (图 1-8).首先将显示一个欢迎页面(图 1-64),在"New Document"区域可以新建笔记本文件、幻灯片文件、演示项目、程序包和文本文件等,建立的幻灯片文件、演示项目文件如图 1-65 和图 1-66 所示.通过欢迎页面可以快速打开最近打开的文档,还可以对该版本软件具有的功能进行学习,通过设置"Show at startup(启动时显示)"选择框对勾可显示/隐藏该页,如选择框不打对勾,则"欢迎页面"在启动软件时不再显示,直接进入 Mathematica 10 主窗口.

24

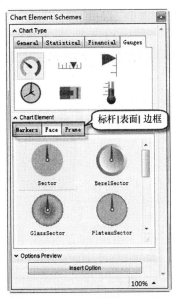

图 1 - 61 Gauges(测量)选项的
图表元素分类

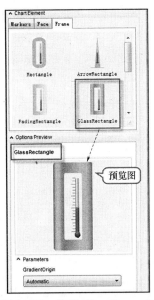

图 1 - 62 选项 Glass Rectangle
预览图

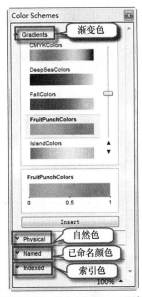

图 1 - 63 Color Schemes 面板

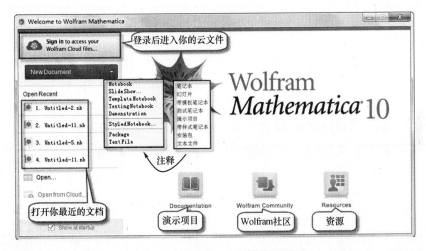

图 1 - 64 Mathematica 10 欢迎页面

图 1 - 65 新建的幻灯片文件

图 1 - 66 新建的演示项目文件

25

2. 退出系统

退出系统有两种方法,一是选择主菜单【File(文件)】/【Exit(退出)】命令,退出系统;二是单击软件右上角【标题栏】的关闭符 ,退出系统.如果当前文档最近被修改的内容未保存,则会弹出下列对话框(图1-67):

(1)如果需要保存,则单击"Save"按钮,保存并关闭当前文件.

(2)如果不需要保存,则单击"Don't Save"按钮,不保存并关闭当前文件.

(3)如果单击"Cancel"按钮,则会返回到当前文件.

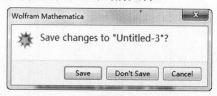

图1-67 关闭文件提示对话框

1.2.4 Mathematica 文件的基本操作

下面用一个实例说明在项目中添加一个文件及对该文件的基本操作过程.

1. 新建文件

Mathematica 10 常用的文件格式有笔记本和幻灯片文件,建立和应用笔记本较简单,现以新建一个幻灯片文件为例,单击【File】/【New】命令,选择新建"Slide Show(幻灯片)"项(图1-68),会弹出如图1-69所示的对话框窗口,能够新建幻灯片且对已经建好的幻灯片进行工作环境、显示尺寸等进行设置,设置好的幻灯片文件如图1-70所示.

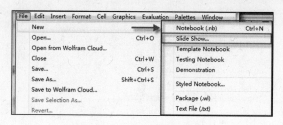

图1-68 新建项目选择

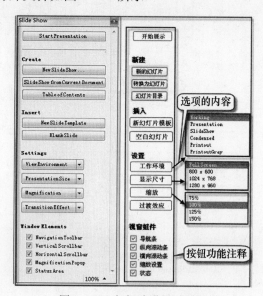

图1-69 幻灯片设置对话框

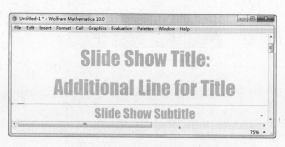

图1-70 新建的幻灯片文件

2. 保存文件

编辑好的文件要进行保存,单击【File】/【Save】命令,第一次保存文件会出现一个对话框,先确定保存的位置,给文档命名,再选择"保存类型",单击"保存"按钮,如图1-71所示.另存文件时,单击【File】/【Save As】命令,弹出的"另存为"对话框也如图1-71所示,可以修改文件名或重新选择保存类型将当前正在编辑的幻灯片文件以其他名称保存或者保存为其他格式的文件.

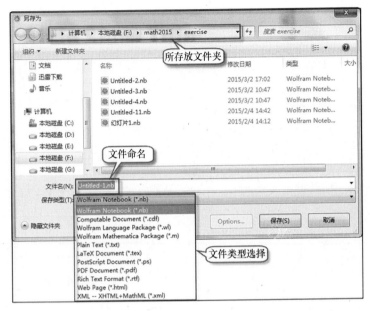

图1-71 第一次保存或另存幻灯片文件

3. 打开文件

打开 Mathematica 文件可以采用两种方式:一是单击欢迎界面中的"Open"项,选择文件后打开;二是在【File】菜单中单击"Open"命令,这种方式打开文件时将弹出"打开"对话框,查找要打开的文件并选中它,单击"打开"按钮,就打开了一个已经保存过的名为幻灯片1文件,如图1-72所示.

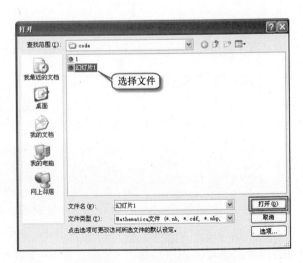

图1-72 打开 Mathematica 文件

1.2.5 Mathematica 10 命令的输入与执行

1. 表达式的输入

Mathematica 10 提供了两种格式的数学表达式:一是由键盘字符和特殊字符组成的表达式,称为一维格式,如 $\alpha/(\beta+\omega)+x/(y-w)$,这样的表达式直接输入即可;二是形如的 $\dfrac{\beta-\omega}{y-w}+\sum\limits_{i=1}^{100}(x+i)^3$ 带格式的表达式,称为二维格式,必须使用键盘和其他工具配合输入.

二维格式的输入方法:

1)使用"Basic Math Input(基本数学输入)"面板

首先新建一个名为"输入实例.nb"的笔记本文件,单击【Palettes】菜单下的【Basic Math Input】面板,在面板中找到二维表达式 $\dfrac{\beta-\omega}{y-w}+\sum\limits_{i=1}^{100}(x+i)^3$ 需要的格式,单击按钮后在笔记本文件中插入样式,在对应的位置填入内容,完成的表达式如图 1-73 和图 1-74 所示.

图 1-73 "Basic Math Input"面板上使用的工具

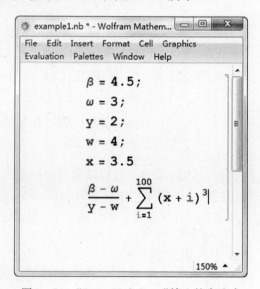

图 1-74 "Basic Math Input"输入的表达式

2)使用"Basic Math Assistant(数学助手)"面板

图 1-73 所示的"Basic Math Input"面板虽然可以用于输入二维格式的表达式,但其包含的格式有限,如果要求输入形如图 1-75 的复杂的数学表达式,就需要使用函数库和格式更丰富的"Basic Math Assistant(数学助手)"面板,该面板的使用方法如图 1-58 所示.

3)采用快捷方式

由于 Mathematica 10 的函数及符号太多,总是通过面板的方式输入表达式,输入的效率不高,如果记住常用的数学表达式的快捷输入方法,能够方便、快捷地输入表达式,提高输入效率.1.3.2 小节中介绍过特殊字符对应有快捷输入的方式,如字符"σ □可以采用键盘输入 ESC sti ESC 得到.函数的表达式也可以采用快捷方式输入,表 1-1 列出了常用的几个数学表达式的快捷方式输入方法.

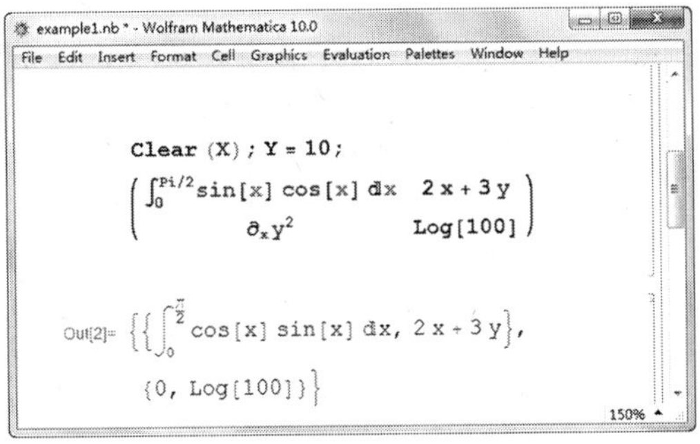

图 1 – 75　采用"Basic Math Assistant"面板输入的表达式

表 1 – 1　常用的数学表达式的快捷输入方法

数学运算	数学表达式	依次按键
分式	$\frac{x}{2}$	x $\boxed{\text{Ctrl}}$ + $\boxed{/}$ 2
n 次方	x^n	x $\boxed{\text{Ctrl}}$ + $\boxed{\wedge}$ n
开 n 次方	$\sqrt[n]{x}$	$\boxed{\text{Ctrl}}$ + $\boxed{2}$ x $\boxed{\text{Ctrl}}$ + $\boxed{5}$ n
下标	x_2	x $\boxed{\text{Ctrl}}$ + $\boxed{\_}$ 2
不定积分	$\int$	$\boxed{\text{ESC}}$ intt $\boxed{\text{ESC}}$
求和	$\sum$	$\boxed{\text{ESC}}$ sumt $\boxed{\text{ESC}}$

例如,输入数学表达式 $(x+1)^4 + \dfrac{a_1}{\sqrt[2]{2x+1}}$,可以按如下顺序输入按键:

(x + 1) $\boxed{\text{Ctrl}}$ + $\boxed{\wedge}$ 4 + a $\boxed{\text{Ctrl}}$ + $\boxed{\_}$ $\boxed{\text{Ctrl}}$ + $\boxed{/}$ $\boxed{\text{Ctrl}}$ + $\boxed{2}$ $\boxed{2x+1}$ $\boxed{\text{Ctrl}}$ + $\boxed{5}$ 2

2. 表达式的执行

笔记本内输入表达式后,需要执行得到结果,下面给出两种计算结果的方法.

1）快捷方式"Shift + Enter"键

在表达式后,按下"Shift + Enter"键,这时系统开始计算并输出计算结果,并给输入和输出附上次序标识 In[n] 和 Out[n],"n"的值是由当前笔记本中表达式的运算次序确定,如运行图 1 – 74 的表达式,此次运算是笔记本的第 1 次和第 2 次计算,显示为 In[1]、Out[1] 和 Out[2],笔记本显示的结果如图 1 – 76 所示.

2）"Evaluation"菜单.

除了快捷方式之外,"Evaluation"菜单提供了有关计算的命令,如"Evaluate Cells（计算单元）""Evaluate Notebook（计算笔记本）"和调试等,选择【Evaluation】/【Evaluate Notebook】命令,笔记本内的两个表达式同时执行,结果如图 1 – 77 所示.

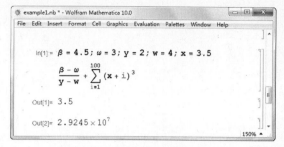

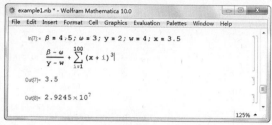

| 图 1-76　快捷键执行的结果显示 | 图 1-77　笔记本内所有表达式执行的结果 |

执行表达式经常遇到输入了不合语法规则的表达式,则系统会显示出错信息,并且不给出计算结果,例如:要画正弦函数在区间[-10,10]上的图形,输入 plot[Sin[x],{x,-10,10}],则系统提示"可能有拼写错误",系统作图命令"Plot"第一个字母必须大写,一般地,系统内建函数首写字母都要大写.再输入 Plot[Sin[x],{x,-10,10}],系统又提示缺少右方括号,并且将不配对的括号用蓝色显示.总之,一个表达式只有准确无误,方能得出正确结果.学会看系统出错信息,就能较快找出错误,提高工作效率.

 ## 1.2.6　Mathematica 10 中帮助的获取

在使用 Mathematica 的过程中,经常遇到不知该用什么命令、命令的前几个字母记不清或命令的功能和使用格式不是很清楚,还有想知道系统中是否有完成某个计算的命令,Mathematica 10 提供了功能强大且高效的联机帮助系统,包含了 Mathematica 10 最详细、最全面的资料信息,因此正确地使用帮助系统是用好 Mathematica 的关键.

1. 获取函数和命令的帮助

在笔记本界面下,用"?"或"??"可查询运算符、函数和命令的定义和用法,获取简单而直接的帮助信息.例如,向系统查询作图函数 Plot 命令的用法,输入"? Plot",系统将给出调用 Plot 的格式以及 Plot 命令的功能(如果用两个问号"??",信息则会更详细一些).还可以使用通配符"*",输入"? Plot *",系统将给出所有以 Plot 这四个字母开头的命令,例如在笔记本文件中输入

```
In[1]:=? Plot      (*查询 Plot 函数的定义*)
```

接着按下"Shift + Enter"键执行,得到如下的功能注释结果:

```
Plot[f,{x,xmin,xmax}] generates a plot of f as a function of x from xmin to xmax.
Plot[{f1,f2,…},{x,xmin,xmax}] plots several functions fi.  >>
```

如果输入变为

```
In[2]:=? Plot *     (*查询 Plot 开头的函数*)
```

按下"Shift + Enter"键后会出现如下的执行结果:

```
System
Plot                 PlotPoints
Plot3D               PlotRange
Plot3Matrix          PlotRangeClipping
PlotDivision         PlotRangeClipPlanesStyle
PlotJoined           PlotRangePadding
```

```
PlotLabel                  PlotRegion
PlotLayout                 PlotStyle
PlotLegends                PlotTheme
PlotMarkers
```

2. Help 菜单

通过单击如图 1 – 43 所示的"Help"菜单,可以获得 Mathematica 提供的帮助文档,在"Help"菜单中,可以找到"Wolfram Documentation(参考资料中心)""Find Selected Function(查找所选函数)"和"Demonstrations(演示项目)"等菜单项,单击这些菜单项可以打开对应的页面.图 1 – 78 所示是在"Wolfram Documentation(参考资料中心)"查阅资料的页面,这些资料文档就像一本关于 Mathematica 的百科全书,用户可以从中了解到 Mathematica 的软件设计理念,学习到各种各样的数学知识,更可以看到数学和计算机科学在实际工作中的广泛应用.

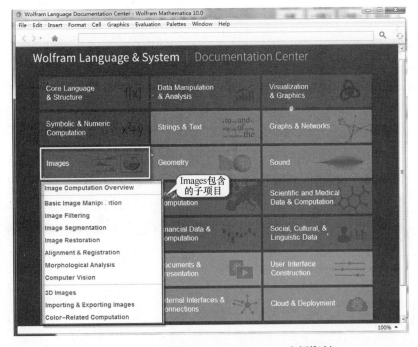

图 1 – 78　通过 Wolfram Documentation 查阅资料

对普通用户来说,只需把这些资料视作一本用户手册,碰到疑难问题的时候,按快捷键 F1 键,即可激活 Help 菜单,使用 Help 查阅资料也需要适当的方法.在查阅帮助时如果知道具体的函数名,但不知其详细使用说明,可以将光标置于要查找函数关键词处,按 F1 键,或者在"Wolfram Documentation"的"Search(搜寻)"的文本框中键入函数名,按回车键后就显示有关函数的定义、例题和相关联的章节.例如,要查找函数"Sound"的用法,只要在文本框中键入 Sound,按回车键后显示关于这个函数的信息窗口,包含函数的多种用法的格式和对应完成功能的说明,还包含其他方面的查阅入口,如图 1 – 79 所示.

3. 网络帮助

网络也是学习和使用 Mathematica 时必不可少的助手,通过单击【Help】,【Demonstrations】菜单命令,或访问网址 http://demonstrations.wolfram.com/,可以打开 Wolfram Research 公司

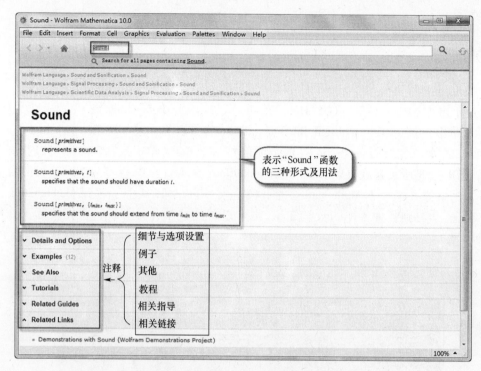

图 1 − 79　搜寻"Sound"的查询结果

的 Mathematica 演示项目网页,该网页上有几千个用 Mathematica 语言编写的动画演示,用户可以下载这些演示程序及源代码,如图 1 − 80 所示,观察和分析这些源程序也是学习 Mathematica 编程的一个捷径.

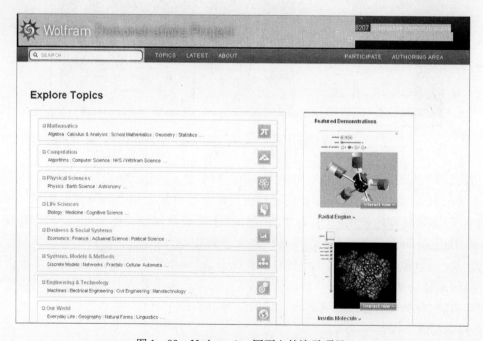

图 1 − 80　Mathematica 网页上的演示项目

习题 1 - 2

1. 打开 Mathematica 环境,分别建立 Notebook、Slide Show、Template Notebook、Testing Notebook、Demonstration、Styled Notebook、Package 和 Text File 等格式的文件,熟悉各种格式文件的用法.

2. 打开软件的主菜单,熟悉菜单功能,分别写出主菜单的功能和使用时特殊注意问题.

3. 采用面板将表达式 $f(x) = \dfrac{5 + x^2 + x^3 + x^4}{5 + 5x + 5x^2}$ 输入到笔记本中,练习 Cell 菜单的功能.

4. 练习 Chart Element Schemes 面板的功能,建立 Financial / Glass Candlestick 元素.

5. 练习"基本数学输入"面板和"数学助手"面板,对比两个面板的功能.

6. 描述 Color Schemes(色彩方案)的用途及设置方法.

7. 练习数学输入面板,完成以下几个公式的输入:

$$(1)\ \iint\limits_{\Sigma} \begin{vmatrix} \mathrm{d}y\mathrm{d}z & \mathrm{d}z\mathrm{d}x & \mathrm{d}x\mathrm{d}y \\ \dfrac{\partial}{\partial x} & \dfrac{\partial}{\partial y} & \dfrac{\partial}{\partial z} \\ P & Q & R \end{vmatrix} = \iint\limits_{\Sigma} \begin{vmatrix} \cos\alpha & \cos\beta & \cos\gamma \\ \dfrac{\partial}{\partial x} & \cdot & \dfrac{\partial}{\partial y} & \dfrac{\partial}{\partial z} \\ P & Q & R \end{vmatrix} \mathrm{d}S;$$

$$(2)\ \left(\sin\frac{2\pi}{3} + \frac{1}{1 + \mathrm{e}^{-5}}\right) \div \left(\sin\frac{\pi}{6} - \frac{\ln 2}{2 + \sqrt[5]{3}}\right);$$

$$(3)\ \begin{cases} x = r\cos\theta \\ y = r\sin\theta, \\ z = z \end{cases} \iiint\limits_{\Omega} f(x,y,z)\,\mathrm{d}x\mathrm{d}y\mathrm{d}z = \iiint\limits_{\Omega} F(r,\theta,z)\,r\mathrm{d}r\mathrm{d}\theta\mathrm{d}z.$$

8. 选择模板建立幻灯片文件,设置幻灯片的工作环境,显示尺寸,缩放比例等属性,将文件内容围绕"Mathematica 使用方法介绍"修改、保存并演示文件.

9. 分别用数学输入面板和公式快捷方式输入公式 $y = \left(\int Q(x)\mathrm{e}^{\int P(x)\mathrm{d}x}\mathrm{d}x + C\right)\mathrm{e}^{-\int P(x)\mathrm{d}x}$.

10. 利用 Mathematica 的帮助功能查询"Which"和"Switch"2 个函数的用法.

总习题 1

1. 简述 Mathematica 软件的特点与应用.

2. 简述 Mathematica 输入面板的种类及对应功能.

3. Mathematica 10 的"安装资源"有哪几类? 分别描述资源的作用.

4. 简述命令的执行方法.

5. 简述 Mathematica 表达式的输入方法.

6. 试比较 Mathematica 软件与其他数学处理软件的区别.

7. 练习 Insert 菜单中的自动编号功能,分别记下其中每种类别的作用.

8. 列出 Mathematica 中获取帮助的方法.

9. 在 Mathematica 10 中为什么要进行内核配置,有哪些内核可以选择,具体如何操作?

10. 通过登录 Mathematica 官方网络获取"Demonstrations(演示项目)"方面的帮助,写出"Cellular Automata on Trivalent Networks"的应用领域和其他学习收获.

第 1 章习题答案

略.

第 2 章
Mathematica 基础

本章概要

- 数值运算
- 函数
- 表
- 作图

2.1 数 值 运 算

数值运算是 Mathematica 软件重要功能之一. 利用 Mathematica 进行数值运算,许多情况下,就像使用计算器一样,只不过 Mathematica 比任何计算器的功能都要强大. 本章实例使用 Mathematica 10制作. Mathematica 是一个敏感的软件. 所有的 Mathematica 函数都以大写字母开头;圆括号( )、花括号{ }、方括号[ ]都有特殊用途;应特别注意,句号".",分号";",逗号",",感叹号"!"等都有特殊用途,用主键盘区的组合键 Shfit + Enter 或数字键盘中的 Enter 键执行命令.

 ### 2.1.1 整数

在 Mathematica 的 Notbook 中,对于没有运算符连接的数字,输出与输入的数字将原封不动地显示在输出的表达式中.

例 2.1 在 Mathematica 的 Notbook 中输入 24681012141618,然后按 Shift + Enter 键,经过 Mathematica 系统运算以后,显示为

```
In[1]:=24681012141618
Out[1]:=246810122141618
```

Mathematica 软件对整数的运算有加法、减法、乘法和乘方,运算结果仍然是整数. 实际上两个整数也可以进行除法运算,但是两个整数进行除法运算的结果不一定是整数. 输入时,加法、减法、乘法、除法和乘方的运算符分别使用 + , − , ∗ , / , ^表示.

例 2.2 在 Mathematica 的 Notbook 中输入

```
56 +47
59 −32
23 *8
125 /5
34 /108
78^5
```

然后按 Shift + Enter 键,经过 Mathematica 系统运算以后,显示为

```
In[15]: =56 +47
        59 −32
        23 * 8
        125/5
        34/108
        78^5
Out[15]: =103
Out[16]: =27
Out[17]: =184
Out[18]: =25
```

$$\text{Out}[19]: = \frac{17}{54}$$

```
Out[20]: = 2887174368
```

需要注意的是:符号"In[1]: = "和"Out[1]: = "是 Mathematica 系统自动加上的,方括号中的数字是按输入和输出的顺序排列的序号;乘法符号"＊"可以使用空格来表示.算术运算按照先算乘方,后算乘除,再算加减的运算级别进行,如果是相同级别的运算符,则按照从左到右的顺序进行运算.

 2.1.2 有理数

整数和分数总称有理数,两个整数作除法运算,其结果是一个有理数. Mathematica 系统在处理不能整除的两个整数的除法时,既可以把结果表示成具有一定精确度的小数,也可以表示成一个化简的分数.

例2.3 在 Mathematica 的 Notbook 中输入 14/ 16,然后按 Shift + Enter 键,经过 Mathematica 系统运算以后,显示为

```
In[1]: =14/16
```

$$\text{Out}[1]: = \frac{7}{8}$$

用有理数也可以表示乘方和开方运算的结果.

例2.4 在 Mathematica 的 Notbook 中输入

```
18^2
18^(1/2)
25^3
25^(1/3)
64^(1/4)
64^(1/3)
```

然后按 Shift + Enter 键,经过 Mathematica 系统运算以后,显示为

```
In[15]: =18^2
        18^(1/2)
        25^3
        25^(1/3)
```

$$64^\wedge(1/4)$$
$$64^\wedge(1/3)$$

Out[15]: = 324

Out[16]: = $3\sqrt{2}$

Out[17]: = 15625

Out[18]: = $5^{2/3}$

Out[19]: = $2\sqrt{2}$

Out[20]: = 4

 2.1.3 浮点数

浮点数一般是指带有小数点的数. 在 Mathematica 系统中,实数一般用浮点数表示,并可以表示成任意精度. 例如:0.3,43.78,2.00 等都是浮点数. 对于一个实数如果用浮点数表示,可以用系统函数 N 来控制输出结果的精度,其表示方法是 N[   ],其中[   ]中的内容是需要用浮点数表示的实数,N 是 Mathematica 系统函数.

例 2.5　　在 Mathematica 的 Notbook 中输入 N[125/ 521],然后按 Shift + Enter 键,经过 Mathematica 系统运算以后,显示为

In[31]: =N[125/521]

Out[31]: =0.239923

对于不能除尽的分数,输出结果中小数默认为 6 位有效数字,如果要改变小数的有效数字位数,则需要输入 N[125/ 521,2],经过 Mathematica 系统运算以后,显示为

In[33]: =N[125/521,2]

Out[33]: =0.24

再次输入 N[125/ 521,12],经过 Mathematica 系统运算以后,显示为

In[34]: =N[125/521,12]

Out[34]: = 0.239923224568

 2.1.4 数学常数

对于数学中经常使用的一些常数,如圆周率、自然对数的底数等,在 Mathematica 系统中,用下面的字符串表示:

Pi	表示圆周率的 π
E	表示自然对数的底数 e
Degree	表示 1 度,π/180
I	表示虚数单位 i
Infinity	表示无穷大

以上的常数第一个字符要大写. 与一般的数值一样,如果不加运算符号进行输入,则输出结果与输入意义完全相同,只不过换成了相应的数学符号.

例 2.6　　输入 Pi 然后按 Shift + Enter 键,经过 Mathematica 系统运算以后,显示为

In[14]: = Pi

Out[14]: =π

若要得到浮点数,则输入 N[Pi],按 Shift + Enter 键,经过 Mathematica 系统运算以后,显示为

```
In[21]:=N[Pi]
Out[21]= 3.14159
```

 ## 2.1.5 符号%的使用

在 Mathematica 系统运算过程中,Mathematica 系统提供了一个具有代替功能的符号"%",在一般的运算过程中,后面的运算经常要用到前面已经得到的结果,这时可以使用符号"%"代替前面运行的结果.

例 2.7 输入 N[2Pi],经过系统运行后显示为

```
In[22]:=N[2Pi]
Out[22]= 6.28319
```

现在把计算完的结果加上 5,则可以使用下面的表达式:输入% +5,按 Shift + Enter 键,经过 Mathematica 系统运算以后,显示为

```
In[23]:=% +5
Out[23]= 11.2832
```

再输入% +10,运行结果显示为

```
In[24]:=% +10
Out[24]= 21.2832
```

若输入%%% +3,运行结果显示为

```
In[25]:=%%% +3
Out[25]= 9.28319
```

再输入%% +2,运行结果显示为

```
In[26]:=%% +2
Out[26]= 23.2832
```

显然,%,%%,%%% 这三者的意义是不相同的,希望读者通过此例题深刻理解其含义.

 ## 2.1.6 算术运算与代数运算

◆ +,−,*,/,^:加减乘除乘方运算符号,
◆ Factor[f]:将多项式 f 因式分解,
◆ Expand[f]:将因式的积 f 展开,
◆ Together[f]:将分式的和 f 进行通分运算,
◆ Apart[f]:将表达式 f 展开成部分分式的和,
◆ Simplify[f]:化简表达式 f.

例 2.8 计算 $\sqrt[4]{100} \cdot \left(\frac{1}{9}\right)^{-\frac{1}{2}} + 8^{-\frac{1}{3}} \cdot \left(\frac{4}{9}\right)^{\frac{1}{2}} \cdot \pi$.

输入 `100^(1/4) * (1/9)^(-1/2) +8^(-1/3) * (4/9)^(1/2) * Pi`

输出 $3\sqrt{10} + \frac{\pi}{3}$

这是准确值. 如果要求近似值,再输入 N[%],则输出 10.543.

这里%表示上一次输出的结果,命令 N[%]表示对上一次的结果取近似值. %%表示上上次输出的结果,用 %33 表示 Out[33]的输出结果.

注:关于乘号 $*$,Mathematica 常用空格代替. 例如,x y z 则表示 x $*$ y $*$ z,而 xyz 表示字符串,Mathematica 将它理解为一个变量名. 常数与字符之间的乘号或空格可以省略.

例2.9 分解因式 $x^2 + 3x + 2$.

输入　`Factor[x^2 +3x +2]`

输出　`(1 +x)(2 +x)`

例2.10 展开因式 $(1 + x)(2 + x)$.

输入　`Expand[(1 +x)(2 +x)]`

输出　`2 +3x +x`^{2}

例2.11 通分 $\dfrac{2}{x+2} + \dfrac{1}{x+3}$.

输入　`Together[1/(x +3) +2/(x +2)]`

输出　$\dfrac{8 +3\text{x}}{(2 +\text{x})(3 +\text{x})}$

例2.12 将表达式 $\dfrac{8 + 3x}{(2 + x)(3 + x)}$ 展开成部分分式.

输入　`Apart[(8 +3x)/((2 +x)(3 +x))]`

输出　$\dfrac{2}{\text{x} +2} + \dfrac{1}{\text{x} +3}$

例2.13 化简表达式$(1 + x)(2 + x) + (1 + x)(3 + x)$.

输入　`Simplify[(1 +x)(2 +x) +(1 +x)(3 +x)]`

输出　`5 +7x +2x`^{2}

习题 2-1

1. 12 乘以 7,然后再加上 9.

2. 17.2 乘以 16.3,然后再加上 4.7.

3. 17.2 乘以 16.3 与 4.7 的和.

4. 计算 $2x + 3, 5x + 9, 4x + 2$ 的和.

5. 计算127^{12}.

6. 计算 $\sqrt{e^3 - 1}$.

7. 计算$10^{\sqrt{5}}$.

8. 计算 $1 + \cfrac{1}{1 + \cfrac{1}{1 + \cfrac{1}{1 + \cfrac{1}{2}}}}$.

9. 计算 $1 + \left(1 + \left(1 + \left(1 + (1+1)^2 \right)^2 \right)^2 \right)^2$ 的值.

10. 分解因式 $x^4 + x^2 + 1$.

11. 展开因式 $(x^3+1)(x^2+2)(x-3)$.

12. 通分 $\dfrac{1}{x+1} + \dfrac{1}{x^2-2x+1} + \dfrac{1}{x+2}$.

13. 将表达式 $\dfrac{8+3x}{x^4+x^2+1}$ 展开成部分分式.

14. 化简表达式 $(1+x)(2+x) + (1+x)(3+x) - (4x+5)(3x+6)$.

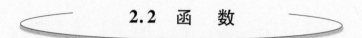

2.2 函 数

函数是数学中最基本的概念之一. Mathematica 系统提供常用的数学函数,同时也为使用者提供了定义函数的工具. 通过这些工具,使用者可以根据自己的需要定义相应的函数来解决相应的问题.

2.2.1 常用的数学函数

Mathematica 系统内部定义了许多函数,并且常用英文全名作为函数名,所有函数名的第一个字母都必须大写,后面的字母必须小写. 当函数名是由两个单词组成时,每个单词的第一个字母都必须大写,其余的字母必须小写. Mathematica 函数(命令)的基本格式为:函数名[表达式,选项].

下面列举了一些常用函数:

◆ Sqrt[x]:算术平方根 $\sqrt{x}$.

◆ Exp[x]:指数函数 e^x.

◆ Log[a,x]:对数函数 $\log_a x$.

◆ Log[x]:对数函数 $\ln x$.

◆ Sin[x],Cos[x],Tan[x],Cot[x],Sec[x],Csc[x]:三角函数.

◆ ArcSin[x],ArcCos[x],ArcTan[x],ArcCot[x],AsrcSec[x],ArcCsc[x]:反三角函数.

◆ Sinh[x],Cosh[x],Tanh[x]:双曲函数.

◆ ArcSinh[x],ArcCosh[x],ArcTanh[x]:反双曲函数.

◆ Round[x]:四舍五入函数($*$ 取最接近 x 的整数 $*$).

◆ Floor[x]:取整函数($*$ 取不超过 x 的最大整数 $*$).

◆ Mod[m,n]:取模($*$ 求 m/n 的模 $*$).

◆ Abs[x]:取绝对值函数.

◆ n!:n 的阶乘.

◆ Sign[x]:符号函数.

◆ N[x,n]:取近似值($*$ 取 x 的有 n 位有效数字的近似值,当 n 缺省时,n 的默认值为 6 ∗).

上述函数使用方法是先写函数名称,然后把函数的作用对象放在其后的方括号 [   ] 中.

例 2.14　　输入 Sin[Pi/ 4],则显示

$$In [27]: = Sin[Pi/4]$$

$$Out[27]: = \frac{1}{\sqrt{2}}$$

而输入 N[Sin[Pi/ 4]],则显示为

$$In [28]: = N[Sin[Pi/4]]$$

$$Out[28]: = 0.707107$$

对于对数函数 Log,在其后面的方括号中先写对数的底数,后写对数的底数,两个数中间用逗号隔开. 例如:输入 Log[a,x],则显示

$$In [29]: = Log[a,x]$$

$$Out[29]: = \frac{Log[x]}{Log[a]}$$

Log[a,x] 表示以 a 为底数的 x 的对数,而自然对数用一维的 Log[x] 表示.

例 2.15　　求 π 的有 6 位和 20 位有效数字的近似值.

输入 N[Pi]　　　　输出　3.14159

输入　N[Pi,20]　　　　输出　3.1415926535897932385

注:第一个输入语句也常用另一种形式,即

输入　Pi//N　　　　输出　3.14159

例 2.16　　计算函数值.

(1) 输入　Sin[Pi/3]　　　　输出　$\frac{\sqrt{3}}{2}$

(2) 输入　ArcSin[0.45]　　　　输出　0.466765

(3) 输入　Round[-1.52]　　　　输出　-2

例 2.17　　计算表达式 $\frac{1}{1 + \ln2}\sin\frac{\pi}{6} - \frac{e^{-2}}{2 + \sqrt[3]{2}}\arctan(0.6)$ 的值.

输入　1/(1 +Log[2]) ∗ Sin[Pi/6] -Exp[-2]/(2 +2^(2/3)) ∗ ArcTan[0.6]

输出　0.274921

2.2.2　自定义函数和变量的赋值

◆ f[x_]: = 函数表达式:定义一元函数表达式为 y = f(x).

◆ f[x_,y_,z_,…]: = 函数表达式:定义多个变量的函数.

◆ Clear[f]:清除对变量 f 原先的赋值.

在 Mathematica 系统内,由字母开头的字母数字串都可用作变量名,但要注意其中不能包含空格或标点符号. 变量的赋值有两种方式. 立即赋值运算符是" = ",延迟赋值运算符是":=". 定义函数使用的符号是延迟赋值运算符":=". 除了 Mathematica 系统提供的常用函数以外,也可以根据问题的需要自己定义函数.

例 2.18　　输入 p1 =3x^2 +2x,则显示为

$$In[32]:= p1 = 3x^2 + 2x$$

$$Out[32]:= 2x + 3x^2$$

这样,就生成了 x 的函数 p1,此函数为 $2x + 3x^2$,这里 p1 相当于函数名,x 是自变量,赋值的方法为

函数名 /. 自变量名称 - > 自变量值

自变量值可以是数值,也可以是字符串. 要对上面的函数中的自变量赋值,可以输入 p1/. x - >3,显示为

$$In[34]:= p1/. x - >3$$

$$Out[34]:= 33$$

假若输入 p1/. x - >z + 1,则显示为

$$In[35]:= p1/. x - >z + 1$$

$$Out[35]:= 2(1 + z) + 3(1 + z)^2$$

数学中最常用的一元函数表达式为 $y = f(x)$ 的形式,其中 $f(x)$ 是 x 的函数. 例如 $f(x) = 3x^2 + 2x$,当 $x = 2$ 时,$f(2) = 16$. Mathematica 系统也允许使用者定义与此相类似的函数,可以表示为

f[x_]:= 函数表达式

例2.19　输入 f[x_]:= 3x^2 + 2x,则显示

$$In[3]:= f[x_]:= 3x^2 + 2x$$

此时,当 f[x_] 中的方括号内用 3 代替,则相当于其表达式中的 x 用 3 代替,这时系统会对 $3 \times 3^2 + 2 \times 3$ 进行运算,从而求出函数值 f[3]. 即输入 f[3],则显示

$$In[4]:= f[3]$$

$$Out[4] = 33$$

需要注意的是:表达式 "f[x_]:=" 中的符号 ":=" 如果使用符号 "=" 代替,则有着不同的意义.

例2.20　先输入 x = 4,则显示

$$In[5]:= x = 4$$

$$Out[5] = 4$$

此时再输入 f[x_] = 3x^2 + 2x,则显示

$$In[6]:= f[x_] = 3x^2 + 2x$$

$$Out[6] = 56$$

这是因为预先给定了 $x = 4$,输入表达式后相当于把 x 的值代入表达式,求出了 $3x^2 + 2x$ 的值为 56,而对于 f[x_],它只是相当于一个符号而已,即代表 $3x^2 + 2x$ 的值的一个符号,因此,接下来不管 [ ] 中的 x 用什么值代替,f[x_] 的值都是 56. 例如,输入 f[5],则仍然显示

$$In[7]:= f[5]$$

$$Out[7] = 56$$

与单变量函数的定义相类似,也可以定义多个变量的函数:

f[x_,y_,z_,…]:= 函数表达式

例2.21　在 Mathematica 的 Notbook 中输入

```
Clear[f]
f[x_,y_]:= x * y + y * Cos[x]
```

按 Shift + Enter 键,经过 Mathematica 系统运算以后,显示为

42

$$In[8]:=Clear[f]$$
$$f[x\_,y\_]:=x*y+y*Cos[x]$$

再输入 f[2,3]，则显示结果为

$$In[10]:=f[2,3]$$
$$Out[10]=6+3Cos[2]$$

例 2.22 定义函数 $f(x)=x^3+2x^2+1$，并计算 $f(2)$，$f(4)$，$f(6)$.

输入　Clear[f,x];　　　　　（＊清除对变量 f 原先的赋值＊）
　　　f[x_]:=x^3+2*x^2+1;　（＊定义函数的表达式＊）
　　　f[2]　　　　　　　　　（＊求 f(2)的值＊）
　　　f[x]/.{x->4}　　　　　（＊求 f(4)的值,另一种方法＊）
　　　x=6;　　　　　　　　　（＊给变量 x 立即赋值6＊）
　　　f[x]　　　　　　　　　（＊求 f(6)的值,又一种方法＊）

输出　17
　　　97
　　　289

注：本例 1、2、5 行的结尾有"；"，它表示这些语句的输出结果不在屏幕上显示.

2.2.3　解方程

◆ Solve[eqns,vars]:求出未知变量为 vars 的方程(组) eqns 的全部解.
◆ NSolve[eqns,vars]:求代数方程(组)的全部数值解.
◆ FindRoot[eqns,{x,x0},{y,y0},…]:表示从点$(x_0,y_0,…)$出发找方程(组)的一个近似解.
◆ Eliminate[eqns,elims]:从一组等式中消去变量(组)elims.

在 Mathematica 系统内，方程中的等号用符号"＝＝"表示. 最基本的求解方程的命令为 Solve[eqns,vars]它表示对系数按常规约定求出方程(组)的全部解，其中 eqns 表示方程(组)，vars 表示所求未知变量.

例 2.23 解方程 $x^2+3x+2=0$.

输入　Clear[x]
　　　Solve[x^2+3x+2==0,x]

输出　{{x→-2},{x→-1}}

例 2.24 解方程组 $\begin{cases} ax+by=0 \\ cx+dy=1 \end{cases}$.

输入　Solve[{a x+b y==0,c x+d y==1},{x,y}]

输出　$\left\{\left\{x\to\dfrac{b}{bc-ad},y\to\dfrac{a}{-bc+ad}\right\}\right\}$

例 2.25 解无理方程 $\sqrt{x-1}+\sqrt{x+1}=a$.

输入　Solve[Sqrt[x-1]+Sqrt[x+1]==a,x]

输出　$\left\{\left\{x\to\dfrac{4+a^4}{4a^2}\right\}\right\}$

很多方程是根本不能求出准确解的，此时应转而求其近似解. 求方程的近似解的方法有两

种:一种是在方程组的系数中使用小数,这样所求的解即为方程的近似解;另一种是利用下列专门用于求方程(组)数值解的命令,即

◆ NSolve[eqns, vars] (＊求代数方程(组)的全部数值解＊).

◆ FindRoot[eqns, {x, x0}, {y, y0}, …].

后一个命令表示从点$(x_0, y_0, …)$出发找方程(组)的一个近似解,这时常常需要利用图像法先大致确定所求根的范围,即大致在什么点的附近.

例 2.26 求方程$x^3 - 1 = 0$的近似解.

输入　`NSolve[x^3 - 1 = = 0, x]`

输出　`{{x→ -0.5 - 0.866025i}, {x→ -0.5 + 0.866025i}, {x→1.}}`

输入　`FindRoot[x^3 - 1 = = 0, {x, 0.5}]`

输出　`{x→1.}`

下面再介绍一个很有用的命令:Eliminate[eqns, elims] (＊从一组等式中消去变量(组)elims＊).

例 2.27 从方程组$\begin{cases} x^2 + y^2 + z^2 = 1 \\ x^2 + (y-1)^2 + (z-1)^2 = 1 \\ x + y = 1 \end{cases}$消去未知数$y$、$z$.

输入　　`Eliminate[{x^2 + y^2 + z^2 = = 1,`
　　　　`x^2 + (y-1)^2 + (z-1)^2 = = 1, x + y = = 1}, {y, z}]`

输出　　$-2x + 3x^2 = = 0$

注: 上面这个输入语句为多行语句,它可以像上面例子中那样在行尾处有逗号的地方将行与行隔开,来迫使 Mathematica 从前一行继续到下一行再执行该语句. 有时候多行语句意义不太明确,通常发生在其中有一行本身就是可执行的语句的情形,此时可在该行尾放一个继续的记号"\",来迫使 Mathematica 继续到下一行再执行该语句.

习题 2 - 2

1. 定义$a = 3, b = 4, c = 5$. 然后用a与b的和乘以b与c的和,只显示最后结果.

2. 令$a = 1, b = 2, c = 3$,然后把a, b, c加在一起. 接着从内核的存储空间中清除a, b, c,再计算它们的和.

3. 给出自然对数底数 e 的有 25 位小数的近似值.

4. 计算$\dfrac{1}{7} + \dfrac{2}{13} - \dfrac{3}{19} + \dfrac{1}{23}$,并给出此表达式的有 20 位小数的近似值.

5. 令$a = 2x + 3, b = 5x + 6$,计算$a + b$.

6. 令$a = 2x + 3y + 4z, b = x + 3y + 5z, c = 3x + y + z$,计算$a + b + c$.

7. 给出$\sqrt{\pi}$有 50 位有效数字的近似值.

8. 解代数方程$x^3 - 2x + = 0$.

9. 把$(1 + x)^{10}$展开成多项式形式.

10. 计算$(\sqrt{3} + \sqrt{2})(\sqrt{3} - \sqrt{2})$,取 50 位有效数字.

11. 把$f(x)$定义为多项式$x^5 + 3x^4 - 7x^2 + 2$,并计算$f(2)$.

12. 定义一个函数,它表示(x,y)到点$(3,4)$之间的距离,并计算函数在点$(5,-2)$的值.

13. 定义一个函数,表示$(x1,y1)$与点$(x2,y2)$之间的距离,并利用它计算点$(2,3)$到点$(8,11)$之间的距离.

14. 边长分别为 a,b,c 的三角形的面积是由海伦(Heron)公式给出的:$K=\sqrt{s(s-a)(s-b)(s-c)}$.其中 $s=\dfrac{a+b+c}{2}$.把三角形面积表示成 a,b,c 的函数,并利用它计算边长为下列数值的三角形的面积:(1) 3,4,5;(2)5,9,12.

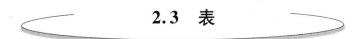

2.3 表

表是 Mathematica 系统中经常使用的一个概念,数学中的一些概念也可以通过 Mathematica 系统的表导出.这里首先给出表的一些基本概念.

2.3.1 表的概念

表是由零个或多个原子或子表组成的有限序列.所谓原子是一个确定的概念,它是所描述的某种类型的对象.原子和表的区别在于:原子是作为结构上不可分的成分,而表是有结构的.通常使用大括号{}将表括起来,用逗号表示表的结构.为了区分原子和表,在后面的书写中,用大写字母表示表,用小写字母表示原子.

例 2.28　表的表示法:

```
L = {a,b}
A = {x,L} = {x,{a,b}}
B = {A,y} = {{x,{a,b}},y}
C = {A,B} = {{x,{a,b}},{{x,{a,b}},y}}
```

一个表中包含的元素(包括原子和子表)的个数称为这个表的长度,长度为零的表称为空表,如 E = { }即为一个空表.上述表 L 的长度为2,表 A 的长度也为2.一个表的深度就是指表中所包含的大括号{}的层数,上述表 L 的深度为1,表 A 的深度为2.

2.3.2 表的操作

对表的操作指的是取出表中的一个或几个元素,并且由这些元素组成新的表.下面给出取出表中元素的操作方法.

(1) First[表]:取出表的第一个元素. 例如:

L = {a,b.c.d},First[L] = a.

(2) Last[表]:取出表的最后一个元素.例如:

L = {a,b.c.d},Last[L] = d.

在表中取出任一个元素,用下面的方法实现:输入表名,后面用两对方括号[[ ]]括起来一个整数,此整数为正时,表示取出表中的第几个元素,此整数为负时,表示取出表中倒数的第几个元素.

例 2.29 表的元素的取法：

L = {a,{x,{a,b}},{{x,{a,b}},y},c,d,e}

L[[1]] = a

L[[2]] = {x,{a,b}}

L[[-2]] = d

如果表中的某个元素是一个子表，现在要取子表中的元素，也就是取出表的深层元素，输入的方法是在表名的后面给出用两对方括号括起来的一个整数，在此表达式后面再给出用两对方括号括起来的一个整数，其中第一个整数是子表在表中所处的位置，第二个整数是要取元素在子表中的位置. 例如：L[[2]][[1]] = x.

从表中取出部分元素可以生成一个新表，用下面的表达式完成：

◆ Take[表,整数 n]：取出表的前 n 个元素作成一个表，如果 n 是负整数，则从表的最后一个元素向前数 n 个元素，这里 n 也可以是一个表达式，通过这个表达式可以计算出一个整数值.

◆ Take[表,{整数 m,整数 n}]：取出表的第 m 个到第 n 个元素作成的表.

◆ Drop[表,整数 n]：去掉表的前 n 个元素后由剩下的元素作成的表，如果 n 是负整数，则从表的最后一个元素向前去掉 n 个元素，这里 n 也可以是一个表达式，通过这个表达式可以计算出一个整数值.

◆ Drop[表,{整数 m,整数 n}]：去掉表的第 m 个到第 n 个元素作成的表.

向表中插入元素构成一个新表，用下面的表达式完成：

◆ Prepend[表,表达式]：把表达式放在原表的前面构成的表.

◆ Append[表,表达式]：把表达式放在原表的后面构成的表.

◆ Insert[表,表达式,整数 n]：把表达式放在原表的第 n 个位置构成的表. 上述的表达式也可以是一个元素，也可以是一个表.

例 2.30 表的操作：

M = {a,b,c,d,e}

Prepend[M,k] = {k,a,b,c,d,e}

Append[M,k] = {a,b,c,d,e,k}

Insert[M,k,3] = {a,b,k,c,d,e}

对于表的一些性质，可以通过下面的表达式反映出来：

◆ Length[表]：求出表的长度，即表的第一层元素的个数.

◆ MemberQ[表,表达式]：判断表达式是否是表的第一层元素，它是一个逻辑变量.

◆ Count[表,表达式]：求出表达式在表的第一层出现的次数.

例 2.31 表的性质：

Length[{a,b,c,{d,e,f}}],运行结果为 4;

MemberQ[{a,b,c,{d,e,f}},b],运行结果为 True;

Count[{a,b,c,{d,e,f}},b],运行结果为 1.

2.3.3 表的应用

数学运算中的一些表达形式，可以转化为用表来表示的形式. 如解方程组，就可以转化为矩阵问题,然后通过对矩阵的运算最终求得方程组的解.作为表的应用,下面介绍如何把对表的运算应用到矩阵问题的求解上.一层表可以用来表示矢量,如{1,2,3}表示矢量;二层的表可以用于表示矩阵,实际上这时组成表的元素是子表,而且要求每一个子表的长度必须相同.

例如,可以用表{{1,2,3},{1,3,2},{3,2,1}}表示矩阵 $\begin{pmatrix} 1 & 2 & 3 \\ 1 & 3 & 2 \\ 3 & 2 & 1 \end{pmatrix}$.

下面给出 Mathematica 系统中关于矩阵运算的表达形式.

生成特殊矩阵的函数:

◆ IdentityMatrix[整数 n]:生成一个 n×n 的单位矩阵.

◆ DiagonalMatrix[表]:生成一个 n×n 的对角矩阵,其中 n 是由 Mathematica 系统生成的表的长度,矩阵对角线上依次放这个表的元素.

矢量、矩阵的输出:

Mathematica 系统生成的矢量和矩阵可以用比较规范的形式表达出来,这样,呈现在使用者面前的这些量是一个标准的表达形式.也可以指定输出的形式,使用如下的命令:

◆ ColumnForm[矢量]:把矢量输成一列.

◆ MatrixForm[矩阵]:把矩阵输出成一个矩形阵列.

矢量与矩阵的数乘、加法和乘法运算:

用数值乘以矢量或矩阵,与手工进行数值和矢量、矩阵相乘一样,可以直接用数乘以表示矩阵的表.同样,矢量、矩阵的加法可以直接用两个表相加实现.此时,代表矢量、矩阵的两个表的元素应相等,则对应元素相加生成新的表.矩阵与矢量或矩阵与矩阵相乘,则它们之间用圆点相乘,如 A 与 B 分别代表矢量或矩阵,则它们的相乘表示为 A·B.

其他运算:Mathematica 系统还提供了其他的一些运算.

◆ Inverse[矩阵]:求矩阵的逆;

◆ Det[矩阵]:求矩阵的行列式;

◆ Eigenvalues[矩阵]:求矩阵的特征值;

◆ Eigenvectors[矩阵]:求矩阵的特征矢量.

例 2.32 与表相关的运算:

```
IdentityMatrix[5]
```

输出结果为   {{1,0,0,0,0},{0,1,0,0,0},{0,0,1,0,0},{0,0,0,1,0},{0,0,0,0,1}}

```
DiagonalMatrix[{5,1,4,8,10}]
```

输出结果为   {{5,0,0,0,0},{0,1,0,0,0},{0,0,4,0,0},{0,0,0,8,0},{0,0,0,0,10}}

```
Inverse[DiagonalMatrix[{5,1,4,8,10}]]
```

输出结果为 $\{\{\frac{1}{5},0,0,0,0\},\{0,1,0,0,0\},\{0,0,\frac{1}{4},0,0\},\{0,0,0,\frac{1}{8},0\},$

$\{0,0,0,0,\frac{1}{10}\}\}$

```
Det[DiagonalMatrix[{5,1,4,8,10}]]
```

输出结果为   1600

习题 2-3

1. 已知表 L = {{y+z},23,{x,{a,b}},y+1,x,{1}},求 L[[1]],L[[3]],L[[-2]],

First[L],Last[L],L[[3]][[2]].

2. 已知表 L = {12,{y + z,4},{{a,b + 3}},{y + 1,x},{1}},求 Take[L,3],Take[L,{2,3}], Drop[L,2],Drop[L,{1,2}].

3. 已知表 L = {{{y + x,4}},{{a,{x + 3}}},{y,x},{x + 2}},求 Prepend[L,{x,y}],Append[L,k],Insert[L,{a,b},2].

4. 已知表 L = {{x,{y + x,4,7}},{{y,{x,x + 3}}},{y,x},{x},x},求 Length[L],MemberQ[L,{y,x}],MemberQ[L,k],Count[L,x].

5. 已知矩阵 $\boldsymbol{A} = \begin{pmatrix} 4 & 3 & 1 & 7 \\ 2 & 5 & 4 & 1 \\ 8 & 9 & 2 & 7 \\ 5 & 3 & 1 & 4 \end{pmatrix}$, $\boldsymbol{B} = \begin{pmatrix} 2 & 2 \\ 3 & 1 \\ 5 & 4 \\ 7 & 11 \end{pmatrix}$, 求 $\boldsymbol{A} \times \boldsymbol{B}$, $\boldsymbol{A}^{-1} \times \boldsymbol{B}$, 并求矩阵 $\boldsymbol{A}$ 的特征值与特征矢量.

6. 构造 6 阶单位矩阵,并求其行列式的值.

7. 设矩阵 $\boldsymbol{M} = \begin{pmatrix} a & b \\ c & d \end{pmatrix}$,求矩阵 $\boldsymbol{M}$ 的逆矩阵.

8. 求矩阵 $\begin{pmatrix} 1 & 2 \\ 1 & 0 \end{pmatrix}$ 的特征值和特征矢量.

9. 求矩阵 $\begin{pmatrix} a & b \\ c & d \end{pmatrix}$ 的特征值和特征矢量.

10. 求矩阵 $\begin{pmatrix} 2 & 1 \\ 3 & -1 \end{pmatrix}$ 的特征值和特征矢量.

11. 求矩阵 $\begin{pmatrix} 2 & 1 \\ 3 & -1 \end{pmatrix}$ 的特征值和特征矢量的近似值.

12. 求矩阵 $\begin{pmatrix} 2.0 & 1 \\ 3 & -1 \end{pmatrix}$ 的特征值和特征矢量.

13. 求矩阵 $\begin{pmatrix} a & b \\ c & d \end{pmatrix}$ 的行列式的值.

14. 求矩阵 $\begin{pmatrix} 1 & 2 & c \\ b & 5 & 6 \\ 7 & a & 9 \end{pmatrix}$ 的行列式的值.

2.4　作　图

利用 Mathematica 系统可以作出各种函数的图形,包含二维和三维的函数图形、参数形式表示的二维和三维的函数图形,也可以对图形着色和添加阴影等.

2.4.1　二维函数作图

Mathematica 系统的二维函数作图功能是用系统函数 Plot 实现的. 对这个系统函数加上变

量和变量的变化范围以及可选项即可以作出各种二维函数的图形. 作图函数表达式如下:

◆ Plot[表达式,{变量,下限,上限},可选项]　函数中的表达式给出需要作图的一个函数,大括号中的变量相当于作为函数的表达式中的自变量,而下限、上限是此自变量变化的下限、上限.

◆ Plot 有很多选项(Options),可满足作图时的种种需要,例如,输入

```
Plot[x^2,{x,-1,1},AspectRatio - >1,PlotStyle - >RGBColor[1,0,0],PlotPoints - >
30]
```

则输出 $y = x^2$ 在区间 $-1 \leqslant x \leqslant 1$ 上的图形. 其中选项 AspectRatio - >1 使图形的高与宽之比为 1. 如果不输入这个选项,则命令默认图形的高宽比为黄金分割值. 而选项 PlotStyle - >RGB-Color[1,0,0]使曲线采用某种颜色. 方括号内的三个数分别取 0 与 1 之间. 选项 PlotPoints - > 30 令计算机描点作图时在每个单位长度内取 30 个点,增加这个选项会使图形更加精细.

◆ Plot 命令也可以在同一个坐标系内作出几个函数的图形,只要用集合的形式{f1[x],f2[x],…}代替 f[x].

◆ Plot[{表达式,表达式,…},{变量,下限,上限},可选项]　函数中的各个表达式分别给出需要作图的函数,现在是要在一个图形中作几个函数的组合图形,大括号中的变量相当于这几个函数中的自变量,而下限、上限是此自变量变化的下限、上限.

图形函数表达式中的可选项意义可以有也可以没有,如果没有,表示由系统自动给出,它的表示方法为:可选项 - >可选值. 作图函数表达式中的可选项有:

◆ PlotRange:是 Plot 的作图范围,内部默认值是 Automatic,表示由系统确定作图范围.

◆ AspectRatio:为指定的 Plot 的作图纵横比例,此处的默认值是 0.618:1.

◆ Axes:作图可以画坐标轴和设置坐标中心,也可以不画坐标轴和不设置坐标中心,此选项为确定坐标轴和坐标中心. 默认值是 Automatic,表示由系统确定坐标中心的位置,或者使用{x,y},表示把坐标中心放在 (x,y) 处. 例如:Plot[Sin[x],{x,0,2Pi},Axes - > True,AxesOrigin - >{0, -1}].

◆ AxesLabel:此选项说明是否对坐标轴上加标记符号,默认值是 None,表示不作标记. 用{x,y}形式的值表示图形横坐标的标记是 x,纵坐标的标记是 y,例如:Plot[Sin[x],{x,0,2Pi},AxesLabel - >{x,y}].

◆ Ticks:说明坐标轴上刻度的位置,默认值是 Automatic,表示由系统自动确定坐标轴刻度,也可以用{xi,yi}形式的值规定刻度.

◆ DisplayFunction:系统的默认值是一个系统变量($ DisplayFunction),使用这个变量的值调用系统的屏幕显示函数,用户也可以定义自己的显示函数,或者用 Identity 表示只生成图形,但是现在不显示.

◆ PlotStyle:说明用什么样式作函数的图形,系统的默认值是 Automatic,这时系统用一条黑实线作函数的图形. 下面给出描绘图形的选项,用户可以自己说明选项的形式.

◆ Thickness[t]:描绘线的宽度,其中 t 是一个远小于 1 的实数,说明要求的画线宽度,这时整个图宽度为 1.

◆ GrayLevel[i]:描绘线使用的灰度,其中 i 是一个[0,1]间的数,0 表示黑色,1 表示白色.

◆ RGBColor[r,g,b]:说明颜色,其中 r、g、b 是三个[0,1]间的数,说明所要求的颜色里红色、绿色、蓝色的强度.

◆ Dashing{d1,d2,…}:说明用怎样的方式画虚线,其中 d1,d2,…都是小于 1 的数,说明虚线的分段方式.

◆ Show:用于作图函数的重新显示及图形组合显示.当用作图函数生成图形后,如果需要在某处重新显示图形,或者修改原图形的某些参数,或是要把已作过的图形进行组合显示,则可使用系统函数 Show. 如绘出下面两个函数的图形 g1 = Plot[Sin[x] ,{ x, - Pi,Pi}],g2 = Plot[x,{ x, - Pi,Pi}],则 Show[g1]用于重新显示图形,Show[g1,g2]用于显示由 g1,g2 生成的组合图形.

例 2.33 在区间[- 4,4]上作出直线 $y = x$ 的图形.

输入 `Plot[x,{x,-4,4}]`

则输出如图 2 - 1 所示的图形.

例 2.34 在区间[- 4,4]上作出抛物线 $y = x^2$ 的图形.

输入 `Plot[x^2,{x,-4,4}]`

则输出如图 2 - 2 所示的图形.

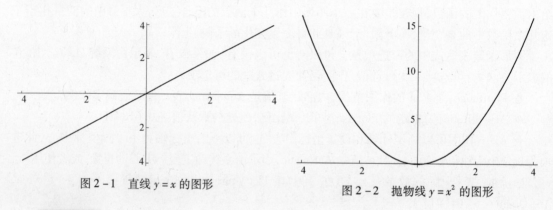

图 2 - 1　直线 $y = x$ 的图形　　　　图 2 - 2　抛物线 $y = x^2$ 的图形

例 2.35 在区间[0,2π]上作出 $y = \sin x$ 与 $y = \cos x$ 的图形.

输入 `Plot[{Sin[x],Cos[x]},{x,0,2Pi}]`

则输出如图 2 - 3 所示的图形.

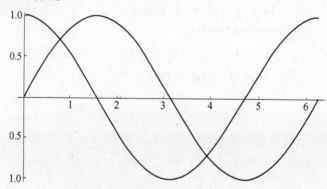

图 2 - 3　函数 $y = \sin x$ 与 $y = \cos x$ 的图形

例 2.36 在区间[- 4,4]上作出抛物线 $y = x^3$ 的图形.

输入 `Plot[x^3,{x,-4,4}]`

则输出如图 2-4 所示的图形.

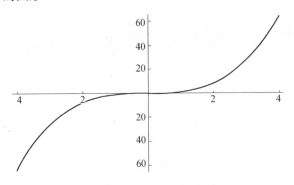

图 2-4   抛物线 $y = x^3$ 的图形

例 2.37   在区间 $[-4, 4]$ 上作出函数 $y = \dfrac{1}{x}$ 的图形.

输入   `Plot[1/x,{x,-4,4}]`

则输出如图 2-5 所示的图形.

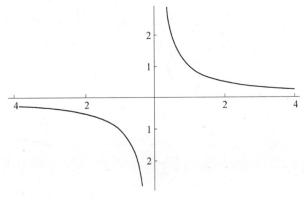

图 2-5   函数 $y = \dfrac{1}{x}$ 的图形

例 2.38   在区间 $[-4, 4]$ 上作出函数 $y = 2^x$ 的图形.

输入   `Plot[2^x,{x,-4,4}]`

则输出如图 2-6 所示的图形.

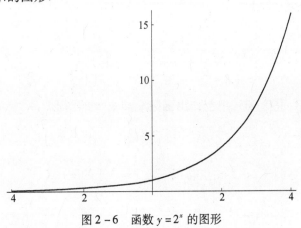

图 2-6   函数 $y = 2^x$ 的图形

例 2.39　在区间 $[-4,4]$ 上作出函数 $y=\left(\dfrac{1}{2}\right)^x$ 的图形.

输入　`Plot[(1/2)^x,{x,-4,4}]`

则输出如图 2-7 所示的图形.

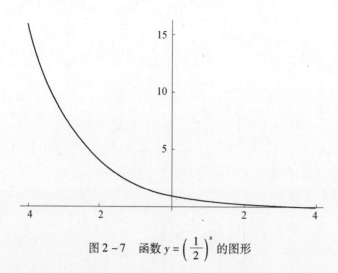

图 2-7　函数 $y=\left(\dfrac{1}{2}\right)^x$ 的图形

例 2.40　在区间 $[0.005,4]$ 上作出函数 $y=\log_2 x$ 的图形.

输入　`Plot[Log[2,x],{x,0.005,4}]`

则输出如图 2-8 所示的图形.

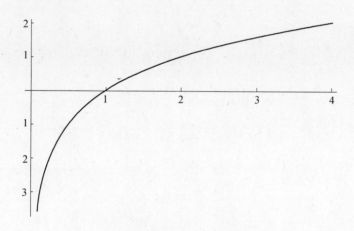

图 2-8　函数 $y=\log_2 x$ 的图形

例 2.41　在区间 $[0.005,4]$ 上作出函数 $y=\log_{\frac{1}{2}} x$ 的图形.

输入　`Plot[Log[1/2,x],{x,0.005,4}]`

则输出如图 2-9 所示的图形.

例 2.42　在区间 $[-2\pi,2\pi]$ 上作出函数 $y=\sin x$ 的图形.

输入　`Plot[Sin[x],{x,-2Pi,2Pi}]`

则输出如图 2-10 所示的图形.

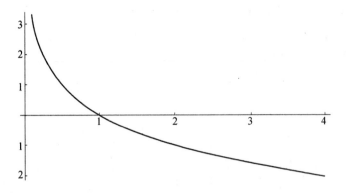

图 2-9 函数 $y = \log_{\frac{1}{2}} x$ 的图形

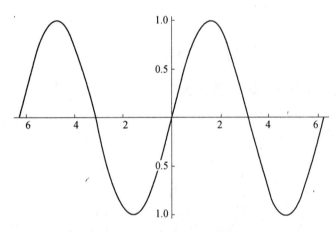

图 2-10 函数 $y = \sin x$ 的图形

例 2.43 在区间 $[-2\pi, 2\pi]$ 上作出函数 $y = \cos x$ 的图形.

输入 Plot[Cos[x],{x,-2Pi,2Pi}]

则输出如图 2-11 所示的图形.

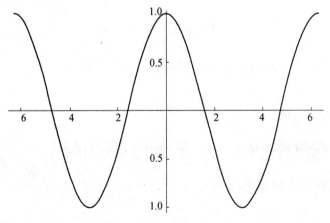

图 2-11 函数 $y = \cos x$ 的图形

例2.44   在区间$[-2\pi, 2\pi]$上作出函数$y=\tan x$的图形.

输入   Plot[Tan[x],{x,-2Pi,2Pi}]

则输出如图2-12所示的图形.

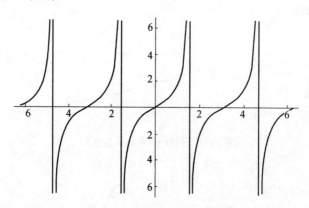

图2-12   函数$y=\tan x$的图形

例2.45   在区间$[-2\pi, 2\pi]$上作出函数$y=\cot x$的图形.

输入   Plot[Cot[x],{x,-2Pi,2Pi}]

则输出如图2-13所示的图形.

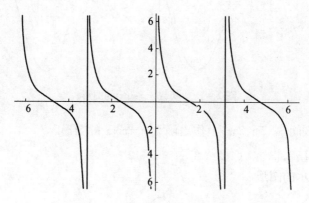

图2-13   函数$y=\cot x$的图形

例2.46   在区间$[-2\pi, 2\pi]$上作出函数$y=\sin\dfrac{1}{x}$的图形.

输入   Plot[Sin[1/x],{x,-2Pi,2Pi}]

则输出如图2-14所示的图形.

从图2-14中可以看到,函数$y=\sin\dfrac{1}{x}$在$x=0$附近来回振荡.

例2.47   在同一坐标系下绘出$y=\cos x$,$y=-\dfrac{1}{2}\cos 2x$,$y=\dfrac{1}{4}\cos 3x$,$-\pi \leqslant x \leqslant \pi$的

图形.

输入   Plot[{Cos[x],-Cos[x]/2,Cos[3x]/4},{x,-Pi,Pi}]

则输出如图2-15所示的图形.

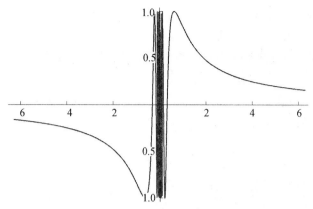

图 2 – 14　函数 $y = \sin\dfrac{1}{x}$ 的图形

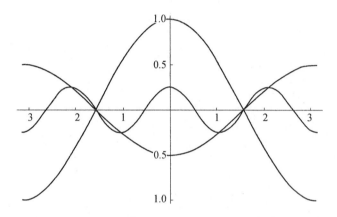

图 2 – 15　在同一坐标系下绘出多个函数图

例 2.48　作出指数函数 $y = \mathrm{e}^x$ 和对数函数 $y = \ln x$ 的图形.

输入　`Plot[Exp[x],{x,-2,2}]`

则输出如图 2 – 16 所示的图形.

输入　`Plot[Log[x],{x,0.001,5},PlotRange->{{0,5},{-2.5,2.5}},AspectRatio->1]`

则输出如图 2 – 17 所示的图形.

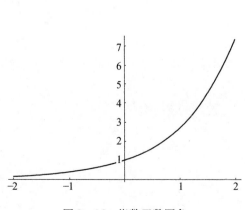

图 2 – 16　指数函数图象

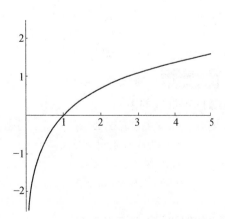

图 2 – 17　对数函数图象

55

注:(1) PlotRange $->\{\{0,5\},\{-2.5,2.5\}\}$ 是显示图形范围的命令. 第一组数 $\{0,5\}$ 是描述 x 的,第二组数 $\{-2.5,2.5\}$ 是描述 y 的.

(2) 有时要使图形的 x 轴和 y 轴的长度单位相等,需要同时使用 PlotRange 和 AspectRatio 两个选项. 本例中输出的对数函数的图形的两个坐标轴的长度单位就是相等的.

例 2.49 作出函数 $y=\sin x$ 和 $y=\csc x$ 的图形观察其周期性和变化趋势.

为了比较,把它们的图形放在一个坐标系中. 输入

```
Plot[{Sin[x],Csc[x]},{x,-2Pi,2 Pi},PlotRange->{-2 Pi,2 Pi},PlotStyle->
{GrayLevel[0],GrayLevel[0.5]},AspectRatio->1]
```

则输出如图 2-18 所示的图形.

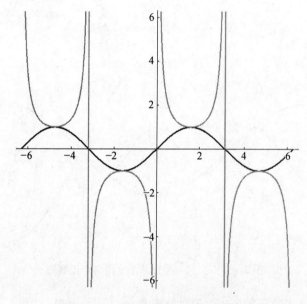

图 2-18　正弦函数和余割函数图形

注:PlotStyle $->\{$ GrayLevel $[0]$,GrayLevel $[0.5]\}$ 是使两条曲线分别具有不同的灰度的命令.

例 2.50 作出函数 $y=\tan x$ 和 $y=\cot x$ 的图形观察其周期性和变化趋势.

输入　Plot $[\{$ Tan $[x]$,Cot $[x]\}$,$\{x,-2$ Pi,2 Pi$\}$,PlotRange $->\{-2$ Pi,2 Pi$\}$, PlotStyle $->\{$ GrayLevel $[0]$,GrayLevel $[0.5]\}$,AspectRatio $->1]$

则输出如图 2-19 所示的图形.

例 2.51 将函数 $y=\sin x$,$y=x$,$y=\arcsin x$ 的图形作在同一坐标系内,观察直接函数和反函数的图形间的关系.

输入　p1 = Plot $[$ ArcSin $[x]$,$\{x,-1,1\}]$;

　　　　p2 = Plot $[$ Sin $[x]$,$\{x,-$ Pi/2,Pi/2$\}$,PlotStyle $->$ GrayLevel $[0.5]]$;

　　　　px = Plot $[x,\{x,-$ Pi/2,Pi/2$\}$,PlotStyle $->$ Dashing $[\{0.01\}]]$;

　　　　Show $[$ p1,p2,px,PlotRange $->\{\{-$ Pi/2,Pi/2$\}$,$\{-$ Pi/2,Pi/2$\}\}$,AspectRatio-

　　　　$>1]$

则输出如图 2-20 所示的图形.

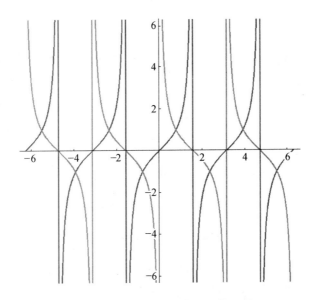

图 2 - 19 正切函数和余切函数图形

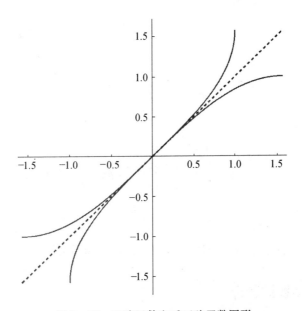

图 2 - 20 正弦函数和反正弦函数图形

则可以看到函数和它的反函数在同一个坐标系中的图形是关于直线 $y = x$ 对称的.

注:Show[…]命令把称为 p1,p2 和 px 的三个图形叠加在一起显示. 选项 PlotStyle - > Dashing[{0.01}]使曲线的线型是虚线.

例 2.52 给定函数 $f(x) = \dfrac{5 + x^2 + x^3 + x^4}{5 + 5x + 5x^2}$.

(1) 画出 $f(x)$ 在区间[-4,4]上的图形;

(2) 画出区间[-4,4]上 $f(x)$ 与 $\sin(x)f(x)$ 的图形.

输入   f[x_] = (5 + x^2 + x^3 + x^4)/(5 + 5x + 5x^2);

g1 = Plot[f[x],{x, -4,4},PlotStyle - >RGBColor[1,0,0]]

则输出 $f(x)$ 在区间 $[-4,4]$ 上的图形(图 2-21).

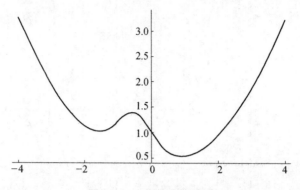

图 2-21 分式函数图形

输入 g2 = Plot[Sin[x] * f[x],{x,-4,4},PlotStyle - >RGBColor[0,1,0]];
Show[g1,g2,PlotRange - >All]

则输出区间 $[-4,4]$ 上的图形(图 2-22).

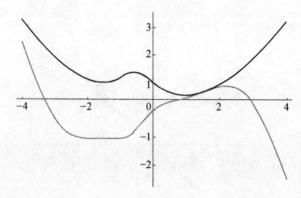

图 2-22 $f(x)$ 与 $\sin(x)*f(x)$ 的图形

注:Show[…]命令把称为 g1 与 g2 二个图形叠加在一起显示.

 ### 2.4.2 二维参数图形

Mathematica 系统的参数函数的作图表达式为:

◆ ParametricPlot[{x(t),y(t)},{t,下限,上限},可选项].

◆ ParametricPlot[{{x1(t),y1(t)},{x2(t),y2(t)},…{t,下限,上限},可选项].

上述第一种形式是作一个函数的图形,第二种形式是作多个函数的图形.ParametricPlot 也具有和 Plot 一样的各种可选项.

极坐标方程作图的命令为 PolarPlot,其基本格式为:

◆ PolarPlot[r[t],{t,min,max},选项].

例如:曲线的极坐标方程为 $r=3\cos3t$,要作出它的图形,输入 PolarPlot[3 Cos[3 t],{t,0,2 Pi}]便得到了一条三叶玫瑰线.

隐函数作图命令为 ContourPlot,基本格式为:

◆ ContourPlot $\left[\,f==g,\{x,x_{\min},x_{\max}\},\{y,y_{\min},y_{\max}\}\right].$

原来的隐函数作图命令为 ImplicitPlot, 基本格式为 ImplicitPlot[隐函数方程, 自变量的范围, 作图选项], 只在低版本中使用, 版本 10 中已不使用.

定义分段函数的命令为 Which, 基本格式为:

◆ Which[测试条件 1, 取值 1, 测试条件 2, 取值 2, …].

例如: 输入 w[x_] = Which[x < 0, -x, x > = 0, x^2], 虽然输出的形式与输入没有改变, 但已经定义好了分段函数:

$$w(x) = \begin{cases} -x, & x < 0 \\ x^2, & x \geqslant 0 \end{cases}$$

现在可以对分段函数 $w(x)$ 求函数值, 也可作出函数 $w(x)$ 的图形.

例 2.53　作出圆 $\begin{cases} u = \cos x \\ v = \sin x \end{cases}(0 \leqslant x \leqslant 2\pi)$ 的参数图形.

输入　`ParametricPlot[{Sin[x],Cos[x]},{x,0,2Pi}]`

则输出如图 2-23 所示的图形.

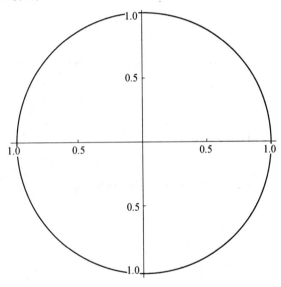

图 2-23　圆的参数图形

例 2.54　作出摆线 $\begin{cases} u = 4(x - \sin x) \\ v = 4(1 - \cos x) \end{cases}(0 \leqslant x \leqslant 5\pi)$ 的参数图形.

输入　`ParametricPlot[{4(x-Sin[x]),4(1-Cos[x])},{x,0,5Pi}]`

则输出如图 2-24 所示的图形.

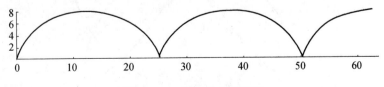

图 2-24　摆线的参数图形

例 2.55　作出三叶玫瑰线 $x = \sin 3t\cos t, y = \sin 3t\sin t (0 \leqslant t \leqslant 2\pi)$ 的参数图形.

输入　Clear[t]

　　ParametricPlot[{Sin[3t]Cos[t],Sin[3t]Sin[t]},{t,0,2Pi}]

则输出如图 2 - 25 所示的图形.

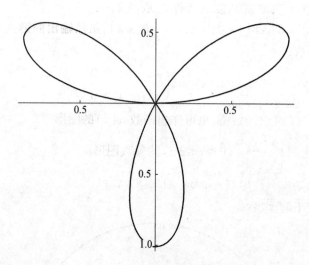

图 2 - 25　三叶玫瑰线参数图形

例 2.56　将两个参数方程 $\begin{cases} x = \sin(3t)\cos(t) \\ y = \sin(3t)\sin(2t) \end{cases}, \begin{cases} x = \sin t \\ y = \cos t \end{cases} (0 \leqslant t \leqslant 2\pi)$ 的图形绘制在同

一坐标系系下,如图 2 - 26 所示.

输入　Clear[t]

　　ParametricPlot[{{Sin[3t]Cos[t],Sin[3t]Sin[2t]},{Sin[t],Cos[t]}},{t,0,
2Pi}]

则输出如图 2 - 26 所示的图形.

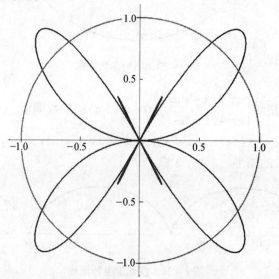

图 2 - 26　绘制在同一坐标系系下的图形

例 2.57　作出以参数方程 $x=2\cos t , y=\sin t (0\le t\le 2\pi)$ 所表示的曲线的图形.

输入　`ParametricPlot[{2 Cos[t],Sin[t]},{t,0,2 Pi},AspectRatio - >Automatic]`
则输出如图 2 - 27 所示的椭圆图形.

注:在 ParametricPlot 命令中选项 AspectRatio - > Automatic 与选项 AspectRatio - >1 是等效的.

例 2.58　作星形线 $x=2\cos^3 t , y=2\sin^3 t (0\le t\le 2\pi)$ 和摆线 $x=2(t-\sin t) , y=2(1-\cos t)(0\le t\le 4\pi)$ 的图形.

输入　`ParametricPlot[{2 Cos[t]^3,2 Sin[t]^3},{t,0,2 Pi},AspectRatio - >Automatic]`

`ParametricPlot[{2 * (t - Sin[t]),2 * (1 - Cos[t])},{t,0,4 Pi},AspectRatio - >Automatic]`

则可以分别得到如图 2 - 28 所示的星形线图形和如图 2 - 29 所示的摆线图形.

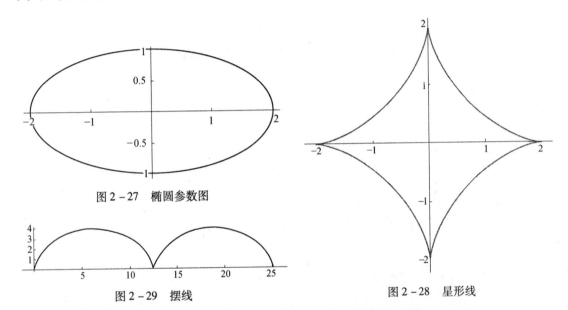

图 2 - 27　椭圆参数图

图 2 - 29　摆线

图 2 - 28　星形线

例 2.59　画出参数方程 $\begin{cases} x(t)=\cos t\cos 5t \\ y(t)=\sin t\cos 3t \end{cases}$ 的图形.

输入　`ParametricPlot[{Cos[5 t]Cos[t],Sin[t]Cos[3t]},{t,0,Pi},AspectRatio - >Automatic]`
则输出如图 2 - 30 所示的图形.

例 2.60　画出以下参数方程的图形.

$$(1)\ \begin{cases} x(t)=5\cos\left(-\dfrac{11}{5}t\right)+7\cos t \\ y(t)=5\sin\left(-\dfrac{11}{5}t\right)+7\sin t \end{cases} ; \quad (2)\ \begin{cases} x(t)=(1+\sin t-2\cos 4t)\cos t \\ y(t)=(1+\sin t-2\cos 4t)\sin t \end{cases} .$$

分别输入

`ParametricPlot[{5Cos[ -11/5t] +7Cos[t],5Sin[ -11/5t] +7Sin[t]},{t,0,10Pi},AspectRatio - >Automatic]`

61

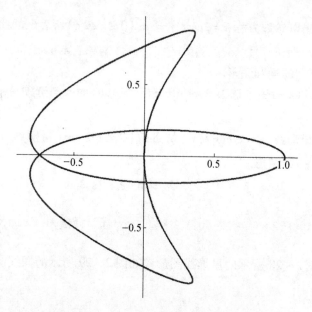

图 2 – 30   参数方程 $\begin{cases} x(t) = \cos t \cos 5t \\ y(t) = \sin t \cos 3t \end{cases}$ 的图形

```
ParametricPlot[(1 + Sin[t] - 2 Cos[4 * t]) * {Cos[t], Sin[t]}, {t, 0, 2 * Pi}, AspectRa-
tio - >Automatic, Axes - >None]
```
则输出如图 2 – 31 和图 2 – 32 所示的图形.

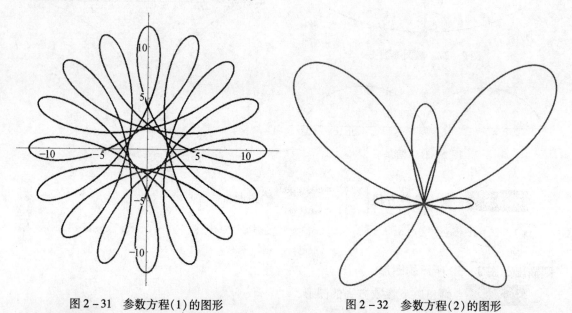

图 2 – 31 参数方程(1)的图形   图 2 – 32 参数方程(2)的图形

例2.61   作出极坐标方程为 $r = 2(1 - \cos t)$ 的曲线的图形.

曲线用极坐标方程表示时,容易将其转化为参数方程. 故也可用命令 ParametricPlot[…] 来作极坐标方程表示的图形. 输入

```
r[t_] = 2 * (1 - Cos[t]);
ParametricPlot[{r[t] * Cos[t], r[t] * Sin[t]}, {t, 0, 2 Pi}, AspectRatio - >1]
```

则输出如图 2 - 33 所示的心形线图形.

例 2.62 作出极坐标方程为 $r = e^{t/10}$ 的对数螺线的图形.

输入　`PolarPlot[Exp[t/10],{t,0,6 Pi}]`

则输出如图 2 - 34 所示的图形.

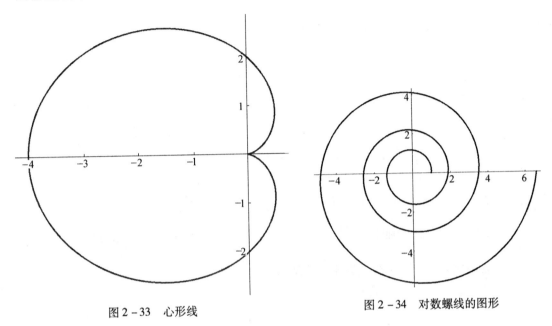

图 2 - 33　心形线

图 2 - 34　对数螺线的图形

例 2.63 作出由方程 $x^3 + y^3 = 3xy$ 所确定的隐函数的图形(笛卡儿叶形线).

输入　`ContourPlot[x^3 + y^3 = =3x * y,{x, -3,3},{y, -3,3},Axes - >True,AxesOri-`
`gin - >{0,0}]`

则输出如图 2 - 35 所示的图形.

例 2.64 分别作出取整函数 $y = [x]$ 和函数 $y = x - [x]$ 的图形.

输入　`Plot[Floor[x],{x, -4,4}]`

则输出如图 2 - 36 所示的图形. 取整函数 $y = [x]$ 的图形是一条阶梯形曲线.

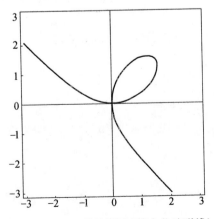

图 2 - 35　隐函数的图形(笛卡儿叶形线)

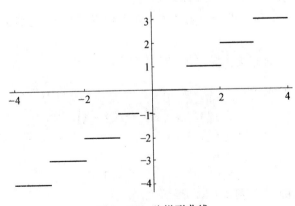

图 2 - 36　阶梯形曲线

输入　`Plot[x-Floor[x],{x,-4,4}]`

得到如图 2 - 37 所示的函数 $y = x - [x]$ 图形. 这是锯齿形曲线(注意:它是周期为 1 的周期函数.)

例 2.65　作出符号函数 $y = \text{sgn}x$ 的图形.

输入　`Plot[Sign[x],{x,-2,2}]`

则输出如图 2 - 38 所示的图形,点 $x = 0$ 是它的跳跃间断点.

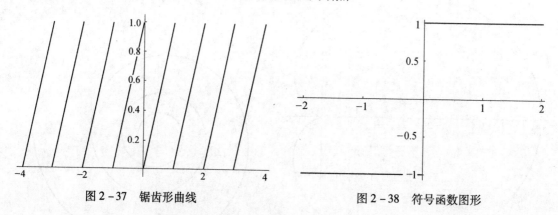

图 2 - 37　锯齿形曲线　　　　　　　　图 2 - 38　符号函数图形

一般分段函数可以用下面的方法定义. 例如,对本例输入

```
            Clear[g,x]
          g[x_]: = -1/; x<0;
          g[x_]: = 0/; x=0;
          g[x_]: = 1/; x>0;
          Plot[g[x],{x,-2,2}]
```

便得到上面符号函数的图形. 其中组合符号"/ ;"的后面给出前面表达式的适用条件.

例 2.66　作出分段函数 $h(x) = \begin{cases} \cos x, & x \leqslant 0 \\ \mathrm{e}^x, & x > 0 \end{cases}$ 的图形.

输入　`Clear[h,x]`
　　　`h[x_]:=Which[x<=0,Cos[x],x>0,Exp[x]]`
　　　`Plot[h[x],{x,-4,4}]`

则输出如图 2 - 39 所示的图形.

注:一般分段函数也可在组合符号"/ ;"的后面来给出前面表达式的适用条件.

例 2.67　作出分段函数 $f(x) = \begin{cases} x^2 \sin \dfrac{1}{x}, & x \neq 0 \\ 0, & x = 0 \end{cases}$ 的图形.

输入　`Clear[f,x]`
　　　`f[x_]:=x^2Sin[1/x]/;x! =0;`
　　　`f[x_]:=0/;`
　　　`x=0;`
　　　`Plot[f[x],{x,-1,1}]`

则输出如图 2 - 40 所示的图形.

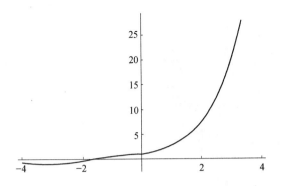
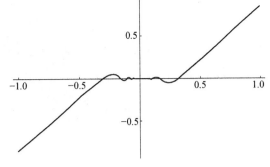

图 2-39　分段函数 $h(x) = \begin{cases} \cos x, & x \leqslant 0 \\ e^x, & x > 0 \end{cases}$ 的图形　图 2-40　分段函数 $f(x) = \begin{cases} x^2 \sin \dfrac{1}{x}, & x \neq 0 \\ 0, & x = 0 \end{cases}$ 的图形

 2.4.3　三维函数作图

Mathematica 系统实现三维函数作图,使用 Plot3D 来实现:

◆ Plot3D[函数表达式,{变量,下限,上限},{变量,下限,上限},可选项]:这里的函数表达式是二元函数,两个变量是函数表达式中的函数的两个自变量,两个大括号中的下限和上限分别是两个自变量的取值范围,可选项的意义与二维图形相同. 主要有以下几种形式.

PlotRange:为指定的 Plot 的作图范围,内部默认值是 Automatic,表示由系统确定作图范围.

AspectRatio:为指定的 Plot3D 的作图高宽比例,此处的默认值是 1.

Boxed:说明是否给图形加一个立体框,默认值是 True,表示加一个立体框.

PlotLabel:说明图形的名称标注,默认值是 None,表示图形不加任何标注.

BoxRatios:说明图形立体框在三个方向上的长度比,默认值是 1 : 1 : 0.4,用 {1,1,0.4} 表示.

ViewPoint:将三维图形投射到平面上时使用的观察点,默认值 {1.3, -2.4, 2},表示从空间这个点观察.

Mech,说明在曲面上是否画网格,默认值是 True,可以用 False 取消网格.

例 2.68　作出函数 $z = \sin(xy)(-\pi \leqslant x \leqslant \pi, -\pi \leqslant y \leqslant \pi)$ 的图形.

输入　`Plot3D[Sin[x*y],{x,-Pi,Pi},{y,-Pi,Pi}]`

则输出如图 2-41 所示的图形.

例 2.69　作出函数 $z = xy(-5 \leqslant x \leqslant 5, -5 \leqslant y \leqslant 5)$ 的图形.

输入　`Plot3D[x*y,{x,-5,5},{y,-5,5}]`

则输出如图 2-42 所示的图形.

与二维函数作图一样,生成图形后,可以使用系统函数 Show 重新显示,也可以修改原图形的某些参数后再用系统函数 Show 显示,还可以显示几个图形的组合.

例 2.70　作出函数 $z = \sin(xy)(0 \leqslant x \leqslant 3, 0 \leqslant y \leqslant 3)$ 和函数 $z = x(0 \leqslant x \leqslant 3, 0 \leqslant y \leqslant 3)$ 的图形,并显示两个图形的组合.

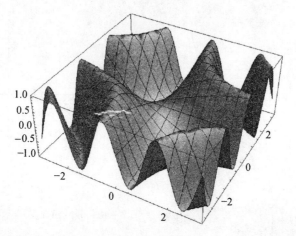

图 2 - 41　函数 $z = \sin(xy)$ ($-\pi \leqslant x \leqslant \pi$, $-\pi \leqslant y \leqslant \pi$) 的图形

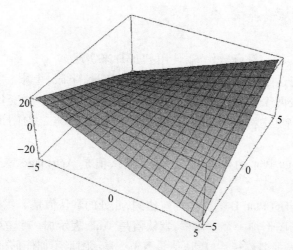

图 2 - 42　函数 $z = xy$ ($-5 \leqslant x \leqslant 5$, $-5 \leqslant y \leqslant 5$) 的图形

输入　$g1 = \text{Plot3D}[\text{Sin}[x * y], \{x, 0, 3\}, \{y, 0, 3\}]$

　　　$g2 = \text{Plot3D}[x, \{x, 0, 3\}, \{y, 0, 3\}]$

则输出如图 2 - 43 和图 2 - 44 所示的图形.

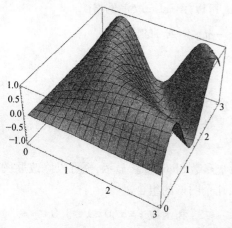

图 2 - 43　g1 的图形

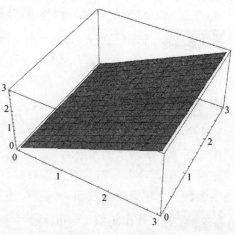

图 2 - 44　g2 的图形

显示这两个图形的组合表达式为 Show[g1,g2], 如图 2-45 所示.

例 2.71　作出函数 $z = \sin(x+y)\cos(x+y)(0 \leqslant x \leqslant 4, 0 \leqslant y \leqslant 4)$ 的立体图.

输入　`Plot3D[Sin[x+y]Cos[x+y],{x,0,4},{y,0,4}]`

则输出如图 2-46 所示的图形.

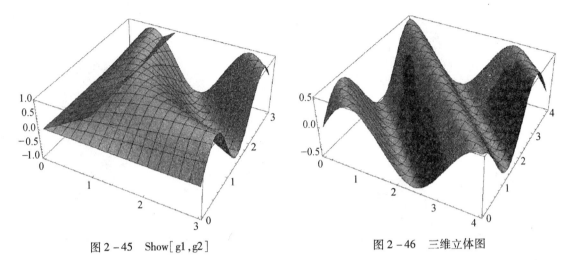

图 2-45　Show[g1,g2]　　　　　　　图 2-46　三维立体图

例 2.72　作出函数 $z = \dfrac{4}{1+x^2+y^2}$ 的图形.

输入　`k[x_,y_]:=4/(1+x^2+y^2)`
　　　　`Plot3D[k[x,y],{x,-2,2},{y,-2,2},PlotPoints->30,PlotRange->{0,4},`
`BoxRatios->{1,1,1}]`

则输出如图 2-47 所示的图形. 观察图形,可理解选项 PlotRange->{0,4} 和 BoxRatios-> {1,1,1} 的含义. 选项 BoxRatios 的默认值是{1,1,0.4}.

例 2.73　作出函数 $z = -xye^{-x^2-y^2}$ 的图形.

输入　`Plot3D[-x*y*Exp[-x^2-y^2],{x,-3,3},{y,-3,3},PlotPoints->30,As-`
`pectRatio->Automatic]`

则输出如图 2-48 所示的图形.

例 2.74　作出函数 $z = \cos(4x^2+9y^2)$ 的图形.

输入　`Plot3D[Cos[4x^2+9y^2],{x,-1,1},{y,-1,1},Boxed->False,Axes->Auto-`
`matic,PlotPoints->30]`

则输出网格形式的曲面,如图 2-49 所示,同时注意选项 Boxed->False 的作用.

2.4.4　三维参数作图

三维参数图形是数学中常见的图形. Mathematica 系统实现三维参数图形作图使用如下的表达式:

◆ `ParametricPlot3D[{x[t,v],y[t,v],z[t,v]},{t,t1,t2},{v,v1,v2}]`

67

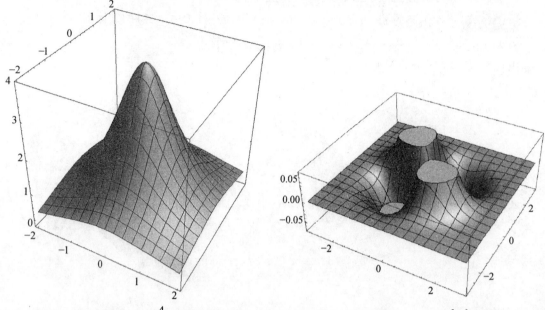

图 2 − 47　函数 $z = \dfrac{4}{1 + x^2 + y^2}$ 的图形　　　　图 2 − 48　函数 $z = -xy\mathrm{e}^{-x^2-y^2}$ 的图形

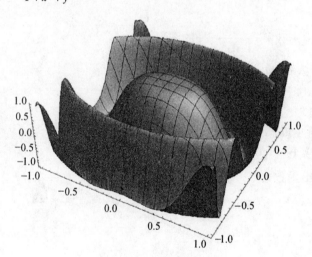

图 2 − 49　函数 $z = \cos(4x^2 + 9y^2)$ 的图形

例 2.75　　用三维参数图形方法作出一个球面图形.

输入　`ParametricPlot3D[{Cos[t]Cos[u],Sin[t]Cos[u],Sin[u]},{t,0,2Pi},{u,-Pi/2,Pi/2}]`

则输出如图 2 − 50 所示的图形.

例 2.76　　用三维参数图形方法作出一个空间螺旋线图形.

输入　`ParametricPlot3D[{Sin[t],Cos[t],t/3},{t,0,15}]`

则输出如图 2 − 51 所示的图形.

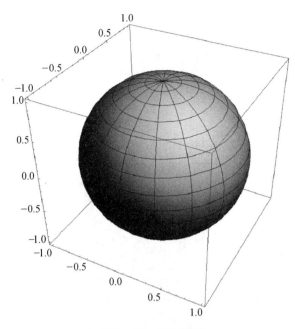

图 2 - 50   球面图形

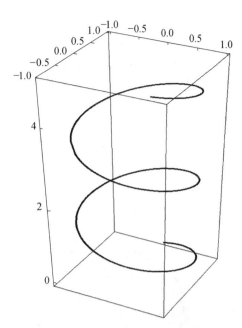

图 2 - 51   空间螺旋线图形

例 2.77   用三维参数图形方法作出函数 $\begin{cases} x = r \\ y = e^{-r^2\cos(4r)^2}\cos t \, (-1 \leqslant r \leqslant 1, 0 \leqslant t \leqslant 2\pi) \text{ 的} \\ z = e^{-r^2\cos(4r)^2}\sin t \end{cases}$

图形.

输入   `ParametricPlot3D[{r,Exp[-r^2Cos[4 r]^2] Cos[t],Exp[-r^2Cos[4 r]^2] Sin[t]},{r,-1,1},{t,0,2Pi}]`

则输出如图 2 - 52 所示的图形.

例 2.78   作出椭球面 $\dfrac{x^2}{4} + \dfrac{y^2}{9} + \dfrac{z^2}{1} = 1$

的图形.

这是多值函数,用参数方程作图的命令 ParametricPlot3D. 该曲面的参数方程为

$$x = 2\sin u \cos v, y = 3\sin u \sin v,$$
$$z = \cos u \, (0 \leqslant u \leqslant \pi, 0 \leqslant v \leqslant 2\pi)$$

输入   `ParametricPlot3D[{2 * Sin[u] * Cos[v],3 * Sin[u] * Sin[v],Cos[u]},{u, 0,Pi},{v,0,2 Pi},PlotPoints - >30]`

则输出如图 2 - 53 所示的图形. 其中选项 PlotPoints - >30 是增加取点的数量,可使图形更加光滑.

例 2.79   作出单叶双曲面 $\dfrac{x^2}{1} + \dfrac{y^2}{4} - \dfrac{z^2}{9} = 1$ 的图形.

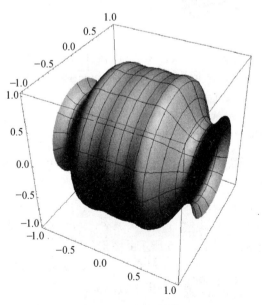

图 2 - 52   三维参数图形

69

曲面的参数方程为
$$x = \sec u \sin v, y = 2\sec u \cos v, z = 3\tan u \; (-\pi/2 < u < \pi/2, 0 \leqslant v \leqslant 2\pi)$$

输入 `ParametricPlot3D[{Sec[u] * Sin[v],2 * Sec[u] * Cos[v], 3 * Tan[u]}, {u, - Pi/4,Pi/4}, {v,0,2 Pi},PlotPoints - >30]`

则输出如图 2 - 54 所示的图形.

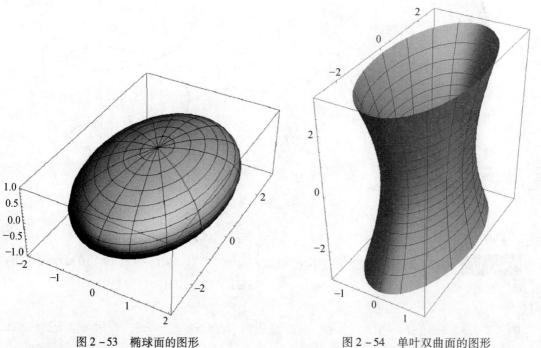

图 2 - 53 椭球面的图形   图 2 - 54 单叶双曲面的图形

例2.80 函数 $z = xy$ 的图形是双曲抛物面. 在区域 $-2 \leqslant x \leqslant 2$, $-2 \leqslant y \leqslant 2$ 上作出它的图形.

输入 `Plot3D[x * y, {x, -2,2}, {y, -2,2},BoxRatios - >{1,1,2},PlotPoints - >30]`

输出图形略. 也可用 ParametricPlot3D 命令作出这个图形, 输入

`ParametricPlot3D[{r * Cos[t],r * Sin[t],r^2 * Cos[t] * Sin[t]}, {r,0,2}, {t,0,2 Pi}, PlotPoints - >30]`

则输出如图 2 - 55 所示的图形.

例2.81 作出圆环 $x = (8 + 3\cos v)\cos u, y = (8 + 3\cos v)\sin u, z = 7\sin v \, (0 \leqslant u \leqslant 3\pi/2, \pi/2 \leqslant v \leqslant 2\pi)$ 的图形.

输入 `ParametricPlot3D[{(8+3 * Cos[v]) * Cos[u],(8+3 * Cos[v]) * Sin[u], 7 * Sin[v]}, {u,0,3 * Pi/2}, {v,Pi/2,2 * Pi}]`

则输出如图 2 - 56 所示的图形.

例2.82 画出参数曲面 $\begin{cases} x = \cos u \sin v \\ y = \sin u \sin v \\ z = \cos v + \ln(\tan v/2 + u/5) \end{cases}$ $(u \in [0,4\pi], v \in [0.001,2])$ 的

图形.

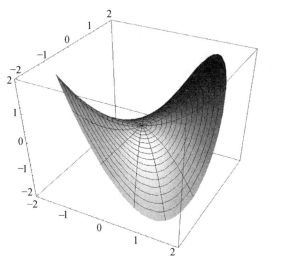

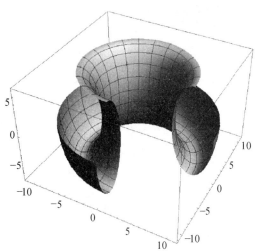

图 2-55　双曲抛物面的图形　　　　　　　　图 2-56　圆环的图形

输入　`ParametricPlot3D[{Cos[u] * Sin[v], Sin[u]Sin[v],Cos[v] + Log[Tan[v/2] + u/5]}, {u,0,4 * Pi},{v,0.001,2}]`

则输出如图 2-57 所示的图形.

例2.83　作出球面 $x^2 + y^2 + z^2 = 2^2$ 和柱面 $(x-1)^2 + y^2 = 1$ 相交的图形.

输入　`g1 = ParametricPlot3D[{2 Sin[u] * Cos[v],2 Sin[u] * Sin[v],2Cos[u]}, {u,0, Pi},{v,0,2 Pi},DisplayFunction - >Identity];`

`g2 = ParametricPlot3D[{2Cos[u]^2,Sin[2u],v}, {u, - Pi/2,Pi/2},{v, -3,3},Display-Function - >Identity];`

`Show[g1,g2,DisplayFunction - > $ DisplayFunction]`

则输出如图 2-58 所示的图形.

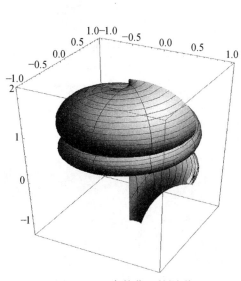

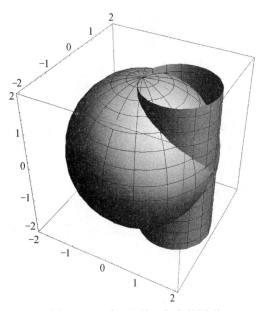

图 2-57　参数曲面的图形　　　　　　　　图 2-58　球面和柱面相交的图形

例2.84 作出锥面 $x^2 + y^2 = z^2$ 和柱面 $(x-1)^2 + y^2 = 1$ 相交的图形.

输入 g3 = ParametricPlot3D[{r*Cos[t],r*Sin[t],r},{r,-3,3},{t,0,2 Pi},DisplayFunction - >Identity];

Show[g2,g3,DisplayFunction - >$DisplayFunction]

则输出如图 2 - 59 所示的图形.

例2.85 画出以平面曲线 $y = \cos x$ 为准线,母线平行于 Z 轴的柱面的图形.

写出这一曲面的参数方程为

$$\begin{cases} x = t \\ y = \cos t \\ z = s \end{cases} \quad (t \in [-\pi, \pi], s \in \mathbf{R})$$

取参数 s 的范围为 $[0,8]$. 输入

ParametricPlot3D[{t,Cos[t],s},{t,-Pi,Pi},{s,0,8}]

则输出如图 2 - 60 所示的图形.

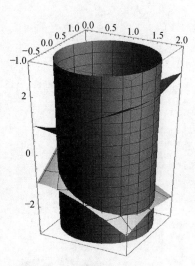

图 2 - 59 锥面和柱面相交的图形

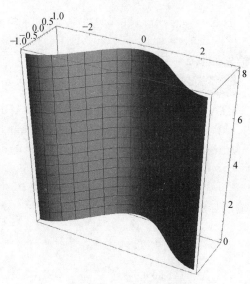

图 2 - 60 柱面的图形

例2.86 作出曲面 $z = \sqrt{1 - x^2 - y^2}$, $x^2 + y^2 = x$ 及 xOy 面所围成的立体图形.

输入 Clear[g1,g2]

g1 = ParametricPlot3D[{r*Cos[t],r*Sin[t],r^2},{t,0,2*Pi},{r,0,1},PlotPoints - >30,DisplayFunction - >Identity];

g2 = ParametricPlot3D[{Cos[t]*Sin[r],Sin[t]Sin[r],Cos[r]+1},{t,0,2*Pi},{r,0,Pi/2},PlotPoints - >30,DisplayFunction - >Identity];

Show[g1,g2,BoxRatios - >{1,1,1},ViewPoint - >{1.3,-2.4,2.},PlotRange - >{0,2},DisplayFunction - >

$DisplayFunction]

则输出如图 2 - 61 所示的图形.

若输入 Clear[g1,g2]

```
            g1 = ParametricPlot3D[{r*Cos[t],r*Sin[t],r^2},{t,0,2*Pi},{r,0,1},
PlotPoints - >30];
            g2 = ParametricPlot3D[{Cos[t]*Sin[r],Sin[t]Sin[r],Cos[r]+1},{t,0,2*
Pi},{r,0,Pi/2},PlotPoints - >30];
            Show[g1,g2]
```

则输出如图 2 - 62 所示的图形,因为高度不够,顶部没有显示出来. 若将 Show[g1,g2]修改为
Show[g1,g2,PlotRange - >{0,2}],则将得到如图 2 - 61 所示的图形.

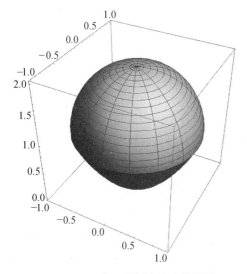

图 2 - 61 曲面所围成的立体图形

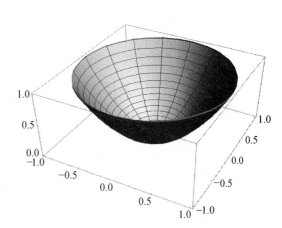

图 2 - 62 顶部没有显示的曲面所围成的图形

例 2.87 作出默比乌斯带(单侧曲面)的图形.

输入
```
Clear[r,x,y,z];
r[t_,v_]:=2+0.5*v*Cos[t/2];
x[t_,v_]:=r[t,v]*Cos[t]
y[t_,v_]:=r[t,v]*Sin[t]
z[t_,v_]:=0.5*v*Sin[t/2];
ParametricPlot3D[{x[t,v],y[t,v],z[t,v]},{t,0,2 Pi},{v,-1,1},PlotPoints
- >{40,4},Ticks - >False]
```

则输出如图 2 - 63 所示的图形. 观察所得到的曲面可理解它是单侧曲面.

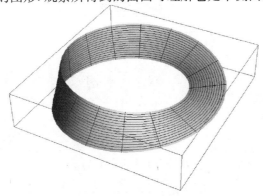

图 2 - 63 默比乌斯带(单侧曲面)的图形

习题 2-4

1. 在同一坐标系下画出 $f(x) = x^2$ 与 $g(x) = 9 - x^2$ 在 $x = -3$ 与 $x = 3$ 之间的图形.

2. 在同一坐标系下画出 $y = x^2 - 9$ 在区间 $[-4, 4]$ 上的图形和 $y = \sin x$ 在 $[0, 2\pi]$ 上的图形.

3. 绘制 $y = \dfrac{x^2}{x^2 + 1}$ 在 $x = -3$ 与 $x = 3$ 之间的图形.

4. 画出函数 $y = xe^{-x}$ 在 $x = 0$ 与 $x = 5$ 之间的图形.

5. 绘制 $y = |1 - |x||$ 在 $x = -3$ 与 $x = 3$ 之间的图形.

6. 绘制标准正态分布密度曲线 $f(x) = \dfrac{1}{\sqrt{2\pi}} e^{-\frac{1}{2}x^2}$ 在 $x = -3$ 与 $x = 3$ 之间的图形.

7. 绘制参数方程 $\begin{cases} x = t^3 - 2t \\ y = t^2 - t \end{cases}$ 在 $t \in [-2, 2]$ 上的图形.

8. 绘制参数方程 $\begin{cases} x = \cos t - \cos 100t \sin t \\ y = 2\sin t - \sin 100t \end{cases}$ 在 $t \in [0, 2\pi]$ 的图形.

9. 绘制方程 $y^2 = x^3(2 - x)$ 在 $x \in [0, 2]$ 上的图形.

10. 方程 $r = \sin n\theta$ 定义的极坐标曲线称为玫瑰线, 其中 n 为正整数, 研究这族曲线的形状, 并猜测循环的数目与 n 的关系. (提示: 如果 n 为奇数, 玫瑰线有 n 叶; 如果 n 为偶数, 玫瑰线会有 $2n$ 叶)

11. 画出函数 $f(x, y) = x^2 y^2 e^{-(x^2 + y^2)}$ 在 $-2 \leqslant x \leqslant 2$, $-2 \leqslant y \leqslant 2$ 范围内的图形.

12. 画出函数 $f(x, y) = |\sin x \sin y|$ 在 $-2\pi \leqslant x \leqslant 2\pi$, $-2\pi \leqslant y \leqslant 2\pi$ 范围内的图形. 不显示坐标轴, 使用足够多的点, 以得到光滑的曲面.

13. 画出抛物面 $z = x^2 + y^2$ 与平面 $y + z = 12$ 的交, 给出两种不同的视图.

14. 画出由 $\begin{cases} x = 4 + (3 + \cos v)\sin u \\ y = 4 + (3 + \cos v)\cos u \\ z = 4 + \sin v \end{cases}$ 和 $\begin{cases} x = 8 + (3 + \cos v)\cos u \\ y = 3 + \sin u \\ z = 4 + (3 + \cos v)\sin u \end{cases}$ $(0 \leqslant u \leqslant 2\pi, 0 \leqslant v \leqslant 2\pi)$ 定义的圆环面的图形, 并以红色和绿色显示.

总习题 2

1. 计算下列各式的值.

(1) 2^{100};

(2) $\sqrt{2} + \sqrt{8} + \sqrt{18}$;

(3) $89!$;

(4) $\log_7 314$;

(5) $\sin\left(\dfrac{\pi^2}{6}\right)$;

(6) $\arccos\left(\dfrac{\pi}{7}\right)$;

(7) $\arctan(\log_3 \pi)$;

(8) $\ln\ln(10^{2\pi} + 2)$;

(9) $\log_3 \sqrt{e^3 - 1}$;

(10) $\dfrac{1}{3} + \dfrac{3}{5} - \dfrac{5}{7} + \dfrac{2}{11}$.

2. 求表达式 $e^{-x} \sin x$ 在 $x = 0.5, 1, 1.5, 2$ 时精确到 50 位的值.

3. 已知矩阵 $A = \begin{pmatrix} 1 & 2 & 3 & 4 \\ 4 & 3 & 2 & 1 \\ 8 & 9 & 10 & 11 \\ 10 & 9 & 8 & 7 \end{pmatrix}$, $B = \begin{pmatrix} 4 & 1 \\ 5 & 2 \\ 6 & 3 \\ 7 & 4 \end{pmatrix}$, 求 $A \times B$, $A^{-1} \times B$, 并求矩阵 A 的特征值

和特征矢量.

4. 画出下列函数的图形.

(1) $f(x) = \cos x + \sin x$, $x \in [0, 2\pi]$;

(2) $f(x) = \sin(\cos x)$, $x \in [0, 3\pi]$;

(3) $f(x) = x e^{\frac{x}{2}}$, $x \in [-2, 2]$;

(4) $f(x) = x^3 \cos \pi x$, $x \in \left[-\dfrac{4}{7}, \dfrac{4}{7} \right]$.

(5) $f(x) = \dfrac{\sin x^2}{1 + x}$, $x \in [0, 2\pi]$.

(6) 在同一坐标系下, 画出 $y = \arcsin x$ 和 $y = \sec x$ 在 $x \in (-1, 1)$ 之间的图像.

5. 画出下列参数函数的图形.

(1) $x = t \cos t$, $y = t \sin t$, $t \in [0, 2\pi]$;

(2) $x = \cos 3t$, $y = \sin 5t$, $t \in [0, \pi]$;

(3) $x = 2 \cos^3 t$, $y = 2 \sin^3 t$, $t \in [0, 2\pi]$.

6. 画出下列图形.

(1) 圆柱面 $x^2 + y^2 = x$;

(2) 椭球面 $\dfrac{x^2}{4} + \dfrac{y^2}{4} + \dfrac{z^2}{9} = 1$;

(3) 圆锥面 $x^2 + y^2 = z^2$.

7. 画出曲面 $z = e^{-(2x^2 + 3y^2)}$ ($|x| \leqslant 2$, $|y| \leqslant 3$).

8. 画出螺旋线 $\begin{cases} x = \sin t \\ y = \cos t \\ z = \dfrac{t}{3} \end{cases}$ ($t \in [0, 15]$) 的图形.

9. 画出圆环面 $\begin{cases} x = (3 + \cos u) \cos t \\ y = (3 + \cos u) \sin t \\ z = \sin u \end{cases}$ ($0 \leqslant t \leqslant 2\pi$, $0 \leqslant u \leqslant 2\pi$) 的图形.

第 2 章习题答案

习题 2 - 1

1. 输入 $12 * 7 + 9$, 输出 93.

2. 输入 $17.2 * 16.3 + 4.7$, 输出 285.06.

3. 输入 $17.2 * (16.3 + 4.7)$, 输出 361.2.

4. 输入 $(2x + 3) + (5x + 9) + (4x + 2)$, 输出 $14 + 11x$.

5. 输入 127^12,输出 1760534951622076427196721.

6. 输入($E^3 - 1)^{(1/2)};N[%]$,输出 4.3687.

7. 输入 $10^{(5^{(1/2)})};N[%]$,输出 172.214.

8. 输入 $1 + 1/(1 + 1/(1 + 1/(1 + 1/2)))$,输出 13/8.

9. 输入 $1 + (1 + (1 + (1 + (1 + 1)^2)^2)^2)^2$,输出 458330.

10. 输入 Factor[x^4 + x^2 + 1],输出 $(1 - x + x^2)(1 + x + x^2)$.

11. 输入 Expand[(x^3 + 1)(x^2 + 2)(x - 3)],输出 $-6 + 2x - 3x^2 - 5x^3 + 2x^4 - 3x^5 + x^6$.

12. 输入 Together[1/(x + 1) + 1/(x^2 - 2x + 1) + 1/(x + 2)],输出 $(5 - x + 2x^3)/((-1 + x)^2(1 + x)(2 + x))$.

13. 输入 Apart[(8 + 3x)/(x^4 + x^2 + 1)],输出 $(11 - 8x)/(2(1 - x + x^2)) + (5 + 8x)/(2(1 + x + x^2))$.

14. 输入 Simplify[(1 + x)(2 + x) + (1 + x)(3 + x) - (4x + 5)(3x + 6)],输出 $-25 - 32x - 10x^2$.

习题 2 - 2

1. 输入 a = 3;b = 4;c = 5;(a + b) * (b + c),输出 63.

2. 输入 a = 1;b = 2;c = 3;a + b + c

       Clear[a,b,c]

       a + b + c

输出 6,a + b + c.

3. 输入 N[E,26],输出 2.7182818284590452353602875.

4. 输入 1/7 + 2/13 - 3/19 + 1/23

       N[%,20]

输出 7249/39767,0.18228682073075665753.

5. 输入 a = 2x + 3;b = 5x + 6;a + b,输出 9 + 7x.

6. 输入 a = 2x + 3y + 4z;b = x + 3y + 5z;c = 3x + y + z;a + b + c,输出 6x + 7y + 10z.

7. 输入 N[Sqrt[Pi],50],输出 1.7724538509055160272981674833411451827975494561224.

8. 输入 Solve[x^3 - 2x + 1 == 0],输出 $\{\{x - >1\},\{x - >1/2(-1 - \sqrt{5})\},\{x - >1/2(-1 + \sqrt{5})\}\}$.

9. 输入 Expand[(1 + x)^10],输出 $1 + 10x + 45x^2 + 120x^3 + 210x^4 + 252x^5 + 210x^6 + 120x^7 + 45x^8 + 10x^9 + x^{10}$.

10. 输入 $N[(\sqrt{3} + \sqrt{2}) * (\sqrt{3} - \sqrt{2}),50]$,输出 1.0000000000000000000000000000000000000000000000000.

11. 输入 f[x_] = x^5 + 3x^4 - 7x^2 + 2;f[2],输出 54.

12. 输入 f[x_,y_] = ((x - 3)^2 + (y - 4)^2)^(1/2);f[5, -2],输出 $2\sqrt{10}$.

13. 输入 d[x1_,y1_,x2_,y2_] = Sqrt[(x2 - x1)^2 + (y2 - y1)^2];d[2,3,8,11],输出 10.

14. 输入 Clear[a,b,c,s]

       s = (a + b + c)/2;

       k[a_,b_,c_] = Sqrt[s * (s - a) * (s - b) * (s - c)];

$$\text{k}[3,4,5]$$
$$\text{k}[5,9,12]$$

输出 $6,4\sqrt{26}$.

习题 2-3

1. 输入 L = {{y+z},23,{x,{a,b}},y+1,x,{1}}

        L[[1]]

        L[[3]]

        L[[-2]]

        First[L]

        Last[L]

        L[[3]][[2]]

输出 {{y+z},23,{x,{a,b}},1+y,x,{1}},{y+z},{x,{a,b}},x,{y+z},{1}, {a,b}

2. 输入 L = {12,{y+z,4},{{a,b+3}},{y+1,x},{1}}

        Take[L,3]

        Take[L,{2,3}]

        Drop[L,2]

        Drop[L,{1,2}]

输出 {12,{y+z,4},{{a,3+b}},{1+y,x},{1}},{12,{y+z,4},{{a,3+b}}}, {{y+z,4},{{a,3+b}}},{{{a,3+b}},{1+y,x},{1}},{{{a,3+b}},{1+y,x},{1}}.

3. 输入 L = {{{y+z,4}},{{a,{x+3}}},{y,x},{x+2}}

        Prepend[L,{x,y}]

        Append[L,k]

        Insert[L,{a,b},2]

输出 {{{y+z,4}},{{a,{3+x}}},{y,x},{2+x}},{{x,y},{{y+z,4}},{{a,{3+x}}},{y,x},{2+x}},{{{y+z,4}},{{a,{3+x}}},{y,x},{2+x},k},{{{y+z,4}},{a,b},{{a,{3+x}}},{y,x},{2+x}}.

4. 输入 L = {{x,{y+z,4,7}},{{y,{x,x+3}}},{y,x},{x},x}

        Length[L]

        MemberQ[L,{y,x}]

        MemberQ[L,k]

        Count[L,x]

输出 {{x,{y+z,4,7}},{{y,{x,3+x}}},{y,x},{x},x},5,True,False,1.

5. 输入 A = {{4,3,1,7},{2,5,4,1},{8,9,2,7},{5,3,1,4}};

        B = {{2,2},{3,1},{5,4},{7,11}};

        MatrixForm[A.B]

        MatrixForm[Inverse[A].B]

        Eigenvalues[N[A]]

        Eigenvectors[N[A]]

输出 $\begin{pmatrix} 71 & 92 \\ 46 & 36 \\ 102 & 110 \\ 52 & 61 \end{pmatrix}$, $\begin{pmatrix} \dfrac{337}{128} & \dfrac{1233}{256} \\ -\dfrac{193}{128} & -\dfrac{833}{256} \\ \dfrac{97}{64} & \dfrac{289}{128} \\ -\dfrac{101}{128} & -\dfrac{357}{256} \end{pmatrix}$, $\{15.0139, 4.10903, -2.37766, -1.74525\}$,

$\{0.408842, 0.409573, 0.73007, 0.36345\}$, $\{0.502224, -0.767096, -0.17048, 0.360932\}$, $\{-0.0602779, -0.472842, 0.868897, 0.133437\}$, $\{-0.51543, 0.485009, -0.636694, 0.306135\}\}$.

6. 输入 IdentityMatrix[6]//MatrixForm,Det[%]. 输出单位矩阵,1.

7. 输入 M={{a,b},{c,d}}//MatrixForm,Inverse[%]//MatrixForm. 输出矩阵,矩阵的逆矩阵.

8. 输入 m={{1,2},{1,0}}//MatrixForm,Eigenvalues[%],Eigenvectors[m],Eigenvectors[{{1,2},{1,0}}]. 输出相应的结果.

9. 输入 k={{a,b},{c,d}},Eigenvalues[k],Eigenvectors[k]. 输出相应的结果.

10. 输入 h={{2,1},{3,-1}},Eigenvalues[h],Eigenvectors[h]. 输出相应的结果.

11. 输入 h={{2,1},{3,-1}},Eigenvalues[N[h]],Eigenvectors[N[h]]. 输出相应的结果.

12. 输入 h={{2.0,1},{3,-1}},Eigenvalues[h],Eigenvectors[h]. 输出相应的结果.

13. 输入 f={{a,b},{c,d}},MatrixForm[f],Det[f]. 输出相应的结果.

14. 输入 g={{1,2,c},{b,5,6},{7,a,9}},MatrixForm[g],Det[g]. 输出{{1,2,c},{b,5,6},{7,a,9}}, $\begin{pmatrix} 1 & 2 & c \\ b & 5 & 6 \\ 7 & a & 9 \end{pmatrix}$,

$129-6a-18b-35c+abc$.

习题 2-4

1. 输入 a1=Plot[x^2,{x,-3,3}];a2=Plot[9-x^2,{x,-3,3}];Show[a1,a2,PlotRange->All]. 输出相应的图形.

2. 输入 b1=Plot[x^2-9,{x,-4,4}];b2=Plot[Sin[x],{x,0,2 Pi}];Show[b1,b2,PlotRange->All]. 输出相应的图形.

3. 输入 Plot[x^2/(x^2+1),{x,-3,3}]. 输出相应的图形.

4. 输入 Plot[x*E^(-x),{x,0,5}]. 输出相应的图形.

5. 输入 Plot[Abs[1-Abs[x]],{x,-3,3}]. 输出相应的图形.

6. 输入 f[x_]=1/(Sqrt[2*Pi])*E^((-1/2)*x^2);Plot[f[x],{x,-3,3}]. 输出相应的图形.

7. 输入 ParametricPlot[{t^3-2*t,t^2-t},{t,-2,2}]. 输出相应的图形.

8. 输入 ParametricPlot[{Cos[t]-Cos[100*t]*Sin[t],2*Sin[t]-Sin[100*t]},{t,0,2 Pi}]. 输出相应的图形.

9. 输入 ContourPlot[y^2==x^3*(2-x),{x,0,2},{y,-4,4},PlotRange->Automat-

ic].输出相应的图形.

10. 输入 t1 = PolarPlot[Sin[2θ],{θ,0,2π},Ticks - > None,PlotLabel - >"n = 2",Display-Function - > Identity]

t2 = PolarPlot[Sin[3θ],{θ,0,2π},Ticks - > None,PlotLabel - >"n = 3",DisplayFunc-tion - > Identity]

t3 = PolarPlot[Sin[4θ],{θ,0,2π},Ticks - > None,PlotLabel - >"n = 4",DisplayFunc-tion - > Identity]

t4 = PolarPlot[Sin[5θ],{θ,0,2π},Ticks - > None,PlotLabel - >"n = 5",DisplayFunc-tion - > Identity]

t = GraphicsArray[{{t1,t2},{t3,t4}}];

Show[t,DisplayFunction - > $ DisplayFunction]

输出相应的图形. 如果 n 为奇数,玫瑰线有 n 叶;如果 n 为偶数,玫瑰线会有 $2n$ 叶.

11. 输入f[x_,y_] = x^2 * y^2 * E^(- (x^2 + y^2));

Plot3D[f[x,y],{x, - 2,2},{y, - 2,2}]

Plot3D[f[x,y],{x, - 2,2},{y, - 2,2},PlotPoints - >25]

Plot3D[f[x,y],{x, - 2,2},{y, - 2,2},PlotPoints - >40]

输出相应的图形.

12. 输入 Plot3D[Abs[Sin[x] * Sin[y]],{x, - 2π,2π},{y, - 2π,2π},Axes - > False,PlotPoints - >30]

输出相应的图形.

13. 输入p1 = Plot3D[x^2 + y^2,{x, - 5,5},{y, - 5,5},DisplayFunction - > Identity];

p2 = Plot3D[12 - y,{x, - 5,5},{y, - 5,5},DisplayFunction - > Identity];

Show[p1,p2,BoxRatios - > {1,1,1},PlotRange - > {0,20},DisplayFunction - > $ DisplayFunction]

Show[p1,p2,BoxRatios - > {1,1,1},ViewPoint - > {1.126, - 1.800,2.634},Plo-tRange - > {0,20},DisplayFunction - > $ DisplayFunction]

输出相应的图形.

14. 输入 ParametricPlot3D[{{4 + (3 + Cos[v]) Sin[u],4 + (3 + Cos[v]) Cos[u],4 + Sin[v]},{8 + (3 + Cos[v]) Cos[u],3 + Sin[v],4 + (3 + Cos[v]) Sin[u]}},{u,0,2Pi},{v,0,2Pi},PlotStyle - > {Red,Green}]

输出相应的图形.

总习题2

1. (1) 输入 2^100,输出 1267650600228229401496703205376.

(2) 输入 Sqrt[2] + Sqrt[8] + Sqrt[18],输出 $6\sqrt{2}$.

(3) 输入 89!,输出 16507955516090846101812169192624536193098396662364965418549 13520707833171034378509739399912570787600662729080382999756800000000000000000000.

(4) 输入 N[Log[7,314]],输出 2.9546.

(5) 输入 N[Sin[((Pi)^2)/6]],输出 0.997253.

(6) 输入 N[ArcCos[π/7]],输出 1.10538.

(7) 输入 N[ArcTan[Log[3,π]]],输出 0.805953.

(8) 输入 N[Log[Log[10^(2π) + 2]]],输出 2.67191.

（9）输入 N[Log[3,Sqrt[E^ 3 − 1]]],输出 1. 34212.

（10）输入 N[1/ 3 + 3/ 5 − 5/ 7 + 2/ 11],输出 0. 400866.

2. 输入 N[E^ (− 1/ 2) ∗ Sin[1/ 2],50]

   N[E^ (− 1) ∗ Sin[1],50]

   N[E^ (− 3/ 2) ∗ Sin[3/ 2],50]

   N[E^ (− 2) ∗ Sin[2],50]

输出 0. 29078628821269184886414325498678694256383870942576

   0. 30955987565311219844391282491512943167128686660206

   0. 22257121610821853204818038044843160991203136258349

   0. 12306002480577673580785171984582164000950873117904.

3. 输入 Clear[A,B]

   A = {{1,2,0,1},{4,3,2,1},{2,9,7,6},{10,9,8,7}};

   B = {{4,1},{5,2},{6,3},{7,4}};

   MatrixForm[A. B]

   MatrixForm[Inverse[A]. B]

   Eigenvalues[N[A]]

   Eigenvectors[N[A]]

输出相应的结果.

4. （1）输入 Plot[Cos[x] + Sin[x],{x,0,2 ∗ Pi}],输出相应的图形.

（2）输入 Plot[Sin[Cos[3x]],{x,0,3Pi}],输出相应的图形.

（3）输入 Plot[x ∗ E^ (x/ 2),{x, − 2,2}],输出相应的图形.

（4）输入 Plot[x^ 3 ∗ Cos[(Pi) ∗ x],{x, − 4/ 7,4/ 7}],输出相应的图形.

（5）输入 Plot[Sin[(x^ 2)/ (1 + x)],{x,0,2 ∗ Pi}],输出相应的图形.

（6）输入 t1 = Plot[ArcSin[x],{x, − 1,1}];t2 = Plot[Sec[x],{x, − 1,1}];Show[t1,t2,
PlotRange − > All],输出相应的图形.

5. （1）输入 ParametricPlot[{t ∗ Cos[t],t ∗ Sin[t]},{t,0,2 ∗ Pi}],输出相应的图形.

（2）输入 ParametricPlot[{Cos[3 ∗ t],Sin[3 ∗ t]},{t,0,Pi}],输出相应的图形.

（3）输入 ParametricPlot[{2 ∗ (Cos[t])^ 3,2 ∗ (Sin[t])^ 3},{t,0,2 ∗ Pi}],输出相应的
图形.

6. （1）输入 ParametricPlot3D[{1/ 2 ∗ Cos[t] + 1/ 2,1/ 2 ∗ Sin[t],s},{t,0,2 ∗ Pi},
{s, − 1,1},DisplayFunction − > Identity],输出相应的图形.

（2）输入 ParametricPlot3D[{2 ∗ Cos[u] ∗ Sin[v],2 ∗ Sin[u] ∗ Sin[v],3 ∗ Cos[v]},
{u, − 2,2},{v, − 3,3},DisplayFunction − > Identity],输出相应的图形.

（3）输入 ParametricPlot3D[{Cos[u] ∗ Sin[v],Sin[u] ∗ Sin[v],Sin[v]},{u,0,2 ∗ Pi},
{v, − 3,3},DisplayFunction − > Identity],输出相应的图形.

7. 输入 Plot3D[E^ (− 2 ∗ x^ 2 − 3 ∗ y^ 2),{x, − 2,2},{y, − 3,3},PlotStyle − > Red,Plot-
Points − > 50],输出相应的图形.

8. 输入 ParametricPlot3D[{Sin[t],Cos[t],t/ 3},{t,0,15}],输出相应的图形.

9. 输入 ParametricPlot3D[{(3 + Cos[u]) ∗ Cos[t],(3 + Cos[u]) ∗ Sin[t],Sin[u]},{u,
0,2Pi},{t,0,2Pi},PlotStyle − > Red],输出相应的图形.

第 3 章
Mathematica 图形图像处理

本章概要

- 二维图形
- 三维图形
- 用图形元素作图
- 图形编辑和动态交互以及动画和声音
- 图像处理与分形图绘制

3.1　二维图形

Mathematica 系统具有很强的图形处理功能,利用它不仅可以非常方便地作出一般显函数的图形,而且还可以作出由参数表示的隐函数的图形. 同时,图形显示的形式可以多种多样,包括图形显示的颜色、光照、图形的旋转等. Mathematica 的图形功能是融合在其强大的符号和数值计算功能之中的,它提供了一大批作图的操作函数,这些函数还可以由用户根据需要组合成更强大的作图函数. 人们在利用系统作图时,只需关心图形的逻辑性质和结构,至于图形是如何显示在屏幕上的则不必关心. 只要指定了图形显示的各种参数,其他显示的问题就可以完全交给系统来完成.

3.1.1　一元函数作图

在平面直角坐标系下作一元函数 $y=f(x)$ 的图形可由函数 Plot[　] 实现,其调用格式如下:

◆ Plot[f, {x, xmin, xmax}]:作出函数 f(x) 在区间[xmin, xmax]上的图形.

◆ Plot[{f_1, f_2, …}, {x, xmin, xmax}]:在同一坐标系中作出函数组 f_1, f_2, … 在区间[xmin, xmax]上的图形.

◆ Plot[Evaluate[f], {x, xmin, xmax}]:先计算函数 f(x) 在区间[xmin, xmax]上的函数值,再作出函数的图形.

◆Plot[Evaluate[Table[f_1, f_2, …]], {x, xmin, xmax}]:先计算函数组 f_1, f_2, … 在区间[xmin, xmax]上的函数值,再作出它们在同一坐标系中的图形.

◆ Plot[Evaluate[y[x]/. solution], {x, xmin, xmax}]:绘出由 NDslove 得到的微分方程的数值解 y[x] 的图形. 求解微分方程的数值解的命令格式为 NDslove[eqns, y, {x, xmin, xmax}].

例3.1　在同一坐标系下,作出函数 $y=\sin x$, $y=\cos x$, $x\in[-\pi, \pi]$ 的图形.

输入 `Plot[{Sin[x],Cos[x]},{x,-Pi,Pi}]`

则输出如图 3-1 所示的图形.

例3.2 作出函数 $y = \int x\mathrm{d}x$ 在 $x \in [-4,4]$ 内的图像.

输入 $\mathrm{Plot}\left[\int x\mathrm{d}x,\{x,-4,4\}\right]$,绘图失败并给出一长串错误提示,解决办法是使用 Plot $[\mathrm{Evaluate}[\,f\,],\{x,\mathrm{xmin},\mathrm{xmax}\}\,]$,先求表达式 f 的值,再画图.

输入 $\mathrm{Plot}\left[\mathrm{Evaluate}\left[\int x\mathrm{d}x\right],\{x,-4,4\}\right]$,则输出如图 3-2 所示的图形. 若输入 $\mathrm{Plot}\left[\int_{0}^{x}t\mathrm{d}t,\{x,-4,4\}\right]$,也能输出如图 3-2 所示的图形.

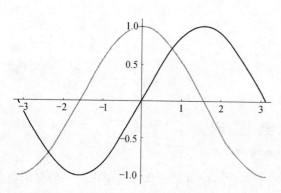

图 3-1 函数 $y = \sin x$ 与 $y = \cos x$ 的图形

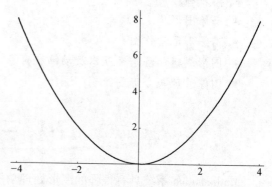

图 3-2 $y = \int x\mathrm{d}x$ 在 $x \in [-4,4]$ 内的图像

例3.3 画出拉盖尔(Laguerrel)函数(拉盖尔函数是微分方程 $xy'' + (1-x)y' + ny = 0$ 的标准解)在 n 从 1 到 5 时的图形.

输入 `Table[LaguerreL[n,x],{n,5}]`
`Plot[Evaluate[Table[LaguerreL[n,x],{n,5}]],{x,0,10}]`

则输出如图 3-3 所示的图形.

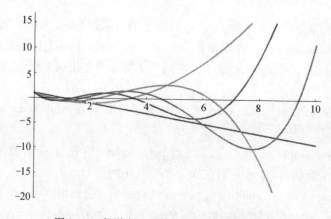

图 3-3 拉盖尔函数在 n 从 1 到 5 时的图形

例3.4 画出微分方程 $\begin{cases} \dfrac{d^3 y}{dx^3} + \dfrac{d^2 y}{dx^2} + \dfrac{dy}{dx} = -y^3 \\ y(0) = 1, y'(0) = y''(0) = 0 \end{cases}$, $x \in (0,20)$ 的数值解的图形.

输入 solution = NDSolve[{y'''[x] + y''[x] + y'[x] == -y[x]^3, y[0] == 1, y'[0] == y''[0] == 0}, y, {x,0,20}];

Plot[Evaluate[y[x] /. solution], {x,0,20}, PlotRange -> All]

则输出如图 3 - 4 所示的图形.

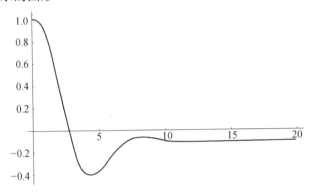

图 3 - 4 微分方程数值解的图形

 ### 3.1.2 一元函数图形处理

Mathematica 系统提供了许多作图的选项. 可以利用这些作图选项, 对一元函数的图形进行处理, 从而达到要求. 另外, 选项可以分成两类: 能改变输出图形外观但不影响图形自身质量的选项以及能影响图形自身质量的选项. 作图函数选项的形式为可选项名→可选项值, 当不使用可选项时取默认值. 常用的作图函数选项有以下几种:

1. 能改变输出图形外观但不影响图形自身质量的选项

◆PlotRange: 指定绘图的范围. 它的可选值是:

Automatic(默认值): 由 Mathematica 自动选择范围.

All: 画出所有的点.

{ymin, ymax}: 明确指定 y(三维为 z)轴方向的取值范围.

{{xmin, xmax}, {ymin, ymax}}: 分别给出 x, y(三维加 z)轴方向的取值范围.

例3.5 利用作图选项 PlotRange 处理函数 $y = x^4 - x^2 + 1$, $x \in [-2,2]$ 的图形.

输入 {Plot[x^4 - x^2 + 1, {x, -2, 2}], Plot[x^4 - x^2 + 1, {x, -2, 2}, PlotRange -> {0, 2}]}

则输出如图 3 - 5 所示的图形.

◆AspectRatio, 指定图形的高和宽. 它的可选值是:

1/ GoldenRatio: 黄金分割 $\left(\text{默认值为 } 0.618, \text{其中 GoldenRatio} = \dfrac{1 + \sqrt{5}}{2}\right)$.

Automatic: 高宽比为 1. 取实数即指定相应的高宽比.

例3.6 利用作图选项 AspectRatio 处理函数 $y = \sqrt{1 - x^2}$, $x \in [0,1]$ 的图形.

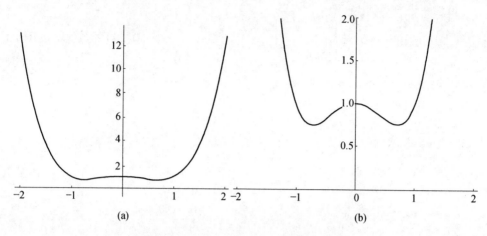

图 3 - 5　利用 PlotRange 处理函数的图形

输入

```
Plot[Sqrt[1-x^2],{x,0,1}]
Plot[Sqrt[1-x^2],{x,0,1},AspectRatio - >Automatic]
Plot[Sqrt[1-x^2],{x,0,1},AspectRatio - >2]
```

则输出如图 3 - 6 所示的图形.

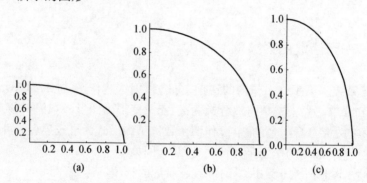

图 3 - 6　利用 AspectRatio 处理函数的图形

◆ Axes:用于指定是否显示坐标轴. 它的可选值是:

True(或 Automatic):默认值,表示画出所有坐标轴.

False:表示不画出坐标轴.

{True,False}或{False,True}:只画出一个坐标轴.

◆ AxesOrigin:用于指定两个坐标轴的交点位置. 它的可选值是:

Automatic:用内部算法指定坐标轴交点,但可能不在(0,0) 点.

(x,y):指定交点坐标.

◆ AxesLabel:用于给坐标轴加上标记. 它的可选值是:

None:不给标记(默认值).

AxesLabel - >"y 轴":给 y(三维为 z)轴加上标记,字符串要放在双引号中.

{xlabel,ylabel}:给 x 轴和 y 轴同时加上标记.

◆ PlotLabel:在图形上方居中位置增加标题. 它的可选值是:

None:不给标题.

"Label":字符串用双引号括起来,指定图形上方居中位置标题.

◆ Frame,用于给图形加框.它的可选值是:False,不加框(默认值);True,加框.

例3.7 利用作图选项 Axes 处理函数 $y = \sin x (0 \leqslant x \leqslant 2\pi)$ 的图形,分别在曲线上画上 x 轴,不画 y 轴、画上 x,y 轴、画上 x 轴,在 y 轴上标记函数、画上 y 轴,不画 x 轴.

输入　Plot[Sin[x]],{x,0,2 Pi},Axes - >{True,False}]

　　　Plot[Sin[x]],{x,0,2 Pi},AxesLabel - >Automatic,AxesOrigin - >{3,0}]

　　　Plot[Sin[x]],{x,0,2 Pi},AxesLabel - >{x,Sin[x]}]

　　　Plot[Sin[x]],{x,0,2 Pi},Axes - >{False,True}]

则输出如图3 -7 所示的图形.

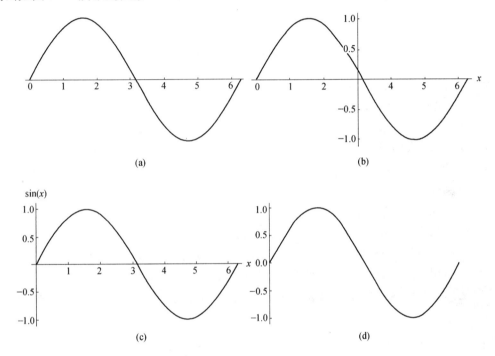

图 3 - 7　利用 Axes 处理函数的图形

例3.8 利用作图选项 Frame 和 PlotLabel 处理函数 $y = x \sin \dfrac{\pi}{x} (-2 \leqslant x \leqslant 2)$ 的图形,不显示坐标轴,加框,并在图形上方加标记.

输入　Plot[x * Sin[Pi/x]],{x,-2,2},Axes - >False,Frame - >True,PlotLabel - >x * Sin[Pi/x]]

则输出如图3 -8 所示的图形.

◆ Ticks:用于给坐标轴加上刻度或给坐标轴上的点加标记.它的可选值是:

Automatic:自动设置刻度标记(默认值).

None:不设置刻度标记.

[xticks,yticks]:对各坐标轴指定刻度标记.

{{ $x_1, x_2, \cdots$ },{ $y_1, y_2, \cdots$ }}:在横轴上的点 $x_1, x_2, \cdots$ 和纵轴上的点 $y_1, y_2, \cdots$ 处加上刻度.

{{ x_1 ,label1},{ x_2 ,label2},$\cdots$ },{ y_1 label1},{ y_2 ,label2},$\cdots$ }}:在横轴上的点 $x_1, x_2, \cdots$ 和纵轴上的点 $y_1, y_2, \cdots$ 处加上标记.

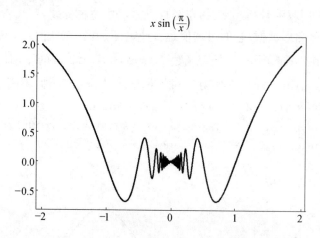

$$x \sin\left(\frac{\pi}{x}\right)$$

图 3 - 8   利用 Frame 和 PlotLabel 处理函数的图形

◆ Filling：用于给曲线之间的空白处填上阴影. 它的可选值是：

None：不填充（默认设置）.

Axis：填充到坐标轴.

Bottom：填充到图形底部.

Top：填充到图形顶部.

V：填充到 v 值.

{m}：填充到第 m 个目标.

{i1 - > p1,i2 - > p2,…}：从目标 ik 到目标 pk 进行填充.

{i1 - > {p1,g1},…}：使用指示的 gk 作为第 k 次填充.

{i1 - > {p1,{g1_,g1_},…}}：使用 g1_下方和 g1_上方.

例 3.9　　利用 AxesLabe 和 Ticks 处理 $y = \sin x^2 (0 \leqslant x \leqslant 3)$ 的图形，给出 x, y 轴标签，给 x 轴上的点加标记.

输入　Plot[Sin[x^2],{x,0,3},AxesLabel - > {x 轴,Sin[x^2]},Filling - > Axis]

Plot[Sin[x^2],{x,0,3},AxesLabel - > {x 轴,Sin[x^2]},Ticks - > {{1/2,{1,"t1"},3/2, {2,"t2"},5/2,{3,"t3"}},Automatic}]

则输出如图 3 - 9 所示的图形.

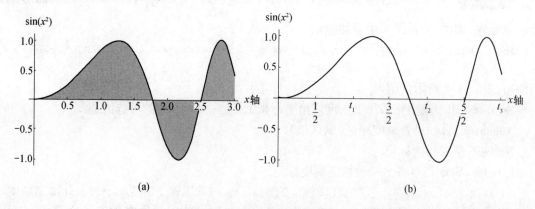

图 3 - 9   使用 AxesLabel, Ticks 处理函数 $y = \sin x^2$ 的图形

◆ AxesStyle：用于设置坐标轴的颜色、线宽等选项．它的可选值是：

Automatic：自动设置（默认值）．

{{xstyle},{ystyle}}：分别指定 x 轴和 y 轴的风格．

Arrowheads[{数值1,数值2}]：用于设置坐标轴的箭头，数值 1 表示沿着负无穷的端点，数值 2 表示沿着正无穷的端点．例如，Arrowheads[{−0.03,0}]表示负方向箭头；Arrowheads[{0,0.03}]表示正方向箭头；Arrowheads[{−0.03,0.03}]表示正负方向都有箭头．

例 3.10　在同一坐标系下，绘制函数 $y = \sin x, y = \sin 2x, y = \sin 3x (0 \leqslant x \leqslant 2\pi)$ 的图形，给图形加上标识，设置坐标轴的颜色和线宽并给坐标轴加上箭头．

输入　`Plot[{Sin[x],Sin[2x],Sin[3x]},{x,0,2Pi},PlotLegends − >"Expressions",`
`AxesStyle − >{RGBColor[0,0.1,1],Thickness[0.01]}]`

`Show[% ,AxesStyle − >Arrowheads[{0,0.03}]]`

则输出如图 3 − 10 所示的图形．

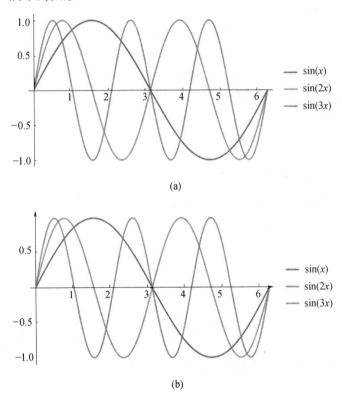

图 3 − 10　使用 AxesStyle,PlotLegends 处理函数的图形

◆ GridLines：用于加网格线．它的可选值是：

Automatic：自动加网格线．

None：不加网格线（默认值）．

{{ $x_1, x_2, \cdots$ },{ $y_1, y_2, \cdots$ }}：在横轴上的点 $x_1, x_2, \cdots$ 和纵轴上的点 $y_1, y_2, \cdots$ 处加上网格线．

例 3.11　绘制函数 $y = \sin x^2 (0 \leqslant x \leqslant 3)$ 的图形，加上边框并加上网格线．

输入　`Plot[Sin[x^2],{x,0,3},Frame − >True,GridLines − >Automatic]`

则输出如图 3 – 11 所示的图形.

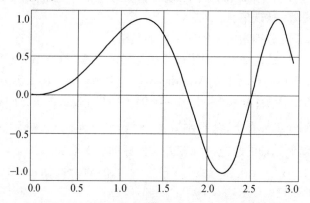

图 3 – 11　使用 Frame, GridLines 处理函数 $y = \sin x^2$ 的图形

◆ Background：用于指定背景颜色. 它的可选值是：

Automatic：实际颜色与 Windows 的窗口背景色一致(默认值).

GrayLevel[k]：其中 k 是 0 到 1 之间的数，给出灰度大小，0 为黑色，1 为白色.

RGBColor[r,g,b]：其中 r,g,b 是 0 到 1 之间的数分别表示红、绿、蓝色的强度，[1,1,1]为白色，[0,0,0]为黑色，[1,0,0]为红色.

◆ DisplayFunction：显示图形(或声音). 它的可选值是：

$ DisplayFunction：指定图形要显示(默认值).

Identity：指定图形不显示.

2. 能影响图形自身质量的选项

◆ PlotStyle：用于规定曲线(点、面)的类型和颜色. 它的可选值是：

Automatic：系统自动设置曲线颜色(默认值).

Style：指定画线风格.

{ style1, style2 }：指定画各曲线的风格.

GrayLevel[k]：指定曲线的灰度 k.

RGBColor[r,g,b]：指定曲线的颜色.

Thickness[r]：其中 r 是线的宽度与整个图形宽度之比(二维时默认值为 0.004，三维时默认值为 0.01).

PointSize[d]：其中 d 是点的直径与整个图形宽度之比(二维时默认值为 0.008，三维时默认值为 0.01).

Dashing[{r_1,r_2,…}]：指定随后画虚线，交替使用数 r_1,r_2,…作为线段和空白的相对长度画虚线，其中 r_1,r_2,…是小于 1 的数，整个图形宽度为 1.

Hue[hue,strt,brt]　着色[色调，饱和度，亮度].

例 3.12　在同一坐标系中使用不同的颜色和线宽作函数 $y = \cos x$, $y = \cos 2x$ 在区间 $[0,2\pi]$ 上的图形，给图形加上标识，设置坐标轴的颜色并给坐标轴加上箭头.

输入　`Plot[{Cos[x],Cos[2x]},{x,0,2Pi},PlotLegends - >"Expressions",PlotStyle - >{{Thickness[0.015],RGBColor[1,0,0]},RGBColor[0,1,0]}]`

`Show[% ,AxesStyle - >Arrowheads[{0,0.04}]]`

`Show[% ,AxesLabel - >{x,y}]`

则输出如图 3 – 12 所示的图形.

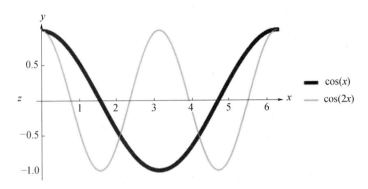

图3 – 12　利用 PlotStyle ,RGBColor[r,g,b] ,Thickness[r]处理函数的图形

例3.13　绘制函数 $y = e^{-x^2}\sin 2x$ 在区间$[-2,2]$上的图形,要求曲线虚线中实线长度为0.02.

输入　Plot[Exp[-x^2] * Sin[6x],{x, -2,2},PlotStyle - >{RGBColor[0,0,1],Dashing[{0.02,0.02}]}]

则输出如图 3 – 13 所示的图形.

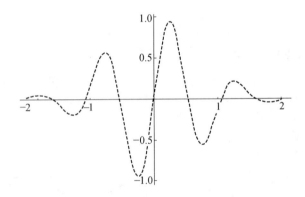

图3 – 13　利用选项 PlotStyle 及 Dashing[{r₁,r₂,…}]处理函数 $y = e^{-x^2}\sin 2x$ 的图形

◆ PlotPoints:规定绘图时取的最少点数,默认值是 25,画一条变化剧烈的曲线应该增大点数.

◆ Mesh:用于规定曲线上点之间的网格. 它的可选值是 None, n, All, Full, {spec1,spec2,…}.

例3.14　绘制函数 $y = \sqrt[5]{x}\sin\dfrac{1}{x}$在区间$[0.05,1]$上的图形.

输入　Plot[(x^((5)^ -1)) * Sin[1/x],{x,0.05,1},PlotPoints - >50,Mesh - >All,
MaxRecursion - >00]

则输出如图 3 – 14 所示的图形.

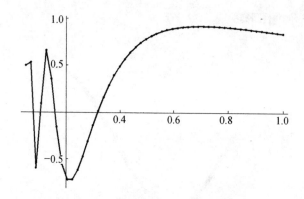

图 3 – 14　利用选项 PlotPoints 及 Mesh 处理函数 $y = \sqrt[5]{x}\sin\dfrac{1}{x}$ 的图形

 3.1.3　二维参数图

绘制平面参数式曲线的函数是 ParametricPlot,其调用格式如下:

◆ ParametricPlot$[\{x(t),y(t)\},\{t,tmin,tmax\}]$,t 的取值范围是区间$[tmin,tmax]$.

◆ ParametricPlot$[\{\{x_1(t),y_1(t)\},\{x_2(t),y_2(t)\},\cdots\},\{t,tmin,tmax\}]$,在同一坐标系中画出多条曲线.

这个函数也能添加可选参数,默认的高宽比是 Automatic.

例 3.15　绘制曲线 $x = 2t - 3\sin t,y = 2 - 3\cos t$ 在区间 $t \in [-\pi,3\pi]$ 上的图形.

输入　`ParametricPlot[{2t-3Sin[t],2-3Cos[t]},{t,-Pi,3Pi}]`

`Show[%,AxesStyle->Arrowheads[{0,0.04}]];`

`Show[%,AxesLabel->{x,y}]`

则输出如图 3 – 15 所示的图形.

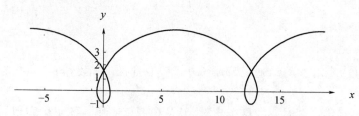

图 3 – 15　曲线 $x = 2t - 3\sin t,y = 2 - 3\cos t$ 的图形

绘制极坐标图形的函数是 PolarPlot,其调用格式如下:

◆ PolarPlot$[r(\theta),\{\theta,\alpha,\beta\}]$,绘制由极坐标方程 $r = r(\theta)$ 确定的曲线,其中 θ 的取值范围是区间$[\alpha,\beta]$.

◆ PolarPlot$[\{r_1(\theta),r_2(\theta),\cdots\},\{\theta,\alpha,\beta\}]$,同时绘制多条曲线,其中 θ 的取值范围是区间$[\alpha,\beta]$.

例 3.16　在同一坐标系下绘制由极坐标方程 $r = 1$ 和 $r = 1 + \dfrac{1}{10}\sin(10\theta),\theta \in [0,2\pi]$ 所确定的曲线.

输入 `PolarPlot[{1,1+(1/10)*Sin[10θ]},{θ,0,2Pi},PlotStyle->{{Thickness[0.`
`015],RGBColor[1,0,0]},RGBColor[0,0,1]}]`

　　　　`Show[%,AxesStyle->Arrowheads[{0,0.04}]];Show[%,AxesLabel->{x,y}]`

则输出如图 3 - 16 所示的图形.

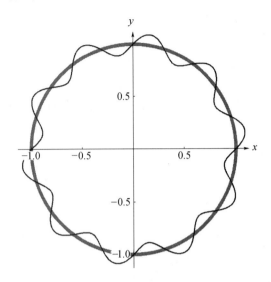

图 3 - 16 　方程 $r=1$ 和 $r=1+\dfrac{1}{10}\sin(10θ)$, $θ\in[0,2\pi]$ 的曲线

3.1.4　绘制点列图与图形组合

绘制点列的函数是 ListPlot,其调用格式如下:

◆ ListPlot[{$y_1,y_2,\cdots$}],画出点列($1,y_1$),($2,y_2$),$\cdots$.

◆ ListPlot[{{x_1,y_1},{x_2,y_2},$\cdots$}],画出点列(x_1,y_1),(x_2,y_2),$\cdots$.

这个函数的可选参数是 Joined.用于将各点用线顺次连接起来.它的可选值是:

False:不连接(默认值).

True:连接各点.

　例3.17　　绘制函数 $y=\dfrac{1}{x^2+2x}$ 在区间 $1\le x\le5$ 上点间隔为 0.1 的点列图形.

输入 `ListPlot[Table[{x,1/(x^2+2x)},{x,1,5,0.1}]];`

　　　　`Show[%,AxesStyle->Arrowheads[{0,0.04}]];`

　　　　`Show[%,AxesLabel->{x,y}]`

则输出如图 3 - 17 所示的图形.

　例3.18　　连接【例3.17】中的点列得到曲线图形.

输入 `ListPlot[Table[{x,1/(x^2+2x)},{x,1,5,0.1}],Joined->True];`

　　　　`Show[%,AxesStyle->Arrowheads[{0,0.04}]];`

　　　　`Show[%,AxesLabel->{x,y}]`

则输出如图 3 - 18 所示的图形.

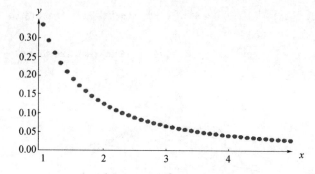

图 3 - 17　函数 $y = \dfrac{1}{x^2 + 2x}$ 在区间 $1 \leqslant x \leqslant 5$ 上点间隔为 0.1 的点列图

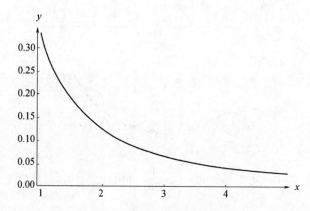

图 3 - 18　连接点列得到曲线图形

图形组合的命令为 Show[ ]，其调用格式如下：

◆Show[plot]，重画一个图形.

◆Show[plot, option→value]，改变选项重画图形.

◆Show[plot1, plot2]，将若干个图形画在一起.

◆Show[Graphicsarray[{{plot1, plot2, …}, …}]]，画图形阵列.

例 3.19　重画 $y = x\sin\dfrac{\pi}{x}(-2 \leqslant x \leqslant 2)$ 的图形，并改变 y 标尺的尺寸为 $[-1,2]$.

输入　`Plot[x * Sin[Pi/x],{x,-2,2}]; Show[% ,PlotRange - >{-1,2}]`

则输出如图 3 - 19 所示的图形.

例 3.20　分别创建两个 Graphics 对象，一个是函数 $y = x\sin x$ 在区间 $[-10,10]$ 上的图形，曲线着红色；另一个是曲线 $\begin{cases} x = 10\cos^3 t \\ y = 3\sin^3 t \end{cases}(0 \leqslant t \leqslant 2\pi)$，着绿色. 先不画出这两条曲线，最后再将它们组合起来画在一起.

输入　`Clear[g1,g2,t,x]`

`g1 = Plot[x * Sin[x],{x, -10,10},PlotStyle - >{RGBColor[1,0,0]},Display-`
`Function - >Identity];`

`g2 = ParametricPlot[{10 * Cos[t]^3,8 * Sin[t]^3},{t,0,2Pi},PlotStyle - >`
`{RGBColor[0,1,0]}];`

`Show[g1,g2,PlotRange - >All]`

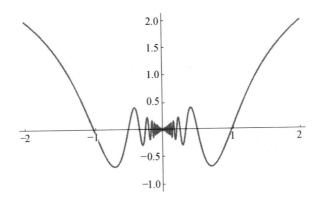

图 3 - 19   函数 $y = x\sin\dfrac{\pi}{x}$ 的图形

则输出如图 3 - 20 所示的图形.

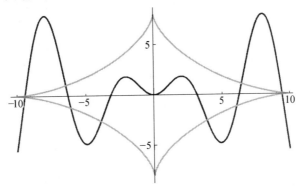

图 3 - 20   两曲线组合图形

 3.1.5   绘制等高线图、隐函数图和密度图

1. 函数等高线图

绘制函数 $z = f(x, y)$ 的等高线图,使用的函数为 ContourPlot. 其调用格式如下:

◆ContourPlot$[f, \{x, xmin, xmax\}, \{y, ymin, ymax\}]$,画出 x,y 的函数 f 的等高线图.

◆ContourPlot$[f = = g, \{x, xmin, xmax\}, \{y, ymin, ymax\}]$,绘制 f = g 的等高线.

◆ContourPlot$[\{f1 = = g1, f2 = = g2, \cdots\}, \{x, xmin, xmax\}, \{y, ymin, ymax\}]$,绘制多个等高线.

例 3.21   画出函数 $z = \cos x + \cos y$ 的等高线图,$x \in [0, 4\pi]$,$y \in [0, 4\pi]$.

输入   ```ContourPlot[Cos[x] + Cos[y], {x, 0, 4Pi}, {y, 0, 4Pi}, PlotLegends - > Automatic]```

则输出如图 3 - 21 所示的图形.

函数等高线图形的一些选项:

◆ColorFunction:用于阴影的颜色,它的可选值是:Automatic 灰度值. Hue 使用一系列颜色.

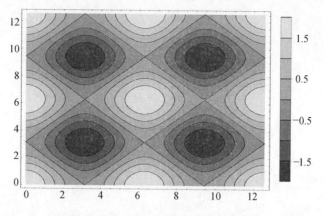

图 3 - 21　函数 $z = \cos x + \cos y$ 的等高线图

◆Contours：等高线数或对应等高线的 z 值列表，默认值为 10.

◆ContourShading：是否使用阴影．它的可选值是：True，使用阴影（默认值）；False，不使用阴影．

例 3.22　画出函数 $z = \sin x \cdot \sin y$ 的等高线图，$x \in [-1.5, 1.5], y \in [-1.5, 1.5]$，取消阴影．

输入 `ContourPlot[Sin[x]Sin[y],{x,-1.5,1.5},{y,-1.5,1.5},ContourShading - > False]`

则输出如图 3 - 22 所示的图形.

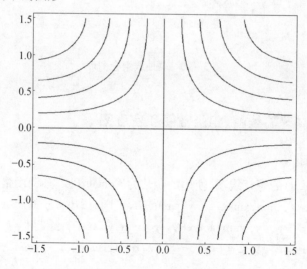

图 3 - 22　函数 $z = \sin x \cdot \sin y$ 的等高线图

2. 隐函数图

绘制隐函数图，使用的函数为 ContourPlot. 其调用格式如下：

◆ContourPlot[f = = g, {x, xmin, xmax}, { y, ymin, ymax }]，绘制隐函数图 f = g 的图.

例 3.23　画出隐函数 $x^3 + y^3 = 3xy, x \in [-2, 2], y \in [-2, 2]$ 的图，并给图形加上坐标轴.

输入 `ContourPlot[x^3 +y^3 = =3 * x * y,{x,-2,2},{y,-2,2},Axes - >True]; Show`

```
[% ,AxesStyle - >
Arrowheads[{0,0.04}]];Show[% ,AxesLabel - >{x,y}]
```
则输出如图 3 - 23 所示的图形.

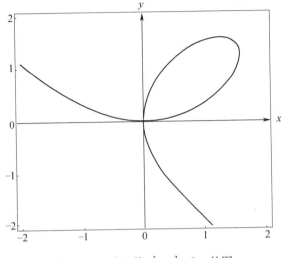

图 3 - 23　隐函数 $x^3 + y^3 = 3xy$ 的图

3. 密度图

绘制密度图,使用的函数为 DensityPlot. 其调用格式如下:

◆DensityPlot[f,{x,xmin,xmax} ,{ y,ymin,ymax }],画出 f 的密度图,其中 f 是二元函数的表达式.

例 3.24　画出函数 $z = \dfrac{1}{x^2 + y^2}$,$x \in [-1,1]$,$y \in [-1,1]$的密度图.

输入　`DensityPlot[1/(x^2 +y^2),{x,-1,1},{y,-1,1}]`

则输出如图 3 - 24 所示的图形.

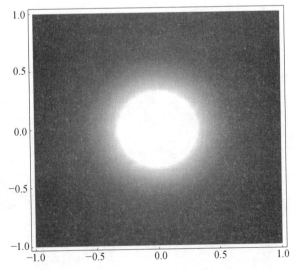

图 3 - 24　函数 $z = \dfrac{1}{x^2 + y^2}$,$x \in [-1,1]$,$y \in [-1,1]$的密度图

3.1.6 绘制不等式确定的平面区域图

在高等数学中,经常使用不等式来规定一个区域,需要画出区域的图形.绘制区域的函数如下:

◆ RegionPlot[ineqs,{x,xmin,xmax},{y,ymin,ymax}],绘制由不等式(组)ineqs 所确定的平面区域.此函数可以添加许多可选参数,默认的高宽比是 1.

例 3.25　画出不等式 $x^2 + y^2 < 1, x \in [-1,1], y \in [-1,1]$ 所确定的平面区域图,并用 Mesh 选项处理区域图.

输入　`RegionPlot[x^2+y^2<1,{x,-1,1},{y,-1,1},Mesh->None]`

`{RegionPlot[x^2+y^2<1,{x,-1,1},{y,-1,1},Mesh->Full],RegionPlot[x^2+y^2<1,{x,-1,1},{y,-1,1},Mesh->All]}`

`RegionPlot[x^2+y^2<1,{x,-1,1},{y,-1,1},Mesh->10]`

`RegionPlot[x^2+y^2<1,{x,-1,1},{y,-1,1},Mesh->{3,6}]`

`RegionPlot[x^2+y^2<1,{x,-1,1},{y,-1,1},Mesh->{{-1/2,1/2},{0}}]`

则输出如图 3-25 所示的图形.

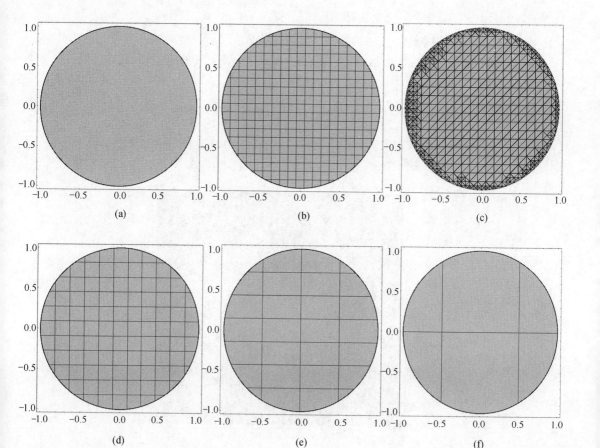

图 3-25　利用 Mesh 选项处理不等式 $x^2 + y^2 < 1, x \in [-1,1], y \in [-1,1]$ 区域图

3.1.7 绘制统计图

统计图通常包含条形图和饼形图.绘制条形图,使用的函数为 BarChart.其调用格式如下:

◆ BarChart[list],由表 list 给出的数据画出条形图.其中表 list 的元素还可以是函数.该函数还有许多功能强大的可选参数.

例 3.26 绘制数据 $\{0.1,0.15,0.4,0.25,0.1\}$ 的统计条形图,并加以相应的选项进行处理.

输入 BarChart[{0.1,0.15,0.4,0.25,0.1},ChartLabels -> {"2550","2850","3150","3450","3750"},

BarSpacing - >None,PlotLabel - >"20 名新生婴儿体重的频率直方图",AxesLabel - >{Style["体重(克)",Medium],Style["频率/组距",Medium]},Ticks - >{{{0.1,"0.10/300"},{0.15,"0.15/300"},{0.40,"0.40/300"},{0.25,"0.25/300"}}}]

则输出如图 3 - 26 所示的图形.

绘制饼形图,使用的函数为 PieChart.其调用格式如下:

◆ PieChart[list],由表 list 给出的数据画出饼形图.其中表 list 的元素还可以是函数.该函数还有许多功能强大的可选参数.

例 3.27 绘制数据 $\{12,24,36\}$ 的统计饼形图,并加以相应的选项进行处理.

输入 PieChart[{12,24,36},ChartLabels - >{"天津","北京","上海"},PlotLabel - >"销售情况"]

则输出如图 3 - 27 所示的图形.

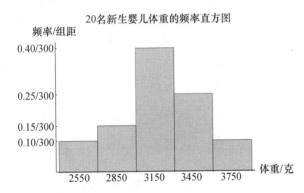

图 3 - 26 数据 $\{0.1,0.15,0.4,0.25,0.1\}$ 的统计条形图

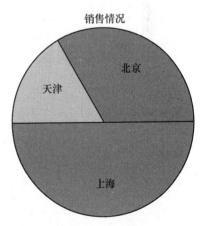

图 3 - 27 数据 $\{12,24,36\}$ 的统计饼形图

3.1.8 绘制平面上的矢量场图

绘制平面上的矢量场图,使用的函数为 VectorPlot.其调用格式如下:

◆ VectorPlot[{fx,fy},{x,xmin,xmax},{y,ymin,ymax}],由已知的矢量函数在指定的区域中绘制矢量场.这个函数也可以同时绘制多个矢量场,使用不同的颜色进行区分.

例 3.28 绘制矢量场 $\{y,-x\},\{x,-3,3\},\{y,-3,3\};\{y,-x\},\{x,y\}\},\{x,-3,3\},$

$\{y,-3,3\};\{x,y\},\{y,-x\}\},\{x,-3,3\},\{y,-3,3\}$ 的图并用选项 VectorPoints 对矢量场图进行处理.

输入　`VectorPlot[{y,-x},{x,-3,3},{y,-3,3}]`
　　　`VectorPlot[{{y,-x},{x,y}},{x,-3,3},{y,-3,3}]`
　　　`VectorPlot[{{x,y},{y,-x}},{x,-3,3},{y,-3,3}]`
　　　`VectorPlot[{y,-x},{x,-3,3},{y,-3,3},VectorPoints->{4,7}]`

则输出如图 3-28 所示的图形.

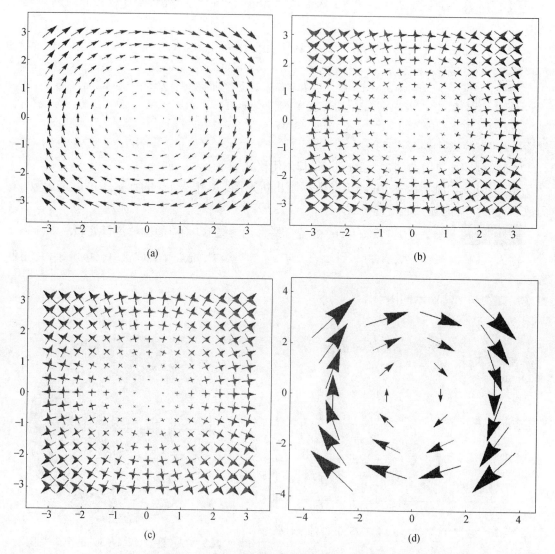

图 3-28　绘制矢量场图并用选项 VectorPoints 对矢量场图进行处理

习题 3-1

1. 绘制曲线 $y=\dfrac{\sin x}{x}$，其中 $x\in[-\pi,\pi]$.

2. 首先取 $n=5,10,20$ 得到 $\tan x$ 的幂级数展开式，去掉余项，然后同时以不同颜色绘制这

98

些曲线,$x \in [-1.5, 1.5]$.

3. 绘制旋轮线 $x = 2(\theta - \sin\theta), y = 2(1 - \cos\theta), \theta \in [0, 2\pi]$(设置宽高比为1).

4. 绘制由极坐标方程 $r = 3\sin3\theta$ 确定的曲线.

5. 绘制由直线 $y = \frac{1}{2}x, y = 2x, x + y = 1, x + y = 2$ 所确定的区域.

6. 绘制函数 $z = \sin x \sin y$ 的无灰度等高线图,其中 $-2 \leqslant x \leqslant 2, -2 \leqslant y \leqslant 2$,取等高线条数为 20.

7. 绘制由方程 $(x^2 + y^2)^2 = 16(x^2 - y^2)$ 确定的隐函数 $y = y(x), x \in [-4, 4], y \in [-4, 4]$ 的图形,并利用选项 Axes 加上坐标轴.

8. 绘制数据 $\{1,2,3,4,5,6,7,8,9,8,7,6,5,4,3,2,1\}$ 的统计条形图,并利用选项 PlotLabel 进行处理.

9. 绘制数据 $\{12, 24, 36, 48\}$ 的统计饼形图,并利用选项 ChartLabels 和 PlotLabel 进行处理.

10. 绘制函数 $z = \cos x + \sin y, x \in [0, 4\pi], y \in [-2\pi, 2\pi]$ 的密度图,并用选项 Axes, Frame, ColorFunction 进行处理.

11. 绘制点列 $\{(1,2), (2,3), (3,5), (4,7), (6,5), (-2,8), (-5,3), (-1,4), (3,3), (0,0)\}$ 的图形,并用选项 Joined 进行处理.

12. 绘制矢量场 $A(x, y) = (x^2 + y^2)\mathbf{i} + 2xy\mathbf{j}(-3 \leqslant x \leqslant 3, -3 \leqslant x \leqslant 3)$ 的图并用选项 VectorPoints 对矢量场图进行处理.

13. 绘制函数 $y = \frac{4}{5}x\cos(2x), x \in [0, 4\pi]$ 的图形,并用选项 PlotStyle 对图形进行处理,将曲线显示为红色.

14. 绘制函数 $y = \frac{1}{1 + 2x + 3x^2}, x$ 取 -4 到 4 的图形,并用选项 PlotStyle 对图形进行处理,将曲线显示为绿色,同时给图形加上坐标轴及箭头.

3.2 三维图形

Mathematica 在绘制三维图形方面的功能很强,能够满足实际问题的需要. 本节将继续介绍绘制曲面,参数曲面,旋转曲面的函数. 并通过一些具体的绘图实例,说明如何使用这些函数. 同时配合绘图函数的选项的使用,对三维图形进行一定的处理,以达到读者的要求.

 3.2.1　二元函数作图

二元函数在空间直角坐标系中所表示的曲面是三维图形,可由函数 Plot3D[ ] 实现,其调用格式如下:

◆Plot3D[f, {x, xmin, xmax}, {y, ymin, ymax}],作出函数 f(x, y) 在矩形域 [xmin, xmax] × [xmin, xmax] 上的图形.

◆ Plot3D[{f, s}, {x, xmin, xmax}, {y, ymin, ymax}],作出函数 f(x, y) 和 s(x, y) 在矩形域

$[xmin, xmax] \times [xmin, xmax]$ 上的图形.

◆ Plot3D$[$Evaluate$[f], \{x, xmin, xmax\}]$,作出函数 $f(x, y)$ 在矩形域 $[xmin, xmax] \times$
$[xmin, xmax]$ 上的图形,并与

Evaluate$[\quad]$结合使用,可提高速度和安全性.

◆ ListPlot3D$[\{\{x1, y1, z1\}, \{x2, y2, z2\}, \cdots\}]$,产生一个曲面,在$(xi, yi)$处的高度为$z1$.

例 3.29 作出函数 $z = e^{-(x^2+y^2)}$ ($x \in [-2, 2]$, $y \in [-2, 2]$) 的图形.

输入 `Plot3D[Exp[-(x^2+y^2)],{x,-2,2},{y,-2,2},ColorFunction->Hue]`
则输出如图 3 - 29 所示的图形.

例 3.30 在同一坐标系中作出函数 $z = x^2 + y^2$ 和 $z = 15 - x^2 - y^2$ ($x \in [-3, 3]$, $y \in$ $[-3, 3]$) 的图形.

输入 `Plot3D[{x^2+y^2,15-x^2-y^2},{x,-3,3},{y,-3,3},PlotStyle->Opacity`
`[0.8],ColorFunction->"Rainbow"]`
则输出如图 3 - 30 所示的图形.

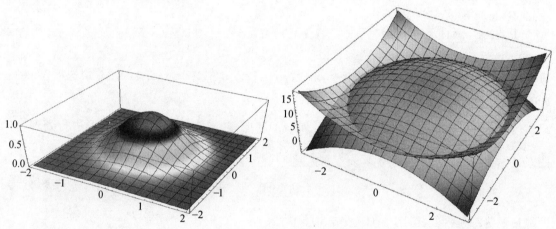

图 3 - 29 函数 $z = e^{-(x^2+y^2)}$ 的图形　　图 3 - 30 函数 $z = x^2 + y^2$ 和 $z = 15 - x^2 - y^2$ 的图形

例 3.31 作出函数 $z = (x^2 + y^2) e^{1-(x^2+y^2)}$ ($x \in [-2, 2]$, $y \in [-2, 2]$) 的图形.

输入 `Plot3D[(x^2+y^2)*E^(1-x^2-y^2),{x,-2,2},{y,-2,2},PlotStyle->Opac-`
`ity[0.8],Mesh->None]`
则输出如图 3 - 31 所示的图形.

例 3.32 作出函数 $z = |\sec(x + iy)|$, $x \in [-3, 3]$, $y \in [-3, 3]$ 的图形.

输入 `Plot3D[Evaluate[Abs[Sec[x+I*y]]],{x,-3,3},{y,-3,3},ColorFunction->`
`Hue,MeshStyle->{Red,Blue},Ticks->None]`
则输出如图 3 - 32 所示的图形.

例 3.33 绘出由坐标数据表$\{1,1,-1\}, \{1,2,1\}, \{2,1,0\}, \{2,2,2\}, \{3,1,2\}, \{3,2, 3\}$所形成的曲面.

输入 `ListPlot3D[{{1,1,-1},{1,2,1},{2,1,0},{2,2,2},{3,1,2},{3,2,3}},AxesLabel`
`->{"X","Y","Z"}]`
则输出如图 3 - 33 所示的图形.

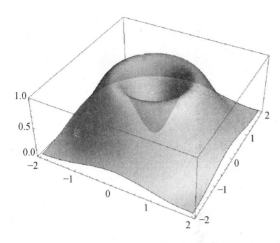

图 3 – 31 　函数 $z = (x^2 + y^2) e^{1-(x^2+y^2)}$ 的图形

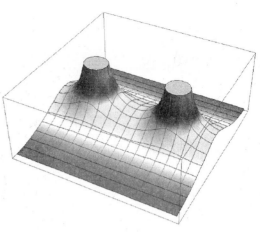

图 3 – 32 　函数 $z = |\sec(x + \mathrm{i}y)|$,
$x \in [-3,3], y \in [-3,3]$ 的图形

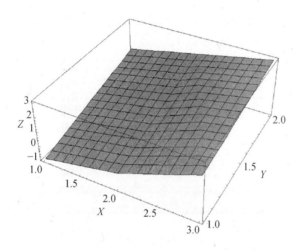

图 3 – 33 　坐标数据表所形成的曲面

3.2.2　二元函数图形处理

　　Mathematica 系统提供了许多二元函数作图选项. 利用这些作图选项, 可以对二元函数的图形进行处理, 从而达到要求. 函数作图选项的形式为可选项名→可选项值, 当不使用可选项时取默认值. 二元作图函数 Plot3D 的常用选项、默认值及意义见表 3 – 1.

表 3 – 1　二元作图函数 Plot3D 的常用选项、默认值及意义

选项名	默认值	意义
Axes	true	是否画坐标轴
BoundaryStyle	Automatic	怎样为曲面画边界线
BoxRatios[r_x , r_y , r_z]	{1,1,0.4}	边界三维盒子的比例
ClippingStyle	Automatic	怎样画曲面的剪切部分
ColorFunction（旧版本使用 Shading）	Automatic	怎样决定曲面的颜色

选项名	默认值	意义
ColorFunctionScaling	true	是否用颜色函数做比例转换
EvaluationMonitor	None	每次函数计算时需要计算的表达式
Exclusions	Automatic	排除的 x,y 曲线
ExclusionsStyle	None	如何绘制排除曲线
Filling	None	每个曲面下的填充
FillingStyle	Opacity[0.5]	填充使用的样式
MaxRecursion	Automatic	递归子划分的最大数量
Mesh	Automatic	每个方向上绘制网格线的数量
MeshFunctions	{#1&,#2&}	如何取定网格线的放置位置
MeshShading	None	如何设置网格线之间的阴影区域
MeshStyle	Automatic	网格线的样式
Method	Automatic	细化曲面的方式
NormalsFunction	Automatic	如何取定有效的法向量
PerformanceGoal	$PerformanceGoal	优化执行的方面
PlotLegends –> "Expressions"	None	给图形加表达式 "Expressions"
Plotpoints	Automatic	每个方向上样本点的最初数量
PlotRange	{Full,Full,Automatic}	画图范围
PlotStyle	Automatic	曲面样式的画图指令
PlotTheme	$PlotTheme	图形的主题设置
RegionFunction	(True&)	如何确定是否包含一个点
TextureCoordinateFunction	True	材质一致函数
TextureCoordinateScaling	True	材质一致比例转换
RWorkingPrecision	MachinePrecision	内部计算使用的数值精度

作图函数 Plot3D 的选项比较多,需要读者在实际应用中去慢慢体会.下面通过一些具体的二元函数图形处理的例子,说明相关选项的应用.读者可以通过修改相应的选项代码来观看,不同选项代码所得到的效果图形是不一样的.

例 3.34 绘制曲面 $z = \dfrac{1}{x^2 + y^2} |\sin(x - yi)|$ 在区域 $[-3,3] \times [-3,3]$ 上的图形,不加立体框,去掉网格线.

输入 `Plot3D[1/(x^2+y^2)*Abs[Sin[x-I*y]],{x,-3,3},{y,-3,3},Boxed->False,Mesh->False]`

则输出如图 3-34 所示的图形.

例 3.35 使用选项 Axes, BoundaryStyle, BoxRatios, ColorFunction, ColorFunctionScaling 处理函数 $z = (x+y)\sin(x-y)$ 在区域 $[-3,3] \times [-3,3]$ 上的图形.

输入 `Plot3D[(x+y)*Sin[x-y],{x,-3,3},{y,-3,3},Axes->{True,True,True},`
`BoundaryStyle->`
`Directive[Blue,Thick],BoxRatios->{1,1,1},ColorFunction->"Rainbow",`
`ColorFunctionScaling->True]`

则输出如图 3-35 所示的图形.

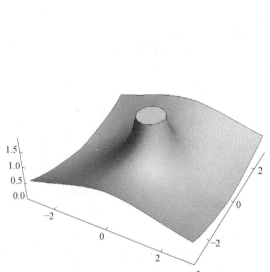

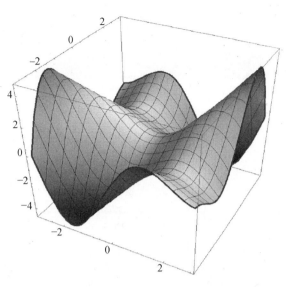

图 3 – 34　通过 Boxed, Mesh 处理

函数 $z = \dfrac{1}{x^2 + y^2} \mid \sin(x - y\mathrm{i}) \mid$ 的图形

图 3 – 35　使用选项 Axes, BoundaryStyle 等选项

处理函数 $z = (x + y)\sin(x - y)$ 的图形

例 3.36　使用选项 Filling, Mesh 处理函数 $z = \mathrm{e}^{-(x^2 + y^2)}(x^3 + 3xy + y)$ 在区域 $[-2,2] \times [-2,2]$ 上的图形.

输入　`Plot3D[E^(-x^2-y^2)*(x^3+3x*y+y),{x,-2,2},{y,-2,2},Filling->Bottom,Mesh->All]`

则输出如图 3 – 36 所示的图形.

例 3.37　使用 ColorFunction 处理函数 $z = \sin(xy)$ 在区域 $[-3,3] \times [-3,3]$ 上的图形.

输入　`Plot3D[Sin[x*y],{x,-3,3},{y,-3,3},ColorFunction->Function[{x,y,z},RGBColor[1,0,1]]]`

则输出如图 3 – 37 所示的图形.

◆ArrayPlot[array]:用一组排列的值代表一个图形,并显示在一个固定的长方形内部.

例 3.38　举例说明函数 ArrayPlot[array] 的用法,并画出相应的图形.

输入　`ArrayPlot[{{1,0,0,0.3},{1,1,0,0.3},{1,0,1,0.7}}]`

`ArrayPlot[{{1,0,0,Pink},{1,1,0,Pink},{1,0,1,Red}}]`

`ArrayPlot[{{1,0,0,0.3},{1,1,0,0.3},{1,0,1,0.7}},ColorRules->{1->Pink,0->Yellow}]`

`ArrayPlot[{{1,0,0,0.3},{1,1,0,0.3},{1,0,1,0.7}},Mesh->True]`

`ArrayPlot[RandomReal[1,{10,20}]]`

`ArrayPlot[RandomReal[1,{10,20}],ColorFunction->"Rainbow"]`

则输出如图 3 – 38 所示的图形.

例 3.39　分别作函数 $z = \dfrac{4}{1 + x^2 + y^2}$ 和 $z = -xy\mathrm{e}^{-x^2 - y^2}$ 的图形,然后用 ArrayPlot[texture] 和 PlotStyle->Texture[texture] 对图形进行处理.

103

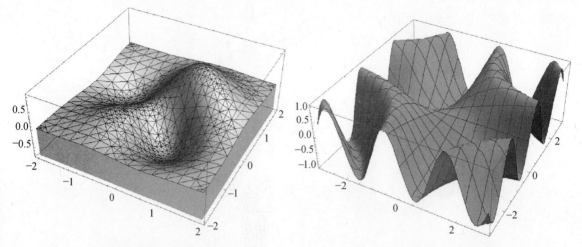

图 3 – 36　使用选项 Filling,Mesh 处理函数　　图 3 – 37　使用 ColorFunction 处理函数
$z = \mathrm{e}^{-(x^2+y^2)}(x^3+3xy+y)$ 的图形　　　　　　$z = \sin(xy)$ 的图形

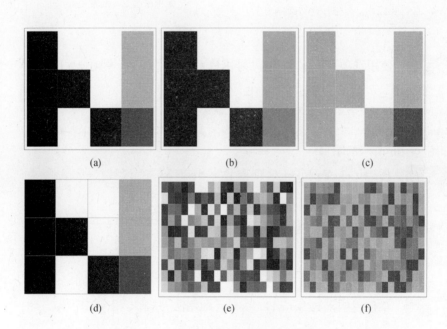

图 3 – 38　函数 ArrayPlot[array]的用法

输入　texture=ArrayPlot[{{1,1,1,2,1,1},{2,0,0,2,0,0},{2,0,0,2,0,0},{2,1,1,1,1,1},
　　　　　{2,0,0,2,0,0},{2,0,0,2,0,0}},
　　　　　ColorRules - >{1 - >Red,2 - >Blue,0 - >White},Frame - >False,Plo-
　　　　　tRangePadding - >None,ImagePadding
　　　　　 - >None,ImageSize - >100];
　　k[x_,y_]:=4/(1 +x^2 +y^2)
　　Plot3D[k[x,y],{x, -2,2},{y, -2,2},PlotPoints - >30,PlotRange - >{0,4},BoxRatios
- >{1,1,1},PlotStyle - >Texture[texture]]
　　Plot3D[-x*y* Exp[-x^2 -y^2],{x, -3,3},{y, -3,3},PlotPoints - >30,AspectRatio

```
- >Automatic,PlotStyle - >Texture[texture]]
```
则输出如图 3 - 39 所示的图形.

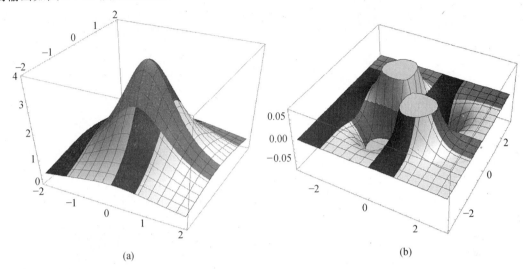

(a)   (b)

图 3 - 39　利用 ArrayPlot[texture] 和 PlotStyle - >Texture [texture] 处理图形

 ### 3.2.3 　三维参数图

1. 三维参数式曲线

绘制三维参数式曲线的函数是 ParametricPlot3D,其调用格式如下:

◆ ParametricPlot3D[{x(t),y(t),z(t)},{t,a,b}],绘制三维参数式曲线.

例 3.40 　 绘制锥面螺旋线 $x = t\cos t, y = t\sin t, z = 1.5t$ 在 $0 \le t \le 6\pi$ 上的图形.

输入　`ParametricPlot3D[{t*Cos[t],t*Sin[t],1.5t},{t,0,6 Pi}]`

则输出如图 3 - 40 所示的图形.

例 3.41 　 同时绘制 3 条三维直线段

$$\begin{cases} x = t \\ y = 1 - t \\ z = 0 \end{cases}, \begin{cases} x = 0 \\ y = t \\ z = 1 - t \end{cases}, \begin{cases} x = 1 - t \\ y = 0 \\ z = t \end{cases} \quad (t \in [0,1])$$ 的图形.

输入　`ParametricPlot3D[{{t,1-t,0},{0, t,1-t},{1-t,0,t}},{t,0,1}]`

则输出如图 3 - 41 所示的图形.

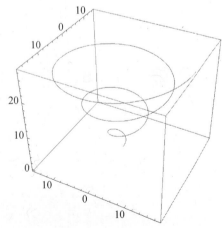

图 3 - 40　锥面螺旋线图形

2. 三维参数式曲面

绘制三维参数式曲面与绘制三维参数式曲线的函数是相同的,只是参数有所不同. 其调用格式如下:

◆ ParametricPlot3D[{x(u,v),y(u,v),z(u,v)},{u,umin,umax},{v,vmin,vmax}],绘制参数式曲面.

◆ ParametricPlot3D[{曲面 1 参数式},{曲面 2 参数式},…],同时绘制多个参数式曲面.

例 3.42 绘制螺管面 $x = (6 + 2\cos u)\cos v, y = (6 + 2\cos u)\sin v, z = 2\sin u + 2v$，在范围 $0 \le u \le 2\pi, 0 \le v \le 3\pi$ 上的图形.

输入 texture = ArrayPlot[{{1,1,1,2,1,1},{2,0,0,2,0,0},{2,0,0,2,0,0},{2,1,1,1,1,1},{2,0,0,2,0,0},{2,0,0,2,0,0}},

ColorRules - >{1 - >Red,2 - >Blue,0 - >Green},Frame - >False,PlotRangePadding - >None,ImagePadding - >None,ImageSize - >100];

ParametricPlot3D[{(6 +2Cos[u]) * Cos[v],(6 +2Cos[u]) * Sin[v],2(Sin[u] + v)},{u,0,2π},{v,0,3π},PlotLabel - >"螺管面的图形",PlotStyle - >Texture[texture]]

则输出如图 3 - 42 所示的图形.

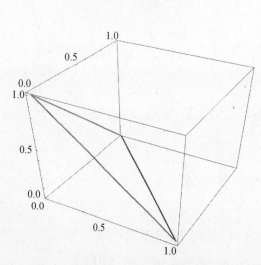

图 3 - 41　绘制 3 条三维直线段的图形

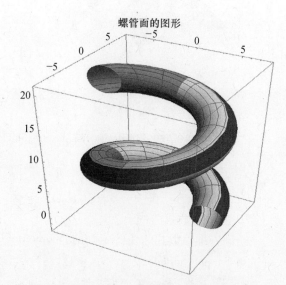

图 3 - 42　由 PlotLabel、PlotStyle 及 Texture 处理的螺管面

例 3.43 绘制函数 $\begin{cases} x = \left(2 + 0.5v\cos\dfrac{u}{2}\right)\cos u \\ y = \left(2 + 0.5v\cos\dfrac{u}{2}\right)\sin u \\ z = 0.5v\sin\dfrac{u}{2} \end{cases}$，在范围 $u \in [0, 2\pi], v \in [-1, 1]$ 上的图形.

输入 texture ="lihanlong";

ParametricPlot3D[{(2 +0.5v * Cos[u/2]) * Cos[u],(2 +0.5v * Cos[u/2]) * Sin[u],0.5v * Sin[u/2]},{u,0,2Pi},

{v, - 1,1},Mesh - >None,PlotStyle - >Texture[texture],PlotPoints - >100,PlotRange - >All,Background - >

Lighter[Gray,0.5]]

则输出如图 3 - 43 所示的图形.

例 3.44 绘制由两个曲面 $z_1 = 3 - 2x^2 - y^2$ 和 $z_2 = x^2 + 2y^2$ 所围成的立体图形.

首先将直角坐标化为柱面坐标:输入

```
z1 = 3 - 2x^2 - y^2; z2 = x^2 + 2y^2; x = r * Cos[θ]; y = r * Sin[θ];
ParametricPlot3D[{{x,y,z1},{x,y,z2}},{θ,0,2Pi},{r,0,1}]
```

则输出如图 3 - 44 所示的图形.

图 3 - 43　由 PlotStyle 及 Texture 处理的莫比乌斯带

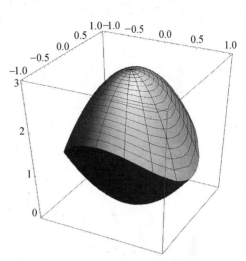

图 3 - 44　曲面 $z_1 = 3 - 2x^2 - y^2$ 和
$z_2 = x^2 + 2y^2$ 所围成的立体

例 3.45　绘制由柱面 $y^2 + z^2 = 1$ 和 $x^2 + y^2 = 1$ 所围成的立体.

输入　
```
z = Sqrt[1 - y^2]; x = v * Cos[u]; y = v * Sin[u];
ParametricPlot3D[{{x,y,z},{x,y,-z},{z,y,x},{-z,y,x}},{u,0,2Pi},{v,0,
1},AxesLabel - > {"X","Y","Z"}]
```

则输出如图 3 - 45 所示的图形.

3. 球面坐标参数式绘图函数

球面坐标参数式的绘图函数使用如下格式:

◆ SphericalPlot3D[$r(φ,θ)$,{$φ$, φmin, φmax},{$θ$, θmin, θmax}],其中 r 是 φ 和 θ 的函数,
而 $x = r\sinφ\cosθ, y = r\sinφ\sinθ, z = r\cosφ$.

例 3.46　按照球面坐标参数式绘制下半单位球面.

输入　
```
SphericalPlot3D[1,{φ,π/2,π},{θ,0,2π}]
```

则输出如图 3 - 46 所示的图形.

4. 旋转曲面绘图函数

旋转曲面绘图函数使用如下格式:

◆ RevolutionPlot3D[f[x],{x,xmin,xmax}],将 Oxz 平面上方程为 z = f[x] 的曲线绕 z 轴
旋转一周生成曲面.

◆ RevolutionPlot3D[{x[t],z[t]},{x,xmin,xmax}],Oxz 平面上的曲线方程由参数式 x =
x[t],z = z[t]给出.

◆ RevolutionPlot3D[{x[t],y[t],z[t]},{x,xmin,xmax}],空间曲线方程由参数式 x = x
[t],y = y[t],z = z[t]给出.

还有两个可选参数:

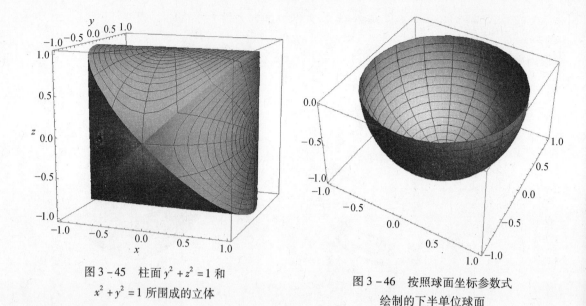

图 3 - 45 柱面 $y^2 + z^2 = 1$ 和
$x^2 + y^2 = 1$ 所围成的立体

图 3 - 46 按照球面坐标参数式
绘制的下半单位球面

$\{\theta, \theta\min, \theta\max\}$,当不旋转一周时设置旋转角度.

RevolutionAxis - >$\{a,b,c\}$,以起点在原点的矢量$\{a,b,c\}$为轴.

例 3.47 绘制一个锥面 $z = 2 \sqrt{x^2 + y^2}$.

输入 `RevolutionPlot3D[2x,{x,0,1},AxesLabel - >{"X","Y","Z"},BoxRatios - >{1,1,1}]`
则输出如图 3 - 47 所示的图形.

例 3.48 将 Oxz 平面上圆心在(1,0),半径为 0.5 的圆绕 z 轴旋转一周生成一个环面.

输入 `RevolutionPlot3D[{1 + 0.5Cos[t],0.5Sin[t]},{t,0,2Pi},AxesLabel - >{"X","Y","Z"}]`

则输出如图 3 - 48 所示的图形.

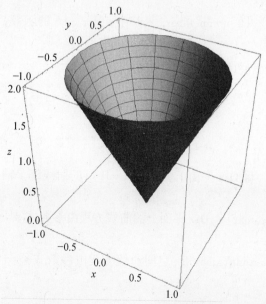

图 3 - 47 锥面 $z = 2 \sqrt{x^2 + y^2}$ 的图形

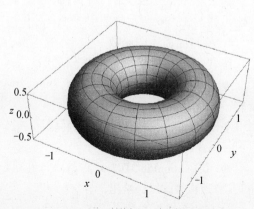

图 3 - 48 圆绕 z 轴旋转一周生成的圆环面

例 3.49　绘制以 x 轴为旋转轴的抛物面.

输入　`RevolutionPlot3D[Sqrt[x],{x,0,2},RevolutionAxis - >{1,0,0},AxesLabel - >{"X","Y","Z"}]`

则输出如图 3－49 所示的图形.

5. 用不等式绘制曲面的函数

用不等式绘制曲面的函数使用如下格式：

◆ RegionPlot3D[ineqs,{x,xmin,xmax},{y,ymin,ymax},{z,zmin,zmax}]，绘制由表达式（组）ineqs 所表示的区域的边界曲面. 不等式组的不等式之间使用 && 连接.

例 3.50　绘制由不等式 $x^2 + y^3 - z^2 > 0, x \in [-2,2], y \in [-2,2], z \in [-2,2]$ 所表示的区域的边界曲面.

输入　`RegionPlot3D[x^2 +y^3 - z^2 >0,{x,-2,2},{y,-2,2},{z,-2,2}]`

则输出如图 3－50 所示的图形.

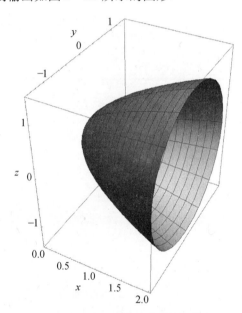

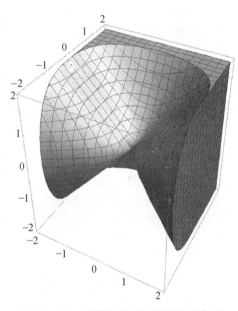

图 3 -49　以 x 轴为旋转轴的抛物面　　　图 3 -50　不等式表示区域的边界曲面

6. 绘制三维矢量场的函数

绘制三维矢量场的函数是 VectorPlot3D，其使用如下格式：

◆ VectorPlot3D[{P,Q,R},{x,xmin,xmax},{y,ymin,ymax},{z,zmin,zmax}]，其中 P, Q,R 是矢量的坐标，它们是 x,y,z 的函数.

例 3.51　绘制一个三维矢量场.

输入　`VectorPlot3D[{x,y,z},{x, -1,1},{y, -1,1},{z, -1,1},VectorColorFunction - >Hue]`

则输出如图 3－51 所示的图形.

7. 投影函数

投影函数 Scale 是一个非常实用的函数，其使用如下格式：

◆ Show[% ,PlotRange - > All]/ . Graphics3D[gr_ ,opts___] : > Graphics3D[{gr,Scale[gr,

$\#,\{-1,-1,-1\}\,]\&/@(1+10^{\wedge}-3-\mathrm{IdentityMatrix}[3])\}$,opts$]$,将三维图形对象%投影到坐标平面上.

例 3.52   绘制两个曲面 $z_1=3-2x^2-y^2$ 和 $z_2=x^2+2y^2$ 所围成的立体图形在坐标面上的投影.

输入   z1 =3 -2x^2 -y^2;z2 =x^2 +2y^2;x =r*Cos[θ];y =r*Sin[θ];
ParametricPlot3D[{{x,y,z1},{x,y,z2}},{θ,0,2Pi},{r,0,1}];
Show[% ,PlotRange - >All]/.Graphics3D[gr_,opts___]:>
Graphics3D[{gr,Scale[gr,#,{-1, -1, -1}]&/@ (1 +10^ -3 - IdentityMatrix
[3])},opts]

则输出如图 3 -52 所示的图形.

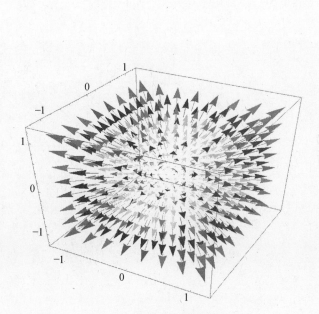

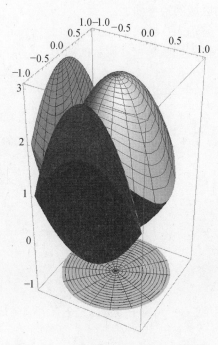

图 3 -51   三维矢量场的图形   图 3 -52   立体图形在坐标面上的投影

习题 3 -2

1. 绘制函数 $z=\mathrm{e}^{-x^2-y^2}$ 的图形,其中定义域是 $-2\leqslant x\leqslant2$,$-2\leqslant y\leqslant2$,不要网格.

2. 绘制两个曲面 $z=\sqrt{5-x^2-y^2}$ 和 $x^2+y^2=4z$ 所围成的立体图形.

3. 使用直线绕 x 轴旋转的方法,绘制一个锥面,并标注三个坐标轴.

4. 将星型线绕 z 轴旋转生成曲面.

5. 绘制三维曲线 $x=\sin5t,y=\cos3t,z=\cos t,t\in[0,\pi]$.

6. 绘制曲面 $z=\sqrt{1-x^2-y^2}$ 在坐标面上的投影.

7. 绘制一个三维矢量场 $A(x,y,z)=x^2\mathrm{i}+y^2\mathrm{j}+z^2\mathrm{k}$ 的图形,其中 $x\in[-1,1]$,$y\in[-1,1]$,$z\in[-1,1]$.

8. 绘制由不等式 $x^2+y^2-z^2>0$ 和 $y^2-z>0$($x\in[-2,2]$,$y\in[-2,2]$,$z\in[-2,2]$)所表

110

示区域的边界曲面.

9. 利用函数 ArrayPlot 定义一个颜色图案 texture,并通过 PlotStyle − > Texture[texture]处理函数 $z = \dfrac{4}{1 + x^2 + y^2}$ 的图形,将该颜色图案贴在曲面上.

10. 使用选项 Filling,Mesh 处理函数 $z = \sin(x^2 y^2)\,\mathrm{e}^{-(x^2+y^2)}$ 在区域$[-2,2] \times [-2,2]$上的图形.

11. 使用 MeshShading 处理函数 $z = \dfrac{1}{\sin(x^2 y^2)}$ 在区域$[-3,3] \times [-3,3]$上的图形.

12. 使用 ColorFunction 处理函数 $z = \sin(xy) \cdot \mathrm{e}^{-(x^2+y^2)}$ 在区域$[-3,3] \times [-3,3]$上的图形.

13. 绘出由坐标数据表$\{\{1,1,1\},\{2,2,2\},\{3,1,1\},\{7,2,2\},\{9,2,2\},\{11,1,1\},\{12,2,2\}\}$所形成的曲面.

14. 在同一坐标系中作出函数 $z = x^3 + y^3$ 和 $z = 15 - x^2 - y^2$($x \in [-3,3]$,$y \in [-3,3]$)的图形,并使用代码 PlotStyle − > Opacity[0.8],ColorFunction − > {Red,Green,Blue,Yellow,Pink,Purple},BoxRatios − > {1,1,1}对图形进行处理.

3.3　用图形元素作图

本节介绍二维图形元素作图、三维图形元素作图以及关于着色等相关问题的方法,最后给出一些特殊的作图命令,用于作某些特殊的图形.

 3.3.1　用二维图形元素作图

在 Mathematica 中提供了二维和三维用图形元素作图的函数 Graphics 和 Graphics3D,图形元素有点、圆弧和立方体等,使用图形元素可以组合成结构复杂的图形,仅仅包含图形指令的列表可以视为将指令对应元素直接插入到一个封闭列表中. Graphics 的一般格式为:

◆ Graphics[primitives,选项],按照选项画二维图形元素 primitives.

常用二维图形元素 primitives 的"基本图形"如下:

Point[{x,y}]:坐标为(x,y)的点.

Line[{{x1,y1},{x2,y2},…}]:顺次连接点(x1,y1)、(x2,y2)的折线.

Circle[{x,y},r]:圆心坐标为(x,y)、半径为 r 的圆.

Circle[{x,y},r,{θ₁,θ₂}]:圆心坐标为(x,y)、从角 θ_1 到角 θ_2 的圆弧.

Circle[{x,y},{a,b}]:圆心坐标为(x,y)、半轴为 a,b 的椭圆.

Circle[{x,y},{a,b},{θ₁,θ₂}]:圆心坐标为(x,y)、半轴为 a,b 的椭圆、从角 θ_1 到角 θ_2 的椭圆弧.

Rectangle[{xmin,ymin},{xmax,ymax}]:按照给定的左下角和右上角坐标用指定的颜色填充成一个矩形(默认为黑色).

Polygon[{{x1,y1},{x2,y2},…}]:以指定的顶点填充成一个多边形.

Disk[{x,y},r]:圆心坐标为(x,y)、半径为 r 的填充圆.

Text["text",{x,y}]:以点(x,y)为中心在图上标注字符串.

注意:以上函数表达式不同于一般的画图函数,不能单独使用直接得到图形,它们只能作为图形表达式的成员,与函数 Graphics 配合使用.

"基本图形"的颜色、点的大小、线的宽度等,需要用"基本图形指示"进行指明.如下所示:

Hue[h,s,b]:其中 h,s,b 是 0~1 之间的数,分别表示色度、饱和度和亮度.

RGBColor[r,g,b]:其中 r,g,b 是 0~1 之间的数,分别表示红、绿、蓝色的强度.

GrayLevel[k]:其中 k 是是 0~1 之间的数,给出灰度大小,0 为黑色,1 为白色.

PointSize[d]:其中 d 是点的直径与整个图形宽度之比.

Thickness[r]:其中 r 是线的宽度与整个图形宽度之比.

Dashing[{r1,r2,…}]:交替使用数 r1,r2,…作为线段和空白的相对长度画虚线(其中 r1,r2,…是远远小于 1 的数,整个图形宽度为 1).

例 3.53 利用二维图形元素的基本图形表达式构造图形.

输入 `Graphics[{{RGBColor[1,0,0],Disk[{0,0},1]},{RGBColor[0,1,0],Polygon[{{-1,0},{0,1},{1,0},{0,-1}}]}},Axes->True]`

则输出如图 3-53 所示的图形.

注意本题中,分别指定了两个填充颜色,填充时后一个图形会覆盖前面的图形.同时应注意"基本图形指示"的使用方法,它们总是放在所指示的"基本图形"的前面.

例 3.54 利用 Text["text",{x,y}]演示给图形标注文字.

输入 `t1 = Plot[{x^2,Sqrt[x]},{x,0,1.2},AxesLabel->{"X","Y"}];`
`t2 = Graphics[{Text["Y = X²",{0.8,0.5}],Text["Y =√x",{0.8,1}]}];`
`Show[t1,t2]`

则输出如图 3-54 所示的图形.

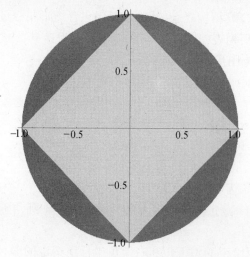

图 3-53 用二维图形元素构造图形

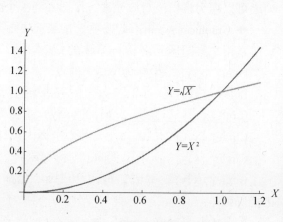

图 3-54 演示给图形标注文字

例 3.55 请观察 Disk 及 Circle 所产生的图形效果.

输入 `Graphics[{Pink,Disk[{0,0},1],Black,Circle[{2.6,0},{1.5,1}],Circle[{5.2,`

```
0},1,{0,Pi}]}]
```
则输出如图 3 - 55 所示的图形.

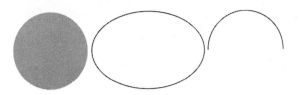

图 3 - 55   Disk 及 Circle 所产生的图形效果

例 3.56   将函数的曲线画在圆中的图形效果.

输入
```
Graphics[{LightGray,Disk[],Inset[Plot[Tan[x],{x,-3,3}]]}];
tc = ParametricPlot[{{Cos[t],Sin[t]},{Cos[t]^3,Sin[t]^3}},{t,0,2Pi},
    Ticks - >None,AxesLabel - >{"X","Y"},Axes
    Style - >Arrowheads[{0,0.04}],PlotRange - >{{ -1.25,1.25},{ -1.25,1.
    25}}];
td = Graphics[{Text["a",{0.45,0.05}],Text["O",{ -0.1,-0.1}]}];
Show[tc,td]
```
则输出如图 3 - 56 所示的图形.

例 3.57   画出二次函数 $f(x) = x^2$ 的切线束.

输入
```
f[x_]:=x^2;
p = Table[{{a - 2,f'[a] * ((a - 2) - a) + f[a]},{a + 2,f'[a] * ((a + 2) - a) + f
[a]}},{a, -10,10,0.1}];
Graphics[Line[p],PlotRange - >{{ -1,1},{ -1,1}}]
```
则输出如图 3 - 57 所示的图形.

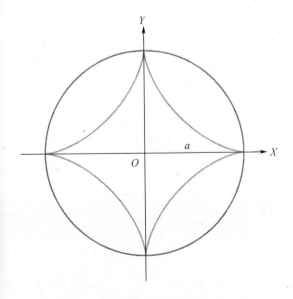

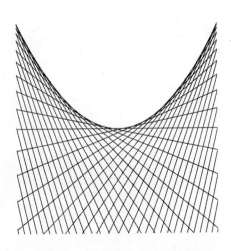

图 3 - 56   曲线画在圆中的图形效果

图 3 - 57   二次函数 $f(x) = x^2$ 的切线束

用三维图形元素作图的函数是:

◆ Graphics3D[图元素,选项],按照选项画三维图形元素.

常用三维图形元素的"基本图形"如下:

Point[{x,y,z}]:坐标为(x,y,z)的点.

Line[{{x1,y1,z1},{x2,y2,z2},…}]:顺次连接(x1,y1,z1)、(x2,y2,z2)的折线.

Cuboid[{xmin,ymin,zmin},{xmax,ymax,zmax}]:立方体.

Cylinder[{{x1,x2,x3},…},…]:柱体.

Cone[{x1,y1,z1},{x2,y2,z2},r]:圆锥体.

Sphere[{x,y,z},…]:球体.

Tube[{pt1,pt2,…},r]:管体.

Polygon[{{x1,y1,z1},{x2,y2,z2},…}]:以指定的顶点填充成一个多边形.

Text["text",{x,y,z}]:以点(x,y,z)为中心在图上标注字符串.

例 3.58 绘制随机点列.

输入 `p=Table[Point[{Random[],Random[],Random[]}],{24}];`
`Graphics3D[{Blue,PointSize[Large],p}]`

则输出如图 3-58 所示的图形.

例 3.59 绘制两个相交的空间三角形.

输入 `Graphics3D[{Polygon[{{0,0,0},{0,1,0},{1,0,1}}],Polygon[{{0,1,0},{0,0,`
`1},{1,0,0}}]},Axes->True]`

则输出如图 3-59 所示的图形.

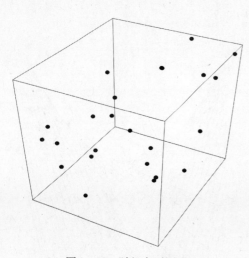

图 3-58 随机点列图形

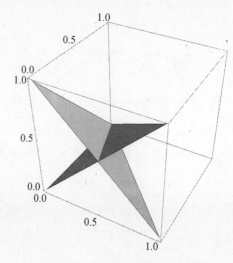

图 3-59 两个相交的空间三角形

下列函数用于编辑一组图形的表示方式.每个函数都有相关的选项.

◆GraphicsGroup[{g1,g2,…}]:图元素组.

114

◆ GraphicsRow[{t1,t2,…}]:按照行排列图形组 t1,t2,….

◆GraphicsColumn[{t1,t2,…}]:按照列排列图形组 t1,t2,….

◆ GraphicsGrid[{{g11,g12,…},…}]:按照矩阵元素位置排列图形 gij.

◆GraphicsComplex[pts,prims]:图元素组 pts 的序列默认值{1,2,…}.

例 3.60 演示 GraphicsRow 的应用.

输入 `GraphicsRow[{Graphics[{Pink,Disk[]}],Graphics[Circle[]]}]`

则输出如图 3 − 60 所示的图形.

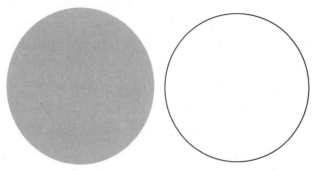

图 3 − 60 两个图形的排列

例 3.61 演示 GraphicsGroup 的应用.

输入 `Graphics[{GraphicsGroup[{{Circle[{0,0}]},Blue,Disk[{1,0}]}],{{Pink,Disk`
`[{0,-2}]},Circle[{1,-2}]}}]]`

则输出如图 3 − 61 所示的图形.

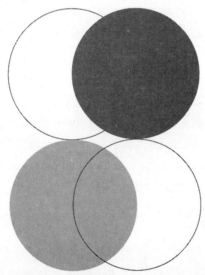

图 3 − 61 GraphicsGroup 的应用

例 3.62 演示 GraphicsGrid 与 GraphicsGroup 的应用.

输入 `GraphicsGrid[{{Graphics[Rectangle[]],Graphics[Disk[]]},{Graphics[Disk`
`[]],Graphics[Rectangle[]]}}] GraphicsGrid[{{Graphics[Rectangle[]],`

```
Graphics[Disk[]]},{Graphics[Disk[]],Graphics[Rectangle[]]}},Frame - >
All]
```
则输出如图 3 - 62 所示的图形.

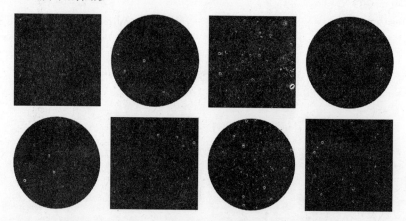

图 3 - 62   演示 GraphicsGrid 与 GraphicsGroup 的应用

3.3.3   关于着色问题

在 Mathematica 中包含很多颜色函数,用户也可以自己定义颜色函数,设置色彩的透明度.

1. 基本颜色

系统定义的基本颜色有:Red(红色),Green(绿色),Blue(蓝色),Black(黑色),White(白色),Gray(灰色),Cyan(墨绿),Magenta(品红),Yellow(黄色),Brown(褐色),Orange(橘色),Pink(粉色),Purple(紫红).

2. 复合颜色

Lighter[color]:指定颜色变浅版本.

Darker[color]:指定颜色的暗模式.

LightRed 表示浅红,类似的还有:LightGreen(浅绿),LightBlue(浅蓝),LightGray(浅灰),LightCyan(浅墨绿),LightMagenta(浅品红),LightYellow(浅黄),LightBrown(浅褐),LightOrange(浅橘色),LightPink(浅粉),Light Purple(浅紫),Transparent(完全透明,使用 Transparent 提交一个不可视的基元).

例 3.63   绘制一个暗红色的圆盘.

输入   Graphics[{Darker[Red],Disk[]}]

则输出如图 3 - 63 所示的图形.

3. 自定义颜色

RGBColor[red,green,blue]:按照给定的红、绿和蓝比例的调色显示.

图 3 - 63   暗红色的圆盘

RGBColor[r,g,b,a]:指定不透明度 a,等价于{RGBColor[r,g,b],Opacity[a]}.

还可以利用函数 ColorData 看到系统中定义颜色方案的名称集合,系统中定义的颜色梯度列表、物理性颜色等方案.

输入   ColorData["Gradients"]

输出

```
{AlpineColors, Aquamarine, ArmyColors, AtlanticColors, AuroraColors, AvocadoColors,
BeachColors,
    BlueGreenYellow, BrassTones, BrightBands, BrownCyanTones, CandyColors, Cherry-
Tones, CMYKColors, CoffeeTones, DarkBands, DarkRainbow, DarkTerrain, DeepSeaColors,
FallColors, FruitPunchColors, FuchsiaTones, GrayTones, GrayYellowTones, GreenBrown-
Terrain,GreenPinkTones,IslandColors,LakeColors,LightTemperatureMap,LightTerrain,
MintColors,NeonColors,Pastel,PearlColors,PigeonTones,PlumColors,Rainbow,RedBlue-
Tones, RedGreenSplit, RoseColors, RustTones, SandyTerrain, SiennaTones, SolarColors,
SouthwestColors,StarryNightColors,SunsetColors,TemperatureMap,ThermometerColors,
ValentineTones,WatermelonColors}
```

例3.64 举例说明"Gradients"定义颜色的应用.

输入

```
Plot3D[x^2 +y^2,{x, -2,2},{y, -2,2},ColorFunction - >(ColorData["Temperature-
Map"][#3]&)]
```

则输出如图3 – 64 所示的图形.

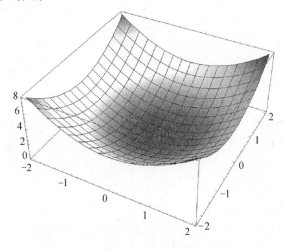

图 3 – 64 "Gradients"定义颜色的应用

3.3.4 特殊作图命令

绘图函数 Plot 和 Plot3D 是二维和三维画图命令的典型代表,与二维绘图函数有关的命令尾部通常标以 Plot 字符,与三维绘图函数有关的命令尾部标以 Plot3D 字符.

输入   ? * Plot

输出   System

```
{ArrayPlot,ListLinePlot,Plot},
{BodePlot,ListLogLinearPlot,PolarPlot},
{ChromaticityPlot,ListLogLogPlot,ProbabilityPlot},
{CommunityGraphPlot,ListLogPlot,ProbabilityScalePlot},
{ContourPlot,ListPlot,QuantilePlot},
```

{DateListLogPlot,ListPolarPlot,RegionPlot},

{DateListPlot,ListStreamDensityPlot,ReliefPlot},

{DensityPlot,ListStreamPlot,RootLocusPlot},

{DiscretePlot,ListVectorDensityPlot,SingularValuePlot},

{GeoListPlot,ListVectorPlot,StreamDensityPlot},

{GeoRegionValuePlot,LogLinearPlot,StreamPlot},

{GraphPlot,LogLogPlot,TreePlot},

{JuliaSetPlot,LogPlot,VectorDensityPlot},

{LayeredGraphPlot,MandelbrotSetPlot,VectorPlot},

{LineIntegralConvolutionPlot,MatrixPlot,WaveletImagePlot},

{ListContourPlot,NicholsPlot,WaveletListPlot},

{ListCurvePathPlot,NumberLinePlot,WaveletMatrixPlot},

{ListDensityPlot,NyquistPlot},

{ListLineIntegralConvolutionPlot,ParametricPlot}

输入　?＊Plot3D

　　输出　System

{ChromaticityPlot3D, ListContourPlot3D, ListVectorPlot3D, Revolution-
Plot3D},

{ContourPlot3D,ListPlot3D,ParametricPlot3D,SphericalPlot3D},

{DiscretePlot3D,ListPointPlot3D,Plot3D,VectorPlot3D},

{GraphPlot3D,ListSurfacePlot3D,RegionPlot3D}

绘图命令涉及维数、坐标系和被绘制函数的表达方式.如 ContourPlot 和 ContourPlot3D 表示画二维和三维的等高线;ListPlot 和 ListPolarPlot 分别在直角坐标系和极坐标系中画图;DensityPlot 和 ListDensityPlot 表示画函数还是数据列表的密度图.下面举例说明部分二维和三维特殊命令绘图.

1. 数据形象可视化之柱形图

◆ BarChart[{y1,y2,⋯}]:按照数据 y1,y2,⋯ 的值生成柱形图.

◆ BarChart[{data1,data2,⋯}]:由多个数据 datai 生成柱形图.

◆ BarChart3D[{y1,y2,⋯}]:三维柱形图,其中条纹长度 y1,y2,⋯.

◆ BarChart3D[{data1,data2,⋯}]:从多个数据集 datai 生成一个三维柱形图.

例 3.65　举例说明 BarChart 与 BarChart3D 的应用.

输入　{BarChart[{2,1,3}],BarChart3D[{2,1,3}]}

则输出如图 3 - 65 所示的图形.

例 3.66　举例说明 BarChart 与 BarChart3D 数据集绘图的应用.

输入　BarChart[{{2,1,3},{1.5,3.5,2.5},{4,2}},ChartLegends - >{"A","B","C"}]

　　　　BarChart3D[{{2,1,3},{1.5,3.5,2.5},{4,2}},ChartLegends - >{"A","B","C"}]

则输出如图 3 - 66 所示的图形.

2. 数据形象可视化之饼形图

◆PieChart[{y1,y2,⋯}]:按照数据 y1,y2,⋯ 的值生成饼形图.

◆ PieChart[{data1,data2,⋯}]:由多个数据 datai 生成饼形图.

◆ PieChart3D[{y1,y2,⋯}]:按照数据 y1,y2,⋯ 的值生成三维饼形图.

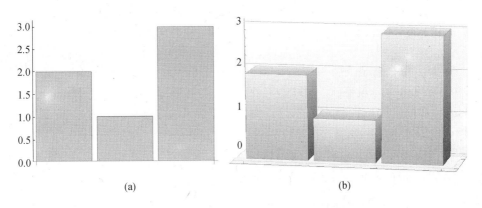

(a)   (b)

图 3 - 65　BarChart 与 BarChart3D 的应用

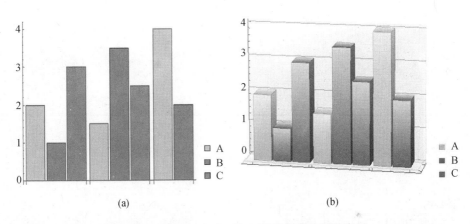

(a)   (b)

图 3 - 66　BarChart 与 BarChart3D 数据集绘图的应用

例 3.67　举例说明 BarChart3D 绘图的应用.

输入 `{PieChart3D[{1,2,3}],PieChart3D[{1,2,3},SectorOrigin - >{Automatic,1}]}`
则输出如图 3 - 67 所示的图形.

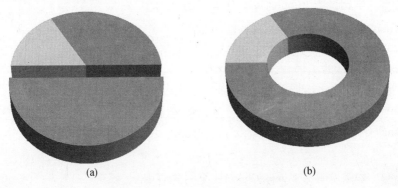

(a)   (b)

图 3 - 67　BarChart3D 绘图的应用

例 3.68　举例说明 BarChart 多个数据绘图的应用.

输入 `PieChart[{{3,1,4},{2,3,5}},ChartLabels - >{"一","二","三"}]`
则输出如图 3 - 68 所示的图形.

3. 数据形象可视化之气泡图

◆ BubbleChart[{{x1,y1,z1},{x2,y2,z2},…}]:在坐标{xi,yi}处制作气泡 zi.
◆ BubbleChart[{data1,data2,…}]:由多个数据集 datai 制作气泡图.
◆ BubbleChart3D[{{x1,y1,z1,u1},{x2,y2,z2,u2},…}]:在坐标{xi,yi,zi}处生成三维气泡 ui.

例 3.69   举例说明 BubbleChart 绘图的应用.

输入 `BubbleChart[RandomReal[1,{20,5,3}]]`
则输出如图 3 -69 所示的图形.

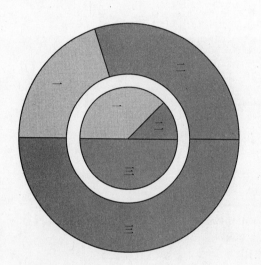

图 3 -68   BarChart 多个数据绘图

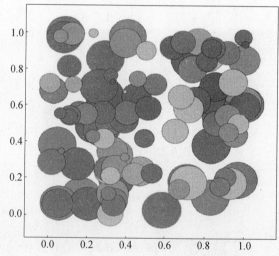

图 3 -69   BubbleChart 绘图的应用

例 3.70   举例说明 BubbleChart3D 绘图的应用.

输入 `BubbleChart3D[RandomReal[1,{10,4}]]`
     `BubbleChart3D[RandomReal[1,{5,5,4}]]`
则输出如图 3 -70 所示的图形.

4. 数据形象可视化之矩形图

◆ RectangleChart[{{x1,y1},{x2,y2},…}]:绘制宽度为 xi,高度为 yi 的矩形图.
◆ RectangleChart3D[{{x1,y1,z1},{x2,y2,z2},…}]:绘制长度为 xi,宽度为 yi,高度为 zi 的三维矩形图.

例 3.71   举例说明 RectangleChart3D 绘图的应用.

输入 `RectangleChart3D[{{1,1,1},{1,2,3},{1,3,4}},AspectRatio - >Automatic]`
则输出如图 3 -71 所示的图形.

5. 数据形象可视化之扇形图

◆SectorChart[{{x1,y1},{x2,y2},…}]:绘制一个扇形图,其扇形角和 xi 成比例,并且有半径 yi.

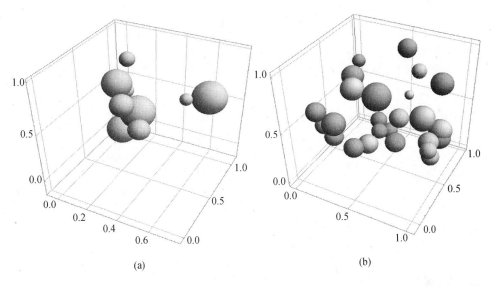

(a)

(b)

图 3 - 70　BubbleChart3D 绘图的应用

◆SectorChart3D[{{x1,y1,z1},{x2,y2,z2},…}]:绘制三维扇形图,其扇形角和 xi 成比例,并且有半径 yi 和高度 zi.

例 3.72　举例说明 SectorChart 绘图的应用.

输入　`SectorChart[{{1,1},{2,2},{3,3}}]`

则输出如图 3 - 72 所示的图形.

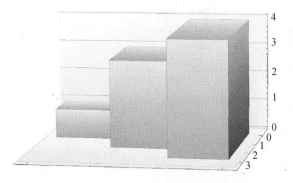

图 3 - 71　RectangleChart3D 绘图的应用

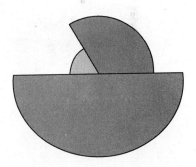

图 3 - 72　SectorChart 绘图的应用

例 3.73　举例说明 SectorChart3D 绘图的应用.

输入　`SectorChart3D[{{1,2,3},{2,3,1},{3,1,2}}]`

则输出如图 3 - 73 所示的图形.

6. 数据形象可视化之直方图

◆Histogram[{x1,x2,…}]:绘制 xi 的直方图.

◆Histogram3D[{{x1,y1},{x2,y2},…}]:按照值{xi,yi}绘制三维直方图.

例 3.74　举例说明 Histogram 绘图的应用.

输入　`Histogram[RandomReal[1,{20,3}]]`

则输出如图 3 - 74 所示的图形.

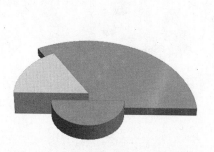

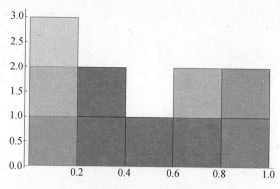

图 3 - 73　SectorChart3D 绘图的应用　　　　　图 3 - 74　Histogram 绘图的应用

注意:图形可能会有所不同.

例 3.75　举例说明 Histogram3D 绘图的应用.

输入　`Histogram3D[RandomReal[1,{200,2}]]`
则输出如图 3 - 75 所示的图形.

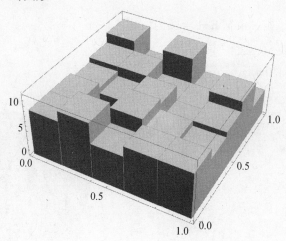

图 3 - 75　Histogram3D 绘图的应用

7. 数据形象可视化之区域图

◆ RegionPlot[pred,{x,xmin,xmax},{y,ymin,ymax}]:画出满足表达式 pred 的图形.

◆ RegionPlot3D[pred,{x,xmin,xmax},{y,ymin,ymax},{z,zmin,zmax}]:画出满足表达式 pred 的三维图形.

这里的表达式 pred 为任何不等式的逻辑组合,RegionPlot 绘图区域包含不连续部分,RegionPlot3D 通常能找出主要测量的区域,它不能找出只有线或点的区域.

例 3.76　举例说明 RegionPlot 绘图的应用.

输入　`RegionPlot[x^2 +y^2 < =1,{x,-1,1},{y,-1,1},ColorFunction - >"SunsetColors"]`

则输出如图 3 - 76 所示的图形.

例 3.77 举例说明 RegionPlot3D 绘图的应用.

输入 `RegionPlot3D[x^2 +y^2 +z^2 <1&&x^2 +y^2 >z,{x,-1,1},{y,-1,1},{z,-1,1}]`

则输出如图 3 - 77 所示的图形.

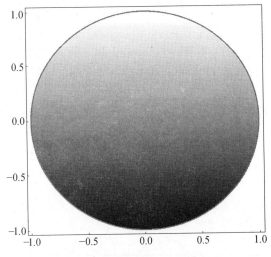

图 3 - 76 RegionPlot 绘图的应用

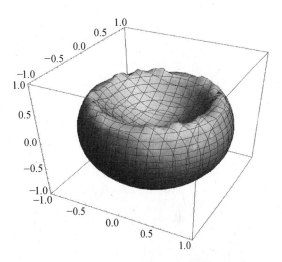

图 3 - 77 RegionPlot3D 绘图的应用

8. 数据形象可视化之矢量图和流量图

◆ VectorPlot[{vx,vy},{x,xmin,xmax},{y,ymin,ymax}]:绘制在 x 和 y 定义区域上函数 V 的{vx,vy}的矢量图.

◆ VectorPlot[{{vx,vy},{wx,wy},…},{x,xmin,xmax},{y,ymin,ymax}]:绘制多个矢量图.

◆ VectorPlot3D[{vx,vy,vz},{x,xmin,xmax},{y,ymin,ymax},{z,zmin,zmax}]:绘制在 x,y 和 z 定义区域上函数 V 的{vx,vy,vz}的矢量图.

例 3.78 举例说明 VectorPlot 绘图的应用.

输入 `VectorPlot[{x,y},{x,-1,1},{y,-1,1}]`

则输出如图 3 - 78 所示的图形.

◆ StreamPlot[{vx,vy},{x,xmin,xmax},{y,ymin,ymax}]:绘制在 x 和 y 定义区域上的矢量场{vx,vy}的矢量图.

◆ StreamPlot[{{vx,vy},{wx,wy},…},{x,xmin,xmax},{y,ymin,ymax}]:绘制多个矢量场图:

例 3.79 举例说明 StreamPlot 绘图的应用.

绘制{$-x^2 -y^2 -1, x^3 -y^3 +1$}的流线图.

输入 `StreamPlot[{-1-x^2-y^2,1+x^3-y^2},{x,-3,3},{y,-3,3}]`

则输出如图 3 - 79 所示的图形.

9. 数据形象可视化之矩阵绘图

◆ ArrayPlot[array]:按照数组画元素的相对灰度图,数值越大,黑色越多.

◆ MatrixPlot[m]:按照矩阵画元素的相对矩阵色彩图,数值越大,颜色越深.

◆ ReliefPlot[array]:以 array 元素的值为高度画地势图.

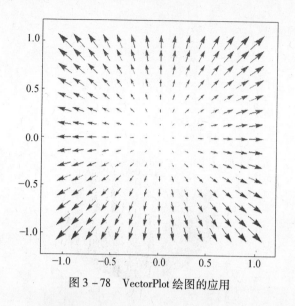

图 3 - 78　VectorPlot 绘图的应用

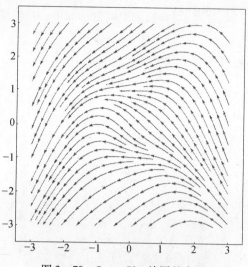

图 3 - 79　StreamPlot 绘图的应用

◆ Grid[{{expr11,expr12,…},{expr21,expr22,…},…}]:将 exprij 排列在二维表格中.

　　例 3.80　举例说明 ArryPlot 绘图的应用.

输入　{ArrayPlot[{{1,2,3},{4,5,6},{3,2,1}}],
　　　　ArrayPlot[{{1,2,3},{4,5,6},{3,2,1}},
　　　　ColorFunction - >"Rainbow"]}

则输出如图 3 - 80 所示的图形.

图 3 - 80　ArryPlot 绘图的应用

　　例 3.81　举例说明 MatrixPlot 绘图的应用.

输入　MatrixPlot[{{1,2,3},{4,5,6},{3,2,1}}]

则输出如图 3 - 81 所示的图形.

　　例 3.82　举例说明 ReliefPlot 绘图的应用.

输入　ReliefPlot[Table[Im[Csc[(i + I * j)^2]],{i, -3,3,0.02},{j, -3,3,0.02}],
　　PlotRange - >Automatic,ColorFunction - >Hue,FrameTicks - >True]

则输出如图 3 - 82 所示的图形.

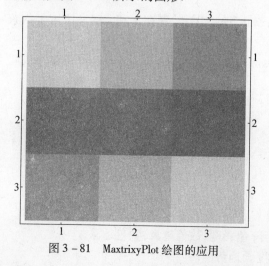

图 3 - 81　MaxtrixyPlot 绘图的应用

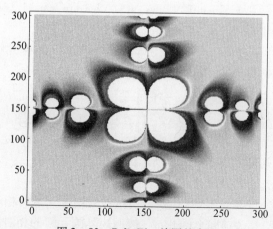

图 3 - 82　ReliefPlot 绘图的应用

124

10. 数据形象可视化之树形图

◆TreePlot[{vi1 - > vj1,vi2 - > vj2,···}]:生成由顶点 vik 到顶点 vjk 的树形图.

◆TreePlot[{{vi1 - > vj1,lbl₁},···}]:生成的树形图中的边带有标签 lblₖ.

◆TreePlot[g,pos]:按照 pos 的要求置树的根节点.

如果图形 g 不是一个树,TreePlot 排列顶点的方式,则以图形的每个部分的一个平面树为基础. pos 的值有 Top、Bottom、Left、Right 和 Center. TreePlot 也具有 Graphics 的大多数选项.

例 3.83 举例说明 TreePlot 绘图的应用.

输入 t = Flatten[Table[{i - >2i + j - 1},{j,2},{i,7}]];

Table[TreePlot[t,p],{p,{Top,Left,Bottom,Right,Center}}]

则输出如图 3 - 83 所示的图形.

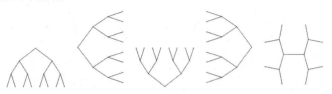

图 3 - 83　TreePlot 绘图的应用

例 3.84 举例说明 TreePlot 与 VertexLabeling 绘图的应用.

输入 a = "数学学院";b = "基础数学";c = "计算数学";d = "应用数学";e = "金融数学";

TreePlot[{a - > b,a - > c,a - > d,a - > e,b - > 1,b - > 2,c - > 4,c - > 5,c - > 6,

d - > 7,d - > 8,e - > 9,e - > 10},VertexLabeling - > True]

则输出如图 3 - 84 所示的图形.

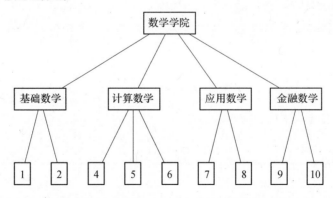

图 3 - 84　TreePlot 与 VertexLabeling 绘图的应用

11. 数据形象可视化之"图论"的图

◆GraphPlot[{vi1 - > vj1,vi2 - > vj2,···}]:生成由顶点 vik 到点 vjk 的图.

◆GraphPlot[{{vi1 - > vj1,lbl₁},···}]:在图形中带有标签 lbl₁的边.

◆GraphPlot[m]:产生以邻接矩阵 m 为表示的图形.

◆GraphPlot3D[{vi1 - > φ1,vi2 - > φ2,···}]:生成三维图.

GraphPlot 尽可能的以优化图形布局的方式放置顶点,顶点 vk 和标签 lbl ₖ可以是任何表达式. 在默认的情况下,DirectedEdges - > False 的边框应为普通线条,DirectedEdges - > True 的边线用箭头绘制.

例 3.85 举例说明 GrapPlot 与 DirectedEdges - > True 绘图的应用.

输入 `GraphPlot[{1 - >2,1 - >3,3 - >1,3 - >2,4 - >1,4 - >2},DirectedEdges - > True]`

则输出如图 3 -85 所示的图形.

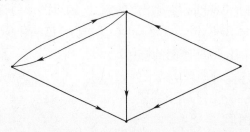

图 3 -85　GrapPlot 与 DirectedEdges - >True 绘图的应用

例 3.86 举例说明 GrapPlot 与 GrapPlot3D 绘图的应用.

输入 `GraphPlot[{{1,1,1,0},{0,1,1,1},{0,0,1,1}},VertexLabeling - >True]`
`GraphPlot3D[{1 - >2,2 - >3,3 - >4,4 - >1,4 - >5,5 - >1,2 - >5,3 - >5},Boxed`
`- >False,EdgeRenderingFunction - >`
`({Cylinder[#1,0.05]}&),VertexRenderingFunction - >({Sphere[#,0.1]}&)]`

则输出如图 3 -86 所示的图形.

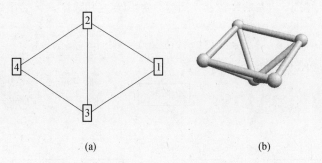

(a)   (b)

图 3 -86　GrapPlot 与 GrapPlot3D 绘图的应用

习题 3 -3

1. 使用 Graphics[ ] 及图形元素绘制函数 Polygon[{{x1,y1},{x2,y2},…}] 绘制一个正六边形区域.

2. 利用 RegionPlot3D 绘制 $z^2 + y^2 < 1$ 和 $x^2 + y^2 > z^2$ ($x \in [-1,1]$, $y \in [-1,1]$, $z \in [-1,1]$) 所围区域图.

3. 利用 RegionPlot 绘制 $\sin x \sin y > \dfrac{1}{4}$ ($x \in [-10,10]$, $y \in [-10,10]$) 所围区域图.

4. 举例说明函数 BubbleChart3Dt 绘制图形的应用.

5. 绘制一个绿色的圆盘.

6. 使用 Graphics[ ] 及图形元素绘制函数 Circle[{x,y},r] 绘制圆 $x^2 + y^2 = 1$.

7. 使用 Graphics3D 及图形元素绘制函数 Cuboid[{xmin,ymin,zmin},{xmax,ymax,

zmax}]绘制一个立方体.

8. 使用 Graphics3D 及图形元素绘制函数 Cylinder[{{x1,x2,x3},…},…]绘制一个柱体.

9. 使用 Graphics3D 及图形元素绘制函数 Cone[{x1,y1,z1},{x2,y2,z2},r]绘制一个圆锥体.

10. 使用 Graphics3D 及图形元素绘制函数 Sphere[{x,y,z},…]绘制一个球体.

11. 使用 Graphics3D 及图形元素绘制函数 Tube[{pt1,pt2,…},r]绘制一个管体.

12. 使用 Text["text",{x,y}]演示给函数 $y=x$, $y=x^2$, $y=4x^2$ 的图形标注文字.

13. 举例说明函数 ArryPlot[array]绘制图形的应用.

14. 举例说明函数 MatrixPlot[m]绘制图形的应用.

3.4 图形编辑和动态交互以及动画和声音

本节介绍图形的编辑和动态交互功能以及动画和声音. Mathematica 不但能够进行绘图,也能对图形进行一定的编辑. 虽然 Mathematica 的图形编辑能力不如某些专业图形编辑软件功能强大,但是应付基本的应用已经足够了,而且还能进行动画和声音的编辑.

3.4.1 绘图工具与图形编辑

1. 绘图工具

打开"图形 Graphics"菜单,其中第二项就是"绘图工具 Drawing Tools",单击该项则弹出如图 3–87 所示的"绘图工具"窗口.

绘图工具用于创建和编辑图形. 创建新图形时首先单击"图形"菜单的第一项"新图形",这时在运行窗口中就会出现一个空白的图形框,接下来就可以使用图形工具在其中绘图了,绘图过程相当于前面的键入绘图语句,绘制完成后按"Shift + Enter"组合键则输出图形,使用函数 InputForm[   ] 可以得到图形的表达式. 也可以先键入"t = "后再创建空白的图形框,这样变量 t 就表示输出的图形了. 单击绘图工具窗口的某一项,会弹出对该项功能的使用说明的菜单.

2. 图形编辑

Mathematica 通常使用函数命令进行绘图,但要在绘图过程中同时考虑一些细微的方面,如标注图形的

图 3–87 "绘图工具"窗口

数学表达式、改变图形的颜色等,会显得有些麻烦. 一个新的绘图思路是:首先使用绘图函数得到图形,然后再使用绘图工具对图形进行适当的修改和补充. 在 Mathematica 10 版本中,使用函数命令进行绘图后,在图形下方还会显示出相应的图形修改工具菜单,以方便对图形进行相应的修改.

例 3.87　使用绘图命令 Plot 在同一坐标系下绘制函数 $y=x, y=x^2, y=2x^2, y=4x^2, x \in$ [-1,1]的图形,并利用图形下方的图形修改工具菜单中的相应代码修改图形.

输入　`Plot[{x,x^2,2x^2,4x^2},{x,-1,1}]`

则输出如图 3 - 88(a)所示的图形.

注意图形下方出现的图形修改工具菜单,利用相应菜单中的代码可以修改所画的图形.利用 theme 中相应的选项 Detailed 以及 Show[%] 可以修改图 3 - 88 中的图形,得到如图 3 - 88(b)所示的图形.

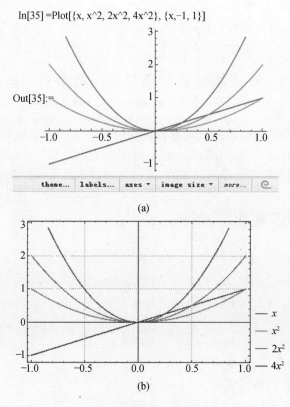

图 3 - 88　输出图形

(a)用绘图命令 Plot 在同一坐标系下绘制函数图形;(b)利用选项 Detailed 以及 Show[%]修改图形.

3.4.2　动态交互式绘图

1. 使用滑块选择参数

函数 Manipulate 用于建立控件来设置参数值,进行动态绘图与计算,其格式如下:

◆ Manipulate[带参数的表达式,参数的值域],其中"参数的值域"有多种格式.

例 3.88　创建带控件的正弦函数 $y=\sin nx+a, x \in [0,2\pi]$ 的图形,其中 n 和 a 为可变参数.

输入　`Manipulate[Plot[Sin[n*x+a],{x,-Pi,Pi}],{{n,2,"n"},1,4,1},{{a,0,"a"},0,`
　　　`2Pi},FrameLabel->"sin(nx+a)"]`

则输出如图 3 - 89 所示的图形.

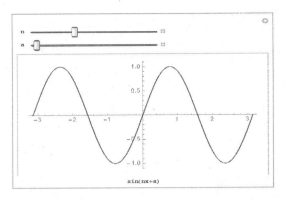

图 3 – 89   带控件的正弦函数 $y = \sin nx + a, x \in [0, 2\pi]$ 的图形

注意: 代码 $\{\{n,2,"n"\},1,4,1\}$ 中,设置参数 n 的初值为 2,名称为 "n" 最小值是 1,最大值是 4,步长为 1,因此只取整数值. 类似可对代码 $\{\{a,0,"a"\},0,2\mathrm{Pi}\}$ 进行解读,只是参数 a 没有步长,默认为连续取值. 在 Mathematica 软件运行窗口中,用鼠标拖动滑块,则图形随之变化. 单击滑块末端的 "+" 号,会显示出动画控件,能自动改变参数的值形成动画. 控件也可以是按钮或二维滑块等,还能添加许多可选参数,也可以用于带可变参数的计算,此时显示的不再是图形而是计算结果.

2. 与鼠标位置的互动

◆Tooltip[expr, label]:当鼠标指向 expr 的显示位置时,会产生一个显示为 label 的提示条,没有第二个参数时提示条显示 expr 本身. 此外,还有 Mouseover,MousePosition,MouseAnnotation 等函数.

例 3.89   给曲线 $y = \sqrt{x}$, $y = x^2$ 添加动态标注.

输入   `Plot[{Tooltip[Sqrt[x],"y=√x"],Tooltip[x^2,"y=x²"]},{x,0,2}]`
则输出如图 3 – 90 所示的图形.

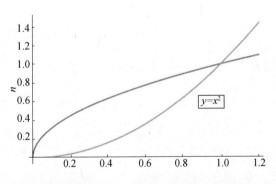

图 3 – 90   曲线 $y = \sqrt{x}$, $y = x^2$ 添加动态标注

3.4.3 动画图形的生成与播放

1. 动画图形的生成

◆Animate[带参数的表达式,参数的值域]:通过 "带参数的表达式" 生成动画.

◆ ListAnimate[list]:通过表 list 生成动画,其中表的元素可以是表达式.

例3.90 绘制 $y = \sin(x+a)$, $x \in [0,10]$, $a \in [0,5]$ 的动画.

输入 `Animate[Plot[Sin[x+a],{x,0,10}],{a,0,5},AnimationRunning->False]`

则输出如图 3-91(a)所示的图形.

例3.91 绘制由带参数的函数 $z = \sin(xyt)$, $x \in [0,3]$, $y \in [0,3]$, $t \in [0,1]$ 直接生成的动画.

输入 `Animate[Plot3D[Sin[x*y*t],{x,0,3},{y,0,3},PlotRange->{-1,1},Mesh->True],{t,0,1}]`

则输出如图 3-91(b)所示的图形.

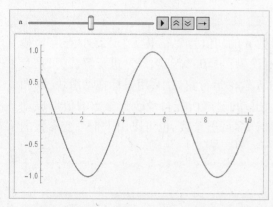

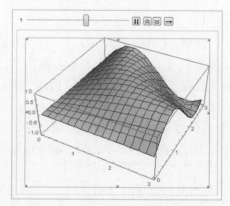

图 3-91(a)　函数 $y = \sin(x+a)$ 的动画　　　　图 3-91(b)　函数 $z = \sin(xyt)$ 生成的动画

使用函数 Manipulate 与 Animate 生成动画虽然简单,但是总是带有窗口和滑块.下面使用更原始的方法,首先生成动画,然后再使用 ListAnimate 进行播放.

例3.92 绘制由带参数的函数 $z = \sin(xyt)$, $x \in [0,3]$, $y \in [0,3]$, $t \in [0,1]$ 生成、播放动画.

输入 `d=Table[Plot3D[Sin[x*y*t],{x,0,3},{y,0,3},PlotRange->{-1,1},Mesh->True],{t,0,1,0.1}]`
　　`ListAnimate[d]`

则输出如图 3-92 所示的图形.

2. 动画的保存与调入

◆ 用函数 Save 保存图形表达式组成的表:这样保存的是文本文件,只能供 Mathematica 调用,使用 ListAnimate 播放.

例3.93 用函数 Save 保存图形表达式.

输入 `g=ParametricPlot[{Sin[t],Sin[2t]},{t,0,2Pi}]`

则输出如图 3-93 所示的图形,然后输入 Save["tu",g]保存.

注意:g 表示一个图形表达式,然后将它存入文件名为"tu"的文件中,保存的内容不是图形本身,而是一串文本,可以用任何文本编辑器查看文件的内容.

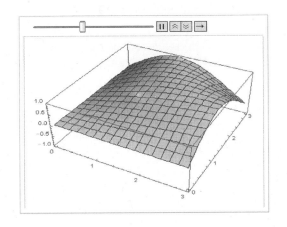

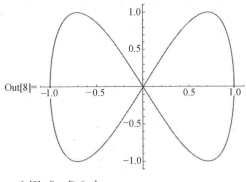

In[8]:=g=ParametricPlot[{Sin[t],Sin[2t]},{t,0,2 Pi}]

Out[8]=

In[9]:=Save["tu",g]

图 3 – 92　由函数 $z = \sin(xyt)$ 生成、播放动画

图 3 – 93　用 Save 保存图形表达式

例 3.94　　调入 Save 保存的图形表达式 "tu".

输入　　<<tu;

Show[g,Frame - >True]

则输出如图 3 – 94 所示的图形.

例 3.95　　用函数 Save 保存动画图形表达式,并调入所保存的动画进行演示.

输入　d=Table[Plot3D[Sin[(x^2 +y^2)*t],{x,0,3},{y,0,3},PlotRange - >{ -1,1},

Mesh - >True],{t,0,1,0.1}];

Save["pic",d]

再输入　　<<pic;ListAnimate[d]

调入动画进行演示,如图 3 – 95 所示.

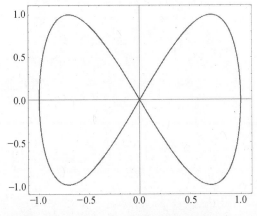

图 3 – 94　调入 Save 保存的图形表达式 "tu"

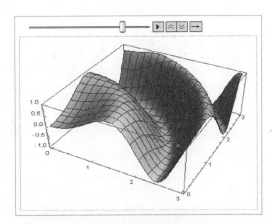

图 3 – 95　调入所保存的动画进行演示

 3.4.4　制作和播放声音

◆ Play[f,{t,tmin,tmax}]:创建一个播放声音的对象,它的振幅值由时间 t 的函数 f 给出,其中 t 取 tmin ~ tmax 之间的值,并以秒为单位.

◆ ListPlay[{a1,a2,…}]:创建一个播放声音的对象,它的振幅值由数列 a1,a2,…给出.

◆ Sound[{Play[ ],Play[ ],…}]:播放在一起的多个声音.

◆ Sound[SoundNote[ ]]:播放一个音调.

◆ Show[sound]:再次发声.

◆ Import[ ] 与 Export[ ]:输入或输出数据,如"WAV","MP3","AIFF","MIDI", "FLAC","SND"等支持格式.

声音函数 f 可以是多维的,改为{f1,f2}能产生立体声,其中 f1 是左声道. 允许使用任意的声道数目,即可以使用表达式{f1,f2,…}. 同理后一函数也可以使用两层数表{list1,list2}或{list1,list2,…}.

例3.96 使用函数 Play 生成并播放声音.

输入 `Play[Sin[2Pi*1000t],{t,0,3}]`

则输出如图 3-96 所示的声音播放图形.

此外,还有以下可选参数:

◆ SampleRate:采样频率(每秒选取的声音振幅值个数),默认值为 8000.

◆ SampleDepth:表示每一个幅值所用的字节数,默认值为 8.

◆ PlayRange:播放的幅值范围,Automatic(默认值)使用内部程序比例调振幅值,All 按比例调整使所有幅值都适合所允许的范围,{amin,amax}使 amin ~ amax 的幅值都适合所允许的范围,并截断其余的.

例3.97 使用函数 Sound[Play[ ],Play[ ],…] 播放在一起的多个声音.

输入 `Sound[{Play[Sin[300t Sin[20t]],{t,0,1}],Play[Sin[2000t],{t,1,2}],Play [Sin[2000(1+Round[2 t,0.1])t]],{t,2,4}],Play[Sign[Sin[1000t]],{t,0, 1}]}]`

则输出如图 3-97 所示的声音播放图形.

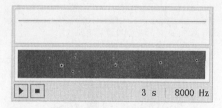

图 3-96　使用 Play 生成并播放声音

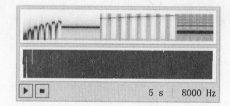

图 3-97　Sound[Play[ ],Play[ ],…] 的应用

例3.98 举例说明函数 Sound[SoundNote[ ]]的应用.

输入 `Sound[{SoundNote["C"],SoundNote["D"],SoundNote["E"],SoundNote["F"],Sound- Note["G"],SoundNote["A"],SoundNote["B"],SoundNote["G"],SoundNote["G"], SoundNote["G"],SoundNote["Eb",4]}]`

则输出如图 3-98 所示的声音播放图形.

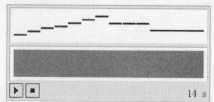

图 3-98　函数 Sound[SoundNote[ ]]的应用

132

习题 3 – 4

1. 使用绘图命令 Plot 在同一坐标系下绘制函数 $y = \sin x, y = \cos x (x \in [-2\pi, 2\pi])$ 的图形,并利用图形下方的图形修改工具菜单中的相应代码修改图形.

2. 创建带控件的函数 $y = \sin(ax^2) + b (x \in [-10, 10])$ 的图形,其中 a 和 b 为可变参数.

3. 给曲线 $y = \sin x, y = \cos x (x \in [0, 4\pi])$ 添加动态标注.

4. 绘制 $y = \sin(x - a)^2 (x \in [-2, 2])$ 的动画,其中 a 为可变参数.

5. 绘制由带参数的函数 $z = \dfrac{1}{\sin[t(x^2 + y^2)]} (x \in [0,3], y \in [0,3], t \in [0,1])$ 直接生成的动画.

6. 使用函数 Play 生成 $y = \sin(300t\sin 20t) (t \in [0, 20])$ 的声音,并播放声音.

7. 举例说明使用函数 Sound[{Play[ ], Play[ ], $\cdots$}] 播放在一起的多个声音.

8. 举例说明函数 Sound[SoundNote[ ]] 的应用.

9. 举例说明函数 SampleRate 的应用.

10. 举例说明函数 SampleDepth 的应用.

11. 举例说明函数 PlayRange 的应用.

12. 举例说明函数 ListPlay[{a1, a2, $\cdots$}] 的应用.

13. 举例说明函数 Show[sound] 的应用.

14. 编辑生成 $y = \sin(2\pi \times 440t) (t \in [0, 20])$ 的声音,并播放声音.

15. 举例说明 Import[ ] 与 Export[ ] 的应用. 例如:用 Import["D:\\md. mp3"] 输入计算机 D 盘文件 md. mp3 到 Mathematica 运行窗口中. 用 Export["D:\\mdzg. mp3", %] 输出刚才的 md. mp3 文件,并保存在计算机 D 盘同时取名为 mdzg. mp3.

3.5 图像处理与分形图绘制

本节介绍 Mathematica 在图像处理与分形图绘制方面的一些应用,其中会涉及图像的输入与输出以及图像处理方面的一些小例子;同时给出一些常见分形图的绘制方法.

 3.5.1 图像的输入

图像的输入使用函数 Import,其调用格式如下:

◆ Import["file. ext"],将扩展名为 ext 的文件 file. ext 的数据调入到 Mathematica 运行窗口中.

例 3.99 从计算机 D 盘中输入图片"lena. bmp".

在 Mathematica 窗口中输入

```
Import["D:\\lena.bmp"]
```

或者输入

```
Import["D:/lena.bmp"]
```
则输出如图 3-99 所示的图形.

例 3.100 从计算机 D 盘文件夹 jpgt 中输入图片"dh. jpg".

在 Mathematica 窗口中输入
```
Import["D:/jpgt/dh.jpg"]
```
则输出如图 3-100 所示的图形.

<table>
<tr><td>图 3-99　从计算机 D 盘中输入
图片"lena. bmp"</td><td>图 3-100　从计算机 D 盘文件夹 jpgt 中
输入图片"dh. jpg"</td></tr>
</table>

3.5.2　图像的输出

图像的输出使用函数 Export,其调用格式如下:

◆ Export ["file. ext"],从一个文件中输出数据,假设它的格式是由扩展文件名 ext 指定.

◆ Export ["file. format"],从一个文件中以指定的格式输出数据.

◆ Show ["file. format"],显示文件名为 file 的图像,其扩展名为 format.

例 3.101 绘制 $y = x^2, x \in [-2,2]$ 的图形,并利用 Export ["D:\sqx. bmp"]将图形输出到计算机 D 盘.

在 Mathematica 窗口中输入 Plot[x^2,{x, -4,4}],绘出图形,再输入 Export["D:\sqx. bmp",Out[18]],运行后将抛物线输出到计算机 D 盘,如图 3-101 所示.

例 3.102 绘制 $z = \dfrac{1}{x^2 + y^2}(x \in [-1,1], y \in [-1,1])$ 的图形,并利用 Export ["D:\jpgt \sqx. jpg"]将图形输出到计算机 D 盘文件夹 jpgt 中.

在 Mathematica 窗口中输入
```
Plot3D[1/(x^2 +y^2),{x, -1,1},{y, -1,1}]
```
绘出图形,再输入
```
Export ["D:\jpgt \sqx.jpg"]
```
运行后,将图形输出到计算机 D 盘文件夹 jpgt 中,如图 3-102 所示.

In[18]:=Plot[x^2, {x,-4,4}]

Out[18]=

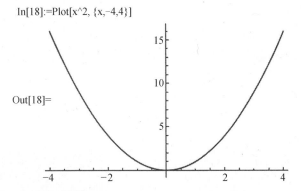

In[20]:=Export["D: \sqx.bmp", Out[18]]
Out[20]= D:\sqx.bmp

图 3-101　利用 Export［"D：\sqx. bmp"］将图形输出到 D 盘

In[38]:=Plot3D[1/(x^2 +y^2),{x, -1,1},{y, -1,1}]

Out[38]=

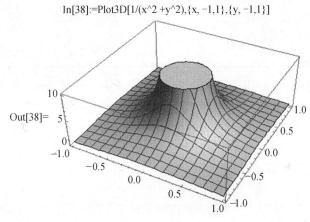

In[40]:=Export["D:\jpgt\3dt.jpg", Out[38]]
Out[40]=D:\jpgt\3dt.jpg

图 3-102　利用 Export 将图形输出到 D 盘文件夹 jpgt 中

3.5.3　图像处理实例

常用图像命令有

◆ ImageConvolve［image,ker］,对图像进行滤波处理.

◆ EdgeDetect［image］，对图像进行边缘检测.

例3.103　利用 ImageConvolve［image,ker］命令对 lena 图像进行均值滤波处理.

在 Mathematica 窗口中输入

```
ImageConvolve[image,ker]
```

image 指插入的图像,ker 代表进行图像处理,即输入

```
ImageConvolve[
```
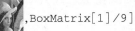
```
,BoxMatrix[1]/9]
```

则输出如图 3 - 103 所示的图形.

例3.104　利用 EdgeDetect 命令对 lena 图像进行边缘检测.

在 Mathematica 窗口中输入

$$\text{EdgeDetect}[\,\text{}\,]$$

运行后输出如图 3 - 104 所示的图形.

图 3 - 103　用 ImageConvolve 对图像进行处理　　　图 3 - 104　用 EdgeDetect 对图像进行边缘检测

例3.105　利用 ImageConvolve 命令对 lena 图像进行高增滤波处理.

在 Mathematica 窗口中输入

$$\text{ImageConvolve}[\,\text{}\,,\{\{1,1,1\},\{1,-8,1\},\{1,1,1\}\}]$$

运行后输出如图 3 - 105 所示的图形.

Mathematica 图像处理命令如下.

1. 构建和导入

◆ Import：输入图像标准格式（TIFF，PNG，JPEG，BMP，…）.

◆ Image：从数据数组中创建图像，表示任意多通道图像.

◆ Rasterize：将 Mathematica 对象变换成光栅格式.

◆ CurrentImage：从摄像机或其他设备实时获取图像或录像.

◆ ImageCapture：打开一个用以获取图像的图形用户界面.

◆ RandomImage：从符号式分布中创建一个图像.

2. 图像的表示

◆ ImageData：从图像中摘录光栅数据的阵列，类似的还有 ImageDimensions，ImageChannels，ImageType 以及 ImageHistogram 等.

图 3 - 105　用 ImageConvolve
进行高增滤波处理

◆ Thumbnail：以缩略图形式表现图像.

3．图像处理的基本操作

◆ ImageCrop，ImagePad，ImageTake，BorderDimensions，ImageResize，ImageRotate，ImageReflect.

◆ ImageAdjust：调节水平度、明度、对比度和伽马校正等.

◆ Sharpen，Blur，Lighter，Darker.

◆ ImageEffect：特殊图像和照片效果.

◆ Inpaint：润饰部分图像.

4．图像几何

◆ ImageTransformation，ImagePerspectiveTransformation 等.

5．颜色处理

◆ Colorize，ColorConvert，ColorSeparate，ColorQuantize 等.

6．滤波与邻域处理

◆ ImageFilter，ImageConvolve，ImageCorrelate，GaussianFilter，LaplacianFilter，DerivativeFilter，MeanFilter，MedianFilter，BilateralFilter，PeronaMalikFilter 等.

◆ MinFilter，GradientFilter，EntropyFilter，WienerFilter 等.

以上函数命令的应用，读者可以在帮助菜单中查找，这里不再举例.怎样处理图像通过在帮助菜单中查找 BasicImageManipulation，ImageRepresentation，ImageProcessing 就会找到许多重要信息.

例 3.106 利用函数 RegionFunction 处理图形.

输入 `ContourPlot[Sin[x * Cos[y]],{x,-3,3},{y,-3,3},`
`RegionFunction ->(1 < #1^2 + #2^2 < 9&),ColorFunction ->"BlueGreenYellow",`
`BoundaryStyle ->Red]`

或者 `ContourPlot[Sin[x * Cos[y]],{x,-3,3},{y,-3,3},RegionFunction -> Function`
`[{x,y,z},1 < x^2 + y^2 < 9],ColorFunction ->"BlueGreenYellow",BoundaryStyle ->`
`Red]`

运行后则输出如图 3-106 所示的图形.即在 $Sin[x * Cos[y]]$，$\{x,-3,3\}$，$\{y,-3,3\}$ 的密度图中，指定一个保留范围，即 $1 < x^2 + y^2 < 9$，此范围外的图形部分将被剪裁掉.

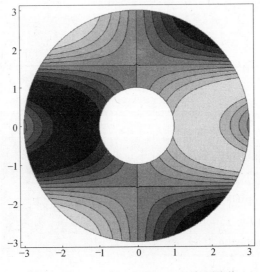

图 3-106 利用 RegionFunction 处理图形

1. Mandelbrot 集

Mandelbrot 集图形非常美丽,但其生成原理却十分简单.这也许体现了数学的简单、和谐之美.对 Z_0 进行迭代 $z_n = z_{n-1}^2 + C$,给定 Z_0 为一个初始的复数,而对不同的 C,迭代序列 $\{Z_n\}_{n=1}^{\infty}$ 有界的所有 C 值构成的集合,即 $\boldsymbol{M}_{Z_0} = \{C | 迭代序列\{Z_n\}_{n=1}^{\infty} 有界\}$,则称 $\boldsymbol{M}_{Z_0}$ 在复平面上构成的集合为 Mandelbrot 集.

◆ MandelbrotSetPlot $[\{z_{\min}, z_{\max}\}]$:绘出在一个长方形内介于 $z_{\min}$ 和 $z_{\max}$ 之间的 Mandelbrot 集.

◆ MandelbrotSetPlot$[\ ]$:plots the Mandelbrot set over a default rectangle.

MandelbrotSetPlot$[\ ]$绘出在一个长方形内的默认图,此时 $z_{\min} = -2 - 1.3i$,$z_{\max} = 0.6 + 1.3i$. MandelbrotSetPlot 与 Graphics 有相同的选项,另外,MandelbrotSetPlot 还有下列选项:

◆ ColorFunction   Automatic:怎样决定图形像素点颜色.

◆ EscapeRadius   2:怎样决定不在集合中的点.

◆ Frame   True:是否在图的四周画框.

◆ ImageResolution   500:在较大范围内图形的分辨率.

◆ MaxIterations   1000:每一点迭代的最大次数.

◆ PerformanceGoal $ PerformanceGoal:aspects of performance to try to optimize.

◆ PlotLegends   None:legends for the number of interactions.

◆ PlotTheme $ PlotTheme:overall theme for the plot.

例 3.107 绘制 Mandelbrot 集.

在 Mathematica 系统中输入 MandelbrotSetPlot$[\ ]$,按"Shift + Enter"组合键运行程序,得到如图 3 - 107 所示的图形.

图像为黑白的,如果需要彩色图像,可以输入带有着色函数的命令:MandelbrotSetPlot$[$ColorFunction $->$ Hue$]$.

2. Julia 集

对 Z_0 进行迭代 $z_n = z_{n-1}^2 + C$,给定 Z_0 为一个初始的复数,迭代序列 $\{Z_n\}_{n=1}^{\infty}$ 可能有界,也可能发散到无穷.令 J_c 是使迭代序列 $\{Z_n\}_{n=1}^{\infty}$ 有界} 所有 Z_0 构成的集合,即 $J_c = \{Z_0 | 迭代序列\{Z_n\}_{n=1}^{\infty} 有界\}$,则称 J_c 在复平面上构成的集合为 Julia 集. Julia 集和 Mandelbrot 集可以说是一对孪生兄弟.

◆ JuliaSetPlot$[f, z]$:plots the Julia set of the rational function f of the variable z.

◆ JuliaSetPlot$[c]$:plots the Julia set of the function f$(z) = z^2 + c$.

JuliaSetPlot 与 Graphics 有相同的选项,

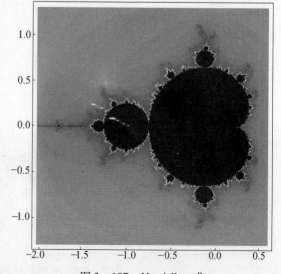

图 3 - 107 Mandelbrot 集

另外,JuliaSetPlot 还有下列选项:

- ◆ AspectRatio   Automatic:图形的宽高比.
- ◆ Axes   False:是否画坐标轴.
- ◆ ColorFunction   Automatic:怎样决定图形像素点颜色.
- ◆ ColorFunctionScaling   True:whether to scale arguments to ColorFunction.
- ◆ Frame   True:是否在图的四周画框.
- ◆ ImageResolution   Automatic:Julia set 中的点的分辨率.
- ◆ MaxIterations   Automatic:每一点允许迭代多少次.
- ◆ Method   Automatic:the method to generate the image.
- ◆ PerformanceGoal $ PerformanceGoal:aspects of performance to try to optimize.
- ◆ PlotLegends   None:legends for the number of interactions .
- ◆ PlotRange   Automatic:range of values to include.
- ◆ PlotRangeClipping   True:whether to clip at the plot range.
- ◆ PlotStyle   Automatic:graphics directives to specify the style for each point.
- ◆ PlotTheme $ PlotTheme:theme to use for styles and appearances.

例 3.108 绘制 Julia 集.

Generate the filled Julia set of $z^2 - 1$

在 Mathematica 系统中输入 JuliaSetPlot[-1],按"Shift + Enter"组合键运行程序,得到如图 3 - 108所示的图形.

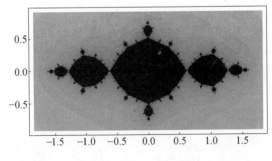

图 3 - 108　Julia 集

" ColorFunction - > Hue"为着色函数,如果输入 JuliaSetPlot[-1, ColorFunction - > Hue],可得彩色图像.

3. 分形雪花

绘制分形雪花的源程序:

```
aiying[ suiying_List]: = Block[{lihanlong = {},i,duliming = Length[ suiying],mi-
aoshuxian = 60Degree,sa = Sin[ miaoshuxian],ca = Cos[ miaoshuxian],c,d,e,T = {{ca, -
sa},{sa,ca}}},For[ i = 1,i < duliming,i + +,c = suiying[[ i ]] * 2/3 + suiying[[ i +1]]/3;
e = suiying[[ i ]]/3 + suiying[[ i +1]] * 2/3; d = c + T.(e - c);
lihanlong = Join[ lihanlong,{suiying[[ i ]],c,d,e,suiying[[ i +1]]}]]; lihanlong]
wangfengying = {{0,0},{1/2,Sqrt[ 3]/2},{1,0},{0,0}};
Show[ Graphics[ Line[ Nest[ aiying,wangfengying,0]]],AspectRatio - >Sqrt[ 3]/2]]
Show[ Graphics[ Line[ Nest[ aiying,wangfengying,5]]],AspectRatio - >Sqrt[ 3]/2]]
```

例 3.109　绘制分形雪花.

在 Mathematica 系统中输入

```
aiying[suiying_List]:=Block[{lihanlong={},i,duliming=Length[suiying],mi-
aoshuxian=60Degree,sa=Sin[miaoshuxian],ca=Cos[miaoshuxian],c,d,e,T={{ca,-
sa},{sa,ca}}},For[i=1,i<duliming,i++,c=suiying[[i]]*2/3+suiying[[i+1]]/3;
        e=suiying[[i]]/3+suiying[[i+1]]*2/3;
        d=c+T.(e-c);
        lihanlong=Join[lihanlong,{suiying[[i]],c,d,e,suiying[[i+1]]}]];lihan-
long]
wangfengying={{0,0},{1/2,Sqrt[3]/2},{1,0},{0,0}};
Show[Graphics[Line[Nest[aiying,wangfengying,0]]],AspectRatio->Sqrt[3]/2]]
Show[Graphics[Line[Nest[aiying,wangfengying,5]]],AspectRatio->Sqrt[3]/2]]
```

按"Shift + Enter"组合键运行程序,得到如图 3 - 109 所示的图形.

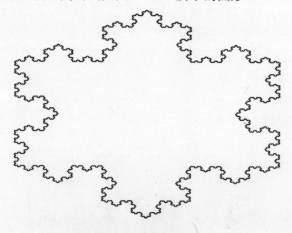

图 3 - 109　分形雪花

4. Sierpinski 三角形

绘制 Sierpinski 三角形的源程序:

```
triangle={{-1,0},{1,0},{0,Sqrt[3]}};
sierpinski[tris_List]:=Block[{tmp={},j,m=Length[tris]/3,a,b,c,d,e,f},
For[j=0,j<m,j++,a=tris[[3j+1]];
    b=tris[[3j+2]];c=tris[[3j+3]];d=(a+b)/2;e=(a+c)/2;f=(b+c)/2;tmp=
Join[tmp,{a,d,e,d,b,f,e,f,c}]];Return[tmp]]
showsierpinski[pts_List]:=Block[{tmp={},j,m=Length[pts]/3},For[j=0,j<m,j
++,
    AppendTo[tmp,Polygon[{pts[[3j+1]],pts[[3j+2]],pts[[3j+3]]}]]];Return[tmp]]
p[j_]:=showsierpinski[Nest[sierpinski,triangle,j]]
draw[x_]:=Graphics[p[x]].
```

例 3.110　绘制 Sierpinski 三角形.

在 Mathematica 系统中输入

```
triangle={{-1,0},{1,0},{0,Sqrt[3]}};
sierpinski[tris_List]:=Block[{tmp={},j,m=Length[tris]/3,a,b,c,d,e,f},For[j
```

140

```
=0,j<m,j++,a=tris[[3j+1]];
    b=tris[[3j+2]];c=tris[[3j+3]];d=(a+b)/2;e=(a+c)/2;f=(b+c)/2;tmp=
Join[tmp,{a,d,e,d,b,f,e,f,c}]];Return[tmp]]
    showsierpinski[pts_List]:=Block[{tmp={},j,m=Length[pts]/3},For[j=0,j<m,j
++,
    AppendTo[tmp,Polygon[{pts[[3j+1]],pts[[3j+2]],pts[[3j+3]]}]]];Return[tmp]]
    p[j_]:=showsierpinski[Nest[sierpinski,triangle,j]]
    draw[x_]:=Graphics[p[x]]
    draw[3]
```

按"Shift + Enter"组合键运行程序,得到如
图3-110所示的将正三角形复合分割三次的Sier-
pinski 三角形图形.

若继续运行函数命令 GraphicsArry[{{draw[0],
draw[1], draw[2], draw[5], draw[4], draw
[3]}}],便会绘制出相应的 Sierpinski 三角形
图形.

图3-110　Sierpinski 三角形

5. Koch 曲线

绘制 Koch 曲线的程序:

```
pt={{0,0},{1,0}};
koch[k_List]:=Block[{tm={},j,m=Length
[k],c,d,e,T={{1/2,-Sqrt[3]/2},{Sqrt[3]/2,1/2}}},
    For[j=1,j<m,j++,c=2k[[j]]/3+k[[j+1]]/3;e=k[[j]]/3+2k[[j+1]]/3;d=c+
T.(e-c);tm=Join[tm,{k[[j]],c,d,e,k[[j+1]]}]];
    Return[tm]]
    l[x_]:=Line[Nest[koch,pt,x]]
    draw[y_]:=Graphics[l[y]]
```

例3.111　绘制 Koch 曲线.

在 Mathematica 系统中输入

```
pt={{0,0},{1,0}};
koch[k_List]:=Block[{tm={},j,m=Length[k],c,d,e,T={{1/2,-Sqrt[3]/2},{Sqrt
[3]/2,1/2}}},
    For[j=1,j<m,j++,c=2k[[j]]/3+k[[j+1]]/3;e=k[[j]]/3+2k[[j+1]]/3;d=c+
T.(e-c);
    tm=Join[tm,{k[[j]],c,d,e,k[[j+1]]}]];Return[tm]]
    l[x_]:=Line[Nest[koch,pt,x]]
    draw[y_]:=Graphics[l[y]]
    draw[2]
```

按"Shift + Enter"组合键运行程序,得到如图3-111 所示的 Koch 曲线图形.
依次运行 draw[3],draw[4],draw[5],draw[6],draw[7],…会绘制出相应的 Koch 曲线图形.
若将绘制 Koch 曲线的程序稍加改动——事实上只用把开始定义直线的语句改为定义三角形
的语句——便可得到 Koch 雪花.

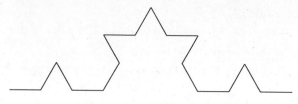

图 3 - 111　Koch 曲线图形

习题 3 - 5

1. 从计算机 D 盘中输入图片"pic1. bmp"到 Mathematica10 运行窗口中.

2. 从计算机 D 盘文件夹 jpgt 中输入图片"pic2. jpg"到 Mathematica10 运行窗口中.

3. 绘制 $y = \sin x, y = \cos x (x \in [-2\pi, 2\pi])$ 的图形,并利用 Export ["D:\pic3. bmp"]将图形输出到计算机 D 盘.

4. 绘制 $z = \sin \dfrac{1}{x^2 + y^2} (x \in [-2\pi, 2\pi], y \in [-2\pi, 2\pi])$ 的图形,并利用 Export ["D:\jpgt\pic4. jpg"]将图形输出到计算机 D 盘文件夹 jpgt 中.

5. 利用 ImageConvolve[image, ker] 命令对 pic5 图像进行均值滤波处理.

6. 利用 EdgeDetect 命令对 pic5 图像进行边缘检测.

7. 利用 ImageConvolve 命令对 pic5 图像进行高增滤波处理.

8. 利用函数 ContourPlot3D 绘制 $\left(x^2 + \dfrac{9y^2}{4} + z^2 - 1 \right)^3 - x^2 z^3 - \dfrac{9y^2 z^3}{80} = 0$ $(x \in [-1.5, 1.5]$, $y \in [-1.5, 1.5], z \in [-1.5, 1.5])$ 的图形,并用函数 RegionFunction 处理图形.

9. 绘制 Mandelbrot 集,并用 PlotTheme - >"Scientific"进行处理.

10. 利用 JuliaSetPlot[c]绘制 Julia 集,并用 PlotTheme - >"Marketing"进行处理.

11. 利用函数 ContourPlot3D 绘制 $x^2 + y^2 = 25$ $(x \in [-6,6], y \in [-6,6], z \in [-6,6])$ 的图形,并用函数 RegionFunction - >Function[{x,y,z} ,1 < $x^2 + z^2$ < 25 及 BoundaryStyle - >Blue 处理图形.

12. 利用函数 ContourPlot3D 绘制 $\left(x^2 + \dfrac{9y^2}{4} + z^2 - 1 \right)^3 - x^2 z^3 - \dfrac{9y^2 z^3}{80} = 0$ $(x \in [-1.5, 1.5]$, $y \in [-1.5, 1.5], z \in [-1.5, 1.5])$ 的图形,并用函数 BoxRatios - > {1,1,1} , ContourStyle - > None, MeshStyle - >Tube[0.02] , Axes - >False, Boxed - >False, PlotTheme - >"Classic"处理图形.

13. 绘制函数 $\begin{cases} x = \left(3 + r\cos \dfrac{t}{2} \right) \cos t \\ y = \left(3 + r\cos \dfrac{t}{2} \right) \sin t \\ z = r \sin \dfrac{t}{2} \end{cases}$ 在范围 $t \in [0, 2\pi], r \in [-1, 1]$ 上的图形,并用函数

Mesh - >None, PlotPoints - > {7,100} , MaxRecursion - >0, PlotStyle - >Thickness[0.8] , PlotTheme - >"Classic"处理图形.

14. 研读并运行下列程序：

```
Graphics3D[{Gray,Translate[Cylinder[{{0,0,-1},{0,0,1}},0.5],{{2,0,0},{3,0,0}}]},Lighting->"Neutral"]
Graphics3D[{Green,EdgeForm[None],Cylinder[{{0,0,-1},{0,0,1}},0.5],Rotate[Cylinder[{{0,0,-1},{0,0,1}},0.5],Pi/2,{0,1,0}],Rotate[Rotate[Cylinder[{{0,0,-1},{0,0,1}},0.5],Pi/2,{0,1,0}],Pi/2,{0,0,1}]}]
```

体会用 Translate 命令将圆柱平移，用 Rotate 命令将圆柱旋转．

总习题 3

1. 画出下列函数的图形.

(1) $y = x e^{-x}, x \in [0,10]$;

(2) $y = 1 + x + x^3, x \in [-100,100]$;

(3) $y = (x-1)(x-2)^2, x \in [-70,70]$;

(4) $y = x + \sin x, x \in [-10,10]$;

(5) $y = x^2 \sin x^2, x \in [-60,60]$.

2. 画出函数 $f(x) = |1 - |x||(x \in [-3,3])$ 的图形.

3. 画出函数 $y = \sin x, y = \sin 2x, y = \sin 3x, y = \sin 4x (x \in [-2\pi,2\pi])$ 的图形.

4. 画出曲线 $y = x^2 - 9$ 以及半径为 3，圆心在原点的图形.

5. 画出函数 $x = r(\theta - \sin\theta), y = r(1 - \cos\theta)(\theta \in [0,8\pi])$ 在 $r = 1$ 时的图形.

6. 画出由方程 $y^2 = x^3(2-x)(0 \leqslant x \leqslant 2)$ 定义的函数的图形.

7. 画出极坐标方程 $r = \theta$ 在 $0 \leqslant \theta \leqslant 10\pi$ 和 $-10\pi \leqslant \theta \leqslant 10\pi$ 范围内的图形.

8. 在同一坐标系下画出心脏线 $r = 1 - \cos\theta$ 以及半径为 $r = 1$ 的圆.

9. 描出点 $(0,0),(2,7),(3,5)$ 与 $(4,11)$，并用直线段把它们连接起来.

10. 某公司的月度销售额(单位：千元)为：一月(13.2)，二月(15.7)，三月(17.4)，四月(12.6)，五月(19.7)，六月(22.6)，七月(20.2)，八月(18.3)，九月(16.2)，十月(15.0)，十一月(12.1)，十二月(8.6)，构造一个条形图演示这组数据.

11. 某销售单位的月度销售额(单位：千元)为：一月(13.2)，二月(15.7)，三月(17.4)，四月(12.6)，五月(19.7)，六月(22.6)，七月(20.2)，八月(18.3)，九月(16.2)，十月(15.0)，十一月(12.1)，十二月(8.6)，构造一个饼图演示这组数据.

12. 绘制下列函数的图形，注意使用足够多的点，以得到光滑的曲面.

(1) $z = e^{-x^2 - y^2}, -2 \leqslant x \leqslant 2, -2 \leqslant y \leqslant 2$;

(2) $z = \sin(x + \cos y), -6 \leqslant x \leqslant 6, -6 \leqslant y \leqslant 6$;

(3) $z = \dfrac{x^2 - y^2}{x^3 + y^3}, -10 \leqslant x \leqslant 10, -10 \leqslant y \leqslant 10$.

13. 绘制函数 $z = |\sin x \sin y|(-2\pi \leqslant x \leqslant 2\pi, -2\pi \leqslant y \leqslant 2\pi)$ 的图形，不显示坐标轴，注意使用足够多的点，以得到光滑的曲面.

14. 绘制抛物面 $z = x^2 + y^2$ 与平面 $y + z = 12$ 的交点，同时给出两种不同的视图.

15. 绘制圆环面 $x = (4 + \sin s)\cos t, y = (4 + \sin s)\sin t, z = \cos s (0 \leqslant s \leqslant 2\pi, 0 \leqslant t \leqslant 2\pi)$ 的图形.

16. 绘制圆环螺线 $x = (4 + \sin 20t)\cos t, y = (4 + \sin 20t)\sin t, z = \cos 20t (0 \leqslant t \leqslant 2\pi)$ 的图形.

17. 绘制锥面 $z = 3\sqrt{x^2 + y^2}$ 和球面 $x^2 + y^2 + (z - 9)^2 = 9$ 的上半部分所构成的图形.

18. 绘制 $z = \sin x + \sin y (-4\pi \leqslant x \leqslant 4\pi, -4\pi \leqslant y \leqslant 4\pi)$ 的轮廓图和三维图形,并进行比较.

19. 绘制 $z = \sin xy (-\pi \leqslant x \leqslant \pi, -\pi \leqslant y \leqslant \pi)$ 的轮廓图和密度图,并进行比较.

20. 利用曲线 $z = \sin x (0 \leqslant x \leqslant 2\pi)$ 分别绕 z 轴和 x 轴旋转构造旋转曲面.

21. 利用 {Graphics3D[Cylinder[]], Graphics3D[Sphere[]], Graphics3D[Cone[]]} 同时绘制圆柱、球和圆锥三个曲面.

22. 构造一个位于半径为 1 的球面内部的圆柱.

23. 绘制函数 $f(x,y) = \dfrac{x}{e^{x^2 + y^2}} (-2 \leqslant x \leqslant 2, -2 \leqslant y \leqslant 2)$ 在限定区域 $2 < x^2 + y^2 < 3$ 内的图形.

24. 绘制下列参数方程所表示的曲线或曲面.

(1) $x = \sin t, y = \cos t, z = \dfrac{t}{3}, t \in [0, 15]$;

(2) $x = u\sin t, y = u\cos t, z = \dfrac{t}{3}, t \in [0, 15], u \in [-1, 1]$;

(3) 绘制半径为 1 的上半球面;

(4) 绘制半径为 2 的左半球面.

25. 绘制函数 $y = \sin(x\cos x)$ 的密度图和等值线图.

26. 绘制数表 list $= \{1,2,3,4,5,6,7,8,9\}$ 的条形图和饼图.

27. 分别取 $a = 1$ 和 $a = 2$ 绘制双钮线 $(x^2 + y^2)^2 = a^2(x^2 - y^2)$ 的图形.

第 3 章习题答案

习题 3 – 1

1. 输入 Plot[Sin[x]/x, {x, -Pi, Pi}]
输出相应的图形.

2. 输入 m1 = Normal[Series[Tan[x], {x, 0, 5}]]; m2 = Normal[Series[Tan[x], {x, 0, 10}]];

m3 = Normal[Series[Tan[x], {x, 0, 20}]];

Plot[{m1, m2, m3}, {x, -1.5, 1.5}, PlotLegends -> "Expressions", PlotStyle -> {RGBColor[1,0,0], RGBColor[0,1,0], RGBColor[0,0,1]}]

输出相应的图形.

3. 输入 ParametricPlot[{x = 2 * (θ - Sin[θ]), y = 2 * (1 - Cos[θ])}, {θ, 0, 2π}, AspectRatio -> 1]

输出相应的图形.

4. 输入 PolarPlot[3 * Sin[3 * θ], {θ, 0, 2 * Pi}]

输出相应的图形.

5. 输入 RegionPlot[{y - x/2 > 0, y - 2x < 0, x + y > 1, x + y < 2}, {x, 0, 2.5}, {y, 0, 2.5},

Frame -> False, Axes -> True, PlotLegends -> "Expressions", PlotStyle -> {RGB-

Color[1,0.5,0.2],RGBColor[0.5,1,0.2],RGBColor[0.5,0.2,1],RGBColor[0.2,0.5,0.5]}}]; Show[%,AxesStyle − > Arrowheads[{0,0.04}]];

Show[%,AxesLabel − >{x,y}]

输出相应的图形.

6. 输入 ContourPlot[Sin[x] * Sin[y],{x, − 2,2},{y, − 2,2},ContourShading − > None,

Contours − > 10]

ContourPlot[Sin[x] * Sin[y],{x, − 2,2},{y, − 2,2},ColorFunction − >"Rain-

bow",Contours − > 10]

输出相应的图形.

7. 输入 ContourPlot[(x^2 + y^2)^2 = = 16 * (x^2 − y^2),{x, − 4,4},{y, − 4,4},Axes −
> True]

输出相应的图形.

8. 输入 BarChart[{1,2,3,4,5,6,7,8,9,8,7,6,5,4,3,2,1},PlotLabel − >"数据直方图"]

输出相应的图形.

9. 输入 PieChart[{12,24,36,48},ChartLabels − >{"北京","天津","上海","广州"},PlotLa-

bel − >"产品销售情况",Frame − > True]

输出相应的图形.

10. 输入 DensityPlot[Cos[x] + Sin[y],{x,0,4Pi},{y, − 2Pi,2Pi},Axes − > True,

Frame − > False,ColorFunction − >

"Rainbow"]

输出相应的图形.

11. 输入 ListPlot[{{1,2},{2, − 3},{3,5},{4, − 7},{6,5},{ − 2,8},{ − 5,3},{ − 1,
4},{3,3},{0,0}}],

ListPlot[{{1,2},{2, − 3},{3,5},{4, − 7},{6,5},{ − 2,8},{ − 5,3},{ − 1,4},{3,3},

{0,0}},Joined − > True]

输出相应的图形.

12. 输入 VectorPlot[{x^2 + y^2,2x * y},{x, − 3,3},{y, − 3,3}]

VectorPlot[{x^2 + y^2,2x * y},{x, − 3,3},{y, − 3,3},VectorPoints − >{10,7}]

输出相应的图形.

13. 输入 Plot[4x/ 5 * Cos[2x],{x,0,4Pi},PlotStyle − > Red]

输出相应的图形.

14. 输入 Clear[x,y]

Plot[1/ (1 + 2 * x + 3 * x^2),{x, − 4,4},PlotStyle − > Green]; Show[%,AxesStyle − >

Arrowheads[{0,0.04}]];

Show[%,AxesLabel − >{x,y}]

输出相应的图形.

习题 3 − 2

1. 输入 Plot3D[E^(− x^2 − y^2),{x, − 2,2},{y, − 2,2},Mesh − > None]

输出相应的图形.

2. 输入 ParametricPlot3D[{{x = r * Cos[t],y = r * Sin[t],z = Sqrt[5 − r^2]}},{x = r * Cos

$[t], y = r * Sin[t], z = 1/4 * r\hat{\ }2\}\}, \{r, 0, 2\}, \{t, 0, 2Pi\}, PlotRange - > All, Mesh - > None]$

输出相应的图形.

3. 输入 RevolutionPlot3D$[2y, \{y, 0, 1\}, RevolutionAxis - > \{1, 0, 0\}, AxesLabel - > \{"X", "Y", "Z"\}, BoxRatios - > \{1, 1, 1\}]$

输出相应的图形.

4. 输入 RevolutionPlot3D$[\{Cos[t]\hat{\ }3, Sin[t]\hat{\ }3\}, \{t, 0, 2Pi\}, RevolutionAxis - > \{0, 0, 1\}, AxesLabel - > \{"X", "Y", "Z"\}]$

输出相应的图形.

5. 输入 ParametricPlot3D$[\{Sin[5t], Cos[3t], Cos[t]\}, \{t, 0, Pi\}]$

输出相应的图形.

6. 输入 z1 = Sqrt$[1 - x\hat{\ }2 - y\hat{\ }2]$; x = r * Cos$[\theta]$; y = r * Sin$[\theta]$; ParametricPlot3D$[\{\{x, y, z1\}\}, \{\theta, 0, 2Pi\}, \{r, 0, 1\}]$;

Show$[\%, PlotRange - > All]/ . Graphics3D[gr\_, opts\_ \_ \_] : > Graphics3D[\{gr, Scale[gr, \#, \{-1, -1, -1\}]\}\&/ @ (1 + 10\hat{\ } - 3 - IdentityMatrix[3])\}, opts]$

输出相应的图形.

7. 输入 VectorPlot3D$[\{x\hat{\ }2, y\hat{\ }2, z\hat{\ }2\}, \{x, -1, 1\}, \{y, -1, 1\}, \{z, -1, 1\}, VectorColorFunction - > Hue]$

输出相应的图形.

8. 输入 RegionPlot3D$[x\hat{\ }2 + y\hat{\ }2 - z\hat{\ }2 > 0, \{x, -2, 2\}, \{y, -2, 2\}, \{z, -2, 2\}]$

RegionPlot3D$[x\hat{\ }2 + y\hat{\ }2 - z\hat{\ }2 > 0 \&\& y\hat{\ }2 - z > 0, \{x, -2, 2\}, \{y, -2, 2\}, \{z, -2, 2\}]$

输出相应的图形.

9. 输入 texture = ArrayPlot$[\{\{Yellow, Red\}, \{Pink, 0\}, \{1, Blue\}\}, ImageSize - > 100]$

k$[x\_, y\_] : = 4/ (1 + x\hat{\ }2 + y\hat{\ }2)$

Plot3D$[k[x, y], \{x, -2, 2\}, \{y, -2, 2\}, PlotPoints - > 30, PlotRange - > \{0, 4\}, PlotStyle - > Texture[texture]]$

输出相应的图形.

10. 输入 Plot3D$[Sin[x\hat{\ }2 * y\hat{\ }2]E\hat{\ } (-x\hat{\ }2 - y\hat{\ }2), \{x, -2, 2\}, \{y, -2, 2\}, Filling - > Bottom, Mesh - > All]$

输出相应的图形.

11. 输入 Plot3D$[1/ Sin[x\hat{\ }2 * y\hat{\ }2], \{x, -3, 3\}, \{y, -3, 3\}, MeshShading - > \{\{Blue, Orange\}, \{Pink, Green\}\}]$

输出相应的图形.

12. 输入 Plot3D$[Sin[x * y] * E\hat{\ } (-x\hat{\ }2 - y\hat{\ }2), \{x, -3, 3\}, \{y, -3, 3\}, ColorFunction - > \{Blue, Green, Red, Pink, Purple, White\}]$

输出相应的图形.

13. 输入 ListPlot3D$[\{\{1, 1, 1\}, \{2, 2, 2\}, \{3, 1, 1\}, \{7, 2, 2\}, \{9, 2, 2\}, \{11, 1, 1\}, \{12, 2, 2\}\}]$

输出相应的图形.

14. 输入 Plot3D$[\{x\hat{\ }3 + y\hat{\ }3, 15 - x\hat{\ }2 - y\hat{\ }2\}, \{x, -3, 3\}, \{y, -3, 3\}, PlotStyle - > Opacity[0.8], ColorFunction - >$

{Red,Green,Blue,Yellow,Pink,Purple},BoxRatios − > {1,1,1}]

输出相应的图形.

习题 3 – 3

1. 输入 Graphics[Polygon[{{1,0},{1/ 2,1},{ − 1/ 2,1},{ − 1,0},{ − 1/ 2, − 1},{1/ 2, − 1}}]],PlotLabel − >"正六边形"],

输出相应的图形.

2. 输入 RegionPlot3D[z^ 2 + y^ 2 < 1&&x^ 2 + y^ 2 > z^ 2,{x, − 1,1},{y, − 1,1},{z, − 1, 1}]

输出相应的图形.

3. 输入 RegionPlot[Sin[x]Sin[y] > 1/ 4,{x, − 10,10},{y, − 10,10},BoundaryStyle − > Dashed,PlotStyle − > Yellow]

输出相应的图形.

4. 输入 BubbleChart3D[{{1,1,1,1},{2,2,2,3},{1,3,1,5}}]

输出相应的图形.

5. 输入 Graphics[{Green,Disk[]}]

输出相应的图形.

6. 输入 Graphics[Circle[{0,0},1],Axes − > True]

输出相应的图形.

7. 输入 Graphics3D[Cuboid[]]

输出相应的图形.

8. 输入 Graphics3D[Cylinder[]]

输出相应的图形.

9. 输入 Graphics3D[Cone[]]

输出相应的图形.

10. 输入 Graphics3D[Sphere[]]

输出相应的图形.

11. 输入 Graphics3D[Tube[{{1,1,1},{2,2,2},{ − 1, − 1, − 1}},1]]

输出相应的图形.

12. 输入 t1 = Plot[{x,x^ 2,4x^ 2},{x,0,1. 2},AxesLabel − > {"X","Y"}];t2 = Graphics [{Text["Y = X",{0. 8,1}],Text["Y = X²",{0. 8,0. 5}],Text["Y = 4x²",{0. 8,2}]}];Show [t1 ,t2]

输出相应的图形.

13. 输入 ArrayPlot[{{1,2,3},{4,5,6},{3,2,1}},ColorFunction − >"Rainbow"]

输出相应的图形.

14. 输入 MatrixPlot[{{1,2,3},{4,5,6}},ColorFunction − > Hue]

输出相应的图形.

习题 3 – 4

1. 输入 Plot[{Sin[x],Cos[x]},{x, − 2Pi,2Pi}]

输出相应的图形.

2. 输入 Manipulate[Plot[Sin[a * x^ 2] + b,{x, − 10,10}],{{a,1,"a"},1,40,10},{{b,

$0,"b"\},0,100,20\}$,

　　　FrameLabel $-$ > $"a*x^2+b"$]

　　输出相应的图形.

　　3. 输入 Plot[{Tooltip[Sin[x],"y = sinx"],Tooltip[Cos[x],"y = cosx"]},{x,0,4Pi}]

　　输出相应的图形.

　　4. 输入 Animate[Plot[Sin[(x - a)^2],{x, - 2,2}],{a,0,5},AnimationRunning $-$ >

False]

　　输出相应的图形.

　　5. 输入 Animate[Plot3D[1/ Sin[(x^2 + y^2) * t],{x,0,3},{y,0,3},PlotRange $-$ > { $-$

1,1},Mesh $-$ > True],{t,0,1}]

　　输出相应的图形.

　　6. 输入 Play[Sin[300t Sin[20t]],{t,0,20}]

　　输出相应的结果.

　　7. 输入 Sound[{Play[Sum[Sin[2000 2^ t n t],{n,5}],{t,0,4}],Play[(2 + Cos[40t])

Sin[2000t],{t,0,4}],Play[Sum[Sin[2000 2^ t n t],{n,5}],{t,0,4}]}]

　　输出相应的结果.

　　8. 输入 Sound [{SoundNote["A"],SoundNote["B"],SoundNote["C"],SoundNote["B"],

SoundNote["C"],

　　　SoundNote["A"],SoundNote["B"],SoundNote["C"],SoundNote["B"],SoundNote["C"],

　　　SoundNote["A"],SoundNote["B"],SoundNote["C"],SoundNote["B"],SoundNote["C"],

SoundNote["A"]}]

　　输出相应的结果.

　　9. 输入 ListPlay[RandomReal[1,{2000}],SampleRate $-$ > 4096]

　　输出相应的结果.

　　10. 输入 ListPlay[Table[Sin[Sin[1000 t]],{t,0,1,1/ 8000}],SampleDepth $-$ > 16]

　　输出相应的结果.

　　11. 输入 Play[Sum[Sin[220. i 2 π Sin[i t]],{i,5}],{t,0,2},PlayRange $-$ > {0,3}]

　　输出相应的结果.

　　12. 输入 ListPlay[RandomReal[1,{5000}]]

　　输出相应的结果.

　　13. 输入 Play[Sin[100Cos[100t]],{t,0,5}]

　　输出相应的结果.

　　14. 输入 Play[Sin[2Pi 440 t],{t,0,20}]

　　输出相应的结果.

　　15. 输入 Import["D:\\md. mp3"]

　　输出相应的结果.

习题 3 - 5

　　1. 输入 Import["D:/ pic1. bmp"]

　　输出相应的结果.

　　2. 输入 Import["D:/ jpgt/ pic2. jpg"]

148

输出相应的结果.

3. 输入 Plot[{Sin[x],Cos[x]},{x,−2Pi,2Pi}];Export["D:\pic3.bmp",Out[24]]

输出相应的结果.

4. 输入 Plot3D[Sin[1/(x^2+y^2)],{x,−2Pi,2Pi},{y,−2Pi,2Pi}];Export["D:\jpgt\pic4.jpg",Out[35]]

输出相应的结果.

5. 输入 ImageConvolve[插入图形,BoxMatrix[1]/9]

输出相应的结果.

6. 输入 EdgeDetect[插入图形]

输出相应的结果.

7. 输入 ImageConvolve t[插入图形,{{1,1,1},{1,−8,1},{1,1,1}}]

输出相应的结果.

8. 输入 newheart = ContourPlot3D[(x^2+9*y^2/4+z^2−1)^3−x^2z^3−9*y^2*z^3/80==0,{x,−1.5,1.5},{y,−1.5,1.5},

{z,−1.5,1.5},Mesh−>None,BoxRatios−>{1,1,1},PlotPoints−>90,Axes−>False,Boxed−>False,

ContourStyle−>Thickness[0.1],PlotTheme−>"Classic",RegionFunction−>Function[{x,y,z},

0.1<x^2+y^2<2],BoundaryStyle−>Red]

输出相应的结果.

9. 输入 MandelbrotSetPlot[]

输出相应的结果.

10. 输入 JuliaSetPlot[−1]

输出相应的结果.

11. 输入 ContourPlot3D[x^2+y^2==25,{x,−6,6},{y,−6,6},{z,−6,6},PlotTheme−>"Classic",ImageSize−>300,

RegionFunction−>Function[{x,y,z},1<x^2+z^2<25],BoundaryStyle−>Blue]

输出相应的结果.

12. 输入 ContourPlot3D[(x^2+9*y^2/4+z^2−1)^3−x^2z^3−9*y^2z^3/80==0,{x,−1.5,1.5},{y,−1.5,1.5},{z,−1.5,1.5},BoxRatios−>{1,1,1},ContourStyle−>None,MeshStyle−>Tube[0.02],Axes−>False,Boxed−>False,PlotTheme−>"Classic"]

输出相应的结果.

13. 输入 ParametricPlot3D[{Cos[t](3+r*Cos[t/2]),Sin[t](3+r*Cos[t/2]),r*Sin[t/2]},{r,−1,1},{t,0,2Pi},Mesh−>None,PlotPoints−>{7,100},MaxRecursion−>0,PlotStyle−>Thickness[0.8],PlotTheme−>"Classic"]

输出相应的结果.

14. 输入 Graphics3D[{Gray,Translate[Cylinder[{{0,0,−1},{0,0,1}},0.5],{{2,0,0},{3,0,0}}]},Lighting−>"Neutral"]

输出相应的结果.

总习题 3

1. 输入 Plot[x * E^(-x), {x, 0, 10}]

   Plot[1 + x + x^3, {x, -100, 100}]

   Plot[(x-1) * (x-2)^2, {x, -70, 70}]

   Plot[x + Sin[x], {x, -10, 10}]

   Plot[x^2 * Sin[x^2], {x, -60, 60}]

   输出相应的图形.

2. 输入 Plot[Abs[1 - Abs[x]], {x, -3, 3}]

   输出相应的图形.

3. 输入 Plot[{Sin[x], Sin[2 * x], Sin[3 * x], Sin[4 * x]}, {x, -2Pi, 2Pi}, PlotTheme ->"Business"]

   输出相应的结果.

4. 输入 g1 = Plot[x^2 - 9, {x, -4, 4}]; g2 = Graphics[Circle[{0, 0}, 3]]; Show[g1, g2, AspectRatio -> Automatic]

   输出相应的图形.

5. 输入 ParametricPlot[{(θ - Sin[θ]), (1 - Cos[θ])}, {θ, 0, 8π}]

   输出相应的图形.

6. 输入 ContourPlot[y^2 == x^3(2 - x), {x, 0, 2}, {y, -2, 2}, PlotRange -> All]

   输出相应的图形.

7. 输入 PolarPlot[θ, {θ, 0, 10π}]

   PolarPlot[θ, {θ, -10π, 10π}]

   输出相应的图形.

8. 输入 PolarPlot[{1 - Cos[θ], 1}, {θ, 0, 2π}]

   输出相应的图形.

9. 输入 lst = {{0, 0}, {2, 7}, {3, 5}, {4, 11}}; ListPlot[lst, Joined -> True]

   输出相应的图形.

10. 输入   months = {"Jan", "Feb", "Mar", "Apr", "May", "Jun", "Jul", "Aug", "Sep", "Oct", "Nov", "Dec"};

    salesdata = {13.2, 15.7, 17.4, 12.6, 19.7, 22.6, 20.2, 18.3, 16.2, 15.0, 12.1, 8.6};

    BarChart[salesdata, ChartLabels -> months, PlotRange -> All]

    输出相应的图形.

11. 输入   months = {"Jan", "Feb", "Mar", "Apr", "May", "Jun", "Jul", "Aug", "Sep", "Oct", "Nov", "Dec"};

    salesdata = {13.2, 15.7, 17.4, 12.6, 19.7, 22.6, 20.2, 18.3, 16.2, 15.0, 12.1, 8.6};

    PieChart[salesdata, ChartLabels -> months, PlotRange -> All]

    输出相应的图形.

12. 输入   Plot3D[E^ (- x^ 2 - y^ 2) , { x, - 2,2 } , { y, - 2,2 } , PlotPoints - > 50]

Plot3D[Sin[x + Cos[y]] , { x, - 6,6 } , { y, - 6,6 } , PlotPoints - > 50]

Plot3D[(x^ 2 - y^ 2) / (x^ 3 + y^ 3) , { x, - 10,10 } , { y, - 10,10 } , PlotPoints - >
50]

输出相应的结果.

13. 输入 Plot3D[Abs[Sin[x] Sin[y]] , { x, - 2Pi,2Pi } , { y, - 2Pi,2Pi } , Axes - > False,
PlotPoints - > 30]

输出相应的图形.

14. 输入   paowumian = Plot3D[x^ 2 + y^ 2, { x, - 5,5 } , { y, - 5,5 }] ;

plane = Plot3D[12 - y, { x, - 5,5 } , { y, - 5,5 }] ;

Show[paowumian, plane, BoxRatios - > { 1,1,1 } , PlotRange - > { 0,20 }]

Show[paowumian, plane, BoxRatios - > { 1,1,1 } , ViewPoint - > { 1. 126, - 1.
800,2. 634 } , PlotRange - > { 0,20 }]

输出相应的图形.

15. 输入   x[s_,t_] = (4 + Sin[s]) * Cos[t] ;

y[s_,t_] = (4 + Sin[s]) * Sin[t] ;

z[s_,t_] = Cos[s] ;

ParametricPlot3D[{ x[s,t] ,y[s,t] ,z[s,t] } , { s,0,2Pi } , { t,0,2Pi } , PlotPoints
- > 50]

输出相应的图形.

16. 输入   x[t_] = (4 + Sin[20t]) * Cos[t] ;

y[t_] = (4 + Sin[20t]) * Sin[t] ;

z[t_] = Cos[20t] ;

ParametricPlot3D[{ x[t] ,y[t] ,z[t] } , { t,0,2Pi } , PlotPoints - > 250]

输出相应的图形.

17. 输入   zhui = Plot3D[3 * (x^ 2 + y^ 2)^ (1/ 2) , { x, - 3,3 } , { y, - 3,3 } , RegionFunction
- > Function[{ x,y,z } ,0 < x^ 2 + y^ 2 < 9]] ;

qiu = Plot3D[9 + (9 - (x^ 2 + y^ 2))^ (1/ 2) , { x, - 3,3 } , { y, - 3,3 }] ;

Show[zhui, qiu, PlotRange - > All, BoxRatios - > { 1,1,2 }]

输出相应的图形.

18. 输入   Plot3D[Sin[x] + Sin[y] , { x, - 4Pi,4Pi } , { y, - 4Pi,4Pi } , PlotPoints - > 50]

ContourPlot[Sin[x] + Sin[y] , { x, - 4Pi,4Pi } , { y, - 4Pi,4Pi } , PlotPoints - >
50]

输出相应的图形.

19. 输入   ContourPlot[Sin[x * y] , { x, - Pi,Pi } , { y, - Pi,Pi } , PlotPoints - > 50]

DensityPlot[Sin[x * y] , { x, - Pi,Pi } , { y, - Pi,Pi } , PlotPoints - > 50]

输出相应的图形.

20. 输入   RevolutionPlot3D[Sin[x] , { x,0,2Pi }]

RevolutionPlot3D[Sin[x] , { x,0,2Pi } , RevolutionAxis - > { 1,0,0 }]

输出相应的图形.

21. 输入　{Graphics3D[Cylinder[ ]],Graphics3D[Sphere[ ]],Graphics3D[Cone[ ]]}
输出相应的结果.

22. 输入　sph = Graphics3D[{Opacity[0.5],Sphere[{0,0,0},1]}];
cy1 = Graphics3D[Cylinder[{{0,0,-1},{0,0,1}},(2^(1/2))/(2Pi)]];
Show[sph,cy1,Boxed -> False]
输出相应的图形.

23. 输入　Plot3D[x/(E^(x^2 + y^2)),{x, -2,2},{y, -2,2},RegionFunction ->
Function[{x,y,z},2 < x^2 + y^2 < 3]]
输出相应的图形.

24. 输入　ParametricPlot3D[{Sin[t],Cos[t],t/3},{t,0,15}]
ParametricPlot3D[{u * Sin[t],u * Cos[t],t/3},{t,0,15},{u, -1,1}]
ParametricPlot3D[{Cos[u] * Sin[t],Cos[u] * Cos[t],Sin[u]},{t,0,2Pi},
{u,0,Pi/2}]
ParametricPlot3D[{2Cos[u] * Sin[t], -2Cos[u] * Cos[t],2Sin[u]},{t,Pi,
2Pi},{u, -Pi/2,Pi/2}]
输出相应的图形.

25. 输入　DensityPlot[Sin[x * Cos[x]],{x,0,2Pi},{y,0,2Pi}]
ContourPlot[Sin[x * Cos[x]],{x,0,2Pi},{y,0,2Pi}]
输出相应的图形.

26. 输入　{1,2,3,4,5,6,7,8,9}
BarChart[list]
PieChart[list]
输出相应的图形.

27. 输入　ContourPlot[(x^2 + y^2)^2 == (x^2 - y^2),{x, -2,2},{y, -2,2},Axes -
>True]
ContourPlot[(x^2 + y^2)^2 == 4(x^2 - y^2),{x, -2,2},{y, -2,2},Axes -
>True]
输出相应的图形.

第 4 章
Mathematica 数值计算方法

本章概要

- Mathematica 在数值计算中的应用
- 极值问题

4.1 Mathematica 在数值计算中的应用

 4.1.1 数据拟合与插值

1. 数据拟合

已知一组数据 $(x_k,y_k)(k=1,2,\cdots,n)$，Mathematic 根据最小二乘法的原理对这组数据进行线性拟合，求出函数的近似解析式 $y=f(x)$，就是数据拟合问题，当然还可以对多元函数进行非线性拟合.

◆ Mathematic 提供了进行数据拟合的函数：

Fit[data,funs,vars]

其作用是以 vars 为变量构造函数 funs 来拟合一列数据点.

常用的拟合函数的一般形式：

Fit[data,{1,x},x]，求形为 $y=a+bx$ 的近似函数式.

Fit[data,{1,x,x^2},x]，求形为 $y=a+bx+cx^2$ 的近似函数式.

FindFit[data,expr,pars,vars] 求非线性拟合的函数.

例 4.1 给出离散数据见表 4-1，试构造线性函数拟合这组数据.

表 4-1 离散数据

x_i	100	110	120	130	140	150	160	170	180	190
y_i	45	51	54	60	66	70	74	78	85	89

```
In[1]:=data={{100,45},{110,51},{120,54},{130,61},{140,66},{150,70},
            {160,74},{170,78},{180,85},{190,89}};
       f=Fit[data,{1,x},x]
Out[1]=-2.73939+0.48303x
In[2]:=pd=ListPlot[data,DisplayFunction->Identity];
       fd=Plot[f,{x,100,200},DisplayFunction->Identity];
Show[pd,fd,DisplayFunction->$DisplayFunction]
```

Out[2]＝输出的图像如图4-1所示

例4.2 设某次实验数据见表4-2,试构造二次函数拟合这组数据.

表4-2 实验数据

x_i	0.1	0.2	0.3	0.4	0.5	0.6	0.7	0.8	0.9
y_i	5.1234	5.3057	5.5687	5.9378	6.4337	7.0977	7.9493	9.0253	10.3627

```
In[1]:＝data＝{{0.1,5.1234},{0.2,5.3057},{0.3,5.5687},
      {0.4,5.9378},{0.5,6.4337},{0.6,7.0977},
      {0.7,7.9493},{0.8,9.0253},{0.9,10.3627}}
      Fit[data,{1,x,x^2},x]
```
Out[1]＝$5.30664-1.83216x+8.17168x^2$
```
In[2]:＝pd＝ListPlot[data,DisplayFunction-＞Identity];
fd＝Plot[5.30664-1.83216x+8.17168x^2,{x,0,1},DisplayFunction-＞Identity];
Show[pd,fd,DisplayFunction-＞$DisplayFunction]
```
Out[2]＝输出的图像如图4-2所示

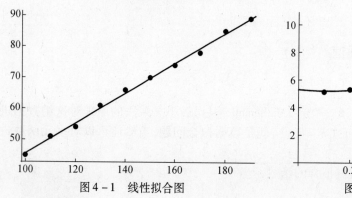
图4-1 线性拟合图

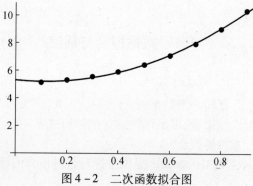
图4-2 二次函数拟合图

例4.3 取函数 $z=1-3x+5xy$ 的部分数值组成一组三维数据,在构造以 $\{1,x,y,xy\}$ 为基的拟合函数.
```
In[1]:＝g＝Flatten[Table[{x,y,1-3x+5x*y},{x,0,1,0.4},{y,0,1,0.4}],1]
```
Out[1]＝{{0.,0.,1.},{0.,0.4,1.},{0.,0.8,1.},
      {0.4,0.,-0.2},{0.4,0.4,0.6},
      {0.4,0.8,1.4},{0.8,0.,-1.4},
      {0.8,0.4,0.2},{0.8,0.8,1.8}}
```
In[2]:＝Fit[g,{1,x,y,x*y},{x,y}]
```
Out[2]＝$1.-3.x-4.98027*10^{-16}y+5.xy$
```
In[3]:＝Chop[%]
```
Out[3]＝$1.-3.x+5.xy$.

例4.4 设某次实验数据见表4-3,试构造倒指数函数拟合这组数据.

表4-3 实验数据

x_i	2	3	4	5	6	7	8	9	10	11	12	13	14	15	16
y_i	6.42	8.2	9.58	9.5	9.7	10	9.93	9.99	10.49	10.59	10.6	10.8	10.6	10.9	10.76

154

```
In[1]: = data = {{2,6.42},{3,8.2},{4,9.58},{5,9.50},
{6,9.70},{7,10},{8,9.93},{9,9.99},
{10,10.49},{11,10.59},{12,10.60},
{13,10.80},{14,10.60},{15,10.90},{16,10.76}};
logdata = Apply[Function[{x,y},{x,Log[y]}],data,{1}];
logmodel = 1a - k/x;
lfit = FindFit[logdata,logmodel,{1a,k},x]
```
$Out[1] = \{1a - >2.45778, k - >1.11067\}$

$In[2]:= Exp[logmodel/.lfit]/.Exp[a\_+b\_t] - >Exp[a]Exp[b\ t]$

$Out[2] = e^{2.45778 - \frac{1.11067}{x}}$

```
In[3]:pd = ListPlot[data,DisplayFunction - >Identity];
```
$fd = Plot[e^{2.45778 - \frac{1.11067}{x}}, \{x,0,16\}, DisplayFunction - >Identity];$
```
Show[pd,fd,DisplayFunction - >$ DisplayFunction]
```
$Out[3] =$输出的图像如图 4 - 3 所示

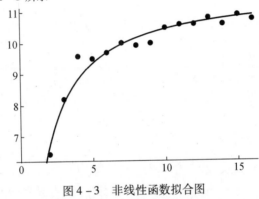

图 4 - 3　非线性函数拟合图

2. 插值

Mathematic 软件提供了多种构造插值函数的方法,这里只介绍其中的两种.

1) 插值多项式

◆ 利用函数 InterpolatingPolynomial 可求一个多项式,使给定的数据是准确的函数值,插值多项式函数的一般形式为

InterpolatingPolynomial[data,var]

(构造以 data 为插值点数据,以 var 为变量名的插值多项式)

◆ 常用的调用插值函数的格式如下:

InterpolatingPolynomial[$\{f_1,f_2,\cdots\}$,x],当自变量值为 $1,2,\cdots$ 时的函数值为 $f_1,f_2,\cdots$.

InterpolatingPolynomial[$\{x_1,f_1\},\{x_2,f_2\},\cdots,x$],当自变量值为 x_i 时的函数值为 f_i.

InterpolatingPolynomial[$\{x_1,y_1,f_1\},\{x_2,y_2,f_2\},\cdots,x$],当自变量值为 x_i,y_i 时的函数值为 f_i.

InterpolatingPolynomial[$\{x_1,\{f_1,df_1,ddf_1,\cdots\}\},\cdots,\},x$],规定点 x_i 处的导数值.

例 4.5　设数据见表 4 - 4,构造插值多项式.

表 4 - 4　插值数据

x_i	1	2	3	4	5	6	7	8
y_i	6.35	6.42	8.2	9.58	9.5	9.7	10	9.93

```
In[1]:=data={6.35,6.42,8.2,9.58,9.5,9.7,10,9.93}
InterpolatingPolynomial[data,x]
Expand[%]
Show[Plot[%,{x,0,8}],ListPlot[{6.35,6.42,8.2,9.58,9.5,9.7,10,9.93}]]
```

$Out[1] = -9.89 + 44.5369x - 46.7817x^2 + 24.2732\,x^3 - 6.7331\,x^4 + 1.0223\,x^5 - 0.08020\,x^6 + 0.00254365\,x^7$

$Out[2]=$ 输出的图像如图 4-4 所示

例 4.6 给出二维数据见表 4-5,构造插值多项式并计算 $f(0.68)$.

表 4-5 二维数据

X	0	0.5	1
Y	1	$e^{-\frac{1}{2}}$	e^{-1}

```
In[1]:=data={{0,1},{1/2,Exp[-1/2]},{1,Exp[-1]}};
f[x_]=InterpolatingPolynomial[data,x];
Expand[%]
f[0.68]
Show[Plot[f[x],{x,0,1}],ListPlot[{{0,1},{1/2,Exp[-1/2]},{1,Exp[-1]}}]];
```

$Out[1] = 1 - 3x - x/e + (4\,x)/\sqrt{e} + 2x^2 + (2\,x^2)/e - (4\,x^2)/\sqrt{e}.$

$Out[2] = 0.502781$

$Out[3]=$ 输出的图像如图 4-5 所示

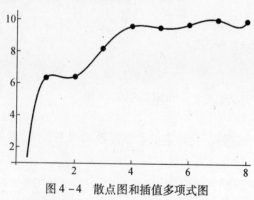

图 4-4 散点图和插值多项式图　　　　　图 4-5 散点图和插值多项式图

例 4.7 给出三维数据见表 4-6,构造插值多项式并计算 $f(99,10.3)$.

表 4-6 三维数据

x	68	68	87	87	106	106	140	140
y	9.7981	13.324	9.0078	13.355	9.7918	14.277	9.6563	12.463
z	0.0848	0.0897	0.0762	0.0807	0.0696	0.0753	0.0611	0.0651

```
In[1]:=data={{{68,9.7981},0.0848},{{68,13.324},0.0897},{{87,9.0078},0.0762},
{{87,13.355},0.0807},{{106,9.7918},0.0696},{{106,14.277},0.0753},{{140,9.6563},0.
0611},
```

```
{{140,12.463},0.0651}};
f[x_,y_] = InterpolatingPolynomial[data,{x,y}]
Expand[%]
F[99,10.3]
Show[Plot[f[x,y],{x,68,140},{y,9,15}],ListPlot[{{68,9.7981},{68,13.324},{87,9.
0078},{87,13.355}},{106,9.7918},{106,14.277},{140,9.6563},{140,12.463}}]]
```

Out[1] = $0.101479 + 0.0000293\,x - 3.10984*10^{-6}\,x^2 + 7.83104*10^{-9}\,x^3 + 0.000311231\,y - 0.$
$0000565602\,x\,y + 2.84739*10^{-7}\,x^2\,y + 0.000156039\,y^2$

Out[2] = 0.072329

Out[3] =输出的图像如图 4 - 6 所示

2）插值函数

◆ 利用插值多项式函数 InterpolatingPolynomial[ ]，可以将插值函数表达式显示出来. 但多数情况下，构造插值函数目的侧重计算一些函数值，并不在意插值函数的具体表达式，这时可以利用另一个函数 Interpolation[ ]，其调用格式如下：

Interpolation [{$f_1,f_2,\cdots$}]，当自变量值为 1,2···时的函数值为 $f_1,f_2,\cdots$.

Interpolation [{x_1,f_1},{x_2,f_2}, ···]，当自变量值为 x_i 时的函数值为 f_i.

Interpolation [{x_1,{$f_1,df_1,ddf_1,\cdots$}},···]，规定点 x_i 处的导数值.

注意：如果构造多元近似函数，只要将参数改为

$$\{x_i,y_i,\cdots,f_i\} \text{ 或 } \{x_i,y_i,\cdots,\{f_i,\{dxf_i,dyf_i,\cdots\}\}\}$$

此外还有可选参数

$$\text{Interpolationorder} \rightarrow n$$

指定插值多项式的次数（默认值为 3）.

例 4.8　根据表 4 - 7 中的数据生成插值函数及其在 $x_i = 25.5$ 处的值.

表 4 - 7　数据

x_i	18.1	24	29.1	35	39	44.1	49
y_i	75.3	76.8	78.25	79.8	81.35	82.9	84.1

```
In[1]:= data = {{18.1,75.3},{24,76.8},{29.1,78.25},{35,79.8},{39,81.35},{44.1,82.9},
{49,84.1}};
f = Interpolation[data]
Out[1] = InterpolatingFunction[{{ ▣, ╱ },{{Domain:{{18.1,49.}}},
                                          {Output: scalar}}}]
In[2]:= pd = ListPlot[data,DisplayFunction  Identity];
fd = Plot[f[x],{x,18.1,49},DisplayFunction  Identity];
        Show[pd,fd,DisplayFunction  $DisplayFunction]
Out[2] =输出的图像如图 4 - 7 所示
In[3]:= f[25.5]
Out[3] =77.2228
```

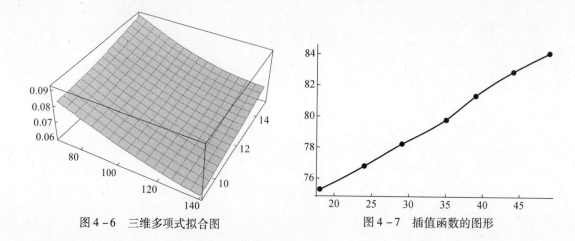

图 4-6 三维多项式拟合图   图 4-7 插值函数的图形

4.1.2 数值积分与方程的近似解

1. 数值积分

1）数值积分方法

◆ 在高等数学中有些积分用常规的方法无法求解,对于这种情况,在 Mathematica 求定积分的数值解可采用函数 Integrate[f,{x,a,b}],n]或 NIntegrate[f,{x,a,b}],前者先试图求符号解然后求近似解,花费时间较多,但安全、可靠;后者使用数值积分的方法直接求近似解,节约运行时间,但可靠性差.

例 4.9 求 $\int_{1}^{2} x^x \mathrm{d}x.$

```
In[1]:=NIntegrate[x^x,{x,1,2}]
Out[1] = 2.05045
```

例 4.10 求 $\int_{-600}^{600} \mathrm{e}^{-x^2} \mathrm{d}x .$

```
In[1]:=Integrate[Exp[ -x^2],{x, -600,600}]
```
$$Out[1] = \sqrt{\pi}\,\mathrm{Erf}[600]$$
```
In[2]:= N[%]
Out[2] = 1.77245
```

2）有瑕点的积分

◆ 若定积分的被积函数在区间端点或区间内部含有瑕点,可用函数 NIntegrate 求解,其调用格式如下:NIntegrate[f,{x,xmin,xmax},{y,ymin,ymax},…],这是标准形式,而且允许积分区间端点是瑕点.

NIntegrate[f,{x,xmin,x_1,x_2,…,xmax}],其中 x_1,x_2,…是瑕点.

例 4.11 求 $\int_{1}^{2} \dfrac{x \mathrm{d}x}{\sqrt{x-1}}.$

$x = 1$ 是瑕点

```
In[1]:=NIntegrate[x/Sqrt[x-1],{x,1,2}]
Out[1] = 2.66667.
```

例 4.12　求 $\int_{-1}^{1} \dfrac{1}{\sqrt{|x|}} \mathrm{d}x$.

$x = 0$ 是瑕点

```
In[1]:=NIntegrate[1/Sqrt[Abs[x]],{x,-1,0,1}]
Out[1]= 4.
```

3）无穷限的反常积分

◆ 若定积分的积分区间是无穷区间,则函数 NIntegrate 的调用格式如下:

NIntegrate[f,{x,xmin,xmax},{y,ymin,ymax},…],这是标准形式,其中下限或上限为无穷.

例 4.13　求 $\int_{-\infty}^{+\infty} \dfrac{1}{1+x^2} \mathrm{d}x$.

```
In[1]:=NIntegrate[1/(1+x^2),{x,-∞,∞}]
Out[1]= 3.14159.
```

◆ 函数 NIntegrated 有控制计算精度的可选参数:

WorkingPrecision,内部近似计算使用的数字位数(默认值为 16).

AccuracyGoal,计算结果的绝对误差(默认值为 Infinity).

PrecisionGoal,计算结果的相对误差(默认值为 Automatic,一般比 WorkingPrecision 的值小 10).

例 4.14　求 $\int_{1}^{+\infty} \dfrac{1}{x^4} \mathrm{d}x$,要求计算精度各项参数均为 20.

```
In[1]:= NIntegrate[1/x^4,{x,1,∞},WorkingPrecision ->20,AccuracyGoal ->20]
Out[1]= 0.33333333333333333333.
```

4）求数值和、积的函数

◆ 求数值和、积的函数分别为 NSum 和 NProduct,它们的调用格式如下:

NSum[f,{i,imin,imax,di}],求通项为 f 的和的近似值.

NProduct[f,{i,imin,imax,di}],求通项为 f 的乘积的近似值.

例 4.15　求 $\dfrac{1}{2} + \dfrac{1}{4} + \cdots + \dfrac{1}{2^n}$,$(n = 1, 2, \cdots, 30)$.

```
In[1]:= Sum[1/2^n,{n,1,30}]
N[%]//InputForm
```
$$Out[1] = \frac{1073741823}{1073741824}$$
```
Out[2]:= //InputForm = 0.9999999990686774.
In[2]:= NSum[1/2^n,{n,1,30}]
Out[3]:=1.
```

例 4.16　求 $\prod\limits_{n=2}^{10} \dfrac{2n}{n-1}$.

```
In[1]:= Product[(n-1)/(2n),{n,2,10}]
NProduct[(n-1)/(2n),{n,2,10}]
Out[1]= 1/5120
Out[2]:= 0.000195312.
```

2. 方程的数值解

1）方程(组)的近似解

◆ 用于求代数方程(组)的全部近似解的函数是 Nsolve,其调用格式如下:

NSolve[eqns,vars,n],其中可选参数 n 表示结果有 n 位的精度.

例 4.17　求方程 $x^5 - 3x - 1 = 0$ 全部近似解,结果保留 20 位数字.

Ln[1]:=NSolve[x^5-3x-1==0,x,20]

Out[1]={{x→-1.2146480426984618040},{x→-0.33473414194335268708},

{x→0.08029510011728015413-1.32835510982065407690i},

{x→0.08029510011728015413+1.32835510982065407690i},

{x→1.3887919844072541828}}

例 4.18　求方程组 $\begin{cases} x^2 + y^3 = 1 \\ 2x + 3y = 4 \end{cases}$ 全部实数解的近似值.

Ln[1]:=NSolve[{x^2+y^3==1,2x+3y==4},{x,y},Reals],Out[1]={{x->7.93641,y->-3.95761}}.

2)常微分方程(组)的近似解

在利用符号运算寻求常微分方程的解(含通解与特解)时,为了保证初等函数形式解的存在,必须常常将微分方程的类型限制在线性常系数的狭窄范围内.对于求解一般的变系数线性方程以及更为广泛的非线性方程,则必须采用近似求解,特别是近似数值求解的办法.

近似数值求解的最大优点是不受方程类型的限制,即可以求任何形状微分方程的解(当然要假定解的存在),但是求出的解只能是数值的(即数据形式的)解函数.

◆ Mathematic 系统提供了求微分方程数值解的函数 NDSolve,其调用格式如下:

NDSolve[eqns,{$y_1,y_2,\cdots$},{x,xmin,xmax}],求常微分方程(组)的近似解.

利用函数 NDSolve 求常微分方程(组)的近似解,未知函数有带自变量和不带自变量两种形式,通常使用后一种更方便.初值点 x_0 可以取在区间[xmin,xmax]上的任何一点处,得到插值函数 InterpolationFunction[domain,table]类型的近似解,近似解的定义域 domain 一般为[xmin,xmax],也有可能缩小.

例 4.19　求方程 $y'' + y' + x^3 y = 0$ 在区间[0,8]上满足条件 $y(0) = 0, y'(0) = 1$ 的特解.

In[1]:=s2=NDSolve[{y''[x]+y'[x]+x^3*y[x]==0,y[0]==0,y'[0]==1},y,{x,0,8}]

Out[1]={{y→InterpolatingFunction[{{0.,8.}},< >]}}

In[2]:=Plot[Evaluate[y[x]/.s2],{x,0,8}],Out[2]=输出的图像如图 4-8 所示

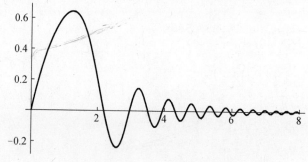

图 4-8　方程 $y'' + y' + x^3 y = 0$ 所确定的函数的图形

例 4.20　求方程组 $\begin{cases} x'(t) = y(t) - \left(\dfrac{1}{3}x^3(t) - x(t)\right) \\ y'(t) = -x(t) \end{cases}$ 在区间[-5,5]上满足条件

160

$x(0)=0, y(0)=1$ 的特解.

```
In[1]:= s₂ = NDSolve[{x′[t] = =y[t]-(x[t]^3/3-x[t]),y′[t] = = -x[t],x[0] = =0,y
[0] = =1},{x,y},{t,-5,5}]
Out[1] = {{x→InterpolatingFunction[{{-5.,5.}},< >],
y→InterpolatingFunction[{{-5.,5.}},< >]}}
In[2]:= x = x/.s2[[1,1]]
        y = y/.s2[[1,2]]
Out[2] = InterpolatingFunction[{{-5.,5.}},< >]
        InterpolatingFunction[{{-5.,5.}},< >]
In[3]:= ParametricPlot[{x[t],y[t]},{t,-5,5},AspectRatio Automatic]
    Out[3] =输出的图像如图4-9所示
```

3) 偏微分方程(组)的近似解

◆ Mathematic 系统虽然也提供了求偏微分方程数值解的函数 NDSolve,但只适用于一些比较简单的情况,其调用格式如下:

NDSolve[{ eqns,定解条件},u,{x,xmin,xmax},{t,tmin,tmax}],其中 u 为要求的未知函数.

例4.21 求弦振动方程 $u_{xx}-4u_{tt}=0$ 满足下面定解条件的特解.

边界条件 $u(0,t)=0, u(\pi,t)=0$

初始条件 $u(x,0)=\sin x, u_t(x,0)=0$

```
In[1]:= NDSolve[{D[u[x,t],x,x]-4D[u[x,t],t,t] = = 0}
u[0,t] = =0,u[Pi,t] = =0
u[x,0] = =Sin[x],Derivative[0,1]
[u][x,0] = =0},u,{x,0,Pi},{t,0,60}]
Out[1] = {{u→InterpolatingFunction[{{0.,3.14159},{0.,60.}},< >]}}
In[2]:= Plot3D[Evaluate[u[x,t]/.First[% ]],{x,0,Pi},{t,0,60},
    PlotPoints→20]
Out[2] =输出的图像如图4-10所示
```

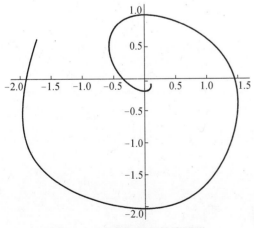

图4-9 方程解的相轨线图形

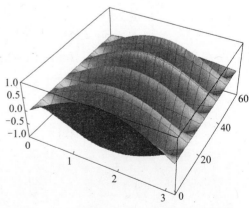

图4-10 弦振动方程 $u_{xx}-4u_{tt}=0$ 的图形

函数 NDsolve 有可选项,具体是:

WorkingPrecision:内部近似计算使用的数字位数(默认值为16).

AccuracyGoal:计算结果的绝对误差.

PrecisionGoal：计算结果的相对误差.

MaxSteps：最大步数.

MaxStepSize：最大步长.

StartingStepSize：初始步长.

以上可选项的默认值都为 Automatic，其中 AccuracyGoal 和 PrecisionGoal 的默认值比 WorkingPrecision 小 10，当解趋于 0 时应将 AccuracyGoal 取成 Infinity. 对于常微分方程，最大步长默认值为 1000.

习题 4-1

1. 试构造线性函数拟合这组数据.

x_i	-1.00	-0.50	0	0.25	0.75	1.00
y_i	0.22	0.80	2.0	2.5	3.8	4.2

2. 设某次实验数据如下表所列，试构造二次函数拟合这组数据.

x_i	143	145	146	147	149	150	153	154	155	156	157	158	159	160	162	164
y_i	88	85	88	91	92	93	93	95	96	98	97	96	98	99	100	102

3. 在 12h 内，每隔 1h 测量一次温度，温度依次为 5,8,9,15,25,29,31,30,22,25,27,24，试估计在 6.5h 和 7.1h 的温度值.

4. 求 $\int_1^2 x^{\sin x}\mathrm{d}x$.

5. 求 $\int_0^2 \dfrac{1}{(1-x)^2}\mathrm{d}x$.

6. 求 $\int_{-1}^{\sqrt{3}} \dfrac{1}{1+x^2}\mathrm{d}x$，要求计算精度各项参数均为 10.

7. 求 $\prod\limits_{n=1}^{10} \dfrac{2n}{(2n-1)}$.

8. 求方程组 $\begin{cases} 3x^2 + y^3 = 1 \\ 4x + 3y = 4 \end{cases}$ 全部实数解的近似值.

9. 求方程 $y'' + y + \sin 2x = 0$ 在区间 $[0,\pi]$ 上满足条件 $y(\pi) = 1, y'(\pi) = 1$ 的特解.

10. 求方程组 $\begin{cases} x'(t) = y(t) \\ y'(t) = -0.01x(t) - \sin t \end{cases}$ 在区间 $0 \leqslant t \leqslant 100$ 上满足条件 $x(0) = 0$, $y(0) = 2.1$ 的特解.

4.2 极值问题

Mathematic 中集成了大量的局部和全局性优化技术，包括求解函数的极值、最值以及求解线性规划、整数规划、二次规划、非线性规划及全局最优化算法等. 表 4-8 给出了求解规划及优化模型的部分命令及意义，其中的 Minimize 可对应地改成 Maximize，FindMinimum 改成

162

FindMaximum,分别表示求相应函数的最大值.

表 4 - 8　Mathematic 求解规划及优化模型的命令

命令形式	意义
LinearProgramming[c,m,b]	求 C * x 的最小值,并满足限制条件 m * x > = b 和 x > = 0
Minimize[f,x]	得出以 x 为自变量的函数,f 的最小值
Minimize[f,{ x,y,... }]	得出以 x,y,... 为自变量的函数,f 的最小值
Minimize[{ f,cons} ,{ x,y,... }]	根据约束条件 cons,得出 f 的最小值
Minimize[{ f,cons} ,{ x,y,... } ,dom]	得出函数 f 的最小值,函数含有域 dom 上的变量,典型的有 Reals 和 Integers
Maximize[{ f,cons} ,{ x,y,... }]	根据约束条件 cons,得出 f 的最大值
FindMinimum[f,x]	搜索 f 的局部极小值,从一个自动选定的点开始
FindMinimum[f,{ x,x0}]	搜索 f 的局部最小值,初始值是 x = x0
FindMinimum[f,{ { x,x0} ,{ y,y0} ,... }]	搜索多元函数的局部最小值
FindMinimum[{ f,cons} ,{ x,y,... }]	搜索约束条件 cons 下局部最小值

4.2.1　极小值和极大值

例 4.22　求函数 $f(x) = 2x^2 + 3x - 1$ 的极值.

In[1]: = f[x_] = 2x^2 + 3x - 1;
Plot[f[x],{x, -8,7}],
Out[1] = 输出的图像如图 4 - 11 所示

从图像看出该函数有极小值.

In[2]: = FindMinimum[f[x],x]
Out[2] = { -2.125,{x - > -0.75}}.

因此,函数 $f(x) = 2x^2 + 3x - 1$ 在 $x = -0.75$ 处有极小值 $f(-0.75) = -2.125$.

例 4.23　求函数 $f(x) = |x^2 - 3x + 2|$ 在区间 $[-3,4]$ 上的极大值、极小值和最大值、最小值.

In[1]: = f[x_] = Abs[x^2 - 3x + 2];
Plot[f[x],{x, -3,4}]
Out[1] = 输出的图像如图 4 - 12 所示

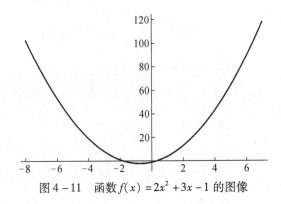

图 4 - 11　函数 $f(x) = 2x^2 + 3x - 1$ 的图像

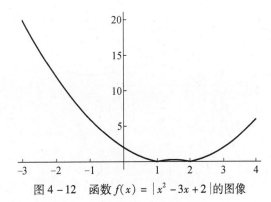

图 4 - 12　函数 $f(x) = |x^2 - 3x + 2|$ 的图像

163

从图像中可以看出,该函数在 $x=1$ 和 $x=2$ 附近有局部极小值,在二者之间有局部极大值.

```
In[2]: = FindMaximum[f[x],{x,1}]
FindMinimum[f[x],{x,1}]
FindMinimum[f[x],{x,2}]
f[ -3]
f[4]
Out[2] = {0.25,{x ->1.5}}.
Out[3] = {0.,{x ->1.}}
Out[4] = {0.,{x ->2.}}
Out[5] = 20
Out[6] = 6
```

从中可得:在 $[-3,4]$ 上,函数 $f(x)$ 极大值 $f(1.5)=0.25$,极小值 $f(1)=f(2)=0$. 最大值 $f(-3)=20$,最小值 $f(1)=f(2)=0$.

有的一元函数的极值还可以利用驻点来求极值.

例 4.24 求函数 $f(x)=2x^3-9x^2+12x-3$ 的极值,并作图.

```
In[1]: = f[x_]: =2(x^3) -9(x^2) +12 × x -3;
        Plot[f[x],{x, -0.5,3}]
   Out[1] =输出的图像如图 4 -13 所示
In[2]: = d1 = FindRoot[f'[x] = =0,{x,1}]  d2 = FindRoot[f'[x] = =0,{x,2}]
Out[2] = {x→1.}   {x→2.}
In[3]: = f[x]/.d1
f[x]/.d2
Out[3] = 2
Out[4] = 1
```

其中,$f(1)=2$ 为局部极大值,$f(2)=1$ 为局部极小值.

例 4.25 求函数 $f(x,y)=4(x-y)-x^2-y^2$ 的极值.

```
In[1]: = f[x_,y_] =4(x -y) -x^2 -y^2
Plot3D[f[x,y],{x, -5,5},{y, -5,5}]
Out[1] =输出的图像如图 4 -14 所示
```

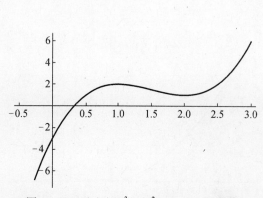

图 4 -13　$f(x)=2x^3-9x^2+12x-3$ 的图像

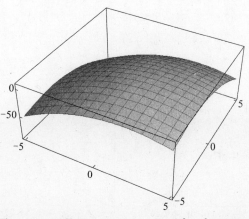

图 4 -14　函数 $f(x,y)=4(x-y)-x^2-y^2$ 的图像

164

从图像上看,该函数有极大值.

```
In[2]: = FindMaximum[f[x,y],{x,y}]
Out[2] = {8.,{x - >2.,y - > -2.}}.
```

故该函数的极大值为 $f(2,-2)=8$.

例 4.26 求函数 $f(x,y,z)=xyz$ 在附加条件 $x+y+z=12$ 下的极值.

```
In[1]: = f[x_,y_,z_]:=x*y*z;
g[x_,y_,z_]:=x+y+z-12;
FindMaximum[{f[x,y,z],g[x,y,z] = =0},{x,1},{y,1},{z,1}]
Out[1] = {64.,{x - >4.,y - >4.,z - >4.}}
```

 4.2.2 线性规划

1. 一般线性规划

例 4.27 求解线性规划问题

$$
\begin{aligned}
\max \ z &= 72x_1 + 64x_2 \\
\text{s.t.} \quad x_1 + x_2 &\leqslant 50 \\
12x_1 + 8x_2 &\leqslant 480 \\
3x_1 &\leqslant 100 \\
x_1 \geqslant 0, x_2 &\geqslant 0
\end{aligned}
$$

解法一 用命令 Maximize.

```
In[1]: = Maximize[{72x1 +64x2,
              x1 +x2 < =50,
              12x1 +8x2 < =480,
              3x1 < =100,
              x1 > =0,
              x2 > =0},
              {x1,x2}]
Out[1] = {3360,{x1→20,x2→30}}
```

解法二 用命令 LinearProgramming.

```
In[1]: = LinearProgramming[{ -72, - 64},{{ -1, - 1},{ -12, -8},{ -3,0}},{ -50, -480, -100}]
Out[1] = {20,30}
```

解法三 用命令 ConstrainedMax.

```
In[1]: = ConstrainedMax[72x1 +64x2,{ x1 +x2 < =50,12x1 +8x2 < =480,3x1 < =100},{x1,x2}]
ConstrainedMax::deprec: ConstrainedMax is deprecated and will not be supported in
future versions of the Wolfram Language. Use NMaximize or Maximize instead. > >
```

ConstrainedMa 命令将被弃用,可用 NMaximize 或 Maximize 替代.

```
Out[1] = {3360,{x1 - >20,x2 - >30}}
```

2. 整数规划

例4.28 一汽车厂生产小、中、大三种汽车,已知各类型每辆车对钢材、劳动时间的需求、利润以及每月工厂钢材、劳动时间的现有量见表4-9,试制订月生产计划,使工厂的利润最大.

表4-9 汽车厂的生产数据

	小型	中型	大型	现有量
钢材	1.5	3	5	600
时间	280	250	400	60000
利润	2	3	4	

建立如下整数规划模型:

$$\max z = 2x_1 + 3x_2 + 4x_3$$
$$\text{s. t.} \quad 1.5x_1 + 3x_2 + 5x_3 \leqslant 600$$
$$280x_1 + 250x_2 + 400x_3 \leqslant 60000$$
$$x_1, x_2, x_3 \text{为非负整数}$$

```
In[1]: = Maximize[ {2x1 + 3x2 + 4x3,
          1.5x1 + 3x2 + 5x3 < = 600,
          280x1 + 250x2 + 400x3 < = 60000,
          x1 > = 0,x2 > = 0,x3 > = 0,
          Element[ { x1,x2,x3} ,Integers] } ,{ x1,x2,x3} ]
Out[1] = {632.,{x1→64,x2→168,x3→0}}
```

即问题要求的月生产计划为生产小型车64辆、中型车168辆,不生产大型车.

4.2.3 非线性规划

例4.29 求非线性规划问题

$$\min z = 2x_1 - 6x_2 + x_1^2 - 2x_1x_2 + 2x_2^2$$
$$\text{s. t.} \quad x_1 + x_2 \leqslant 2$$
$$-x_1 + 2x_2 \leqslant 2$$
$$x_1 \geqslant 0, x_2 \geqslant 0$$

```
In[1]: = Minimize[{ -2x1 -6x2 +x1^2 -2x1 * x2 +2x2^2,x1 + x2 < = 2&& -x1 +2x2 < =2&&0 <
=x1&&0 < =x2},{x1,x2}]
Out[1] = { -(36/5),{x1 - >4/5,x2 - >6/5}}
```

4.2.4 动态规划

例4.30 设某工厂有1000台机器,生产两种产品A、B,若投入 y 台机器生产A产品,则纯收入为 $5y$,若投入 y 台机器生产B种产品,则纯收入为 $4y$,又知:生产A种产品机器的年折损率为 20%，生产 B 产品机器的年折损率为 10%，问在 5 年内如何安排各年度的生产计划，才能使总收入最高？

该决策问题可分为 5 个阶段$(k=1,2,3,4,5)$.

第 k 个阶段：第 k 年初到第 $k+1$ 年初；

s_k：第 k 年初完好机器数（即问题中的状态变量）；

x_k：第 k 年安排生产 A 种产品的机器数（即问题中的决策变量，它是对 s_k 的一种决策）；

$s_k - x_k$：第 k 年安排生产 B 种产品的机器数，且 $0 \leqslant x_k \leqslant s_k$.

第 $k+1$ 年初完好的机器数 = (1 - 生产 A 产品的机器折旧率(20%)) × 第 k 年安排生产 A 产品的机器数 + (1 - 生产 B 产品的机器折旧率(10%)) × 第 k 年安排生产 B 产品的机器数. 即状态方程为

$$s_{k+1} = (1-0.2)x_k + (1-0.1)(s_k - x_k) = 0.9 s_k - 0.1 x_k$$

$L(s_k, x_k)$：第 k 年的纯收入；

$v_k(s_k)$：第 k 年初往后各年的最大利润之和.

则 $v_k(s_k)$ 便是本问题的最优性能指标值，即是衡量生产方案优劣的一个标准. 特别地，使 $v_1(s_1)$ 最优的方案便是本问题所求的最佳方案（最优策略）.

显然 $v_6(s_6) = 0$ 且 $v_k(s_k) = \max\limits_{0 \leqslant u_k \leqslant x_k} \{ L(s_k, x_k) + v_{k+1}(s_{k+1}) \} = \max\limits_{0 \leqslant u_k \leqslant x_k} \{ 5x_k + 4(s_k - x_k) + v_{k+1}(s_{k+1}) \}$，其中 $\hat{s}_{k+1}$ 是使 v_{k+1} 取得最大时的状态，即 $\hat{s}_{k+1} = 0.9 s_k - 0.1 x_k$.

用 Mathematica 进行求解：

```
S=Table[s[i],{i,5}];
X=Table[x[i],{i,5}];
V=Table[v[i],{i,5}];
V[6]=0;
f[x_,y_,z_]:=5*y+4(x-y)+z;
g[x_,y_]:=0.9*x-0.1y;
k=5;
While[k>1,xh=f[s[k],x[k],v[k+1]]/.v[k+1]->g[s[k],x[k]];
If[D[xh,x[k]]>0,x[k]=s[k];
v[k]=xh/.x[k]->s[k],
x[k]=0;v[k]=xh/.x[k]->0;];k--;];
s[1]=1000;
i=2;
While[i<=5,s[i]=N[0.9s[i-1]-0.1x[i-1]];i++;];
Print["S=",S]
Print["X=",X]
Print["S-X=",S-X]
Print["MAXPRICE=",V[[1]]]]
```

在 Mathematica 的 Notebook 中输入完上述程序后，按下 Shift + Enter 键，运行结果为

```
S={1000,900.,810.,648.,518.4}
X={0,0,810.,648.,518.4}
S-X={1000,900.,0.,0.,0.}
MAXPRICE=17482
```

所以各年应安排生产两种产品的机器数见表 4 - 10.

表 4-10   各年应安排生产两种产品的机器数

项目 ＼ 年度	1	2	3	4	5
生产 A 产品的机器数/台	0	0	810	648	518.4
生产 B 产品的机器数/台	1000	9000	0	0	0
从当年开始往后各年的利润总和/元	17482				0

注:518.4 台中的 0.4 应理解为有一台机器只能使用 0.4 年就将报废

习题 4-2

1. 求函数 $y = \dfrac{3x^2 + 4x - 4}{x^2 + x + 1}$ 的极值.

2. 求函数 $y = x\cos x$ 在 $[0,5]$ 内的极大值、极小值和最大值、最小值.

3. 求函数 $f(x,y) = \mathrm{e}^{2x}(x + y^2 + 2y)$ 的极值.

4. 求函数 $f(x,y,z) = xyz$ 在附加条件 $2xy + 2xz + 2yz = 1$ 下的极大值.

5. 求解线性规划问题

$$\min z = 160x_{11} + 130x_{12} + 220x_{13} + 170x_{14} + 140x_{21} +$$
$$130x_{22} + 190x_{23} + 150x_{24} + 190x_{31} + 200x_{32} + 230x_{33}$$

$$\text{s. t.} \quad
\begin{aligned}
& x_{11} + x_{12} + x_{13} + x_{14} = 50 \\
& x_{21} + x_{22} + x_{23} + x_{24} = 60 \\
& x_{31} + x_{32} + x_{33} = 50 \\
& 30 \leqslant x_{11} + x_{21} + x_{31} \leqslant 80 \\
& 70 \leqslant x_{12} + x_{22} + x_{32} \leqslant 140 \\
& 10 \leqslant x_{13} + x_{23} + x_{33} \leqslant 30 \\
& 10 \leqslant x_{14} + x_{24} \leqslant 50
\end{aligned}$$

6. 求解整数规划问题

$$\max z = 4x_1 + 2x_2 + 3x_3$$

$$\text{s. t.} \quad
\begin{aligned}
& 7x_1 + 3x_2 + 6x_3 \leqslant 15000 \\
& 4x_1 + 4x_2 + 5x_3 \leqslant 20000 \\
& x_1, x_2, x_3 \text{ 为非负整数}
\end{aligned}$$

7. 求解非线性规划问题

$$\min z = -x_1 - 2x_2 + 0.5x_1^2 + 0.5x_2^2$$

$$\text{s. t.} \quad
\begin{aligned}
& 2x_1 + 3x_2 \leqslant 6 \\
& x_1 + 4x_2 \leqslant 5 \\
& x_1 \geqslant 0, x_2 \geqslant 0
\end{aligned}$$

总习题4

1. 已知数据见表 4-11.

表 4-11 离散数据

x	0.50	0.87	1.20	1.60	1.90	2.20	2.50	2.80	3.60	4.00
y	0.90	1.20	1.40	1.50	1.70	2.00	2.05	2.35	3.00	3.50

试构造线性函数拟合这组数据.

2. 观测物体降落的距离 s 与时间 t 的关系,得到数据见表 4-12,求 s.

表 4-12 物体降落的距离 s 与时间 t 的关系

t/s	1/30	2/30	3/30	4/30	5/30	6/30	7/30
s/cm	11.86	15.67	20.60	26.69	33.71	41.93	51.13
t/s	8/30	9/30	10/30	11/30	12/30	13/30	14/30
s/cm	61.49	72.90	85.44	99.08	113.77	129.54	146.48

3. 根据表 4-13 所给出的离散数据生成插值函数及其图形.

表 4-13 离散数据

x_i	2.36	2.48	2.56	2.80	2.89	3.23
y_i	15.09	16.04	17.88	18.28	19.25	21.22

4. 已知原始数据为 $x_i = (0.0, 0.5, 1.1, 1.7, 2.4, 3.0)$, $y_i = (0.0000, 0.5104, 0.2691, -0.0467, -0.0904, -0.0139)$,试求整区间 $(0.0, 3.0)$ 上的插值多项式函数 $P_5(x)$,并求当 $x = 0.7$ 与 $x = 2.0$ 时 y 的值.

5. 求方程 $x^5 - 2x + 1 = 0$ 全部近似实数解,保留 15 位.

6. 求方程 $y''' + y'' = \sqrt{y}$ 在区间 $[0,10]$ 上满足条件 $y(0) = 0, y'(0) = 0.5, y''(0) = 1$ 的特解.

7. 求函数 $y = x^4 - 8x^2 + 2$ 在区间 $[-1,3]$ 上的最大值和最小值.

8. 求函数 $f(x,y) = x^3 - y^3 + 3x^2 + 3y^2 - 9x$ 的极值.

9. 求函数 $f(x,y) = -(x^2 + y^2)$ 的极值.

10. 求函数 $f(x,y) = xy$ 在附加条件 $x + y = 1$ 下的极大值.

11. 求解线性规划问题

$$\min \ z = 13x_1 + 9x_2 + 10x_3 + 11x_4 + 12x_5 + 8x_6$$

$$\text{s.t.} \begin{cases} x_1 + x_4 = 400 \\ x_2 + x_5 = 600 \\ x_3 + x_6 = 500 \\ 0.4x_1 + 1.1x_2 + x_3 \leqslant 800 \\ 0.5x_4 + 1.2x_5 + 1.3x_6 \leqslant 900 \\ x_i \geqslant 0, i = 1, 2, \cdots, 6 \end{cases}$$

12. 求解整数规划问题

$$\max \quad z = 24x_1 + 16x_2 + 44x_3 + 32x_4 - 3x_5 - 3x_6$$

$$\text{s. t.} \quad \begin{cases} 4x_1 + 3x_2 + 4x_5 + 3x_6 \leqslant 600 \\ 4x_1 + 2x_2 + 6x_5 + 4x_6 \leqslant 480 \\ x_1 + x_5 \leqslant 100 \\ x_3 = 0.8x_5 \\ x_4 = 0.75x_6 \\ x_1, \cdots, x_6 \text{ 为非负整数} \end{cases}$$

第 4 章习题答案

习题 4 - 1

1. In[1]: = data = {{ - 1.00,0.22}, { - 0.50,0.80}, {0,2.0}, {0.25,2.5}, {0.75,3.8}, {1.00,4.2}};

　　f = Fit[data, {1,x}, x]

Out[1] = 2.07897 + 2.09235x

In[2]: = pd = ListPlot[data, DisplayFunction→Identity];

　　fd = Plot[f, {x, - 1.00,1.00}, DisplayFunction→Identity];

　　Show[pd,fd,DisplayFunction→$ DisplayFunction]

Out[2] = 输出的图形如图 4 - 15 所示

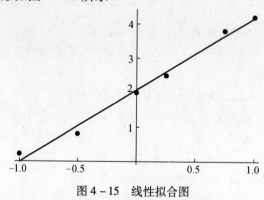

图 4 - 15　线性拟合图

2. In[1]: = data = {{143,88}, {145,85}, {146,88}, {147,91}, {149,92}, {150,93}, {153,93}, {154,95},

　　{155,96}, {156,98}, {157,97}, {158,96}, {159,98}, {160,99}, {162,100}, {164,102}};

Fit[data, {1,x,x^2}, x]

Out[1] = - 151.233 + 2.48622 x - 0.00576491 x^2

In[2]: = pd = ListPlot[data, DisplayFunction - > Identity];

fd = Plot[- 151.23321675061734 + 2.486223017348937 x - 0.005764911185642772 x^2,

{x,140,165}, DisplayFunction - > Identity];

Show[pd,fd,DisplayFunction − > $ DisplayFunction]

Out[2] = 输出的图形如图 4 − 16 所示

3. In[1]: = data = {5,8,9,15,25,29,31,30,22,25,27,24}

f[x_] = InterpolatingPolynomial[data,x];

Expand[%]

Show[Plot[% ,{x,1,8}],ListPlot[{5,8,9,15,25,29,31,30,22,25,27,24}]]

f[6.5]

f[7.1]

Out[1] = 283 − (322541 x)/ 440 + (37150969 x^2)/ 50400 − (27260353 x^3)/ 75600 + (30367093 x^4)/ 362880 − (32033 x^5)/ 13440 − (634681 x^6)/ 172800 + (58061 x^7)/ 57600 − (8023 x^8)/ 60480 + (593 x^9)/ 60480 − (1417 x^{10})/ 3628800 + (29 x^{11})/ 4435200

Out[1] = 输出的图形如图 4 − 17 所示

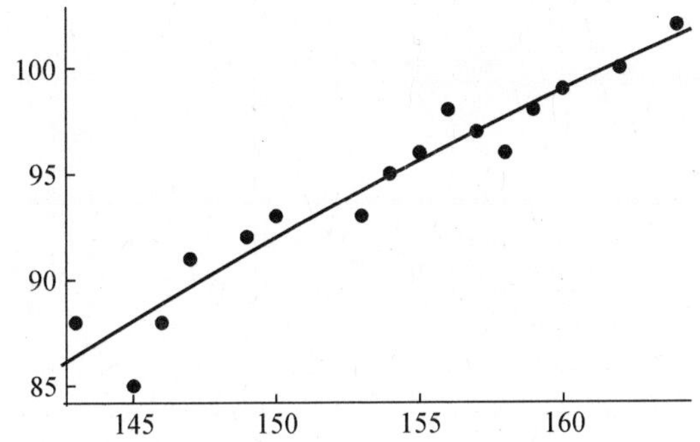

图 4 − 16　二次函数拟合图

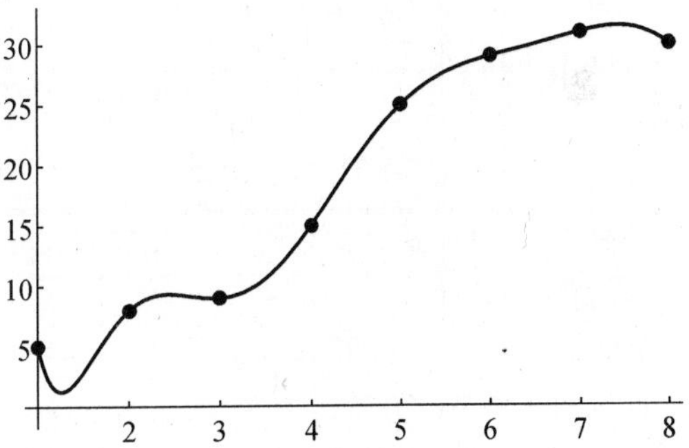

图 4 − 17　插值图像和散点图

Out[2] = 29.9571

Out[3] = 31.1756

4. In[1]: = NIntegrate[x^ Sin[x],{x,1,2}]

Out[1] = 1.4797.

5. $x = 1$ 是瑕点

In[1]: = NIntegrate[1/ (1 − x)^2,{x,0,1,2}]

Out[1] = 4.

6. In[1]: = NIntegrate[1/ (1 + x^2),{x, − 1,Sqrt[3]}]

NIntegrate[1/ (1 + x^2),{x, − 1,Sqrt[3]},WorkingPrecision − >10,AccuracyGoal − >10]

Out[1] = 1.8326

Out[2] = 1.832595701.

7. Ln[1]: = Product[2n/ (2n − 1),{n,1,10}]

NProduct[2n/ (2n − 1),{n,1,10}]

Out[1] = 262144/ 46189

Out[2] = 5.67546

8. Ln[1]: = NSolve[{3x^2 + y^3 = = 1,4x + 3y = = 4},{x,y},Reals]

Out[1] = {{x − > 3.44308,y − > − 3.25744},{x − > 0.376114,y − > 0.831848},{x − > 0.446432,y − > 0.738091}}.

9. In[1]: = s2 = NDSolve[{y″[x] + y[x] + Sin[2x] = = 0,y[Pi] = = 1,y′[Pi] = = 1},y, {x,0,Pi}]

Out[1] = { {y→InterpolatingFunction[{{0. ,Pi. }}, < >]}}

In[2]: = Plot[Evaluate[y[x]/. s2], {x,0,Pi}]

Out[2] = 输出的图像如图 4 − 18 所示

10. In[1]: = s3 = NDSolve[{x′[t] = = y[t],y′[t] = = − 0.01x[t] − Sin[x[t]],x[0] = = 0,

y[0] = = 2.1}, {x,y}, {t,0,100}]

Out[1] = { {x→InterpolatingFunction[{{0. ,100. }}, < >],

y→InterpolatingFunction[{{0. ,100. }}, < >]}}

In[2]: = x = x/. s3[[1,1]]

y = y/. s3[[1,2]]

Out[2] = InterpolatingFunction[{{0. ,100. }}, < >]

InterpolatingFunction[{{0. ,100. }}, < >]

习题 4 −2

1. In[1]: = f[x_] = (3x^2 +4x −4)/ (x^2 +x +1);

FindMinimum[f[x],x]

FindMaximum[f[x],x]

Out[1] = { − 7. 03322, {x − > − 0. 549834}}

Out[1] = {3. 03322, {x − >14. 5498}}

In[1]: = Plot[f[x], {x, − 5,10}]

Out[1] = 输出的图像如图 4 − 19 所示

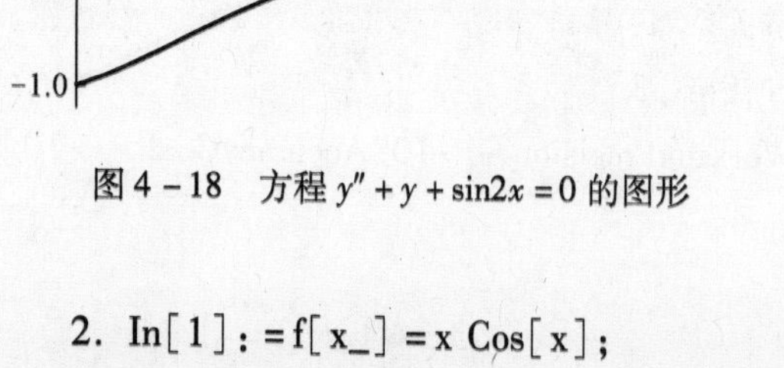

图 4 − 18   方程 $y″ + y + \sin 2x = 0$ 的图形

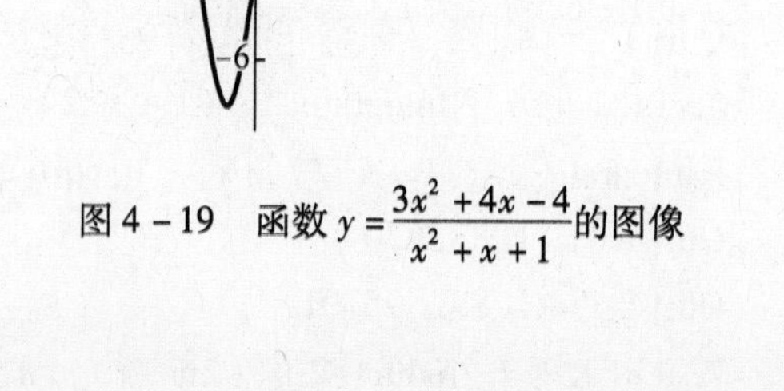

图 4 − 19   函数 $y = \dfrac{3x^2 + 4x - 4}{x^2 + x + 1}$ 的图像

2. In[1]: = f[x_] = x Cos[x];

Plot[f[x], {x,0,5}]

Out[1] = 输出的图像如图 4 − 20 所示

从图像中可以看出在 $x = 1$ 附近有一个极大值,在 $x = 3$ 附近有一个极小值.

In[2]: = FindMaximum[f[x], {x,0.5}]

FindMinimum[f[x], {x,3.5}]

N[f[5]]

172

$N[f[0]]$

$Out[2] = \{0.561096, \{x->0.860334\}\}$

$Out[3] = \{-3.28837, \{x->3.42562\}\}$

$Out[4] = 1.41831$

$Out[5] = 0$

在$[0,5]$该函数在$x=0.860334$处取得极大值$f(0.860334)=0.561096$,在$x=3.42562$处取得极小值和最小值$f(3.42562)=-3.28838$,在$x=5$处取得最大值$f(5)=1.41831$.

3. $In[1]:= f[x\_,y\_] = Exp[2x] * (x+y\^2+2y);$

$Plot3D[f[x,y], \{x,-1,1\}, \{y,-1,1\}]$

$Out[1] =$ 输出的图像如图4-21所示

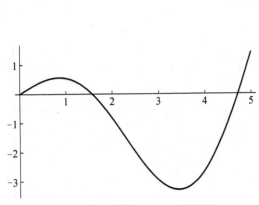

图4-20 函数$y=x\cos x$的图像

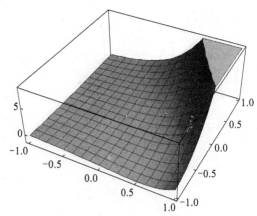

图4-21 函数$e^{2x}(x+y^2+2y)$的图像

$In[2]:= FindMinimum[f[x,y], \{x,y\}]$

$Out[2] = \{-1.35914, \{x->0.5, y->-1.\}\}$

4. $In[1]:= f[x\_,y\_,z\_]:= x*y*z$

$c[x\_,y\_,z\_]:= 2*(x*y+y*z+z*x)-1$

$FindMaximum[\{f[x,y,z], c[x,y,z]==0\}, \{x,1\}, \{y,1\}, \{z,1\}]$

$Out[1] = \{0.0680418, \{x->0.408249, y->0.408249, z->0.408249\}\}$

5. $In[1]:= Minimize[\{160x11+130x12+220x13+170x14+140x21+130x22+190x23+150x24+190x31+200x32+230x33,$

$x11+x12+x13+x14==50,$

$x21+x22+x23+x24==60,$

$x31+x32+x33==50,$

$x11+x21+x31<=80,$

$x11+x21+x31>=30,$

$x12+x22+x32<=140,$

$x12+x22+x32>=70,$

$x13+x23+x33<=30,$

$x13+x23+x33>=10,$

$x14+x24<=50,$

173

x14 + x24 > = 10,

x11 > = 0,x12 > = 0,x13 > = 0,x14 > = 0,x21 > = 0,x22 > = 0,x23 > = 0,x24 > = 0,
x31 > = 0,x32 > = 0,x33 > = 0},

{x11,x12,x13,x14,x21,x22,x23,x24,x31,x32,x33}]

Out[1] = {24400,{x11→0,x12→50,x13→0,x14→0,x21→0,x22→50,x23→0,x24→10,
x31→40,x32→0,x33→10}}

6. In[1]: = Maximize[{4x1 + 2x2 + 3x3,

7x1 + 3x2 + 6x3 < = 15000,

4x1 + 4x2 + 5x3 < = 20000,

x1 > = 0,x2 > = 0,x3 > = 0,

Element[{x1,x2,x3},Integers]},

{x1,x2,x3}}]

Out[1] = {10000,{x1 - >0,x2 - >5000,x3 - >0}}

7. In[1]: = Minimize[{ - x1 - 2x2 + 0.5x1^ 2 + 0.5x2^ 2,

2x1 + 3x2 < = 6&&x1 + 4x2 < = 5&&0 < = x1&&0 < = x2},{x1,x2}]

Out[1] = { - 2.02941,{x1 - >0.764706,x2 - >1.05882}}.

总习题4

1. In[1]: = data = {{0.50,0.90},{0.87,1.20},{1.20,1.40},{1.60,1.50},{1.90,
1.70},{2.20,2.00},{2.50,2.05},{2.80,2.35},{3.60,3.00},{4,3.5}};

f = Fit[data,{1,x},x]

Out[1] = 0.472161 +0.702805 x

In[2]: = pd = ListPlot[data,DisplayFunction - > Identity];

fd = Plot[f,{x,0,4},DisplayFunction - > Identity];

Show[pd,fd,DisplayFunction - > $ DisplayFunction]

Out[2] =输出散点图和回归直线如图4 -22 所示

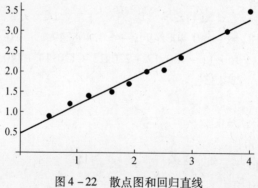

图4 -22　散点图和回归直线

2. In[1]: = data = data = {{1/30,11.86},{2/30,15.67},{3/30,20.60},{4/30,
26.69},{5/30,33.71},{6/30,41.93},{7/30,51.13},

{8/30,61.49},{9/30,72.90},{10/30,85.44},{11/30,99.08},{12/30,113.77},
{13/30,129.54},{14/30,146.48}};

f = Fit[data, {1, x, x^2}, x]

Out[1] = $9.13291 + 65.8896\,x + 489.295\,x^2$

pd = ListPlot[data, DisplayFunction -> Identity];

fd = Plot[f, {x, 1/30, 14/30}, DisplayFunction -> Identity];

Show[pd, fd, DisplayFunction -> $DisplayFunction]

Out[2] = 输出散点图和回归曲线如图 4-23 所示

3. In[1]: = data = {{2.36, 15.09}, {2.48, 16.04}, {2.56, 17.88}, {2.8, 18.28}, {2.89, 19.25}, {3.23, 21.22}};

f = Interpolation[data]

Out[1] = InterpolatingFunction[Domain: {{2.36, 3.23}} Output: scalar]

In[2]: = pd = ListPlot[data, DisplayFunction -> Identity];

fd = Plot[f[x], {x, 2, 4}, DisplayFunction -> Identity];

Show[pd, fd, DisplayFunction -> $DisplayFunction]

Out[2] = 输出散点图和插值函数曲线如图 4-24 所示.

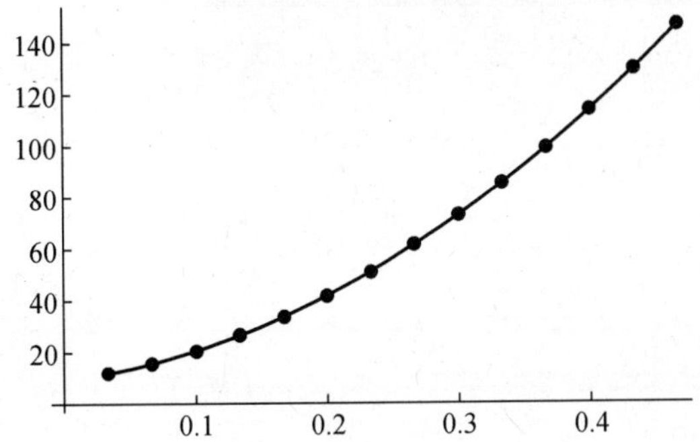

图 4-23　散点图和回归二次曲线

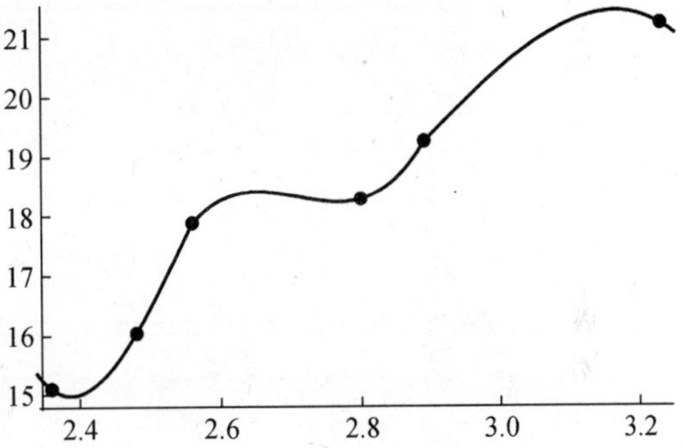

图 4-24　散点图和插值函数曲线

4. In[1]: = data = {{0.0, 0.0000}, {0.5, 0.5104}, {1.1, 0.2691}, {1.7, -0.0467}, {2.4, -0.0904},

{3.0, -0.0139}};

f[x_] = InterpolatingPolynomial[data, x];

Expand[%]

f[0.7]

f[2.0]

Show[Plot[f[x], {x, 0, 3}], ListPlot[{{0.0, 0.0000}, {0.5, 0.5104}, {1.1, 0.2691}, {1.7, -0.0467},

{2.4, -0.0904}, {3.0, -0.0139}}]]

Out[1] = $0. + 2.26801\,x - 3.18233\,x^2 + 1.51409\,x^3 - 0.284751\,x^4 + 0.016491\,x^5$

Out[2] = 0.481999

Out[3] = -0.108858

Out[4] = 输出散点图和插值多项式曲线如图 4-25 所示

5. In[1]: = NSolve[x^5 - 2x + 1 = =0,x,Reals,15]

Out[1] = {{x - > - 1.29064880134671}, {x - > 0.518790063675884}, {x - > 1.00000000000000}}.

6. In[1]: = s2 = NDSolve[{y'''[x] + y''[x] - Sqrt[y[x]] = =0,

y[0] = =0,y'[0] = =0.5,y''[0] = =1},y,{x,0,10}]

Out[1] = {{y - > InterpolatingFunction[]

In[2]: = Plot[Evaluate[y[x]/.s2],{x,0,10}]

Out[2] = 输出的图像如图 4 - 26 所示

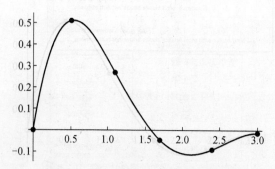

图 4 - 25　散点图和插值多项式曲线

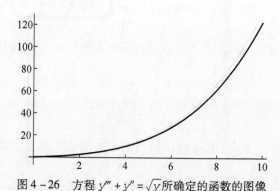

图 4 - 26　方程 $y''' + y'' = \sqrt{y}$ 所确定的函数的图像

7. In[1]: = f[x_] = x^4 - 8x^2 + 2;

Solve[f'[x] = =0]

Out[1] = {{x - > - 2}, {x - > 0}, {x - > 2}}

In[2]: = f[- 1]

f[0]

f[2]

f[3]

Out[2] = - 5

Out[3] = 2

Out[4] = - 14

Out[5] = 11.

8. In[1]: = f[x_,y_]: = x^3 - y^3 + 3x^2 + 3y^2 - 9x;

fx = D[f[x,y],x];

fy = D[f[x,y],y];

Zhudian = Solve[{fx = =0,fy = =0}]

Out[1] = {{x - > - 3,y - >0}, {x - >1,y - >0}, {x - > - 3,y - >2}, {x - >1,y - >2}}

In[2]: = fxx = D[f[x,y],x,x];

fyy = D[f[x,y],y,y];

fxy = D[f[x,y],x,y];

delta = fxx fyy - fxy^2

Out[2] = (6 + 6 x) (6 - 6 y)

176

```
In[3]:={delta,fxx,f[x,y]}/.{x->-3,y->0}
{delta,fxx,f[x,y]}/.{x->-3,y->2}
{delta,fxx,f[x,y]}/.{x->1,y->0}
{delta,fxx,f[x,y]}/.{x->1,y->2}
Out[3]={-72,-12,27}
Out[4]={72,-12,31}
Out[5]={72,12,-5}
Out[6]={-72,12,-1}
```

由极值判别的充分条件得到:极大值为 $f(-3,2)=31$,极小值为 $f(1,0)=-5$.

```
9. In[1]:=f[x_,y_]=-(x^2+y^2);
Plot3D[f[x,y],{x,-5,5},{y,0,3}]
Out[1]=输出的图像如图4-27所示
```

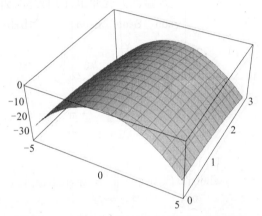

图 4-27   函数 $f(x,y)=-(x^2+y^2)$ 的图像

```
In[2]:=FindMaximum[f[x,y],{x,y}]
Out[2]={0.,{x->0.,y->0.}}
10. In[1]:=f[x_,y_]:=x*y
c[x_,y_]:=x+y-1
FindMaximum[{f[x,y],c[x,y]==0},{x,1},{y,1}]
Out[1]={0.25,{x->0.5,y->0.5}}
11. In[1]:=Minimize[{13x1+9x2+10x3+11x4+12x5+8x6,
x1+x4==400,
x2+x5==600,
x3+x6==500,
0.4x1+1.1x2+x3<=800,
0.5x4+1.2x5+1.3x6<=900,
x1>=0,x2>=0,x3>=0,x4>=0,x5>=0,x6>=0,},{x1,x2,x3,x4,x5,x6}]
Out[1]={13800.,{x1->0.,x2->600.,x3->0.,x4->400.,x5->
0.,x6->500.}}
```

12. In[1]: = Maximize[{24x1 + 16x2 + 44x3 + 32x4 - 3x5 - 3x6,
    4x1 + 3x2 + 4x5 + 3x6 < = 600,
    4x1 + 2x2 + 6x5 + 4x6 < = 480,
    x1 + x5 < = 100,
    x3 - 0.8x5 = = 0,
    x4 - 0.75x6 = = 0,
    x1 > = 0, x2 > = 0, x3 > = 0, x4 > = 0, x5 > = 0, x6 > = 0,
    Element[{x1, x2, x3, x4, x5, x6}, Integers]},
   {x1, x2, x3, x4, x5, x6}]
Out[1] = {3448., {x1 - >4, x2 - >164, x3 - >16, x4 - >3, x5 - >20, x6 - >4}}.

第 5 章
Mathematica 高等数学学习基础

本章概要

- 极限的运算
- 导数的运算
- 导数的应用
- 积分的运算
- 积分的应用
- 空间解析几何
- 级数的运算

5.1　极限的运算

高等数学中包含了极限、导数、积分、空间解析几何、级数等大量的基本概念和计算. 将 Mathematica 应用于高等数学中,不仅能解决的复杂的计算问题,也可以使学生对数学的基本概念有更直观、更深刻的了解,加深对高等数学基本概念基本理论的理解,激发学生学习高等数学的兴趣和热情,同时也能够提高学生应用高等数学解决实际问题的能力.

 5.1.1　数列的极限

◆ 极限的函数命令:

$$Limit$$

◆5 求数列极限的函数命令:

$$Limit[f[n],n→Infinity].$$

例 5.1　求极限 $\lim\limits_{n\to\infty}\left(1+\dfrac{1}{n}\right)^{n}$.

In[1]:= f[n_]:=(1+1/n)^n;
Limit[f[n],n→Infinity]
Out[1]= e

例 5.2　设 $x_{1}=\sqrt{2}$, $x_{n+1}=\sqrt{2+x_{n}}$,求 $\lim\limits_{n\to\infty}x_{n}$.

In[1]:= f[1]=N[Sqrt[2],20];
　　　 f[n_]:=N[Sqrt[2+f[n-1]],20];
　　　 f[20]
Out[1]= 1.9999999999777559118

作图观察数列的极限：

```
In[2]:= f[1] = Sqrt[2];
f[n_]:= Sqrt[2 + f[n-1]];
xn = Table[f[n], {n,1,20}];
ListPlot[xn, PlotStyle→{Red, PointSize[Large]}, Filling→Axis]
```

输出的图像如图 5-1 所示.

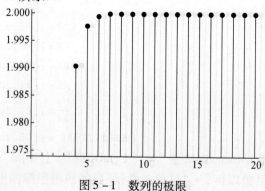

图 5-1　数列的极限

列表观察数列的极限：

```
In[3]:= f[1] = N[Sqrt[2],20];
f[n_]:= N[Sqrt[2 + f[n-1]],20];
Do[Print[n," ",f[n]], {n,20}]
Out[3]=
```

1　　1.4142135623730950488
2　　1.8477590650225735123
3　　1.9615705608064608983
4　　1.9903694533443937725
5　　1.9975909124103447854
6　　1.9993976373924084402
7　　1.9998494036782890818
8　　1.9999623505552022853
9　　1.9999905876191523430
10　1.9999976469034038199
11　1.9999994117257644383
12　1.9999998529314357023
13　1.9999999632328585876
14　1.9999999908082146258
15　1.9999999977020536551
16　1.9999999994255134137
17　1.9999999998563783534
18　1.9999999999640945884
19　1.9999999999910236471
20　1.9999999999977559118

故 $\lim\limits_{n\to\infty} x_n = 2$.

例 5.3   求极限 $\lim\limits_{n \to \infty} \dfrac{(n+1)(2n+1)(3n+1)}{n^3}$.

```
In[1]:= f[n_]:=(n+1)(2n+1)(3n+1)/n^3;
        Limit[f[n],n→Infinity]
Out[2]=6.
```

5.1.2 一元函数的极限

1. 自变量趋于有限值时函数的极限

◆ 函数命令格式 :

$$\mathrm{Limit}[\,f(\,x\,)\,,x \to x_0\,]$$

例 5.4   求极限 $\lim\limits_{x \to 0} \dfrac{\tan x}{x}$.

```
In[1]: Limit[Tan[x]/x,x→0]
Out[1]=1
```

例 5.5   求极限 $\lim\limits_{x \to 0} \dfrac{|\sin x|}{x}$.

```
In[1]: = Limit[Abs[Sin[x]]/x],x->0]
Out[1] = 1
In[2]:= Limit[Abs[Sin[x]]/x,x→0,Direction→1]
Out[2] = -1
In[3]:= Limit[Abs[Sin[x]]/x,x→0,Direction→-1]
Out[3] =1
```

其中 In[2] 和 In[3] 是求单侧极限,第三个参数 Direction→1 表示沿坐标轴正方向趋向于 x_0,也就是左极限;Direction→ -1 表示沿坐标轴负方向趋向于 x_0,也就是右极限. Limit 的默认值为 Direction→Automatic,它的值为 Direction→ -1.因此对于不连续函数,如果没有给出 Direction 选项,Mathematica 给出的极限值可能不正确.

该题由于左右极限不同,所以该题极限不存在.

例 5.6   已知函数 $f(x) = \begin{cases} x^2, & x \leq 1 \\ 2-x, & x > 1 \end{cases}$,求极限 $\lim\limits_{x \to 1} f(x)$.

```
In[1]:=Limit[If[x<=1,x^2,x>1,2-x],x→0,Direction→1]
Out[1]=1.
In[2]:=Limit[If[x<=1,x^2,x>1,2-x],x→0,Direction→-1]
Out[2]=1.
```

故 $\lim\limits_{x \to 1} f(x) = 1.$

例 5.7   求极限 $\lim\limits_{x \to 0} \cos \dfrac{1}{x}$.

```
In[1]:=Limit[Cos[1/x],x→0]
Out[1]=Interval[{-1,1}]
```

当 $x \to x_0$ 时,函数要来回振动无穷次,Mathematica 返回的极限为区间对象 Interval[{min, max}],表示值的范围介于 min 与 max 之间.

实际上,该题极限不存在.

例 5.8 求极限 $\lim\limits_{x \to 0} x^2 \cos \dfrac{1}{x}$.

```
In[1]: = Limit[x^2 * Cos[1/x],x→0]
Out[1] = 0.
```

2. 自变量趋于无穷大时函数的极限

◆ 函数命令格式：

```
Limit[ f(x),x→Infinity]
```

例 5.9 求极限 $\lim\limits_{x \to \infty} \left(1 - \dfrac{1}{x}\right)^x$.

```
In[1]: = Limit[(1 -1/x)^x,x→Infinity]
Out[1] =1/e.
```

例 5.10 求极限 $\lim\limits_{x \to \infty} \dfrac{3x^3 + 4x^2 + 2}{7x^3 + 5x^2 - 3}$.

```
In[1]: = Limit[ (3x^3 +4x^2 +2)/(7x^3 +5x^2 +3),x - > +Infinity]
Out[1] =3/7.
```

习题 5 – 1

1. 求极限 $\lim\limits_{n \to \infty} \left(1 + \dfrac{1}{3n}\right)^n$.

2. 设 $x_1 = \sqrt{6}$, $x_{n+1} = \sqrt{6 + x_n}$, 求 $\lim\limits_{n \to \infty} x_n$.

3. 求极限 $\lim\limits_{n \to \infty} \dfrac{(n+1)(n+2)(n+3)}{5n^3}$.

4. 求极限 $\lim\limits_{x \to 0} \dfrac{\sin x}{x}$.

5. 求极限 $\lim\limits_{x \to 1} \dfrac{1}{1-x}$.

6. 求极限 $\lim\limits_{x \to 0} \sin \dfrac{1}{x}$.

7. 求极限 $\lim\limits_{x \to +\infty} x(\sqrt{x^2 + 1} - x)$.

8. 求极限 $\lim\limits_{x \to \infty} \dfrac{3x^2 - 2x - 1}{2x^3 - x^2 + 5}$.

5.2 导数的运算

5.2.1 一元函数导数

1. 用定义求导数

例 5.11 利用定义求函数 $f(x) = 2x^n (n \in \mathbf{N}^+)$ 在 $x = a$ 处的导数.

```
In[1]: = f[x_]: =2x^n;
Direvative =Limit[(f[x] – f[a])/(x – a),x – >a]
Out[1] =2a^{-1+n}n.
```

2. 单侧导数

例 5.12　设 $f(x) = |x|$,求左导数 $f(0^-)$ 和右导数 $f(0^+)$ 及其在 $x=0$ 处的导数.

```
In[1]: = f[x_]: =Which[x<0, –x,x> =0,x];
        Left_Direvative =Limit[(f[x] – f[0])/x,x – >0,Direction – >1]
        Right_Direvative =Limit[(f[x] – f[0])/x,x – >0,Direction – > –1]
Out[1] = –1
Out[2] = 1
```

$f(x) = |x|$ 在 $x=0$ 处左导数 $f(0^-) = -1$ 和右导数 $f(0^+) =1$ 虽然都存在,但不相等,故 $f(x) = |x|$ 在 $x=0$ 导数不存在.

3. 显函数的导数

◆ 求一元显函数导数的 Mathematica 函数:

$$D[f,x]$$

即求函数 f 对自变量 x 的导数.

$D[f[x],\{x,n\}]/.x \to a$ 返回函数 f 相应于变量 x 在 $x=a$ 处的 n 阶导数值.

例 5.13　设 $f(x) = x^n + x^{n-1} + x^2 + x +1$,求 $f'(x)$, $f^{(4)}(1)$.

```
In[1]: = f[x_]: =x^n +x^(n –1) +x^2 +x +1;
D[f[x],x]
Out[1] =1 +2x +( –1 +n)x^{-2+n} +nx^{-1+n}
In[2]: = f[x_]: =x^n +x^(n –1) +x^2 +x +1;D[f[x],{x,4}]/.x – >1
Out[2] = ( –4 + n) ( –3 + n) ( –2 + n) ( –1 + n) + ( –3 + n) ( –2 + n) ( –1 + n) n
```

4. 复合函数的导数

例 5.14　求复合函数 $y = \ln\sin x$ 的导数.

```
In[1]: = f[x_]: =Log[Sin[x]];
D[f[x],x]
Out[1] =Cot[x].
```

Mathematica 求导的优点还在于能求抽象的复合函数的导数.

例 5.15　求抽象函数 $y = \sin[f(x^2)]$ 的导数.

```
In[1]: = D[Sin[f[x^2 +x]],x]
Out[1] = 2 x Cos[f[x2]] f'[x^2]
```

5. 隐函数的导数

例 5.16　求由方程 $y^5 +2y -x -3x^7 =0$ 所确定的隐函数的导数 $\dfrac{dy}{dx}$.

```
In[1]: = F[x_,y_]: =y^5 +2y – x –3x^7;
D[F[x,y[x]] = =0,x]
Solve[% ,y'[x]]
Out[1] = –1 –21 x^6 +2y'[x] +5 y[x]^4 y'[x] = =0
Out[2] ={{y'[x] – >(1 +21 x6)/(2 +5 y[x]^4)}}.
```

6. 参数方程的导数

例 5.17 设 $x = a(t - \sin t)$，$y = b(1 - \cos t)$，求一阶和二阶导数.

```
In[1]:=x[t_]:=a*(t-Sin[t]);
       y[t_]:=a*Cos[t];
       Dx:=D[x[t],t];
       Dy:=D[y[t],t];
       Yijie=Dy/Dx
       Y[t_]:=Dy/Dx;
       Erjie=D[Y[t],t]/D[x[t],t]
Out[1]=Sin[t]/1-Cot[t]
Out[2]= -1/a(-1+Cos[t])².
```

7. 函数的微分

例 5.18 求函数 $y = x^2$ 在 $x = 1$ 处的微分.

```
In[1]:=f[x_]:=x^2;
       dz==D[f[x],x] dx
       dz==D[f[x],x] dx/.{x→1}
Out[1]= dz==2dx x
Out[2]= dz==2dx.
```

5.2.2 多元函数导数

1. 偏导数

例 5.19 设 $z = x^2 + xy + y^2$，求偏导数 $f_x(x,y)$，$f_y(x,y)$，$f_x(1,2)$，$f_{xx}(x,y)$，$f_{xy}(x,y)$，$f_{yx}(x,y)$，$f_{yy}(x,y)$，$f_{xy}(1,2)$.

```
In[1]:=f[x_,y_]:=x^2+x×y+y^2;
D[f[x,y],x]
D[f[x,y],y]
D[f[x,y],x]/.{x→1,y→2}
D[f[x,y],x,x]
D[f[x,y],x,y]
D[f[x,y],y,x]
D[f[x,y],y,y]
D[f[x,y],x,y]/.{x→1,y→2}
Out[1]= 2x+y;
Out[2]= x+2y;
Out[3]= 4;
Out[4]=2;
Out[5]= 1;
Out[6]=1;
Out[7]= 2;
Out[8]=1.
```

2. 全微分

例 5.20 计算 $\mu = x + \sin\dfrac{y}{2} + \mathrm{e}^{yz}$ 的全微分.

```
In[1]: = f[x_,y_,z_]: = x + Sin[y/2] + Exp[y*z];
       du = = D[f[x,y,z],x] dx + D[f[x,y,z],y]dy + D[f[x,y,z],z]dz
Out[1] = du = = dx + dz e^y z y + dy (e^y z z + 1/2 Cos[y/2]) .
```

3. 多元复合函数求导

例 5.21 设 $w = f(x+y+z, xyz)$, f 具有二阶连续偏导数, 求 $\dfrac{\partial w}{\partial x}$ 及 $\dfrac{\partial^2 w}{\partial x \partial z}$.

```
In[1]: = D[f[x+y+z,x*y*z],x]
    D[f[x+y+z,x*y*z],x,z]
    Out[1] = y z f^(0,1)[x+y+z,x y z] + f^(1,0)[x+y+z,x y z]
    Out[2] = y f^(0,1)[x+y+z,x y z] + x y f^(1,1)[x+y+z,x y z] + y z (x y f^(0,2)[x+y+z,x y z]
+ f^(1,1)[x+y+z,x y z]) + f^(2,0)[x+y+z,x y z] .
```

其中, $f^{(1,0)}[u,v]$ 表示 $\dfrac{\partial f}{\partial u}$, $f^{(0,1)}[u,v]$ 表示 $\dfrac{\partial f}{\partial v}$, $f^{(1,1)}[u,v]$ 表示 $\dfrac{\partial^2 f}{\partial u \partial v}$, $f^{(2,0)}[u,v]$ 表示 $\dfrac{\partial^2 f}{\partial u^2}$,

$f^{(0,2)}[u,v]$ 表示 $\dfrac{\partial^2 f}{\partial v^2}$.

4. 隐函数的导数

1) 一个方程的形式

例 5.22 设 $x^2 + y^2 - 1 = 0$, 求 $\dfrac{\mathrm{d}y}{\mathrm{d}x}$, $\dfrac{\mathrm{d}^2 y}{\mathrm{d}x^2}$.

```
In[1]: = F[x_,y__]: = x^2 + y^2 - 1;
    Fx = D[F[x,y],x];
    Fy = D[F[x,y],y];
    yijie = - Fx/Fy;
    Fxx = D[F[x,y],x,x];
    Fxy = D[F[x,y],x,y];
    erjie = - (Fxx*Fy^2 - 2Fxy*Fx*Fy + Fyy*Fx^2)/(Fy^3);
    Simplify[% ]
Out[1] = - (x/y)
Out[2] = - (x² + y²)/y³ .
```

例 5.23 设 $x^2 + y^2 + z^2 - 4z = 0$, 求 $\dfrac{\partial^2 z}{\partial x^2}$.

```
In[1]: = F[x_,y_,z_]: = x^2 + y^2 + z^2 - 4z;
    Fx = D[F[x,y,z],x];
    Fy = D[F[x,y,z],y];
    Fz = D[F[x,y,z],z];
    Zx = - Fx/Fz;
    Zxx = ((2 - z) + x*Zx)/(2 - z)^2
    Simplify[% ]
    Out[1] = x/(2 - z)
```

Out[2] = -(x² + (-2 + z)²)/(-2 + z)³.

2）方程组的形式

例5.24 设 $\begin{cases} u = f(ux, v + y) \\ v = g(u - x, v^2 y) \end{cases}$，其中 f, g 具有一阶连续偏导数，求 $\dfrac{\partial u}{\partial x}, \dfrac{\partial v}{\partial x}$.

```
In[1]: = F[x_,y_,u_,v_]: = f[u*x,v+y] -u;
        G[x_,y_,u_,v_]: = g[u-x,v^2*y] -v;
        Fx = D[F[x,y,u,v],x] ;
Fy = D[F[x,y,u,v],y] ;
Fu = D[F[x,y,u,v],u];
Fv = D[F[x,y,u,v],v];
Gx = D[G[x,y,u,v],x];
Gy = D[G[x,y,u,v],y];
Gu = D[G[x,y,u,v],u];
Gv = D[G[x,y,u,v],v];
```

$$U_x = -\frac{\det\left[\begin{pmatrix} F_x & F_v \\ G_x & G_v \end{pmatrix}\right]}{\det\left[\begin{pmatrix} F_u & F_v \\ G_u & G_v \end{pmatrix}\right]}$$

$$V_x = -\frac{\det\left[\begin{pmatrix} F_u & F_x \\ G_u & G_x \end{pmatrix}\right]}{\det\left[\begin{pmatrix} F_u & F_v \\ G_u & G_v \end{pmatrix}\right]}$$

Out[1] = (u f$^{(1,0)}$[ux,v+y] -2uvyg$^{(0,1)}$[u-x,v² y] f$^{(1,0)}$[ux,v+y] -f$^{(0,1)}$[ux,v+y] g$^{(1,0)}$[u-x,v²y])/(1 -2vy g$^{(0,1)}$[u-x,v² y] -x f$^{(1,0)}$[u x,v+y] +2 v x y g$^{(0,1)}$[u-x,v² y] f$^{(1,0)}$[u x,v+y] -f$^{(0,1)}$[u x,v+y] g$^{(1,0)}$[u-x,v² y])

Out[2] = (-g$^{(1,0)}$[u-x,v² y] +u f$^{(1,0)}$[ux,v+y] g$^{(1,0)}$[u-x,v² y] +x f$^{(1,0)}$[ux,v+y] g$^{(1,0)}$[u-x,v²y])/(1 -2vy g$^{(0,1)}$[u-x,v² y] -x f$^{(1,0)}$[ux,v+y] +2 v x y g$^{(0,1)}$[u-x,v² y] f$^{(1,0)}$[ux,v+y] -f$^{(0,1)}$[ux,v+y] g$^{(1,0)}$[u-x,v² y]).

习题 5 –2

1. 利用定义求函数 $f(x) = \sin x$ 的导数.

2. 设 $f(x) = \begin{cases} x, & x < 0 \\ \sin x, & x \geqslant 0 \end{cases}$，利用定义求左导数 $f'(0^-)$ 和右导数 $f'(0^+)$ 以及导数.

3. 求抽象函数 $y = f(x^2 + x)$ 的导数.

4. 设 $x = 2t^2, y = \sin t$，求一阶和二阶导数.

5. 求函数 $y = x^3$ 的微分及当 $x = 2, \Delta x = 0.02$ 时的微分.

6. 设 $y = 1 - xe^y$，求 $\dfrac{dy}{dx}$.

7. 设 $z = x^3 + 3xy + y^3$，求偏导数 $f_x(x,y), f_y(x,y), f_x(1,2), f_{xx}(x,y), f_{xy}(x,y), f_{yx}(x,y), f_{yy}(x,y), f_{xy}(1,2)$.

8. 计算 $z = x^2 y + y^2$ 的全微分及在 $(2,1)$ 处的全微分.

9. 设 $w = f(x^2 + y^2 + z^2)$, f 具有连续偏导数, 求 $\dfrac{\partial w}{\partial x}$ 及 $\dfrac{\partial^2 w}{\partial x \partial z}$.

10. 设 $xu - yv = 0$, $yu + xv = 1$, 求 $\dfrac{\partial u}{\partial x}, \dfrac{\partial u}{\partial y}, \dfrac{\partial v}{\partial x}, \dfrac{\partial v}{\partial y}$.

5.3 导数的应用

5.3.1 一元函数导数应用

1. 切线和法线

例 5.25 求等边双曲线 $y = \dfrac{1}{x}$ 在 $\left(\dfrac{1}{2}, 2\right)$ 处的切线和法线方程, 并作图.

```
In[1]: = f[x_] : = 1/x; x₀ = 1/2;
    y1 = = f[x₀] + f′[x₀](x - x₀)
    y2 = = f[x₀] - (1/f′[x₀])(x - x₀)
qux = Plot[f[x], {x, 0, 5}];
qiex = Plot[y1 = f[x0] + f′[x0](x - x0), {x, 0, 5}];
fax = Plot[y2 = f[x0] - (1/f′[x0])(x - x0), {x, 0, 5}];
Show[qux, qiex, fax]
Out[1] = y = = 2 - 4(-(1/2) + x)
Out[2] = y = = 2 + 1/4(-(1/2) + x)
Out[3] = 输出图形如图 5 - 2 所示
```

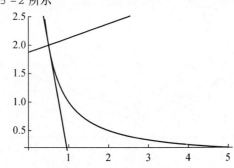

图 5 - 2　等边双曲线 $y = \dfrac{1}{x}$ 及其在 $\left(\dfrac{1}{2}, 2\right)$ 处的切线和法线

2. 微分中值定理

例 5.26 验证罗尔定理对函数 $f(x) = (x^2 + x + 2)\sin\pi x$ 在区间 $[0,1]$ 上的正确性, 并求出 ξ 及作图.

由于 $f(x)$ 在 $[0,1]$ 处处连续, 而且可微.

```
In[1]: = f[x_] = (x^2 + x + 2) × Sin[π × x];
    f[0]
    f[1]
```

```
FindRoot[f'[x] = =0,{ξ,0,1}]
Out[1] = 0
Out[2] = 0
Out[3] = {ξ→0.573611}
```
Plot[{f[x],f[0.573611]},{x,0,1}].Out[4] = 输出的图形如图 5 - 3 所示

$f(0) = f(1)$,故 $f(x)$ 在区间 $[0,1]$ 上满足罗尔定理条件,且存在 $\xi = 0.573611$ 在区间 $[0,1]$ 上,使得 $f'(\xi) = 0$.

例 5.27 在区间 $[0,\pi]$ 上对函数 $f(x) = x + \sin2x$ 验证拉格朗日中值定理的正确性.并求出 ξ 及作图.

因为函数 $f(x) = x + \sin2x$ 在区间 $[0,\pi]$ 上连续可导,且

```
In[1]:= f[x_]:= x + Sin[2x];
        a = 0;
        b = π;
        Solve[f'[x] - (f[b] - f[a])/(b - a) = =0,x]
Out[1] = {{x - >ConditionalExpression[1/2( -(π/2) +2π C[1]),C[1] ∈ Integers]},
{x - >ConditionalExpression[1/2 (π/2 +2 π C[1]),C[1] ∈ Integers]}}
```

当 C = 0 时,有 $x = \dfrac{\pi}{4}$ 在 $[0,\pi]$ 上,当 C = 1 时,有 $x = \dfrac{3\pi}{4}$ 在 $[0,\pi]$ 上,

```
In[2]:= F[x_]:= f[a] + (f[b] - f[a])/(b - a)(x - a)
l[x_]:= f[1/4π] + (f[b] - f[a])/(b - a)(x - 1/4π)
k[x_]:= f[3/4π] + (f[b] - f[a])/(b - a)(x - 3/4π)
Plot[{f[x],F[x],l[x],k[x]},{x,a,b}]
Plot[{f[x],F[x]},{x,a,b}].
```

输出的图形如图 5 - 4 所示.

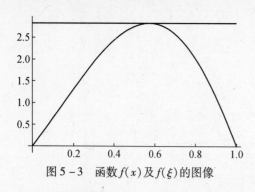

图 5 - 3 函数 $f(x)$ 及 $f(\xi)$ 的图像

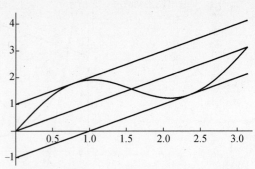

图 5 - 4 函数 $f(x)$、$F(x)$、$l(x)$、$k(x)$ 的图像

故 $f(x)$ 在区间 $[0,\pi]$ 上满足拉格朗日中值定理条件,且存在 $3/4\pi$ 和 $1/4\pi$ 都包含在区间 $[0,\pi]$ 内,使得

$$f'(\xi) = \frac{f(1) - f(0)}{1 - 0}.$$

例 5.28 在区间 $\left[0,\dfrac{\pi}{2}\right]$ 上对函数 $f(x) = \sin x$ 和 $F(x) = \cos x$ 验证柯西中值定理的正确性.

函数 $f(x) = \sin x$ 和 $F(x) = \cos x$ 在区间 $\left[0,\dfrac{\pi}{2}\right]$ 上连续可导,且在区间 $\left(0,\dfrac{\pi}{2}\right)$ 上 $F'(x) \neq 0$,

```
In[1]:= f[x_]:=Sin[x];
F[x_]:=Cos[x];
a=0;b=Pi/2;
Solve[f'[x](F[b]-F[a])==F'[x](f[b]-f[a]),x]
Out[1]={{x->ConditionalExpression[-((3π)/4)+2π C[1],C[1]∈Integers]},
{x->ConditionalExpression[π/4+2π C[1],C[1]∈Integers]}}
```

当 $C[1]=0$ 时，$\{\{x\to-((3\pi)/4)\},\{x\to\pi/4\}\}$，故函数 $f(x)=\sin x$ 和 $F(x)=\cos x$ 在区间 $\left[0,\dfrac{\pi}{2}\right]$ 上满足柯西中值定理条件，且存在 $\pi/4$ 在 $(0,Pi/2)$ 内，使得

$$\frac{f'(\xi)}{F'(\xi)}=\frac{f\left(\dfrac{\pi}{2}\right)-f(0)}{F\left(\dfrac{\pi}{2}\right)-F(0)}$$

3. 函数的单调区间

例5.29 求函数 $f(x)=e^x-x-1$ 的单调区间，并作图.

```
In[1]:= f[x_]:=Exp[x]-x-1;
Plot[f[x],{x,-3,3}]
Out[1]=输出图像如图5-5所示
In[2]:= d1=FindRoot[f'[x]==0,{x,1}]
Out[2]={x->0.}
```

从图像上看，$[0,+\infty)$ 为单调增区间，$(-\infty,0]$ 为单调减区间.

4. 函数的拐点

例5.30 求函数 $f(x)=x^3-5x^2+3x+5$ 的拐点，并作图.

```
In[1]:= f[x_]:=x^3-5x^2+3x+5
Plot[f[x],{x,-3,8}]
Out[1]=输出图像如图5-6所示
In[2]:= Solve[f''[x]==0,x]
Out[2]={{x->5/3}}
In[3]:= f[5/3]
Out[3]=20/27.
```

因此拐点为 $\left(\dfrac{5}{3},\dfrac{20}{27}\right)$.

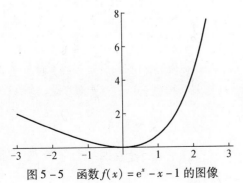

图 5-5　函数 $f(x)=e^x-x-1$ 的图像

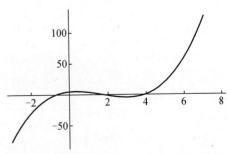

图 5-6　函数 $f(x)=x^3-5x^2+3x+5$ 的图像

5. 曲率和曲率半径

例5.31 求抛物线 $y=0.4x^2$ 在 $(0,0)$ 处的曲率和曲率半径,并画出该抛物线的图像和曲率圆的图像.

```
In[1] := f[x_] := 0.4x^2,
    K = f''[x]/(1 + f''[x]^2)^(3/2)
    R = 1/K
Out[1] = 0.8
Out[2] = 1.25.
In[2] := Plot[{0.4x^2,1.25 + Sqrt[1.25^2 - x^2],1.25 - Sqrt[1.25^2 - x^2]},{x, -3,
3}]
```

Out[3] = 输出的图像如图5-7所示

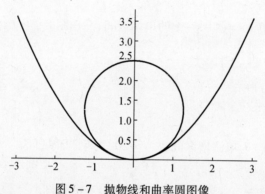

图5-7 抛物线和曲率圆图像

5.3.2 多元函数导数的应用

1. 空间曲线的切线与法平面

例5.32 求曲线 $x=t,y=t^2,z=t^3$ 在 $t=1$ 处的切向量、切线方程和法平面方程.

```
In[1] := x[t_] := t;
     y[t_] := t^2;
     z[t_] := t^3;
     r[t_] := {x[t],y[t],z[t]}
     r'[t]
     % /.t - >1
     (x - x[1])/x'[1] = = (y - y[1])/y'[1] = = (z - z[1])/z'[1]     切线方程
     (x - x[1])x'[1] + (y - y[1])y'[1] + (z - z[1])z'[1] = = 0     法平面方程
     Simplify[%]
Out[1] = {1,2 t,3 t^2}
Out[2] = {1,2,3} 切向量
Out[3] = -1 + x = = 1/2 (-1 + y) = = 1/3 (-1 + z) 切线方程
Out[4] = -1 + x + 2 (-1 + y) + 3 (-1 + z) = = 0 法平面方程
Out[5] = x + 2y + 3 z = = 6   化简后的法平面方程
```

190

例5.33 求曲线 $\begin{cases} x^2+y^2+z^2=6 \\ x+y+z=0 \end{cases}$ 在 $(1,-2,1)$ 处的切向量和切线方程和法平面.

```
In[1]: = F[x_,y_,z_]: = x^2 + y^2 + z^2 - 6;
       G[x_,y_,z_]: = x + y + z;
       x0 = 1;y0 = -2;z0 = -1;
A = D[F[x,y,z],{{x,y,z}}]/.{x - >x0,y - >y0,z - >z0}
B = D[G[x,y,z],{{x,y,z}}]/.{x - >x0,y - >y0,z - >z0}
T = Cross[A,B]
(x - x0)/T[[1]] = = (y - y0)/T[[2]] = = (z - z0)/T[[3]]
(x - x[1]) T[[1]] + (y - y[1]) T[[2]] + (z - z[1]) T[[3]] = = 0
Simplify[% ]
Out[1] = {2, -4,2}
Out[2] = {1,1,1}
Out[3] = { -6,0,6} 切向量
Power::infy: Infinite expression _1/0_ encountered.
Out[4] = (1 - x)/6 = = ComplexInfinity = =1/6 ( -1 + z) 切线方程,
Out[5] = -6 ( -1 +x) + 6 ( -1 + z) = = 0 法平面方程
Out[6] = x = = z  化简后的法平面方程
```

实际上在高等数学中该切线方程可表示为

$$(1-x)/6 == (y+2)/0 == 1/6(-1+z)$$

或表示为两个曲面的交线,即

$$\begin{cases} 1-x = -2+z \\ y+2=0 \end{cases}$$

2. 曲面的切平面与法线

例5.34 求曲面 $z = x^2 + y^2 - z - 14$ 在 $(2,1,4)$ 处的法向量、切平面方程和法线方程.

```
In[1]: = F[x_,y_,z_]: = x^2 + y^2 - z - 14;
         x0 = 2;  y0 = 1;  z0 = 4;
n = D[F[x,y,z],{{x,y,z}}]/.{x - >x0,y - >y0,z - >z0}
(x - x0)n[[1]] + (y - y0)n[[2]] + (z - z0)n[[3]] = = 0
Simplify[% ]
(x - x0)/n[[1]] = = (y - y0)/n[[2]] = = (z - z0)/n[[3]]
Out[1] = {4,2, -1}    法向量
Out[2] = 4 + 4 ( -2 +x) +2 ( -1 +y) - z = = 0   切平面方程
Out[3] = 4 x +2y = = 6 + z        化简后的切平面方程
Out[4] = 1/4 ( -2 +x) = = 1/2 ( -1 +y) = = 4 - z 法线方程
```

3. 梯度与方向导数

例5.35 设 $f(x) = \dfrac{1}{2}(x^2+y^2)$,求梯度 $\mathrm{grad}f(x,y)$ 和 $\mathrm{grad}f(1,1)$,并作梯度场的图形.

```
In[1]: = f[x_,y_]: =1/2[x^2 + y^2];
grad = D[f[x,y],{{x,y}}]
VectorPlot[% ,{x, -1,1},{y, -1,1}]
grad/.{x→1,y→1}
Out[1] = {x,y}
```

Out[2] = 输出的结果如图 5 − 8 所示
Out[3] = {1,1}

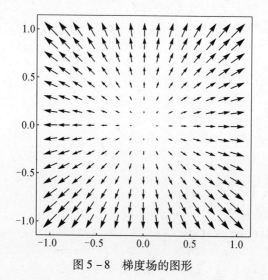

图 5 − 8　梯度场的图形

例5.36　求 $f(x,y,z) = xy + yz + zx$ 在 $(1,1,2)$ 处沿方向 $l = \left(\dfrac{1}{2}, \dfrac{\sqrt{2}}{2}, \dfrac{1}{2}\right)$ 的方向导数.

```
In[1]: = f[x_,y_,z_]: = x * y + x * z + z * y;
        grad = D[f[x,y,z],{{x,y,z}}]
        tidu = grad/.{x - >1,y - >1,z - >2}
        a = 1/2{1,Sqrt[2],1};
        FXDS = tidu.a/Norm[a]
```

Out[1] = {y + z,x + z,x + y}
Out[2] = {3,3,2}
Out[3] = $\dfrac{5}{2} + \dfrac{3}{\sqrt{2}}$.

习题 5 − 3

1. 求曲线 $9x^2 + 16y^2 = 144$ 在 $\left(2, \dfrac{3\sqrt{3}}{2}\right)$ 处的切线和法线方程,并作图.

2. 在区间 $[0,1]$ 上对函数 $f(x) = 4x^3 - 5x^2 + x - 2$ 验证拉格朗日中值定理的正确性.

3. 求函数 $f(x) = 2x^3 - 9x^2 + 12x - 3$ 的单调区间,并作图.

4. 求函数 $f(x) = 2x^3 + 2x^2 - 12x + 14$ 的拐点,并作图.

5. 求抛物线 $y = x^2 - 4x + 3$ 在其顶点 $(2, -1)$ 处的曲率和曲率半径.

6. 求曲面 $x^2 + y^2 + z^2 = 14$ 在 $(1,2,3)$ 处的法向量、切平面方程和法线方程.

7. 设 $f(x,y) = x^2 + \cos(2y)$,求梯度 $\mathrm{grad}f(x,y)$ 和 $\mathrm{grad}f(1,3)$,并作梯度场的图形.

8. 设 $f(x,y) = xe^{2y}$,求函数在 $(1,0)$ 处沿方向 $\boldsymbol{a} = (1, -1)$ 的方向导数.

5.4 积分的运算

5.4.1 不定积分

◆ 求不定积分的函数：
$$\text{Integrate}[\,f,x\,]$$
用于求 $f(x)$ 的一个原函数.

使用基本输入模板输入积分符号也可.

例 5.37 计算不定积分 $\int x\sin x\,dx$.

In[1]: = Integrate[x × Sin[x],x]

或

In[1]: = ∫x × sinxdx

Out[1] = -xCos[x] + Sin[x]

求不定积分由于使用的方法不同，可能得到不同的答案，因此 Mathematica 求出的答案会出现与教科书上答案不同的情况.

5.4.2 定积分

1. 定积分

◆ 求定积分与求不定积分的函数相同，只是多一些参数：
$$\text{Integrate}[\,f,\{x,a,b\}\,]$$

用于求 $\int_a^b f(x)\,dx$，但通常使用基本输入模板输入积分符号更方便.

例 5.38 计算定积分 $\int_0^1 \sqrt{a^2 - x^2}\,dx\,(a > 0)$.

In[1]: = $\int_0^1 \sqrt{\text{a\textasciicircum 2} - \text{x\textasciicircum 2}}\,dx$

Out[1] = 1/4 a $\sqrt{\text{a\textasciicircum 2}}$ π.

Mathematica 不会自动化简对数式或某些三角函数式.

2. 反常积分

例 5.39 计算瑕积分 $\int_0^1 \sqrt{1 - x^2}\,dx$.

In[1]: = $\int_0^1 \text{sqrt}[1 - \text{x\textasciicircum 2}]\,dx$.

Out[1] = π/2.

5.4.3 二重积分

1. 利用直角坐标计算二重积分

例 5.40 计算二次积分 $\int_1^2 \mathrm{d}x \int_1^x xy\mathrm{d}y.$

```
In[1]:= f[x_,y_]:= x*y
        x1 = 1;
        x2 = 2;
        y1[x_]:= 1;
        y2[x_]:= x;
Integrate[f[x,y],{x,x1,x2},{y,y1[x],y2[x]}]
Out[1]= 9/8.
```

2. 利用极坐标计算二重积分

例 5.41 计算二重积分 $\iint_D \ln(1 + x^2 + y^2)\mathrm{d}x\mathrm{d}y$，其中 $D = \{(x,y)\,|\,x^2 + y^2 \leqslant 1\}$.

```
In[1]:= f[x_,y_]:= Log[1+x^2+y^2];
a = 1;
Integrate[r f[x,y]/.{x→r Cos[t],y→r Sin[t]},{t,0,2Pi},{r,0,a}]
Out[1]= π(-4+π+Log[4]).
```

5.4.4 三重积分

1. 利用直角坐标计算三重积分

例 5.42 计算三重积分 $\iiint_D x\mathrm{d}x\mathrm{d}y\mathrm{d}z$，其中 Ω 为三个坐标面及平面 $x + 2y + z = 1$ 所围成的闭区域.

在直角坐标下 $\Omega = \{(x,y,z)\,|\,0 \leqslant x \leqslant 1, 0 \leqslant y \leqslant \dfrac{1-x}{2}, 0 \leqslant z \leqslant 1 - x - 2y\}$，故利用直角坐标进行求解.

```
In[1]:= f[x_,y_,z_]:= x;
x1 = 0;
x2 = 1;
y1[x_]:= 0;
y2[x_]:= (1-x)/2;
z1[x_,y_]:= 0;
z2[x_,y_]:= 1-x-2y;
Integrate[f[x,y,z],{x,x1,x2},{y,y1[x],y2[x]},{z,z1[x,y],z2[x,y]}]
Out[1]= 1/48.
```

2. 利用柱坐标计算三重积分

例 5.43 计算三重积分 $\iiint_\Omega z\mathrm{d}v$，其中 Ω 是球面 $x^2 + y^2 + z^2 = 4$ 与抛物面 $x^2 + y^2 = 3z$ 所围的立体.

由 $\begin{cases} x = r\cos\theta \\ y = r\sin\theta \\ z = z \end{cases}$，知交线为 $\begin{cases} r^2 + z^2 = 4 \\ r^2 = 3z \end{cases}$，得 $z = 1, r = \sqrt{3}$.

用极坐标表示 $\Omega:0\leqslant t\leqslant 2\pi,0<r\leqslant\sqrt{3},\dfrac{r^2}{3}\leqslant z\leqslant\sqrt{4-r^2}$，故利用柱坐标求解.

```
In[1]:= f[x_,y_,z_]:= z;
        t1 =0;
        t2 =2Pi;
        r1[t_]:=0;
        r2[t_]:=√3 ;
        z1[t_,r_]:= r^2/ 3;
        z2[t_,r_]:=(4 - r^2)^(1/ 2);
```
Integrate[r f[x,y,z]/ .{x→r Cos[t],y→rSin[t]},{t,t1,t2},{r,r1[t],r2[t]},{z,z1[t,r],z2[t,r]}]

Out[1] = (13π)/ 4.

3. 利用球坐标计算三重积分

例 5.44   计算 $I=\iiint\limits_{\Omega}(x^2+y^2)\mathrm{d}x\mathrm{d}y\mathrm{d}z$，其中 Ω 是锥面 $x^2+y^2=z^2$ 与平面 $z=a(a>0)$ 所围的立体.

$z=a\Rightarrow r=\dfrac{a}{\cos\varphi},x^2+y^2=z^2\Rightarrow\varphi=\dfrac{\pi}{4}$，于是由球面坐标，得

$\Omega:0\leqslant r\leqslant\dfrac{a}{\cos\varphi},0\leqslant\varphi\leqslant\dfrac{\pi}{4},0\leqslant t\leqslant 2\pi$

```
In[1]:= f[x_,y_,z_]:= x^2 +y^2;
t1 =0;
t2 =2Pi;
phi1[t_]:=0;
phi2[t_]:=Pi/4;
r1[t_,phi_]:=0;
r2[t_,phi_]:=a/Cos[phi];
```
Integrate[r^2Sin[phi]f[x,y,z]/.{x→rSin[phi]Cos[t],y→rSin[phi]Sin[t],z→rCos[phi]},{t,t1,t2},{phi,phi1[t],phi2[t]},{r,r1[t,phi],r2[t,phi]}]

Out[1] =a^5π/10.

5.4.5　曲线积分

1. 第一类曲线积分

例 5.45   计算曲线积分 $\displaystyle\int_{L}(x^2+y^2)\mathrm{d}s$，其中 L 是中心在 $(R,0)$、半径为 R 的上半圆周.

上半圆周的参数方程为 $\begin{cases}x=R(1+\cos t)\\y=R\sin t\end{cases}$.

```
In[1]:= f[x_,y_]:= x^2 +y^2;
a:=R;
```

```
x[t_]:=a(1+Cos[t]);
y[t_]:=a*Sin[t];
t1=0;
t2=2 Pi;
Integrate[Sqrt[x'[t]^2+y'[t]^2]*f[x,y]/.{x→x[t],y→y[t]},{t,t1,t2}]
Out[1]=2π(R^2)^(3/2).
```

2. 第二类曲线积分

例 5.46 计算曲线积分计算 $\int_L y\mathrm{d}x + x\mathrm{d}y$,其中 L:抛物线 $y = 2(x-1)^2 + 1$,x 从 1 变到 2.

```
In[1]:=P[x_,y_]:=y;
       Q[x_,y_]:=x;
       L[x_]:=2(x-1)^2+1;
          a=1;
          b=2;
Integrate[(P[x,y]/.{y→L[x]})+(L'[x]*Q[x,y]/.{y→L[x]}),{x,a,b}]
Out[1]=5.
```

5.4.6 曲面积分

1. 第一类曲面积分

例 5.47 计算曲面积分 $\iint_\Sigma \dfrac{1}{z}\mathrm{d}S$,其中 $\Sigma:x^2 + y^2 + z^2 = a^2$,$z \geq h$.

Σ 的方程为

$$z = \sqrt{a^2 - x^2 - y^2}$$

Σ 在 xOy 面上的投影区域为

$$D_{xy}:\{(x,y) \mid x^2 + y^2 \leq a^2 - h^2\}$$

又

$$\sqrt{1 + z_x^2 + z_y^2} = \frac{a}{\sqrt{a^2 - x^2 - y^2}}$$

所以可利用极坐标.

```
In[1]:=f[x_,y_,z_]:=1/z;
a:=a;
h:=h;
F[x_,y_]:=Sqrt[a^2-x^2-y^2];
t1=0;
t2=2 Pi;
r1[t_]:=0;
r2[t_]:=Sqrt[a^2-h^2];
A=Sqrt[1+D[F[x,y],x]^2+D[F[x,y],y]^2];
```

```
B = A f[x,y,z] /.{z→F[x,y]};
Integrate[ r B /.{x→r Cos[t],y→r Sin[t]},{t,t1,t2},{r,r1[t],r2[t]}]
Out[1] = √(a²) π( Log[a²] - Log[h²]).
```

2. 第二类曲面积分

例 5.48　计算 $\iint\limits_{\Sigma}(z^2+x)\mathrm{d}y\mathrm{d}z - z\mathrm{d}x\mathrm{d}y$，其中 Σ 是旋转抛物面 $z = (x^2+y^2)/2$ 介于平面 $z = 0$ 及 $z = 2$ 之间的部分的下侧.

```
In[1]: = P[x_,y_,z_]: = z^2 + x;
Q[x_,y_,z_]: = 0;
R[x_,y_,z_]: = - z;
f[x_,y_]: = [x^2 + y^2]/2 ;
F[x_,y_,z_]: = z - f[x,y];
A = {P[x,y,z],Q[x,y,z],R[x,y,z]} ;
n = - D[F[x,y,z],{{x,y,z}}] ;
A.n ;
B = A.n /.{z→f[x,y]} ;
t1 = 0;
t2 = 2 Pi;
r1 = 0;
r2 = 2;
Integrate[r B /.{x→r Cos[t],y→r Sin[t]},{t,t1,t2},{r,r1,r2}]
Out[1] = 8π.
```

习题 5 - 4

1. 计算不定积分 $\displaystyle\int \frac{x^2}{(x+2)^3}\mathrm{d}x.$

2. 计算定积分 $\displaystyle\int_0^{\frac{\pi}{2}}\cos^5 x\sin x\mathrm{d}x.$

3. 计算无穷限反常积分 $\displaystyle\int_{-\infty}^{\infty}\frac{1}{1+x^2}\mathrm{d}x.$

4. 计算二次积分 $\displaystyle\int_0^1\mathrm{d}x\int_x^1 x^2\mathrm{e}^{-y^2}\mathrm{d}y.$

5. 计算三次积分 $\displaystyle\int_{x_1}^{x_2}\mathrm{d}x\int_{y_1(x)}^{y_2(x)}\mathrm{d}y\int_{z_1(x,y)}^{z_2(x,y)}f(x,y,z)\mathrm{d}z$，其中 $\Omega = \{(x,y,z)\mid 0\le x\le 1,0\le y\le 1 - x,x + y\le z\le 1,f(x,y,z) = \dfrac{\sin z}{z}.$

6. 计算曲线积分 $\displaystyle\int_L x^2\mathrm{d}x - xy\mathrm{d}y$，其中 $L:x = \cos t,y = \sin t(0\le t\le \pi/2).$

7. 计算 $\displaystyle\iint\limits_{\Sigma}xyz\mathrm{d}x\mathrm{d}y$ 其中 Σ 是球面 $x^2 + y^2 + z^2 = 1$ 外侧在 $x\ge 0,y\ge 0,z\ge 0$ 的部分.

5.5 积分的应用

5.5.1 定积分的应用

1. 求平面图形的面积

1）直角坐标形式

例 5.49 计算由两条抛物线 $x = y^2, y = x^2$ 所围成图形的面积,并作图.

```
In[1]:= f[x_]:=x^(1/2)
         g[x_]:=x^2
Plot[{f[x],g[x]},{x,0,1.2}]
Solve[f[x]==g[x],x]
Out[1]=输出的图像如图 5-9 所示
Out[2]={{x→0},{x→1}}
In[2]:= A=Integrate[f[x]-g[x],{x,0,1}]
Out[3]=1/3.
```

2）极坐标形式

例 5.50 计算阿基米德螺线 $\rho = 3\theta (a > 0)$ 上相应于 θ 从 0 变到 2π 的一段弧与极轴所围成的图形的面积并作图.

```
In[1]:= PolarPlot[3θ,{θ,0,2Pi}]
A=Integrate [1/2(3θ)^2,{θ,0,2Pi}]
Out[1]=输出的图像如图 5-10 所示
Out[2]=12π³.
```

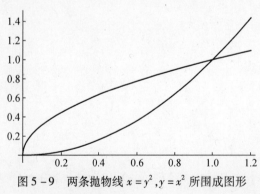

图 5-9 两条抛物线 $x = y^2, y = x^2$ 所围成图形

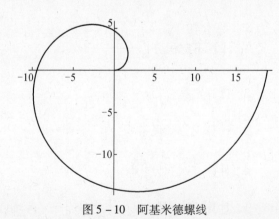

图 5-10 阿基米德螺线

2. 求体积

1）旋转体的体积

例 5.51 计算由直线 $y = \dfrac{r}{h}x$、直线 $x = h$ 及 x 轴所围成的一个直角三角形绕 x 轴一周所构成的圆锥体的体积.

该圆锥体即为由直线 $y = \dfrac{r}{h}x$ 在 $[0,h]$ 绕 x 轴旋转而成的立体. 故所求旋转椭球体的体积

为 $V = \pi\displaystyle\int_{-a}^{a}\left(\dfrac{r}{h}x\right)^2\mathrm{d}x.$

```
In[1]:= f[x_]:=r/h*x
V = Pi Integrate[f[x]^2,{x,0,h}]
Out[1]= 1/3 h π r².
```

2）平行截面面积为已知的立体的体积

例 5.52　一平面经过半径为 R 的圆柱体的底圆中心，并与底面交成角 α,计算这平面截圆柱体所得立体的体积.

所求立体如图 5 – 11 所示.

可求截面面积为

$$A(x) = \frac{1}{2}(R^2 - x^2)\tan\alpha$$

```
In[1]:= b[x_]:=1/2(R^2-x^2)tanα;
        V = Integrate[b[x],{x,-R,R}]
Out[1]= (2R³ tanα)/3 .
```

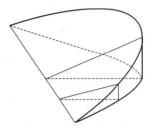

图 5 – 11　平面截圆柱体所得立体

5.5.2　重积分的应用

1. 平面面积

例 5.53　求半径为 a 的圆的面积.

```
In[1]:A = Integrate[r,{t,0,2Pi},{r,0,a}]
Out[1]= a² π.
```

2. 体积

例 5.54　求平面 $x = 0, y = 0, z = 0, x + y = 1$ 以及曲面 $z = 6 - x^2 - y^2$ 所围成的立体的体积.

```
In[1]:= f[x_,y_,z_]:=1;
x1 = 0;
x2 = 1;
y1[x_]:= 0;
y2[x_]:= (1-x);
z1[x_,y_]:= 0;
z2[x_,y_]:= 6-x^2-y^2;
Integrate[f[x,y,z],{x,x1,x2},{y,y1[x],y2[x]},{z,z1[x,y],z2[x,y]}]
Out[1]=17/6.
```

3. 质心

例 5.55　求位于两圆 $\rho = 2\sin\theta$ 和 $\rho = 4\sin\theta$ 之间的均匀薄片的质心.

```
In[1]:= a = Integrate[r ,{t,0,Pi},{r,2Sin[t],4Sin[t]}]
x = Integrate[r^2Cos[t] ,{t,0,Pi},{r,2Sin[t],4Sin[t]}]/a;
y = Integrate[r^2Sin[t] ,{t,0,Pi},{r,2Sin[t],4Sin[t]}]/a;
```

```
{x,y}
PolarPlot[{2Sin[t],4Sin[t]},{t,0,Pi}]
Out[1] = 3 π
Out[2] = {0,7/3}
Out[3] =输出图像如图 5 - 12 所示
```

4. 转动惯量

例 5.56　求密度为 ρ 的均匀球体对于过球心的
一条轴 l 的转动惯量.

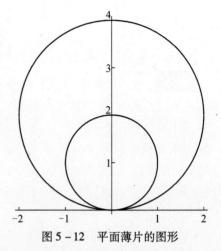

取球心为坐标原点, z 轴与 l 轴重合, 又设球的半径
为 a, 所求转动惯量即球体对于 z 轴的转动惯量.

```
In[1]:= f[x_,y_,z_]:=(x^2 +y^2)*p;
        t1 =0;
        t2 =2Pi;
        phi1[t_]:=0;
        phi2[t_]:=Pi;
        r1[t_,phi_]:=0;
        r2[t_,phi_]:=a;
Integrate[r^2Sin[phi]f[x,y,z]/.{x - >r Sin[phi] Cos[t],y - >r Sin[phi]Sin[t],z
- >r Cos[phi]},{t,t1,t2},{phi,phi1[t],phi2[t]},{r,r1[t,phi],r2[t,phi]}]
Out[1] = 8/15 a^5 p π.
```

图 5 - 12　平面薄片的图形

5.5.3　曲线积分和曲面积分的应用

1. 弧长

例 5.57　计算曲线 $y = \dfrac{2}{3}x^{\frac{3}{2}}$ 上相应于 $1 \leqslant x \leqslant 2$ 的一段弧长.

```
In[1]:= f[x_]:=2/3x^(3/2);
S = Integrate[Sqrt[1 + f'[x]^2],{x,1 ,2}]
Out[1] = -((4√2)/3) +2√3 .
```

2. 旋度

例 5.58　求矢量场 $\boldsymbol{A} = \{z,x,y\}$ 的旋度 rot$\boldsymbol{A}$.

```
In[1] := P = z;
Q = x;
R = y;
A = {P,Q,R};
rotA = {D[R,y] - D[Q,z],D[P,z] - D[R,x],D[Q,x] - D[P,y]}
Out[1] = {1,1,1}
```

3. 环流量

例 5.59　计算矢量场 $\boldsymbol{A} = \{z,x,y\}$ 的沿闭曲线 $\varGamma$(图 5 - 13)的环流量,其中 $\varGamma$ 为平面 x
$+ y + z = 1$ 在第一卦限部分的整个边界,从 z 轴正向看 $\varGamma$ 为逆时针方向.

$$\varSigma : z = 1 - x - y(D : 0 \leqslant x \leqslant 1, 0 \leqslant y \leqslant 1 - x)$$

先求旋度 rot$A$,由例 5.58 可知

$$\text{rot}A = \{1,1,1\}$$

再利用斯托克斯公式

$$\oint_{\Gamma} z\mathrm{d}x + x\mathrm{d}y + y\mathrm{d}z = \iint_{\Sigma} \mathrm{d}y\mathrm{d}z + \mathrm{d}z\mathrm{d}x + \mathrm{d}x\mathrm{d}y$$

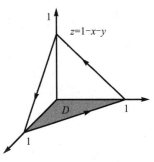

图 5-13 曲线 Γ

```
In[1] := f[x_,y_]:=1-x-y;
F[x_,y_,z_]:=z-f[x,y];
rotA={1,1,1};
n=D[F[x,y,z],{{x,y,z}}];
x1=0;
x2=1;
y1[x_]:=0;
y2[x_]:=1-x;
Integrate[rotA.n/.{z→f[x,y]},{x,x1,x2},{y,y1[x_],
y2[x_]}]

Out[1]=3/2.
```

4. 曲面的面积

例 5.60　求球面 $x^2 + y^2 + z^2 = a^2$ 的面积.

上半球面方程为 $z = \sqrt{a^2 - x^2 - y^2}$,故

$$\sqrt{1 + z_x^2 + z_y^2} = \frac{a}{\sqrt{a^2 - x^2 - y^2}}$$

```
In[1]:= f[x_,y_]:=Sqrt[a^2-x^2-y^2];
a:=a;
t1=0;
t2=2Pi;
r1[t_]:=0;
r2[x_]:=a;
A1 = Sqrt[1+D[f[x,y],x]^2+D[f[x,y],y]^2]
Integrate[r A1/.{x→r Cos[t],y→r Sin[t]},{t,t1,t2},{r,r1[t],r2[t]}]
Out[1] = 2 a^2 π.
```

5. 散度

例 5.61　求矢量场 $A = \{x^2, y^2, z^2\}$ 的散度 div$A$ 和 div$A|_{(1,2,-1)}$.

```
In[1] := P=x^2;
Q=y^2;
R=z^2;
A:={P,Q,R};
divA=D[P,x]+D[Q,y]+D[R,z]
% /.{x→1,y→2,z→-1}
Out[1]=2 x+2y+2 z
Out[2]=4.
```

6. 通量

例 5.62 求矢量场 $A = \{x^2, y^2, z^2\}$ 穿过曲面 Σ 流向外侧的通量,其中 Σ 是长方体 $\Omega = \{(x, y, z) | 0 \leqslant x \leqslant a, 0 \leqslant y \leqslant b, 0 \leqslant z \leqslant c\}$ 的整个表面的外侧.

由例 5.61 可知,矢量场 $A = \{x^2, y^2, z^2\}$ 的散度

$$\mathrm{div}A = 2x + 2y + 2z$$

```
In[1] := f[x_,y_,z_]:=2(x+y+z);
x1 = 0;
x2 = a;
y1 = 0;
y2 = b;
z1 = 0;
z2 = c;
Integrate[f[x,y,z],{x,x1,x2},{y,y1,y2},{z,z1,z2}]
Out[1] = abc(a+b+c).
```

习题 5 – 5

1. 求曲线 $y = \sin x (0 \leqslant x \leqslant \pi)$ 与 x 轴所围成图形的面积,并作图.

2. 计算由椭圆 $\dfrac{x^2}{a^2} + \dfrac{y^2}{b^2} = 1$ 围成的平面图形绕 x 轴旋转而成的旋转椭球体的体积.

3. 求球面 $z = \sqrt{1 - x^2 - y^2}$ 面以及曲面 $z = \sqrt{x^2 + y^2}$ 所围成的立体的体积.

4. 求均匀半球体的质心.

5. 设螺旋形弹簧一圈的方程为 $x = a\cos t, y = a\sin t, z = kt$,其中 $0 \leqslant t \leqslant 2\pi$,它的线密度为 $\rho(x, y, z) = x^2 + y^2 + z^2$,求它对于 z 轴的转动惯量.

6. 求抛物面壳 $z = \dfrac{1}{2}(x^2 + y^2)(0 \leqslant z \leqslant 1)$ 的质量,此壳的面密度为 $\mu = z$.

7. 求向量场 $A = \{x^2 - y, 4z, x^2\}$ 的沿闭曲线 Γ 的环流量,其中 Γ 为锥面 $z = \sqrt{x^2 + y^2}$ 和平面 $z = 2$ 的交线,从 z 轴正向看 Γ 为逆时针方向.

8. 求向量场 $A = \{0, yz, z^2\}$ 穿过曲面 Σ 流向上侧的通量,其中为柱面 $y^2 + z^2 = 1(z \geqslant 0)$ 被平面 $x = 0$ 及 $x = 1$ 截下的有限部分.

5.6 空间解析几何

5.6.1 向量及其线性运算

1. 数量积、向量积、混合积

例 5.63 已知向量 $a = (3, -1, -2), b = (1, 2, -1)$ 求数量积 $a \cdot b$.

```
In[1]: = a = {3, -1, -2};
b = {1,2, -1};
a.b.
Out[1] = 3.
```

例5.64 已知向量 $a = (2,1, -1)$, $b = (1, -1,2)$ 求向量积 $a \times b$.

```
In[1]: = a = {2,1, -1};
b = {1, -1,2};
Cross[a,b].
Out[1] = {1, -5, -3}.
```

例5.65 已知向量 $a = (2, -3,1)$, $b = (1, -1,3)$, $c = (1, -2,0)$ 求混合积 $(a \times b) \cdot c$.

```
In[1]: = a = {2, -3,1};
b = {1, -1,3};
c = {1, -2,0};
Cross[a,b].c
Out[1] = 2.
```

2. 向量的模和单位化

例5.66 求向量 $a = \{3,1, -2\}$ 的模和与之同向的单位向量.

```
In[1]:a = {3,1, -2};
Norm[a]
Normalize[a]
Out[1] = √14
```

$$Out[2] = \left\{ \frac{3}{\sqrt{14}}, \frac{1}{\sqrt{14}}, -\sqrt{\frac{2}{7}} \right\}.$$

3. 两点的距离

例5.67 求点 $A(1,1,1)$ 和 $B(2,2,1)$ 间的距离.

```
In[1]: = A = {1,1,1};
B = {2,2,1};
a = B - A;
Sqrt[a.a]
Out[1] = √2.
```

4. 向量的夹角

例5.68 已知三点 $A(1,1,1)$、$B(2,2,1)$ $C(2,1,2)$,求 $\angle BAC$.

```
In[1]: = A = {1,1,1};
B = {2,2,1};
C = {2,1,2};
a = B - A;
b = C - A
jiao = ArcCos[a.b/[ Norm[a] * Norm[b]]]
Out[1] = π/3.
```

5. 向量的投影

例5.69 求向量 $a = (4, -3,4)$ 在 $b = (2,2,1)$ 上的投影.

```
In[1]: = a = {4, -3, 4};
b = {2, 2, 1};
prja = a.b/Norm[b]
Out[1] = 2.
```

 5.6.2 直线和平面

1. 直线方程

例5.70 求过点$(1, -2, 4)$且与平面$2x - 3y + z - 4 = 0$垂直的直线的方程.

```
In[1]: = s = {2, -3, 1};
x0 = 1;
y0 = -2;
z0 = 4;
(x - x0)/s[[1]] = =(y - y0)/s[[2]] = =(z - z0)/s[[3]]
Out[1] = 1/2 (-1 + x) = =1/3 (-2 - y) = = -4 + z.
```

2. 平面方程

例5.71 求过点$(2, -3, 0)$且以$n = (1, -2, 3)$为法向量的平面的方程.

```
In[1]: = n = {1, -2, 3};
a = {2, -3, -0};
(x - a[[1]]) n[[1]] + (y - a[[2]]) n[[2]] + (z - a[[3]]) n[[3]] = =0;
Simplify[%]
Out[1] = x + 3 z = =8 + 2y.
```

习题 5-6

1. 已知向量$a = \{1, 2, 4\}$, $b = \{-2, 3, 6\}$, $c = \{2, 4, -2\}$, 求数量积$a \cdot b$, 向量积$a \times b$和混合积$(a \times b) \cdot c$.

2. 求向量$a = \{4, -3, 2\}$的模和单位向量.

3. 求已知两点$M_1(2, 2, \sqrt{2})$和$M_2(1, 3, 0)$的距离.

4. 求向量$a = (2, 1, -1)$在$b = (1, -1, 2)$上的投影.

5. 求向量$a = (3, -1, -2)$, $b = (1, 2, -1)$的夹角的余弦.

6. 求过点$(-3, 2, 5)$且与两平面$x - 4z = 3$和$2x - y - 5z = 1$的交线平行的直线方程.

7. 求过三点$A(2, -1, 4)$、$B(-1, 3, -2)$和$C(0, 2, 3)$的平面方程.

5.7 级数的运算

 5.7.1 常数项级数

◆ 级数求和的函数:

$$\text{Sum}[\,f[\,n\,]\,,\{n,1,\text{Infinity}\}\,]$$

例5.72　求级数 $\sum\limits_{n=1}^{\infty}\dfrac{2+(-1)^n}{2^n}$ 的和.

In[1]:= f[n_]:={2 + (-1)^n}/2^n;
Sum[f[n],{n,1,Infinity}]
Out[1]={5/3}.

例5.73　求调和级数 $\sum\limits_{n=1}^{\infty}\dfrac{1}{n}$ 的和.

In[1]:= f[n_]:=1/n;
Sum[f[n],{n,1,Infinity}]
Sum::div:Sum does not converge(级数和发散)

Out[1]= $\sum\limits_{n=1}^{\infty}\dfrac{1}{n}$.

5.7.2　幂级数

1. 幂级数的收敛半径与收敛域

例5.74　求幂级数 $\sum\limits_{n=1}^{\infty}(-1)^{n-1}\dfrac{x^n}{n}$ 收敛半径和收敛域.

In[1]:= a[n_]:=(-1)^(n -1)*1/n;
f[x_]:=a[n]x^n;
r = Limit[Abs[a[n +1]/a[n]],n - >Infinity];
R =1/r
Sum[f[-1,n],{n,1,Infinity}] (左端点)
Sum[f[1,n],{n,1,Infinity}] (右端点)
Out[1]=1(收敛半径为1)
Sum::div:Sum does not converge. > >

$$\sum\limits_{n=1}^{\infty}\dfrac{(-1)^{2n+1}}{n}(\text{左端点处发散})$$

Log[2] (右端点处收敛)
故收敛域为 $-1<x\leqslant1$.

例5.75　求幂级数 $\sum\limits_{n=0}^{\infty}\dfrac{(2n)!}{(n!)^2}x^{2n}$ 收敛半径和收敛域.

In[1]:= a[n_]:=(2 n)! /(n!)^2
f[x_,n_]:=a[n]x^(2n);
r = Limit[Abs[a[n +1]/a[n]],n - >Infinity];
R =1/Sqrt[r]
Out[1]= 1/2
Sum[f[-1/2,n],{n,0,Infinity}] (左端点)
Sum[f[1/2,n],{n,0,Infinity}] (右端点)
Sum::div:Sum does not converge.

$$\text{Out}[1]=\sum\limits_{n=0}^{\infty}\dfrac{\left(-\dfrac{1}{2}\right)^{2n}(2n)!}{(n!)^2}(\text{左端点处发散})$$

205

Sum::div:Sum does not converge

$$\text{Out}[2] = \sum_{n=0}^{\infty} \frac{2^{-2n}(2n)!}{(n!)^2} \text{(右端点处发散)}$$

收敛域为 $-1/2 < x < 1/2$.

2. 幂级数的和函数

例 5.76　求幂级数 $\displaystyle\sum_{n=1}^{\infty} \frac{x^n}{n!}$ 的和函数.

```
In[1]:= a[n_]:=1/n!
f[x_,n_]:=a[n]x^n;
Sum[f[x,n],{n,1,Infinity}]
Out[1]= -1+e^x
```

5.7.3　函数展开成幂级数

1. 泰勒级数

◆ 求泰勒级数的函数:

```
Series[f[x],{x,x0,n}]
```

其中 n 为泰勒级数的阶数.

例 5.77　求函数 $f(x) = \sin x$ 在 $x_0 = 2$ 处的 3 阶泰勒公式.

```
In[1]:= f[x_]:=Sin[x];
x0=2;
Series[f[x],{x,x0,3}]
Out[1]= Sin[2]+Cos[2](x-2)-1/2 Sin[2](x-2)^2-1/6 Cos[2](x-2)^3+O[x-2]^4
```

例 5.78　求函数 $f(x) = e^x$ 的 5 阶麦克劳林级数.

```
In[1]:= f[x_]:=Exp[x];
x0=0;
k=5;
Normal[Series[f[x],{x,x0,k}]]
Out[1]= 1+x+x^2/2+x^3/6+x^4/24+x^5/120.
```

2. 傅里叶级数

例 5.79　求函数 $f(x) = \begin{cases} 1, & 0 \leqslant x < \pi \\ -1, & -\pi \leqslant x < 0 \end{cases}$ 的 5 阶傅里叶级数.

```
In[1]:= f[x_]:=Which[-Pi<=x<0,-1,0<=x<Pi,1]
f[x_]:=f[x-2Pi]/;x>Pi
f[x_]:=f[x-2Pi]/;x<-Pi
k=5;
a[n_]:=(1/Pi)Integrate[f[x]Cos[n x],{x,-Pi,Pi}]
b[n_]:=(1/Pi)Integrate[f[x]Sin[n x],{x,-Pi,Pi}]
a[0]/2+Sum[a[n]Cos[n x]+b[n]Sin[n x],{n,1,k}]
Out[1]= (4 Sin[x])/π+(4 Sin[3 x])/(3π)+(4 Sin[5 x])/(5π).
```

例 5.80　设 $f(x)$ 是周期为 4 的周期函数,它在 $[-2,2)$ 上的表达式为

$$f(x) = \begin{cases} 0, & -2 \leqslant x < 0 \\ k, & 0 \leqslant x < 2 \end{cases}$$

试将 $f(x)$ 展开成 5 阶傅里叶级数.

```
In[1]: = f[x_]: = Which[ -2 < = x < 0,0,0 < = x < 2,k]
f[x_]: = f[x - 4]/;x > 2
f[x_]: = f[x - 4]/;x < -2
a[0] = (1/2)Integrate[f[x],{x, -2,2}];
a[n_]: = (1/2)Integrate[ f[x] Cos[nπx/2],{x, -2,2}]
b[n_]: = (1/2)Integrate[ f[x] Sin[nπx/2],{x, -2,2}]
a[0]/2 + Sum[a[n]Cos[nπx/2] +b[n] Sin[nπx/2],{n,1,5}]
Out[1] = k/2 +(2k Sin[(πx)/2])/π +(2kSin[(3πx)/2])/(3π) +(2kSin[(5πx)/2])/
```
(5π).

习题 5-7

1. 求级数 $\displaystyle\sum_{n=1}^{\infty} \frac{1}{n(n+1)}$ 的和.

2. 求幂级数 $\displaystyle\sum_{n=1}^{\infty} \frac{x^n}{n!}$ 收敛半径和收敛域.

3. 求幂级数 $\displaystyle\sum_{n=1}^{\infty} \frac{(x-1)^n}{2^n n}$ 收敛半径和收敛域.

4. 求幂级数 $\displaystyle\sum_{n=1}^{\infty} \frac{x^n}{n+1}$ 的和函数.

5. 求函数 $f(x) = \dfrac{1}{x^2 + 2x + 3}$ 在 $x=1$ 处的 3 阶泰勒公式.

6. 求函数 $f(x) = (1-x)\ln(1+x)$ 的 5 次麦克劳林级数.

7. 求函数 $f(x) = \begin{cases} x, & -\pi \leqslant x < 0 \\ 0, & 0 \leqslant x < \pi \end{cases}$ 的 5 阶傅里叶级数.

8. 求函数 $f(x) = \begin{cases} 2x+1, & -3 \leqslant x < 0 \\ 1, & 0 \leqslant x < 3 \end{cases}$ 的 5 阶傅里叶级数.

总习题 5

1. 求极限:

(1) $\displaystyle\lim_{x\to 0} \frac{\sin 3x}{5x}$; (2) $\displaystyle\lim_{x\to \frac{\pi}{2}-0} \tan x$; (3) $\displaystyle\lim_{x\to 0^+} \frac{\ln|x|}{x}$; (4) $\displaystyle\lim_{x\to 0} \tan\frac{1}{x}$.

2. 求极限:

(1) $\displaystyle\lim_{x\to\infty} \left(1 - \frac{1}{x}\right)^{kx}$; (2) $\displaystyle\lim_{x\to +\infty} \arctan x$; (3) $\displaystyle\lim_{x\to -\infty} \arctan x$.

3. 设 $f(x) = \begin{cases} x, & x < 0 \\ \sin 2x, & x \geqslant 0 \end{cases}$, 求 $f(x)$ 在 $x=0$ 处左导数 $f'(0^-)$ 和右导数 $f'(0^+)$ 以及导数.

4. 求函数 $y = f(\sin x) + f(\cos x)$ 的一阶导数.

5. 求由方程 $e^y + xy - e = 0$ 所确定的隐函数的导数 $\dfrac{dy}{dx}$.

6. 设 $x = a\cos t, y = b\sin t$, 求一阶和二阶导数.

7. 设 $f(x,y) = \sin(x^2 + 2y)$, 求 $f_x(x,y), f_y(x,y), f_x(1,2), f_{xx}(x,y), f_{xy}(x,y), f_{yx}(x,y)$, $f_{yy}(x,y), f_{xy}(1,2)$.

8. 计算 $z = e^{xy}$ 的全微分及在 $(2,1)$ 处的全微分.

9. 设 $u^2 - v + x = 0, u + v^2 - y = 0$, 求 $\dfrac{\partial u}{\partial x}, \dfrac{\partial u}{\partial y}, \dfrac{\partial v}{\partial x}, \dfrac{\partial v}{\partial y}$.

10. 求圆 $x = \cos t, y = \sin t$ 在 $t = \dfrac{\pi}{4}$ 处的切线和法线方程, 并作图.

11. 在区间 $\left[0, \dfrac{\pi}{2}\right]$ 上对函数 $f(x) = \sin x$ 和 $F(x) = x + \cos x$ 验证柯西中值定理的正确性.

12. 求函数 $f(x) = x^3 - 2x + 3$ 的凹凸区间, 并作图.

13. 求曲线 $\begin{cases} x^2 + y^2 + z^2 = 2 \\ x + y + z = 0 \end{cases}$ 在 $(1, 0, -1)$ 处的切矢量和切线方程和法平面.

14. 设 $f(x,y) = x^2 + \cos(2y)$, 求函数在 $(1,2)$ 处沿方向 $\boldsymbol{a} = \{2, -3\}$ 的方向导数.

15. 计算下列积分

(1) $\displaystyle\int \dfrac{2x^4 + x^2 + 3}{x^2 + 1}dx$;   (2) $\displaystyle\int_0^1 \arcsin x\, dx$;   (3) $\displaystyle\int_1^{+\infty} \arcsin x\, dx$.

16. 计算二重积分 $\displaystyle\iint\limits_{D} \arctan \dfrac{y}{x}dxdy$, 其中 $D = \{(x,y) \mid 1 \leqslant x^2 + y^2 \leqslant 4, 0 \leqslant y \leqslant x\}$.

17. 计算三重积分 $\displaystyle\iiint\limits_{\Omega} z\,dv$, 其中 $\Omega: x^2 + y^2 \leqslant z \leqslant 4$.

18. 计算曲线积分 $\displaystyle\int_L \sqrt{y}\,ds$, 其中 $L: y = x^2 (0 \leqslant x \leqslant 1)$.

19. 求球面 $\Sigma: x^2 + y^2 + z^2 = 2^2$ 的面积.

20. 已知矢量 $\boldsymbol{a} = \{x_1, y_1, z_1\}, \boldsymbol{b} = \{x_2, y_2, z_2\}, \boldsymbol{c} = \{x_3, y_3, z_3\}$, 求数量积 $\boldsymbol{a} \cdot \boldsymbol{b}$, 矢量积 $\boldsymbol{a} \times \boldsymbol{b}$ 和混合积 $(\boldsymbol{a} \times \boldsymbol{b}) \cdot \boldsymbol{c}$.

21. 求幂级数 $\displaystyle\sum_{n=1}^{\infty} \dfrac{x^{2n-1}}{2^n}$ 收敛域与和函数.

22. 求函数 $f(x) = \cos x$ 的各次麦克劳林多项式.

第 5 章习题答案

习题 5-1

1. $\text{In}[1] := f[n\_] := (1 + 1/(3n))^{\wedge} n;$

   $\text{Limit}[f[n], n \to \text{Infinity}]$

   $\text{Out}[1] = e^{1/3}.$

2. $\text{In}[1] := f[1] = \text{N}[\text{Sqrt}[6], 20];$

 $f[n\_] := \text{N}[\text{Sqrt}[6 + f[n-1]], 20];$

f[20]

Out[1] = 2.9999999999999990795

作图观察数列的极限:

In[2]: = f[1] = Sqrt[6];

f[n_] := Sqrt[6 + f[n - 1]];

xn = Table[f[n], {n, 1, 20}];

ListPlot[xn, PlotStyle→{Red, PointSize[Large]}, Filling→Axis]

Out[2] = 输出图像如图 5 - 14 所示

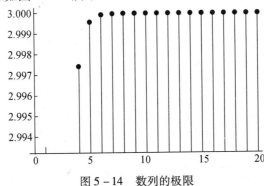

图 5 - 14　数列的极限

列表观察数列的极限:

In[3]: = f[1] = N[Sqrt[6], 20];

f[n_] := N[Sqrt[6 + f[n - 1]], 20];

Do[Print[n, "　", f[n]], {n, 20}]

Out[3] =

1　2.4494897427831780982

2　2.9068006025152771215

3　2.9844263439587979085

4　2.9974032668226005502

5　2.9995671799148957468

6　2.9999278624518449822

7　2.9999879770512156141

8　2.9999979961745333829

9　2.9999996660290703077

10　2.9999999443381778682

11　2.9999999907230296304

12　2.9999999984538382713

13　2.9999999997423063785

14　2.9999999999570510631

15　2.9999999999928418438

16　2.9999999999988069740

17　2.9999999999998011623

18　2.9999999999999668604

19　2.9999999999999944767

20　2.9999999999999990795

故 $\lim\limits_{n\to\infty} x_n = 3$.

3. $In[1] := f[n\_] := (n+1)(n+2)(n+3)/(5n\hat{\ }3);$

$Limit[f[n],n\to Infinity]$

$Out[2] = 1/5.$

4. $In[1] := Limit[Sin[x]/x,x\to 0]$

$Out[1] = 1$

5. $In[1] := Limit[1/(1-x),x\to 1]$

$Out[1] = -\infty$

$In[2] := Limit[1/(1-x),x\to 1,Direction\to 1]$

$Out[2] = \infty$

$In[3] := Limit[1/(1-x),x\to 1,Direction\to -1]$

$Out[3] = -\infty$

该极限不存在.

6. $In[1] := Limit[Sin[1/x],x\to 0]$

$Out[1] = Interval[\{-1,1\}]$

7. $In[1] := Limit[x*(Sqrt[x\hat{\ }2+1]-x),x->+Infinity]$

$Out[1] = 1/2.$

8. $In[1] := Limit[(3x\hat{\ }2-2x-1)/(2x\hat{\ }3-x\hat{\ }2+5),x->+Infinity]$

$Out[1] = 0.$

习题 5 - 2

1. $In[1] := f[x\_] := Sin[x];$

$Direvative = Limit[(f[x+a]-f[x])/a,a->0]$

$Out[1] = Cos[x].$

2. $In[1] := f[x\_] := Which[x<0,x,x>=0,Sin[x]];$

$Left\_Direvative = Limit[(f[x]-f[0])/x,x->0,Direction->1]$

$Right\_Direvative = Limit[(f[x]-f[0])/x,x->0,Direction->-1]$

$Out[1] = 1$

$Out[2] = 1$

$f(x)$ 在 $x=0$ 处的导数为1.

3. $In[1] := D[f[x\hat{\ }2+x],x]$

$Out[1] = (1+2x) f'[x+x^2]$

4. $In[1] := x[t\_] := 2t\hat{\ }2;$

$y[t\_] := Sin[t];$

$Dx := D[x[t],t];$

$Dy := D[y[t],t];$

$Yijie = Dy/Dx$

$Y[t\_] := Dy/Dx;$

Erjie = D[Y[t],t]/ D[x[t],t]

Out[1] = Cos[t]/ (4 t)

Out[2] = − ((Cos[t] + t Sin[t])/ (16 t^3)).

5. In[1]: = f[x_] : = x^3;

dz = = D[f[x],x] dx

dz = = D[f[x],x] △x/ . {x→2, △x→0.02}

Out[1] = dz = = 3 dx x^2

Out[2] = dz = = 0.24

6. In[1]: = F[x_,y_] : = y − 1 + x ∗ Expy;

D[F[x,y[x]]] = = 0,x]

Solve[% ,y'[x]].

Out[1] = e$^{y[x]}$ + y'[x] + e$^{y[x]}$ x y'[x] = = 0

Out[2] = {{y'[x] − > − e$^{y[x]}$/ (1 + e$^{y[x]}$ x)}}.

7. In[1]: = f[x_,y_] : = x^3 + 3x × y + y^3;

D[f[x,y],x]

D[f[x,y],y]

D[f[x,y],x]/ . {x→1,y→2}

D[f[x,y],x,x]

D[f[x,y],x,y]

D[f[x,y],y,x]

D[f[x,y],y,y]

D[f[x,y],x,y]/ . {x→1,y→2}

Out[1] = 3 x^2 + 3 y;

Out[2] = 3x + 3 y^2;

Out[3] = 9;

Out[4] = 6x;

Out[5] = 3;

Out[6] = 3;

Out[7] = 6 y;

Out[8] = 3.

8. In[1]: = f[x_,y_] : = x^2 × y + y^2;

dz = = D[f[x,y],x] dx + D[f[x,y],y]dy

dz = = D[f[x,y],x] dx + D[f[x,y],y]dy/ . {x→2,y→1}

Out[1] = dz = = dx x y + dy (x^2 + 2y)

Out[2] = dz = = 4 dx + 6 dy.

9. In[1]: = D[f[x^2 + y^2 + z^2],x]

D[f[x^2 + y^2 + z^2],x,z]

Out[1] = 2 x f'[x^2 + y^2 + z^2]

Out[2] = 4 x z f"[x^2 + y^2 + z^2].

10. In[1]: = F[x_,y_,u_,v_] : = x × u − y × v;

$G[x\_,y\_,u\_,v\_] := y \times u + x \times v - 1;$

$Fx = D[F[x,y,u,v],x];$

$Fy = D[F[x,y,u,v],y];$

$Fu = D[F[x,y,u,v],u];$

$Fv = D[F[x,y,u,v],v];$

$Gx = D[G[x,y,u,v],x];$

$Gy = D[G[x,y,u,v],y];$

$Gu = D[G[x,y,u,v],u];$

$Gv = D[G[x,y,u,v],v];$

$$U_x = -\frac{\det\left[\begin{pmatrix} F_x & F_v \\ G_x & G_v \end{pmatrix}\right]}{\det\left[\begin{pmatrix} F_u & F_v \\ G_u & G_v \end{pmatrix}\right]}$$

$$U_y = -\frac{\det\left[\begin{pmatrix} F_y & F_v \\ G_y & G_v \end{pmatrix}\right]}{\det\left[\begin{pmatrix} F_u & F_v \\ G_u & G_v \end{pmatrix}\right]}$$

$$V_x = -\frac{\det\left[\begin{pmatrix} F_u & F_x \\ G_u & G_x \end{pmatrix}\right]}{\det\left[\begin{pmatrix} F_u & F_v \\ G_u & G_v \end{pmatrix}\right]}$$

$$V_y = -\frac{\det\left[\begin{pmatrix} F_u & F_y \\ G_u & G_y \end{pmatrix}\right]}{\det\left[\begin{pmatrix} F_u & F_v \\ G_u & G_v \end{pmatrix}\right]}$$

$Out[1] = (-u\ x - v\ y)/(x^2 + y^2)$

$Out[2] = (v\ x - u\ y)/(x^2 + y^2)$

$Out[3] = (-v\ x + u\ y)/(x^2 + y^2)$

$Out[4] = (-u\ x - v\ y)/(x^2 + y^2).$

习题 5 – 3

1. $In[1] := F[x\_,y\_] := 144 - 9x\verb|^|2 - 16y\verb|^|2;$

$x0 = 2;$

$y0 = (3\sqrt{3})/2;$

$m = -D[F[x,y],x]/D[F[x,y],y]/.\{x \rightarrow x0, y \rightarrow y0\};$

$y = = y0 + m(x - x0)$

$y = = y0 - (1/m)(x - x0)$

```
qux = ContourPlot[ F[ x ,y ] == 0, { x , -5 ,5 } , { y , -4 ,4 } ] ;
qiex = Plot[ y0 + m ( x - x0 ) , { x , -5 ,5 } ] ;
fax = Plot[ y0 - ( 1/ m ) ( x - x0 ) , { x , -5 ,5 } ] ;
Show[ qux , qiex , fax ]
```

$\text{Out}[1] = y == (3\sqrt{3})/2 - 1/4\sqrt{3}(-2+x);$

$\text{Out}[2] = y == (3\sqrt{3})/2 + (4(-2+x))/\sqrt{3}$

Out[3] = 输出图像如图 5 - 15 所示

2. In[1]: = f[x_]: = 4x^3 - 5x^2 + x - 2;
a = 0;
b = 1;
Solve[f'[x] - (f[b] - f[a])/ (b - a) == 0 , x]

$\text{Out}[1] = \{ \{ x \rightarrow 1/12(5 - \sqrt{13}) \}, \{ x \rightarrow 1/12(5 + \sqrt{13}) \} \}$

$\text{In}[2]: = N[\{ \{ x \rightarrow 1/12(5 - \sqrt{13}) \}, \{ x \rightarrow 1/12(5 + \sqrt{13}) \} \}]$

Out[2] = { { x - >0.116204 } , { x - >0.717129 } }

In[3]: = Plot[{ f[x] , f[0.116204] , f[0.717129] } , { x , 0 , 1 }].

Out[3] =输出的图形如图 5 - 16 所示

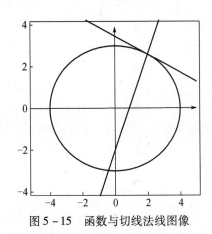

图 5 - 15 函数与切线法线图像

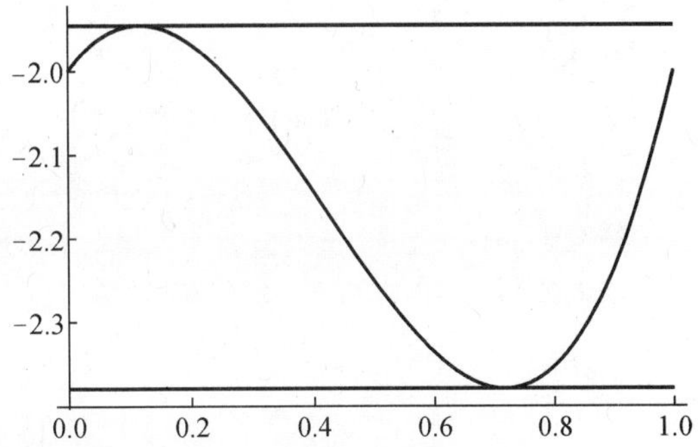

图 5 - 16 函数和切线图像

故 $f(x)$ 在区间 [0,1] 上满足拉格朗日中值定理条件,且存在 $1/12(5 - \sqrt{13})$, $1/12(5 + \sqrt{13})$ 都包含在 [0,1] 区间内,使得 $f'(\xi) = \dfrac{f(1) - f(0)}{1 - 0}$.

3. In[1]: = f[x_]: = 2(x^3) - 9(x^2) + 12 * x - 3;
Plot[f[x] , { x , -0.5 ,3 }]

Out[1] =输出的图像如图 5 - 17 所示

In[2]: = d1 = FindRoot[f'[x] == 0 , { x ,1 }]
d2 = FindRoot[f'[x] == 0 , { x ,2 }]

Out[2] = { x - >1. }

Out[3] = { x - >2. }

故单调增区间为:$(-\infty ,1]$, $[2 , +\infty)$,单调减区间为 $[1,2]$.

4. In[1]: = f[x_] := x^3 - 2x + 3;

   Plot[f[x], {x, -3,3}]

   Solve[f''[x] == 0,x] 求二阶导数的零点

Out[1] = 输出的图像如图 5 - 18 所示

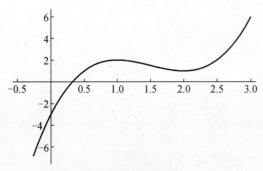

图 5 - 17 函数图像

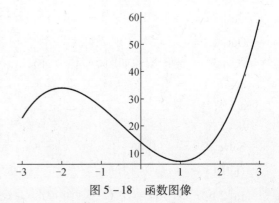

图 5 - 18 函数图像

Out[2] = {{x → - (1/ 2)}}

In[2]: = f[- (1/ 2)]

Out[3] = 41/ 2,

因此拐点为 $\left(-\dfrac{1}{2}, \dfrac{41}{2} \right)$.

5. In[1]: = f[x_] := x^2 - 4x + 3

K = Abs[f''[2]]/ (1 + f'[2]^2)^ (3/ 2)

R = 1/ K

Out[1] = 2

Out[2] = 1/ 2.

6. In[1]: = F[x_,y_,z_] := x^2 + y^2 + z^2 - 14;

x0 = 1;

y0 = 2;

z0 = 3;

n = D[F[x,y,z], {{x,y,z}}]/ . {x - >x0,y - >y0,z - >z0}

(x - x0)n[[1]] + (y - y0)n[[2]] + (z - z0)n[[3]] == 0

Simplify[%]

(x - x0)/ n[[1]] == (y - y0)/ n[[2]] == (z - z0)/ n[[3]]

Out[1] = {2,4,6}

Out[2] = 2 (-1 + x) + 4 (-2 + y) + 6 (-3 + z) == 0

Out[3] = x + 2y + 3z == 14

Out[4] = 1/ 2 (-1 + x) == 1/ 4 (-2 + y) == 1/ 6 (-3 + z)

7. In[1]: = f[x_,y_] := x^2 + Cos[2y];

grad = D[f[x,y], {{x,y}}];

VectorPlot[%, {x, -1,1}, {y, -1,1}]

Out[1] = grad/ . {x - >1,y - >3}

214

Out[2] = 输出图像如图 5-19 所示

8. In[1]: = f[x_, y_]: = x × Exp[2x];

   grad = D[f[x, y], {{x, y}}]

   tidu = grad/. {x→1, y→0}

   a = {1, -1};

   FXDS = Grad. a/ Norm[a]

   Out[1] = {e^{2y}, 2e^{2y} x}

   Out[2] = {1, 2}

   Out[3] = -(1/$\sqrt{2}$).

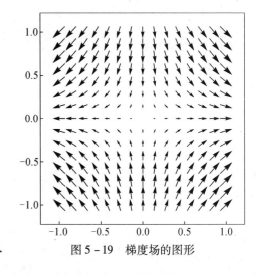

图 5-19 梯度场的图形

习题 5-4

1. In[1]: = $\int$ x^2/ (x+2)^3 dx

   Out[1] = (6+4 x)/ (2+x)^2 + Log[2+x].

2. In[1]: = $\int_0^{\frac{\pi}{2}}$ Cos[x]^5 × Sin[x] dx

   Out[1] = 1/6.

3. In[1]: = $\int_{-\infty}^{\infty}$ 1/ (1+x^2) dx

   Out[1] = π.

4. In[1]: = f[x_, y_]: = x^2 e$^{-y^2}$

   x1 = 0;

   x2 = 1;

   y1[x_]: = x;

   y2[x_]: = 1;

   Integrate[f[x, y], {x, x1, x2}, {y, y1[x], y2[x]}]

   Out[1] = (-2+e)/ (6 e)

5. In[1]: = f[x_, y_, z_]: = Sin[z]/ z;

   x1 = 0;

   x2 = 1;

   y1[x_]: = 0;

   y2[x_]: = (1-x);

   z1[x_, y_]: = x+y;

   z2[x_, y_]: = 1;

   Integrate[f[x, y, z], {x, x1, x2}, {y, y1[x], y2[x]}, {z, z1[x, y], z2[x, y]}]

   Out[1] = 1/2 (-Cos[1] + Sin[1]).

6. In[1]: = P[x_, y_]: = x^2;

   Q[x_, y_]: = -xy;

   x[t_]: = Cos[t];

   y[t_]: = Sin[t];

   t1 = 0;

215

t2 = Pi/ 2;

Integrate[(x'[t]P[x,y]/ . {x→x[t],y→y[t]}) + (y'[t]Q[x,y]/ . {x→x[t],y→y[t]}),{t,t1,t2}]

Out[1] = -(2/ 3).

7. $\Sigma:z = \sqrt{1 - x^2 - y^2}$, $\iint\limits_{\Sigma} xyz \mathrm{d}x\mathrm{d}y = \iint\limits_{D_{xy}} xy \sqrt{1 - x^2 - y^2} \mathrm{d}x\mathrm{d}y$, 利用极坐标求其值.

In[1]:= f[x_,y_]:= x * y * Sqrt[1 - x^2 - y^2];

   r = 1;

   Integrate[r f[x,y]/ . {x→r Cos[t],y→r Sin[t]},{t,0,2Pi},{r,0,a}]

   Out[1] = 1/ 15.

习题 5 - 5

1. In[1]:= Plot[Sin[x],{x,0,Pi}]

A = Integrate[Sin[x],{x,0,Pi}]

Out[1] = 输出的图像如图 5 - 20 所示

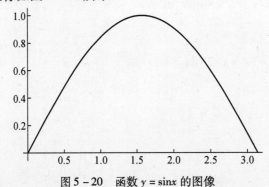

图 5 - 20   函数 $y = \sin x$ 的图像

Out[2] = 2

2. 该旋转体可视为由上半椭圆 $y = \dfrac{b}{a} \sqrt{a^2 - x^2}$ 及 x 轴所围成的图形绕 x 轴旋转而成的立体.

故所求旋转椭球体的体积为

$$V = \pi \int_{-a}^{a} \pi f^2(x) \mathrm{d}x$$

In[1]:= f[x_]:= b/ a $\sqrt{a^2 - x^2}$

V = Pi Integrate[f[x]^2,{x, -a,a}]

Out[1] = 4/ 3 a b^2 π

3. In[1]:= f[x_,y_,z_]:= 1;

t1 = 0;

t2 = 2Pi;

phi1[t_]:= 0;

phi2[t_]:= Pi/ 4;

r1[t_,phi_]:= 0;

r2[t_,phi_]:= 1;

```
Integrate[r^2Sin[phi]f[x,y,z]/.{x->r Sin[phi] Cos[t],y->r Sin[phi]Sin[t],z->
r Cos[phi]},{t,t1,t2},{phi,phi1[t],phi2[t]},{r,r1[t,phi],r2[t,phi]}]
```

Out[1] = $-(1/3)$ $(-2+\sqrt{2})$ π.

4. 取半球体的对称轴为 z 轴,原点取在球心上,又设球半径为 a,则半球体所占空间闭区域为

$$\Omega = \{(x,y,z) \mid x^2 + y^2 + z^2 \leqslant a^2, z \geqslant 0\}$$

```
In[1]:= t1 =0;
   t2 =2Pi;
   phi1[t_]:=0;
   phi2[t_]:=Pi/2;
   r1[t_,phi_]:=0;
   r2[t_,phi_]:=a;
   v = Integrate[r^2Sin[phi] /.{x->r Sin[phi] Cos[t],y->r Sin[phi]Sin[t],z->r
Cos[phi]},{t,t1,t2},{phi,phi1[t],phi2[t]},{r,r1[t,phi],r2[t,phi]}];
   x = Integrate[r^2Sin[phi]x/.{x->r Sin[phi] Cos[t],y->r Sin[phi]Sin[t],z->r
Cos[phi]},{t,t1,t2},{phi,phi1[t],phi2[t]},{r,r1[t,phi],r2[t,phi]}]/v;
   y = Integrate[r^2Sin[phi]y/.{x->r Sin[phi] Cos[t],y->r Sin[phi]Sin[t],z->r
Cos[phi]},{t,t1,t2},{phi,phi1[t],phi2[t]},{r,r1[t,phi],r2[t,phi]}]/v;
   z = Integrate[r^2Sin[phi]z/.{x->r Sin[phi] Cos[t],y->r Sin[phi]Sin[t],z->r
Cos[phi]},{t,t1,t2},{phi,phi1[t],phi2[t]},{r,r1[t,phi],r2[t,phi]}]/v;
      {x,y,z}
```

Out[1] = $\{0,0,(3a)/8\}$.

```
5. In[1]:= f[x_,y_,z_]:=x^2 + y^2 + z^2;
   a:=a;
   x[t_]:=a*Cos[t];
   y[t_]:= a *Sin[t];
   z[t_]=k*t;
   t1 =0;
   t2 =2 Pi;
   Integrate[Sqrt[x'[t]^2 +y'[t]^2 + z'[t]^2]*f[x,y,z]/.{x->x[t],y->y[t],z->z[t]},
{t,t1,t2}]
```

Out[1] = $2 a^2\sqrt{a^2 + k^2}\pi +8/3 k^2\sqrt{a^2 + k^2}\pi^3$.

```
6. In[1]:=f[x_,y_,z_]:= z;
   F[x_,y_]:=1/[x^2 +y^2];
   t1 =0;
   t2 =2 Pi;
   r1[t_]:=0;
   r2[t_]:= Sqrt[2];
   A = Sqrt[1 +D[F[x,y],x]^2 +D[F[x,y],y]^2];
```

```
B = A f[x,y,z]/.{z→F[x,y]};
Integrate[r B/.{x→r Cos[t],y→r Sin[t]},{t,t1,t2},{r,r1[t],r2[t]}]
Out[1] = 2/15 (1+6√3) π.
```

7.
```
In[1]: = P = x^2 - y;
Q = 4z;
R = x^2;
A = {P,Q,R};
rotA = {D[R,y] - D[Q,z],D[P,z] - D[R,x],D[Q,x] - D[P,y]};
f[x_,y_]: = Sqrt[x^2 + y^2];
F[x_,y_,z_]: = z - f[x,y];
n = D[F[x,y,z],{{x,y,z}}];
t1 = 0;
t2 = 2 Pi;
r1[t_]: = 0;
r2[t_]: = 2;
Integrate[rotA. n/.{x - > r Cos[t],y - > r Sin[t]},{t,t1,t2},{r,r1[t],r2[t]}].
Out[1] = 4 π.
```

8.
```
In[1]: = P = 0;
Q = y * z;
R = z^2;
A: = {P,Q,R};
divA = D[P,x] + D[Q,y] + D[R,z]
f[x_,y_,z_]: = divA;
x1 = 0;
x2 = 1;
y1[x_] = -1;
y2[x_] = 1;
z1[x_,y_] = 0;
z2[x_,y_] = Sqrt[1 - y^2];
Integrate[f[x,y,z],{x,x1,x2},{y,y1[x],y2[x]},{z,z1[x,y],z2[x,y]}]
Out[1] = 2.
```

习题 5 - 6

1.
```
In[1]: = a = {1,2,4};
b = {-2,3,6};
c = {2,4,-2};
a. b
Cross[a,b]
Cross[a,b]. c
Out[1] = 28
Out[2] = {0,-14,7}
```

Out[3] = − 70.

2. In[1]: = a = {4, − 3 ,2};

Norm[a]

Normalize[a]

Out[1] = $\sqrt{29}$

Out[2] = $\left\{ \dfrac{4}{\sqrt{29}}, \dfrac{-3}{\sqrt{29}}, \dfrac{2}{\sqrt{29}} \right\}$

3. In[1]: = A = {2,2 ,Sqrt[2]};

B = {1,3,0};

a = B − A;

Sqrt[a. a];

Out[1] = 2

4. In[1]: = a = {3, − 1 , − 2};

b = {1 ,2, − 1};

prja = a. b/ Norm[b]

Out[1] = $\sqrt{\dfrac{3}{2}}$.

5. In[1]:a = {3, − 1, − 2};

b = {1 ,2, − 1};

yux = a. b/ (Norm[a] ∗ Norm[b])

Out[1] = $\dfrac{\sqrt{\dfrac{3}{7}}}{2}$.

6. In[1]: = a = {1 ,0,4}; b = {2, − 1, − 5};

s = Cross[a,b]

x0 = − 3;

y0 = 2;

z0 = 5;

(x − x0)/ s[[1]] = = (y − y0)/ s[[2]] = = (z − z0)/ s[[3]]

Out[1] = {− 4, − 3, − 1}

Out[2] = 1/ 4 (− 3 − x) = = (2 − y)/ 3 = = 5 − z

7. In[1]: = a = {2, − 1,4};

b = {− 1,3, − 2};

c = {0,2,3};

n1 = c − a;

n2 = c − b;

n = Cross[n1 ,n2]

(x − a[[1]]) n[[1]] + (y − a[[2]]) n[[2]] + (z − a[[3]]) n[[3]] = = 0;

Simplify[%]

Out[1] = {14 ,9, − 1}

Out[2] = 14 x + 9 y = = 15 + z.

习题 5 - 7

1. In[1] := f[n_] := 1/(n(n+1));
Sum[f[n],{n,1,Infinity}]
Out[1] = 1.

2. In[1] := a[n_] := 1/n!
f[x_,n_] := a[n]x^n;
r = Limit[Abs[a[n+1]/a[n]],n - >Infinity];
R = 1/r
Sum[f[-1,n],{n,1,Infinity}](左端点)
Sum[f[1,n],{n,1,Infinity}](右端点)
Out[1] = ComplexInfinity 半径为正无穷,
(1 - e)/e(左端点处收敛)
- 1 + e(右端点处收敛)
收敛域为 $-\infty < x < +\infty$.

3. In[1] := a[n_] := 1/((2^n) * n)
f[x_,n_] := a[n](x-1)^n;
r = Limit[Abs[a[n+1]/a[n]],n - >Infinity];
R = 1/r
Out[1] = 2
In[2] := Sum[f[-1,n],{n,1,Infinity}]
Sum[f[3,n],{n,1,Infinity}]
Out[2] = -Log[2] (左端点处收敛)
Sum::div: Sum does not converge. > >
$\sum_{n=1}^{\infty} \frac{1}{n}$ (右端点处发散)
故收敛域为 $-1 \leqslant x < 3$.

4. In[1] := a[n_] := 1/(n+1)
f[x_,n_] := a[n]x^n;
Sum[f[x,n],{n,1,Infinity}]
Out[1] = -(Log[1-x]/x).

5. In[1] := f[x_] := 1/(x^2 + 4x + 3);
x0 = 1;
Series[f[x],{x,x0,3}]
Out[1] = 1/8 - (3 (x-1))/32 + 7/128 (x-1)^2 - 15/512 (x-1)^3 + O[x-1]^4.

6. In[1] := f[x_] := (1 - x) * Log[1 + x];
x0 = 0;
k = 5;
Normal[Series[f[x],{x,x0,k}]]
Out[1] = x - (3 x^2)/2 + (5 x^3)/6 - (7 x^4)/12 + (9 x^5)/20.

7. In[1]:= f[x_]:= Which[- Pi < = x < 0,x,0 < = x < Pi,0]

f[x_]:= f[x - 2Pi]/ ;x > Pi

f[x_]:= f[x - 2Pi]/ ;x < - Pi

a[n_]:= (1/ Pi) Integrate[f[x] Cos[n x],{x, - Pi,Pi}]

b[n_]:= (1/ Pi) Integrate[f[x] Sin[n x],{x, - Pi,Pi}]

a[0]/ 2 + Sum[a[n] Cos[n x] + b[n] Sin[n x],{n,1,5}]

Out[1] = - (π/4) + (2 Cos[x])/ π + (2 Cos[3 x])/ (9 π) + (2 Cos[5 x])/ (25 π) + Sin[x] - 1/ 2 Sin[2 x] + 1/ 3 Sin[3 x] - 1/ 4 Sin[4 x] + 1/ 5 Sin[5 x].

8. In[1]:= f[x_]:= Which[- 3 < = x < 0,2x + 1,0 < = x < 3,1]

f[x_]:= f[x - 6]/ ;x > 3

f[x_]:= f[x - 6]/ ;x < - 3

a[0] = (1/ 3) Integrate[f[x] ,{x, - 3,3}];

a[n_]:= (1/ 3) Integrate[f[x] Cos[(n π x)/ 3],{x, - 3,3}]

b[n_]:= (1/ 3) Integrate[f[x] Sin[(n π x)/ 3],{x, - 3,3}]

a[0]/ 2 + Sum[a[n] Cos[(n π x)/ 3] + b[n] Sin[(n π x)/ 3],{n,1,5}]

Out[1] = - (1/ 2) + (12 Cos[(π x)/ 3])/ π2 + (4 Cos[π x])/ (3 π2) + (12 Cos[(5 π x)/ 3])/ (25 π2) + (6 Sin[(π x)/ 3])/ π - (3 Sin[(2 π x)/ 3])/ π + (2 Sin[π x])/ π - (3 Sin[(4 π x)/ 3])/ (2 π) + (6 Sin[(5 π x)/ 3])/ (5 π).

总习题5

1. In[1]:= Limit[Sin[3x]/ (5x),x - >0]

Out[1] = 3/ 5

In[2]:= Limit[Tan[x],x - > Pi/ 2,Direction - >1]

Out[2] = ∞

In[3]:= Limit[Log[Abs[x]]/ x,x - >0,Direction - > - 1]

Out[3] = - ∞

In[4]:= Limit[Tan[1/ x],x - >0]

Out[4] = Interval[{ - ∞ ,∞ }]

2. In[1]:= Limit[(1 - 1/ x)^ (k * x),x - > Infinity]

Out[1] = e^{-k}

In[2]:= Limit[(ArcTan[x]),x - > + Infinity]

Out[2] = π/ 2

In[3]:= Limit[(ArcTan[x]),x - > - Infinity]

Out[3] = - (π/ 2).

3. In[1]:= f[x_]:= Which[x <0,x,x > =0,Sin[2x]]

Left_Direvative = Limit[(f[x] - f[0])/ x,x - >0,Direction - >1]

Right_Direvative = Limit[(f[x] - f[0])/ x,x - >0,Direction - > - 1]

Out[1] =1

Out[2] =2

4. In[1]:= D[f[Sin[x]] + f[Cos[x]],x]

Out[1] = - Sin[x] f '[Cos[x]] + Cos[x] f '[Sin[x]].

5. In[1]: = F[x_,y_]: = Exp[y] + x × y − Exp[1];
        D[F[x,y[x]]] = =0,x]
        Solve[%,y'[x]]
    Out[1] = y[x] + e^{y[x]}y'[x] + x y'[x] = =0;
    Out[2] = {{y'[x] → − y[x]/ (e^{y[x]} + x)}}
6. In[1]: =x[t_]: = a ∗ Cos[t];
y[t_]: = b ∗ Sin[t];
Dx: = D[x[t],t];
Dy: = D[y[t],t];
Yijie = Dy/ Dx
Y[t_]: = Dy/ Dx;
Erjie = D[Y[t],t]/ D[x[t],t]
Out[1] = − bCot[t]/ a
Out[2] = − bCsc[t]^3/ a^3.
7. In[1]: = f[x_,y_]: = Sin[x^ 2 + 2y];
D[f[x,y],x]
D[f[x,y],y]
D[f[x,y],x]/ . {x − >1,y − >2}
D[f[x,y],x,x]
D[f[x,y],x,y]
D[f[x,y],y,x]
D[f[x,y],y,y]
D[f[x,y],x,y]/ . {x − >1,y − >2}
Out[1] = 2 x Cos[x^2 + 2y]
Out[2] = 2 Cos[x^2 + 2y]
Out[3] = 2 Cos[5]
Out[4] = 2 Cos[x^2 + 2y] − 4 x^2 Sin[x^2 + 2y]
Out[5 = − 4 x Sin[x^2 + 2y]
Out[6] = − 4 Sin[x^2 + 2y]
Out[7] = − 4 Sin[5].
8. In[1]: =f[x_,y_]: = Exp[x ∗ y];
dz = = D[f[x,y],x] dx + D[f[x,y],y]dy
dz = = D[f[x,y],x] dx + D[f[x,y],y]dy/ . {x − >2,y − >1}
Out[1] = dz = = dy e^{xy} x + dx e^{xy} y
Out[2] = dz = = dx e^2 + 2 dy e^2.
9. In[1]: = F[x_,y_,u_,v_]: = u^ 2 − v + x;
G[x_,y_,u_,v_]: = u + v^ 2 − y;
Fx = D[F[x,y,u,v],x] ;
Fy = D[F[x,y,u,v],y] ;
Fu = D[F[x,y,u,v],u] ;

Fv = D[F[x,y,u,v] ,v] ;

Gx = D[G[x,y,u,v] ,x] ;

Gy = D[G[x,y,u,v] ,y] ;

Gu = D[G[x,y,u,v] ,u] ;

Gv = D[G[x,y,u,v] ,v] ;

Ux = − Det[({{Fx,Fv} ,{Gx,Gv} })]/ Det[({{Fu,Fv} ,{Gu,Gv} })]

Uy = − Det[({{Fy,Fv} ,{Gy,Gv} })]/ Det[({{Fu,Fv} ,{Gu,Gv} })]

Vx = − Det[({{Fu,Fx} ,{Gu,Gx} })]/ Det[({{Fu,Fv} ,{Gu,Gv} })]

Uy = − Det[({{Fu,Fy} ,{Gu,Gy} })]/ Det[({{Fu,Fv} ,{Gu,Gv} })]

Out[1] = − ((2 v)/ (1 +4 u v))

Out[2] = 1/ (1 +4 u v)

Out[3] = 1/ (1 +4 u v)

Out[4] = (2 u)/ (1 +4 u v) .

10. In[1] : = x[t_] : = Cos[t]

y[t_] : = Sin[t]

t0 = Pi/ 4 ;

y = = y[t0] + (y′[t0]/ x′[t0]) (x − x[t0])

y = = y[t0] − (x′[t0]/ y′[t0]) (x − x[t0])

qx = ParametricPlot[{x[t] ,y[t] } ,{t,0,2Pi}] ;

qiex = ParametricPlot[{x[t0] + x′[t0] t,y[t0] + y′[t0] t} ,{t,0,2Pi}] ;

fax = ParametricPlot[{x[t0] + y′[t0] t,y[t0] − x′[t0] t} ,{t,0,2Pi}] ;

Show[qx ,qiex ,fax ,AspectRatio Automatic ,PlotRange {{ −5,5} ,All}]

Out[1] = y = = $\sqrt{2}$ − x

Out[2] = y = = x

Out[3] = 输出图形如图 5 −21 所示

11. In[1] : = f[x_] : = Sin[x] ;

F[x_] : = x + Cos[x] ;

a = 0 ;

b = Pi/ 2 ;

Solve[f′[x] (F[b] − F[a]) = = F′[x] (f[b] − f[a]) ,x]

Out[1] = {{x − > ConditionalExpression[π/ 2 +2πC[1] ,C[1] ∈ Integers]} ,{x − > ConditionalExpression[ArcTan[(4 π − π2)/ (−8 +4 π)] +2 π C[1] ,C[1] ∈ Integers]}}

In[2] : = ArcCos[(4Pi − 8)/ (8 −4Pi + Pi^ 2)]/ / N

0 < ArcCos[(4Pi −8)/ (8 −4Pi + Pi^ 2)] < Pi/ 2

Out[2] = 0.533458

Out[3] = True.

12. In[1] : = f[x_] : = x^ 3 −2x +3 ;

Plot[f[x] ,{x, −3,3}]

Solve[f″[x] = = 0,x]

Out[1] = 输出图形如图 5 −22 所示

Out[2] = {{x - >0}}.

In[2] := {0,f(0)}.

Out[3] = {0,0}凸区间为(-∞ ,0),凹区间为[0, +∞).

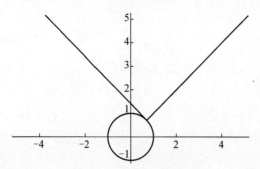

图 5 -21　函数及切线图像

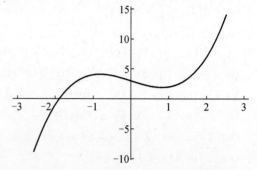

图 5 -22　函数 $y = x^3 -2x +3$ 图像

13. In[1] := F[x_,y_,z_] := x^2 + y^2 + z^2 -2;

G[x_,y_,z_] := x + y + z;

x0 = 1;y0 = 0;z0 = -1;

A = D[F[x,y,z],{{x,y,z}}]/ . {x - >x0,y - >y0,z - >z0};

B = D[G[x,y,z],{{x,y,z}}]/ . {x - >x0,y - >y0,z - >z0};

T = Cross[A,B];

(x -x0)/ T[[1]] == (y -y0)/ T[[2]] == (z -z0)/ T[[3]]

(x -x0)T[[1]] + (y -y0)T[[2]] + (z -z0)T[[3]] ==0;

Simplify[%]

Out[1] = 1/ 2 (-1 +x) == -(y/ 4) == (1 +z)/ 2

Out[2] = x + z ==2y.

14. In[1] := f[x_,y_] := x^2 + Cos[2y];

grad = D[f[x,y],{{x,y}}]

gradzhi = grad/ . {x - >1,y - >2};

a = {2, -3};

FXDS = gradzhi. a/ Norm[a]

Out[1] = {2 x, -2 Sin[2y]}

Out[2] = (4 +6 Sin[4])/ $\sqrt{13}$.

15. In[1] := Integrate[(2x^4 +x^2 +3)/ (x^2 +1),x]

$\int_0^1$ arcsinxdx

$\int_1^{+\infty}$ arcsinxdx

Out[1] = -x + (2 x^3)/ 3 +4 ArcTan[x]

Out[2] = 1/ 2 (-2 +π)

Out[3] = 1/ 3.

16. In[1] := f[x_,y_] := ArcTan[y/ x];

224

```
t1 = 0;
t2 = Pi/4;
r1[t_] : =1;
r2[t_] : =2;
Integrate[ r f[x,y]/ . {x - > r Cos[t] ,y - > r Sin[t]} ,{t,t1,t2} ,{r,r1[t] ,r2[t]} ]
Out[1] = (3 π²)/ 64.
17. In[1] : =f[x_,y_,z_] : = z;
x1 = -2;
x2 =2;
y1[x_] : = - Sqrt[4 - x^2] ;
y2[x_] : = Sqrt[4 - x^2] ;
z1[x_,y_] : =x^2 +y^2;
z2[x_,y_] : =4;
Integrate[f[x,y,z] ,{x,x1,x2} ,{y,y1[x] ,y2[x]} ,{z,z1[x,y] ,z2[x,y]} ]
Out[1] = (64 π)/ 3.
18. In[1] : = f[x_,y_] : = Sqrt[y] ;
L[x_] : =x^2;
a =0;
b =1;
Integrate[ Sqrt[1 + L'[x]^2] f[x,y]/ . {y - > L[x]} ,{x,a,b} ]
Out[1] = 1/ 12 ( -1 +5√5 ).
19. In[1] : = a: =2;
x[t_,phi_] : = a Sin[phi] Cos[t] ;y[t_,phi_] : = a Sin[phi] Sin[t] ;z[t_,phi_] : = a Cos
[phi] ;
r[t_,phi_] : = {x[t,phi] ,y[t,phi] ,z[t,phi]} ;'
A = Norm[ Cross[ D[r[t,phi] ,t] ,D[r[t,phi] ,phi] ] ];
t1 =0;
t2 =2 Pi;
phi1 =0;
phi2 = Pi;
Integrate[ A ,{t,t1,t2} ,{phi,phi1,phi2} ]
Out[1] = 16 π.
20. In[1] : = a = {x1,y1,z1} ;
b = {x2,y2,z2} ;
c = {x3,y3,z3} ;
a. b
Cross[ a,b]
Cross[ a,b]. c
Out[1] = x1 x2 + y1 y2 + z1 z2
Out[2] = { - y2 z1 + y1 z2,x2 z1 - x1 z2, - x2y1 + x1 y2}
```

Out[3] = y3 (x2 z1 − x1 z2) + x3 (−y2 z1 + y1 z2) + (−x2y1 + x1 y2) z3

21. In[1] := a[n_] := 1/ 2^ n

In[1] := f[x_,n_] := a[n]x^(2n − 1);

r = Limit[Abs[a[n + 1]/ a[n]], n − > Infinity];

R = 1/ Sqrt[r]

Out[1] = $\sqrt{2}$

In[2 := Sum[f[−$\sqrt{2}$,n], {n,1,Infinity}]

Sum[f[$\sqrt{2}$,n], {n,1,Infinity}]

Out[2] = Sum::div: Sum does not converge. > >

$$\sum_{n=1}^{\infty} (-1)^{-1+2n} 2^{-n+\frac{1}{2}(-1+2n)}$$

Out[3] = Sum::div: Sum does not converge. > >

$$\sum_{n=1}^{\infty} 2^{-n+\frac{1}{2}(-1+2n)}$$

收敛域为$(-\sqrt{2},\sqrt{2})$.

22. In[1] := f[x_] := Cos[x];

x0 = 0;

Series[f[x], {x,x0,4}]

Out[1] = $1 - x^2/ 2 + x^4/ 24 + O[x]^5$.

第6章
Mathematica 线性代数学习基础

本章概要

- 行列式
- 矩阵及其运算
- 矩阵的初等变换与线性方程组
- 矢量组的线性相关性
- 相似矩阵及二次型
- 矩阵分解

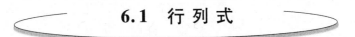

6.1 行 列 式

线性代数的数值计算程序并不稀奇,早有大量的算法和软件.然而这里是进行准确的符号运算,学习了本节以后,就可以摆脱冗繁的矩阵运算了.本章介绍用 Mathematica 实现线性代数运算的各种专用函数,它们基本上满足了线性代数计算的需求.这些计算功能是十分出色的,但从我国的教材来看,还有个别计算功能没有涉及,留有继续开发的余地.

6.1.1 行列式的计算

◆Det[A]:对矩阵 A 取行列式.

例6.1　计算三阶行列式

$$|A| = \begin{vmatrix} 2 & 0 & 1 \\ 1 & -4 & -1 \\ -1 & 8 & 3 \end{vmatrix}$$

输入　　　　A = {{2,0,1},{1,-4,-1},{-1,8,3}};
　　　　　　Det[A]

输出　　　　-4

例6.2　计算四阶行列式

$$|A| = \begin{vmatrix} 4 & 1 & 2 & 4 \\ 1 & 2 & 0 & 2 \\ 10 & 5 & 2 & 0 \\ 0 & 1 & 1 & 7 \end{vmatrix}$$

输入　　　　A = {{4,1,2,4},{1,2,0,2},{10,5,2,0},{0,1,1,7}};

```
                Det[A]
输出              0
```

例 6.3 求解方程

$$\begin{vmatrix} x+1 & 2 & -1 \\ 2 & x+1 & 1 \\ -1 & 1 & x+1 \end{vmatrix}$$

输入
```
A = {{x +1,2, -1},{2,x +1,1},{ -1,1,x +1}}
Solve[Det[A] = =0,x]
```

输出
```
{{1 +x,2, -1},{2,1 +x,1},{ -1,1,1 +x}}
{{x - > -3},{x - > - Sqrt[3]},{x - > Sqrt[3]}}
```

例 6.4 计算行列式

$$\begin{vmatrix} a & b & c & d \\ a & a+b & a+b+c & a+b+c+d \\ a & 2a+b & 3a+2b+c & 4a+3b+2c+d \\ a & 3a+b & 6a+3b+c & 10a+6b+3c+d \end{vmatrix}$$

输入
```
A = {{a,b,c,d},{a,a +b,a +b +c,a +b +c +d},{a,2a +b,3a +2b +c,4a +3b
+2c +d},
{a,3a +b,6a +3b +c,10a +6b +3c +d}};
A//MatrixForm
Det[A]
```

输出
```
({{a,b,c,d},{a,a +b,a +b +c,a +b +c +d},{a,2 a +b,3 a +2 b +c,4 a +3 b
+2 c +d},{a,3 a +b,6 a +3 b +c,10 a +6 b +3 c +d}})
a4
```

例 6.5 计算行列式

$$\begin{vmatrix} a^2 & ab & b^2 \\ 2a & a+b & 2b \\ 1 & 1 & 1 \end{vmatrix}$$

输入
```
A = {{a2,ab,b2},{2a,a +b,2b},{1,1,1}};
A//MatrixForm
Det[A]
Factor[% ]
```

输出
```
(a2 abb2  2 a a +b2 b  111)
a a2 -2 a ab -a2 b +2 ab b +a b2 -b b2
(a -b)(a2 -2 ab +b2)
```

例 6.6 计算范德蒙行列式

$$\begin{vmatrix} 1 & 1 & 1 & 1 \\ a_1 & a_2 & a_3 & a_4 \\ a_1^2 & a_2^2 & a_3^2 & a_4^2 \\ a_1^3 & a_2^3 & a_3^3 & a_4^3 \end{vmatrix}$$

输入　　　Van = Table[a[j]^k,{k,0,3},{j,1,4}]
　　　　　% //MatrixForm
　　　　　Det[Van]

输出　　{{1,1,1,1},{a[1],a[2],a[3],a[4]},{a[1]^2,a[2]^2,a[3]^2,a[4]^2},{a[1]^3,
　　　　a[2]^3,a[3]^3,a[4]^3}}

$$\begin{pmatrix} 1 & 1 & 1 & 1 \\ a[1] & a[2] & a[3] & a[4] \\ a[1]^2 & a[2]^2 & a[3]^2 & a[4]^2 \\ a[1]^3 & a[2]^3 & a[3]^3 & a[4]^3 \end{pmatrix}$$

　　a[1]^3 a[2]^2 a[3] − a[1]^2 a[2]^3 a[3] − a[1]^3 a[2] a[3]^2 + a[1] a[2]^3 a[3]^2 + a[1]^2 a[2] a[3]^3 − a[1] a[2]^2 a[3]^3 − a[1]^3 a[2]^2 a[4] + a[1]^2 a[2]^3 a[4] + a[1]^3 a[3]^2 a[4] − a[2]^3 a[3]^2 a[4] − a[1]^2 a[3]^3 a[4] + a[2]^2 a[3]^3 a[4] + a[1]^3 a[2] a[4]^2 − a[1] a[2]^3 a[4]^2 − a[1]^3 a[3] a[4]^2 + a[2]^3 a[3] a[4]^2 + a[1] a[3]^3 a[4]^2 − a[2] a[3]^3 a[4]^2 − a[1]^2 a[2] a[4]^3 + a[1] a[2]^2 a[4]^3 + a[1]^2 a[3] a[4]^3 − a[2]^2 a[3] a[4]^3 − a[1] a[3]^2 a[4]^3 + a[2] a[3]^2 a[4]^3

结果太复杂,应化简.

输入　　Det[Van]//Simplify(化简以上结果)

输出　　(a[1] − a[2])(a[1] − a[3])(a[2] − a[3])(a[1] − a[4])(a[2] − a[4])(a[3] − a[4])

输入　　Factor[Det[Van]](因式分解以上结果)

输出　　(a[1] − a[2])(a[1] − a[3])(a[2] − a[3])(a[1] − a[4])(a[2] − a[4])(a[3] − a[4])

6.1.2　克拉默法则

例6.7　　用克拉默法则解线性方程组

$$\begin{cases} x_1 + x_2 + x_3 + x_4 = 5 \\ x_1 + 2x_2 - x_3 + 4x_4 = -2 \\ 2x_1 - 3x_2 - x_3 - 5x_4 = -2 \\ 3x_1 + x_2 + 2x_3 + 11x_4 = 0 \end{cases}$$

输入　　A = {{1,1,1,1},{1,2,−1,4},{2,−3,−1,−5},{3,1,2,11}};
　　　　A1 = {{5,1,1,1},{−2,2,−1,4},{−2,−3,−1,−5},{0,1,2,11}};
　　　　A2 = {{1,5,1,1},{1,−2,−1,4},{2,−2,−1,−5},{3,0,2,11}};
　　　　A3 = {{1,1,5,1},{1,2,−2,4},{2,−3,−2,−5},{3,1,0,11}};
　　　　A4 = {{1,1,1,5},{1,2,−1,−2},{2,−3,−1,−2},{3,1,2,0}};
　　　　D0 = Det[A]
　　　　D1 = Det[A1]
　　　　D2 = Det[A2]
　　　　D3 = Det[A3]
　　　　D4 = Det[A4]
　　　　x1 = D1 / D0

x2 = D2 / D0

x3 = D3 / D0

x4 = D4 / D0

输出　－142

　　　－142

　　　－284

　　　－426

　　　142

　　　1

　　　2

　　　3

　　　－1

习题 6－1

1. 计算行列式:

(1) $\begin{vmatrix} 1 & 2 & 3 \\ 2 & 3 & 1 \\ 3 & 1 & 2 \end{vmatrix}$; (2) $\begin{vmatrix} 1-\lambda & 2 & 2 \\ 2 & 1-\lambda & 2 \\ 2 & 2 & 1-\lambda \end{vmatrix}$.

2. 计算三阶行列式 $|A| = \begin{vmatrix} 1 & 2 & 3 \\ 1 & 0 & 2 \\ -1 & 3 & 0 \end{vmatrix}$.

3. 求行列式 $D = \begin{vmatrix} 3 & 1 & -1 & 2 \\ -5 & 1 & 3 & -4 \\ 2 & 0 & 1 & -1 \\ 1 & -5 & 3 & -3 \end{vmatrix}$.

4. 求 $D = \begin{vmatrix} a^2 + \dfrac{1}{a^2} & a & \dfrac{1}{a} & 1 \\ b^2 + \dfrac{1}{b^2} & b & \dfrac{1}{b} & 1 \\ c^2 + \dfrac{1}{c^2} & c & \dfrac{1}{c} & 1 \\ d^2 + \dfrac{1}{d^2} & d & \dfrac{1}{d} & 1 \end{vmatrix}$.

5. 计算范德蒙行列式 $\begin{vmatrix} 1 & 1 & 1 & 1 & 1 \\ x_1 & x_2 & x_3 & x_4 & x_5 \\ x_1^2 & x_2^2 & x_3^2 & x_4^2 & x_5^2 \\ x_1^3 & x_2^3 & x_3^3 & x_4^3 & x_5^3 \\ x_1^4 & x_2^4 & x_3^4 & x_4^4 & x_5^4 \end{vmatrix}$.

6. 用克拉默法则求解方程组 $\begin{cases} 2x_1 + x_2 - 5x_3 + x_4 = 8 \\ x_1 + 4x_2 - 7x_3 + 6x_4 = 0 \\ x_1 - 3x_2 - 6x_4 = 9 \\ 2x_2 - x_3 + 2x_4 = -5 \end{cases}$.

7. 计算行列式 $\begin{vmatrix} 2 & 1 & 4 & 1 \\ 3 & -1 & 2 & 1 \\ 1 & 2 & 3 & 2 \\ 5 & 0 & 6 & 2 \end{vmatrix}$.

8. 求解方程 $\begin{vmatrix} x+1 & 2 & -1 \\ 2 & x+1 & 1 \\ -1 & 1 & x+1 \end{vmatrix} = 0$.

9. 计算行列式 $\begin{vmatrix} 1 & 1 & 1 \\ a & b & c \\ a^2 & b^2 & c^2 \end{vmatrix}$.

10. 计算行列式 $\begin{vmatrix} -4 & 1 & 2 & 4 \\ 1 & -2 & 0 & 2 \\ 8 & 3 & 2 & 0 \\ 0 & 2 & 1 & 5 \end{vmatrix}$.

6.2　矩阵及其运算

矩阵的运算是线性代数的重要而又基础的内容,其中主要涉及矩阵的线性运算、乘积、转置、矩阵求逆等,下面给出本节中的常用命令.

◆ MatrixPower[A,n]:计算方阵 A 的 n 次幂.

◆ A + B:矩阵加法运算.

◆ A.B:矩阵乘法运算.

◆ KA:数乘矩阵.

◆ Transpose[A]:矩阵 A 的转置.

◆ Inverse[A]:求矩阵的逆矩阵.

◆ MatrixPower[A,n]:求矩阵 A 的 n 次方.

◆ [A]∥MatrixForm:A 的矩阵形式.

 6.2.1　矩阵的线性运算

矩阵的表示:一层表在线性代数中表示矢量,二层表表示矩阵. 例如,矩阵$A = \begin{pmatrix} 1 & 4 & 7 \\ 2 & 5 & 8 \\ 3 & 6 & 9 \end{pmatrix}$

可以用数表$\{\{2,3\},\{4,5\}\}$表示.

输入   A = {{2,3},{4,5}}

输出   {{2,3},{4,5}}

命令 MatrixForm[A]把矩阵 A 显示成通常的矩阵形式. 例如:

输入   MatrixForm[A]

输出 $\begin{pmatrix} 2 & 3 \\ 4 & 5 \end{pmatrix}$

但要注意,一般地,MatrixForm[A]代表的矩阵 A 不能参与运算.

输入   B = {1,3,5,7}

输出   {1,3,5,7}

输入   MatrixForm[B]

输出 $\begin{pmatrix} 1 \\ 3 \\ 5 \\ 7 \end{pmatrix}$

虽然从这个形式看矢量的矩阵形式是列矢量,但实质上 Mathematica 不区分行矢量与列矢量. 或者说在运算时按照需要,Mathematica 自动地把矢量当作行矢量或列矢量.

下面是一个生成抽象矩阵的例子.

输入   Table[a[i,j],{i,4},{j,3}]
       MatrixForm[%]

输出 $\begin{pmatrix} a[1,1] & a[1,2] & a[1,3] \\ a[2,1] & a[2,2] & a[2,3] \\ a[3,1] & a[3,2] & a[3,3] \\ a[4,1] & a[4,2] & a[4,3] \end{pmatrix}$

注:这个矩阵也可以用命令 Array 生成,如输入

                Array[a,{4,3}]//MatrixForm

则输出与上一命令相同.

命令 IdentityMatrix[n]生成 n 阶单位矩阵. 例如:

输入   IdentityMatrix[5]

则输出一个 5 阶单位矩阵(输出略).

命令 DiagonalMatrix[…]生成 n 阶对角矩阵. 例如:

输入   DiagonalMatrix[{b[1],b[2],b[3]}]

则输出   {{b[1],0,0},{0,b[2],0},{0,0,b[3]}}

它是一个以 b[1],b[2],b[3]为主对角线元素的 3 阶对角矩阵.

◆ A + B:表示矩阵 A 与 B 的加法.

◆ k * A:表示数 k 与矩阵 A 的乘法.

例6.8 设 $A = \begin{pmatrix} 1 & 4 & 7 \\ 2 & 5 & 8 \\ 3 & 6 & 9 \end{pmatrix}$, $B = \begin{pmatrix} 2 & 3 & 1 \\ 1 & 2 & 4 \\ -1 & 4 & 3 \end{pmatrix}$,求 $A + 2B$ 和 $3A + 4B$.

输入   A = {{1,4,7},{2,5,8},{3,6,9}};
       B = {{2,3,1},{1,2,4},{-1,4,3}};
       A + 2B

```
3A + 4B
  A + 2B//MatrixForm
  3A + 4B//MatrixForm
```

输出 {{5,10,9},{4,9,16},{1,14,15}}
{{11,24,25},{10,23,40},{5,34,39}}
```
(5   10   9
 4    9   16
 1   14   15)
(11  24   25
 10  23   40
 5   34   39)
```

 6.2.2 矩阵的乘积

◆ A. B 或 Dot[A,B]:表示矩阵 A 与矩阵 B 的乘法.
◆ MatrixPower[A,n]:求方阵 A 的 n 次幂的命令.

例6.9 设 $A = \begin{pmatrix} 2 & 1 & 4 & 0 \\ 1 & -3 & 3 & 4 \end{pmatrix}, B = \begin{pmatrix} 1 & 3 & 1 \\ 0 & -1 & 2 \\ 1 & -3 & 1 \\ 4 & 0 & -2 \end{pmatrix}$,求 **AB**.

输入 A = {{2,1,4,0},{1,-1,3,4}};
A//MatrixForm
B = {{1,3,1},{0,-1,2},{1,-3,1},{4,0,-2}};
B//MatrixForm
A.B
A.B//MatrixForm

输出
```
(2  1  4  0
 1  -1 3  4)
(1  3  1
 0  -1 2
 1  -3 1
 4  0  -2)
```
{{6,-7,8},{20,-5,-6}}
```
(6   -7  8
 20  -5  -6)
```

例6.10 设 $A = \begin{pmatrix} 1 & 2 \\ 1 & 3 \end{pmatrix}, B = \begin{pmatrix} 1 & 0 \\ 1 & 2 \end{pmatrix}$,求 **AB** 和 **BA**.

输入 A = {{1,2},{1,3}};
B = {{1,0},{1,2}};
A.B
B.A
A.B//MatrixForm

233

```
                B.A//MatrixForm
输出      {{3,4},{4,6}}
          {{1,2},{3,8}}
          (3  4
           4  6)
          (1  2
           3  8)
```

例 6.11　$A = \begin{pmatrix} 1 & 1 \\ 0 & 1 \end{pmatrix}$，计算 A^{20}.

```
输入      A={{1,1},{0,1}};
          MatrixPower[A,20]
输出      {{1,20},{0,1}}
```

即 $A^{20} = \begin{pmatrix} 1 & 20 \\ 0 & 1 \end{pmatrix}$.

例 6.12　证明：$\begin{pmatrix} \cos t & -\sin t \\ \sin t & \cos t \end{pmatrix}^n = \begin{pmatrix} \cos nt & -\sin nt \\ \sin nt & \cos nt \end{pmatrix}$.

取 $n = 6$.

```
输入      A={{Cos[t],-Sin[t]},{Sin[t],Cos[t]}};
          B=MatrixPower[A,6]
          Simplify[%]
          %//MatrixForm
输出      {{(-2 Cos[t] Sin[t]^2+Cos[t] (Cos[t]^2-Sin[t]^2))^2+(-2 Cos[t]^2
          Sin[t]-Sin[t] (Cos[t]^2-Sin[t]^2)) (2 Cos[t]^2 Sin[t]+Sin[t] (Cos
          [t]^2-Sin[t]^2)),2 (-2 Cos[t] Sin[t]^2+Cos[t] (Cos[t]^2-Sin[t]^2))
          (-2 Cos[t]^2 Sin[t]-Sin[t] (Cos[t]^2-Sin[t]^2))},{2 (-2 Cos[t] Sin
          [t]^2+Cos[t] (Cos[t]^2-Sin[t]^2)) (2 Cos[t]^2 Sin[t]+Sin[t] (Cos[t]
          ^2-Sin[t]^2)),(-2 Cos[t] Sin[t]^2+Cos[t] (Cos[t]^2-Sin[t]^2))^2+
          (-2 Cos[t]^2 Sin[t]-Sin[t] (Cos[t]^2-Sin[t]^2)) (2 Cos[t]^2 Sin[t]+
          Sin[t] (Cos[t]^2-Sin[t]^2))}}
              {{Cos[6 t],-Sin[6 t]},{Sin[6 t],Cos[6 t]}}
              (Cos[6 t] -Sin[6 t]
               Sin[6 t]Cos[6 t])
```

6.2.3　矩阵的转置

◆ Transpose[A]：求矩阵 A 的转置的命令.

例 6.13　设 $A = \begin{pmatrix} 1 & -1 & 5 \\ 2 & 3 & 6 \\ 3 & 4 & 7 \end{pmatrix}$，求其转置矩阵 A^{T}.

```
输入      A={{1,-1,5},{2,3,6},{3,4,7}}
          A//MatrixForm
```

```
AT = Transpose[A]
% //MatrixForm
```

输出　　{{1,-1,5},{2,3,6},{3,4,7}}

(1　-1　5
2　3　6
3　4　7)

{{1,2,3},{-1,3,4},{5,6,7}}

(1　2　3
-1　3　4
5　6　7)

$$A^{\mathrm{T}} = \begin{pmatrix} 1 & 2 & 3 \\ -1 & 3 & 4 \\ 5 & 6 & 7 \end{pmatrix}.$$

例 6.14　设 $A = \begin{pmatrix} 2 & 1 & 4 & 0 \\ 1 & -1 & 3 & 4 \end{pmatrix}$, $B = \begin{pmatrix} 1 & 3 & 1 \\ 0 & -1 & 2 \\ 1 & -3 & 1 \\ 4 & 0 & -2 \end{pmatrix}$, 求 AB, $(AB)^{\mathrm{T}}$, 并验

证: $(AB)^{\mathrm{T}} = B^{\mathrm{T}} A^{\mathrm{T}}$.

输入
```
A = {{2,1,4,0},{1,-1,3,4}};
B = {{1,3,1},{0,-1,2},{1,-3,1},{4,0,-2}};
A.B
Transpose[A.B]
% //MatrixForm
Transpose[B].Transpose[A]
% //MatrixForm
```

输出　　{{6,-7,8},{20,-5,-6}}

{{6,20},{-7,-5},{8,-6}}

(6　20
-7　-5
8　-6)

{{6,20},{-7,-5},{8,-6}}

(6　20
-7　-5
8　-6)

结果为

$$AB = \begin{pmatrix} 6 & -7 & 8 \\ 20 & -5 & -6 \end{pmatrix}, (AB)^{\mathrm{T}} = \begin{pmatrix} 6 & 20 \\ -7 & -5 \\ 8 & -6 \end{pmatrix}.$$

例 6.15　设 $A = \begin{pmatrix} 4 & 2 & 7 \\ 1 & 9 & 2 \\ 0 & 3 & 5 \end{pmatrix}$, $B = \begin{pmatrix} 1 \\ 0 \\ 1 \end{pmatrix}$, 求 AB 与 $B^{\mathrm{T}}A$, 并求 A^3.

输入　　`A = {{4,2,7},{1,9,2},{0,3,5}};`

```
        B = {1,0,1};
        A.B
```
输出　　　{11,3,5}

这是列矢量 **B** 右乘矩阵 **A** 的结果. 如果输入 **B. A**,输出为{4,5,12}.

这是行矢量 **B** 左乘矩阵 **A** 的结果 **B**^{T}**A**,这里不需要先求 **B** 的转置. 求方阵 **A** 的三次方,即

输入　　　`MatrixPower[A,3]//MatrixForm`

输出　　　({{119,660,555},{141,932,444},{54,477,260}})

6.2.4　逆矩阵的计算

◆ Inverse[A]:求方阵 **A** 的逆的命令.

例 6.16　设 $A = \begin{pmatrix} 2 & 1 & 3 & 2 \\ 5 & 2 & 3 & 3 \\ 0 & 1 & 4 & 6 \\ 3 & 2 & 1 & 5 \end{pmatrix}$,求 A^{-1}.

输入　　　`ma = {{2,1,3,2},{5,2,3,3},{0,1,4,6},{3,2,1,5}};`
　　　　　`Inverse[ma]//MatrixForm`

输出　　　({{-(7/4),21/16,1/2,-(11/16)},{11/2,-(29/8),-2,19/8},
　　　　　{1/2,-(1/8),0,-(1/8)},{-(5/4),11/16,1/2,-(5/16)}})

$$A^{-1} = \begin{pmatrix} -\dfrac{7}{4} & \dfrac{21}{16} & \dfrac{1}{2} & -\dfrac{11}{16} \\[2mm] \dfrac{11}{2} & -\dfrac{29}{8} & -2 & \dfrac{19}{8} \\[2mm] \dfrac{1}{2} & -\dfrac{1}{8} & 0 & -\dfrac{1}{8} \\[2mm] -\dfrac{5}{4} & \dfrac{11}{16} & \dfrac{1}{2} & -\dfrac{5}{16} \end{pmatrix}$$

注:如果输入

`Inverse[ma//MatrixForm]`

则得不到所要的结果,即求矩阵的逆时必须输入矩阵的数表形式.

命令 RowfReduce[A]把矩阵 **A** 化作行最简形. 用初等行变换可以求矩阵的秩与矩阵的逆.

例 6.17　用初等变换法求矩阵 $\begin{pmatrix} 1 & 2 & 3 \\ 2 & 2 & 1 \\ 3 & 4 & 3 \end{pmatrix}$ 的逆矩阵.

输入　　　`A = {{1,2,3},{2,2,1},{3,4,3}}`
　　　　　`MatrixForm[A]`
　　　　　`Transpose[Join[Transpose[A],IdentityMatrix[3]]]//MatrixForm`
　　　　　`RowReduce[% ]//MatrixForm`
　　　　　`Inverse[A]//MatrixForm`

236

输出   {{1,2,3},{2,2,1},{3,4,3}}

          ({{1,2,3},{2,2,1},{3,4,3}})

          ({{1,2,3,1,0,0},{2,2,1,0,1,0},{3,4,3,0,0,1}})

          ({{1,0,0,1,3,-2},{0,1,0,-(3/2),-3,5/2},{0,0,1,1,1,-1}})

          ({{1,3,-2},{-(3/2),-3,5/2},{1,1,-1}})

则矩阵 A 的逆矩阵为

$$\begin{pmatrix} 1 & 3 & -2 \\ -3/2 & -3 & 5/2 \\ 1 & 1 & 1 \end{pmatrix}.$$

例 6.18 设 $A = \begin{pmatrix} 1 & 2 & -1 \\ 3 & 4 & -2 \\ 5 & -4 & 1 \end{pmatrix}$，求其逆矩阵 A^{-1}，并验证 $A\,A^{-1} = E$(单位矩阵).

输入   A = {{1,2,3},{2,2,1},{3,4,3}};

          B = Inverse[A]

          B//MatrixForm

          A.B

          % //MatrixForm

输出   {{1,3,-2},{-(3/2),-3,5/2},{1,1,-1}}

          (1 3 -2

          -(3/2) -3 5/2

          1   1 -1)

          {{1,0,0},{0,1,0},{0,0,1}}

          (1 0 0

          0 1 0

          0 0 1)

例 6.19 设 $A = \begin{pmatrix} 6 & 4 & 0 & 0 \\ 4 & 3 & 0 & 0 \\ 0 & 0 & 5 & 2 \\ 0 & 0 & 8 & 3 \end{pmatrix}$，求其逆矩阵 A^{-1}.

输入   A = {{6,4,0,0},{4,3,0,0},{0,0,5,2},{0,0,8,3}};

          B = Inverse[A]

          B//MatrixForm

输出   {{3/2,-2,0,0},{-2,3,0,0},{0,0,-3,2},{0,0,8,-5}}

          (3/2   -2   0   0

          -2   3   0   0

          0   0   -3   2

          0   0   8   -5)

$$A^{-1} = \begin{pmatrix} \dfrac{3}{2} & -2 & 0 & 0 \\ -2 & 3 & 0 & 0 \\ 0 & 0 & -3 & 2 \\ 0 & 0 & 8 & -5 \end{pmatrix}.$$

6.2.5 解矩阵方程

例 6.20 设 $A = \begin{pmatrix} 2 & 1 & -1 \\ 2 & 1 & 0 \\ 1 & -1 & 1 \end{pmatrix}$, $B = \begin{pmatrix} 1 & -1 & 3 \\ 4 & 3 & 2 \end{pmatrix}$ 且 $XA = B$, 求矩阵 X.

$XA = B \Rightarrow X = B A^{-1}$.

输入　　A = {{2,1,-1},{2,1,0},{1,-1,1}};

　　　　B = {{1,-1,3},{4,3,2}};

　　　　X = B.Inverse[A]

　　　　% //MatrixForm

输出　　{{-2,2,1},{-(8/3),5,-(2/3)}}

　　　　$\begin{pmatrix} -2 & 2 & 1 \\ -(8/3) & 5 & -(2/3) \end{pmatrix}$

例 6.21 设 $A = \begin{pmatrix} 0 & 1 & 0 \\ 1 & 0 & 0 \\ 0 & 0 & 1 \end{pmatrix}$, $B = \begin{pmatrix} 1 & 0 & 0 \\ 0 & 0 & 1 \\ 0 & 1 & 0 \end{pmatrix}$, $C = \begin{pmatrix} 1 & -4 & 3 \\ 2 & 0 & -1 \\ 1 & -2 & 0 \end{pmatrix}$, 求解矩阵方

程 $AXB = C$. $AXB = C \Rightarrow X = A^{-1} C B^{-1}$.

输入　　A = {{0,1,0},{1,0,0},{0,0,1}};

　　　　B = {{1,0,0},{0,0,1},{0,1,0}};

　　　　C1 = {{1,-4,3},{2,0,-1},{1,-2,0}};

　　　　X = Inverse[A].C1.Inverse[B]

　　　　% //MatrixForm

输出　　{{2,-1,0},{1,3,-4},{1,0,-2}}

　　　　$\begin{pmatrix} 2 & -1 & 0 \\ 1 & 3 & -4 \\ 1 & 0 & -2 \end{pmatrix}$

习题 6-2

1. 计算 $\begin{pmatrix} 1 & 3 & 7 \\ -3 & 9 & -1 \end{pmatrix} + \begin{pmatrix} 2 & 3 & -2 \\ -1 & 6 & -7 \end{pmatrix}$.

2. 计算 $5\begin{pmatrix} 1 & 2 & 3 \\ 3 & 5 & 1 \end{pmatrix}$.

3. 已知 $A = \begin{pmatrix} 1 & 2 & 3 \\ 4 & 5 & 6 \end{pmatrix}$, $B = \begin{pmatrix} -1 & -2 & -3 \\ -4 & -5 & -6 \end{pmatrix}$, 求: $(1) A + B$; $(2) 2 + A$; $(3) 2A$.

4. 设 $A = \begin{pmatrix} 3 & 4 & 5 \\ 4 & 2 & 6 \end{pmatrix}$, $B = \begin{pmatrix} 4 & 2 & 7 \\ 1 & 9 & 2 \end{pmatrix}$, 求 $A + B, 4B - 2A$.

5. 已知 $A = \begin{pmatrix} 1 & 2 & 3 \\ 4 & 5 & 6 \end{pmatrix}$, $B = \begin{pmatrix} 1 & 2 \\ 3 & 4 \\ 5 & 6 \end{pmatrix}$, 求 AB.

238

6. 求矩阵 $\begin{pmatrix} 1 & 3 & 0 \\ -2 & -1 & 1 \end{pmatrix}$ 与 $\begin{pmatrix} 1 & 3 & -1 & 0 \\ 0 & -1 & 2 & 1 \\ 2 & 4 & 0 & 1 \end{pmatrix}$ 的乘积.

7. 求矩阵 $A = \begin{pmatrix} 1 & 2 \\ 3 & 4 \end{pmatrix}$ 的 2 次幂.

8. 设 $A = \begin{pmatrix} 1 & 0 & 0 & -1 \\ 1 & 1 & 0 & 2 \end{pmatrix}$, $B = \begin{pmatrix} -1 & 1 & 0 \\ -1 & 1 & 3 \\ 2 & 0 & 1 \\ 1 & 2 & 1 \end{pmatrix}$, 求 AB.

9. 已知 $A = \begin{pmatrix} 1 & 0 \\ 1 & 1 \end{pmatrix}$, 求: $(1) A^5$; $(2) A^{-1}$; $(3) A^0$.

10. 求矩阵 $A = \begin{pmatrix} 1 & 2 & 3 & 4 \\ 2 & 3 & 4 & 5 \\ 3 & 4 & 5 & 6 \end{pmatrix}$ 的转置.

11. 求矩阵 $A = \begin{pmatrix} 1 & 3 & 5 & 1 \\ 7 & 4 & 6 & 1 \\ 2 & 2 & 3 & 4 \end{pmatrix}$ 的转置.

12. 求矩阵 $A = \begin{pmatrix} 1 & 2 & 3 & 4 \\ 2 & 3 & 1 & 2 \\ 1 & 1 & 1 & -1 \\ 1 & 0 & -2 & -6 \end{pmatrix}$ 的逆.

13. 求矩阵 $\begin{bmatrix} a & b \\ c & d \end{bmatrix}$ 的逆.

14. 已知 $A = \begin{pmatrix} 1 & 2 \\ 3 & 4 \end{pmatrix}$, 求 A 的逆矩阵.

15. 已知矩阵 $m_1 = \begin{pmatrix} 1 & -1 & 3 \\ 2 & -4 & 6 \\ -1 & 1 & 2 \end{pmatrix}$, $m_2 = \begin{pmatrix} 2 & -2 & 1 \\ 1 & -1 & 5 \\ -2 & 2 & 1 \end{pmatrix}$, $a = \begin{pmatrix} 1 & 1 \\ 1 & 3 \end{pmatrix}$, 计算并用矩阵格式

输出:

（1）$2m_2 - m_1$;

（2）$\{1 \quad 2 \quad 3\} \cdot m_1$;

（3）m_2 的转置;

（4）m_1 的逆矩阵.

16. $A = \begin{pmatrix} 1 & 1 & 1 \\ 2 & 2 & 1 \\ 1 & 0 & 1 \end{pmatrix}$, 求 A^{-1}.

例题中使用 Inverse[ ] 命令求解逆矩阵.

17. 设 $A = \begin{pmatrix} 3 & 0 & 4 & 4 \\ 2 & 1 & 3 & 3 \\ 1 & 5 & 3 & 4 \\ 1 & 2 & 1 & 5 \end{pmatrix}$, $B = \begin{pmatrix} 0 & 3 & 2 \\ 7 & 1 & 3 \\ 1 & 3 & 3 \\ 1 & 2 & 2 \end{pmatrix}$, 求 $A^{-1}B$.

6.3 矩阵的初等变换与线性方程组

利用初等变换解线性方程组是求解大型线性方程组的一种重要方法,它的主要步骤就是将方程组的系数矩阵进行初等变换化为行最简形矩阵,从而写出其同解方程组,由同解方程组求出其解.下面给出本节中的常用命令.

- ◆ MatrixRank[A]:矩阵 A 的秩.
- ◆ RowReduce[A]:矩阵 A 的行最简形.
- ◆ NullSpace[A]:以矩阵 A 为系数矩阵的齐次线性方程组的基础解系.
- ◆ Minors[M,k]:求矩阵 M 的所有可能的 k 阶子式组成的矩阵.

6.3.1 求矩阵的秩

例 6.22 设 $A = \begin{pmatrix} 1 & -2 & 2 & 9 & 2 \\ 2 & -4 & 8 & 6 & 1 \\ -2 & 4 & -2 & 3 & 4 \\ 3 & -6 & 0 & 5 & 3 \end{pmatrix}$,求 A 的秩,并求 A 的一个最高阶非零子式.

输入　A={{1,-2,2,9,2},{2,-4,8,6,1},{-2,4,-2,3,4},{3,-6,0,5,3}};
　　　A//MatrixForm
　　　MatrixRank[A]

输出
$$\begin{pmatrix} 1 & -2 & 2 & 9 & 2 \\ 2 & -4 & 8 & 6 & 1 \\ -2 & 4 & -2 & 3 & 4 \\ 3 & -6 & 0 & 5 & 3 \end{pmatrix}$$
4

为求 A 的一个最高阶非零子式,求 A 的行最简形:

输入　A={{1,-2,2,9,2},{2,-4,8,6,1},{-2,4,-2,3,4},{3,-6,0,5,3}};
　　　RowReduce[A]//MatrixForm

输出
$$\begin{pmatrix} 1 & -2 & 0 & 0 & 0 \\ 0 & 0 & 1 & 0 & 0 \\ 0 & 0 & 0 & 1 & 0 \\ 0 & 0 & 0 & 0 & 1 \end{pmatrix}$$

由行最简形中 4 个 1 的位置,知原矩阵的前 4 行以及 1、3、4、5 列的子式不为零.

例 6.23 求矩阵 $\begin{pmatrix} 6 & 1 & 1 & 7 \\ 4 & 0 & 4 & 1 \\ 1 & 5 & -9 & 0 \\ -1 & 3 & -16 & -1 \\ 2 & -4 & 22 & 3 \end{pmatrix}$ 的行最简形及其秩.

输入　A={{6,1,1,7},{4,0,4,1},{1,2,-9,0},{-1,3,-16,-1},{2,-4,22,3}}
　　　MatrixForm[A]

```
RowReduce[A]//MatrixForm
```
输出　　({{6,1,1,7},{4,0,4,1},{1,2,-9,0},{1,3,-16,-1},{2,-4,22,3}})
({{1,0,0,0},{0,1,0,0},{0,0,1,0},{0,0,0,1},{0,0,0,0}})

矩阵 A 的行最简形为 $\begin{pmatrix} 1 & 0 & 0 & 0 \\ 0 & 1 & 0 & 0 \\ 0 & 0 & 1 & 0 \\ 0 & 0 & 0 & 1 \\ 0 & 0 & 0 & 0 \end{pmatrix}$.

根据矩阵的行最简形,便得矩阵的秩为 3.

例6.24 已知矩阵 $M = \begin{pmatrix} 3 & 2 & -1 & -3 \\ 2 & -1 & 3 & 1 \\ 7 & 0 & t & -1 \end{pmatrix}$ 的秩等于 2,求常数 t 的值.

左上角的二阶子式不等于 0. 三阶子式应该都等于 0.

输入　　M={{3,2,-1,-3},{2,-1,3,1},{7,0,t,-1}};
　　　　Minors[M,3]
输出　　{{35-7t,45-9t,-5+t}}

当 $t = 5$ 时,所有的三阶子式都等于 0. 此时矩阵的秩等于 2.

6.3.2　求解齐次线性方程组

Mathematica 有一个求基础解系的命令:NullSpace[A].

例6.25 求齐次线性方程组 $\begin{cases} x_1 + x_2 - x_3 - x_4 = 0 \\ 2x_1 - 5x_2 + 3x_3 + 2x_4 = 0 \\ 7x_1 - 7x_2 + 3x_3 + x_4 = 0 \end{cases}$ 的基础解系与通解.

先将系数矩阵化为行最简形.

输入　　A={{1,1,-1,-1},{2,-5,3,2},{7,-7,3,1}};
　　　　A//MatrixForm
　　　　RowReduce[A]//MatrixForm
输出　　{{1,0,-(2/7),-(3/7)},{0,1,-(5/7),-(4/7)},{0,0,0,0}}

由 A 的行最简形可知,原方程组化为

$$\begin{cases} x_1 - \dfrac{2}{7}x_3 - \dfrac{3}{7}x_4 = 0 \\ x_2 - \dfrac{5}{7}x_3 - \dfrac{4}{7}x_4 = 0 \end{cases} \text{或} \begin{cases} x_1 = \dfrac{2}{7}x_3 + \dfrac{3}{7}x_4 \\ x_2 = \dfrac{5}{7}x_3 + \dfrac{4}{7}x_4 \end{cases} \text{或} \begin{cases} x_1 = \dfrac{2}{7}x_3 + \dfrac{3}{7}x_4 \\ x_2 = \dfrac{5}{7}x_3 + \dfrac{4}{7}x_4 \\ x_3 = x_3 \\ x_4 = x_4 \end{cases}$$

方程组的通解为

$$\begin{cases} x_1 = \dfrac{2}{7}c_1 + \dfrac{3}{7}c_2 \\ x_2 = \dfrac{5}{7}c_1 + \dfrac{4}{7}c_2 \\ x_3 = c_1 \\ x_4 = c_2 \end{cases} 或 \begin{pmatrix} x_1 \\ x_2 \\ x_3 \\ x_4 \end{pmatrix} = c_1 \begin{pmatrix} \dfrac{2}{7} \\ \dfrac{5}{7} \\ 1 \\ 0 \end{pmatrix} + c_2 \begin{pmatrix} \dfrac{3}{7} \\ \dfrac{4}{7} \\ 0 \\ 1 \end{pmatrix}$$

其中 $\boldsymbol{\xi}_1 = \begin{pmatrix} \dfrac{2}{7} \\ \dfrac{5}{7} \\ 1 \\ 0 \end{pmatrix}, \xi_2 = \begin{pmatrix} \dfrac{3}{7} \\ \dfrac{4}{7} \\ 0 \\ 1 \end{pmatrix}$ 是方程组的基础解系.

例 6.26 求齐次线性方程组 $\begin{cases} x_1 + 2x_2 + 2x_3 + x_4 = 0 \\ 2x_1 + x_2 - 2x_3 - 2x_4 = 0 \\ x_1 - x_2 - 4x_3 - 3x_4 = 0 \end{cases}$ 的基础解系与通解.

输入　　A = {{1,2,2,1},{2,1,-2,-2},{1,-1,-4,-3}};
　　　　NullSpace[A]

输出　　{{5,-4,0,3},{2,-2,1,0}}（这个基础解系不理想）

现将 $\boldsymbol{A}$ 先化为行最简形,再用 NullSpace 求基础解系:

输入　　A = {{1,2,2,1},{2,1,-2,-2},{1,-1,-4,-3}};
　　　　A = RowReduce[A];
　　　　A//MatrixForm
　　　　NullSpace[A]

输出　　({{1,0,-2,-(5/3)},{0,1,2,4/3},{0,0,0,0}})
　　　　{{5/3,-(4/3),0,1},{2,-2,1,0}}

其中 $\boldsymbol{\xi}_1 = \begin{pmatrix} \dfrac{5}{3} \\ -\dfrac{4}{3} \\ 0 \\ 1 \end{pmatrix}, \boldsymbol{\xi}_2 = \begin{pmatrix} 2 \\ -2 \\ 1 \\ 0 \end{pmatrix}$ 是方程组的基础解系.

通解为

$$\begin{pmatrix} x_1 \\ x_2 \\ x_3 \\ x_4 \end{pmatrix} = c_1 \begin{pmatrix} \dfrac{5}{3} \\ -\dfrac{4}{3} \\ 0 \\ 1 \end{pmatrix} + c_2 \begin{pmatrix} 2 \\ -2 \\ 1 \\ 0 \end{pmatrix}.$$

6.3.3　求解非齐次线性方程组

◆ solve:求非齐次线性方程组的通解.

◆ LinearSolve[A,b]:求非齐次线性方程组 $AX = b$ 的一个特解.

例 6.27　求非齐次方程 $\begin{cases} 2x_1 + 7x_2 + 3x_3 + x_4 = 6 \\ 3x_1 + 5x_2 + 2x_3 + 2x_4 = 4 \\ 9x_1 + 4x_2 + x_3 + 7x_4 = 2 \end{cases}$ 的解.

输入　Solve[{2x1 + 7x2 + 3x3 + x4 == 6,3x1 + 5x2 + 2x3 + 2x4 == 4,9x1 + 4x2 + x3 + 7x4 == 2},{x1,x2,x3,x4}]

输出　{{x3 - > 2 - x1/4 - (9 x2)/4,x4 - > -((5 x1)/4) - x2/4}}

例 6.28　求齐次方程 $5x_1 + 4x_2 + 3x_3 + 2x_4 + x_5 = 0$ 的解.

输入　Solve[5x1 + 4x2 + 3x3 + 2x4 + x5 == 0,x1]

输出　{{x1 - >1/5 (- 4 x2 - 3 x3 - 2 x4 - x5)}}

例 6.29　解方程组 $\begin{cases} x_1 - 2x_2 + 3x_3 - 4x_4 = 4 \\ \quad x_2 - x_3 + x_4 = -3 \\ x_1 + 3x_2 + x_4 = 1 \\ -7x_2 + 3x_3 + x_4 = -3 \end{cases}$.

解法 1　这个线性方程组中方程的个数等于未知数的个数,而且有唯一解,此解可以表示为 $x = A^{-1}b$. 其中 A 是线性方程组的系数矩阵,而 b 是右边常数矢量. 于是,可以用逆阵计算唯一解.

输入　A = {{1, -2,3, -4},{0,1, -1,1},{1,3,0,1},{0, -7,3,1}};
　　　b = {4, -3,1, -3};
　　　x = Inverse[A].b

输出　{ -8,3,6,0}

解法 2　还可以用克拉默法则计算这个线性方程组的唯一解. 为计算各行列式,输入未知数的系数矢量,即系数矩阵的列矢量.

输入　a = {1,0,1,0};
　　　b = { -2,1,3, -7};
　　　c = {3, -1,0,3};
　　　d = { -4,1,1,1};
　　　e = {4, -3,1, -3};
　　　Det[{e,b,c,d}]/Det[{a,b,c,d}]
　　　Det[{a,e,c,d}]/Det[{a,b,c,d}]
　　　Det[{a,b,e,d}]/Det[{a,b,c,d}]
　　　Det[{a,b,c,e}]/Det[{a,b,c,d}]

输出　-8
　　　3
　　　6
　　　0

例 6.30　求线性方程组 $\begin{cases} x_1 - 2x_2 + 3x_3 - x_4 = 1 \\ 3x_1 - x_2 + 5x_3 - 3x_4 = 2 \\ 2x_1 + x_2 + 2x_3 - 2x_4 = 3 \end{cases}$ 的通解.

先增广矩阵再化为行最简形.

```
A = {{1, -2,3, -1,1}, {3, -1,5, -3,2}, {2,1,2, -2,3}};
A//MatrixForm
RowReduce[A]//MatrixForm
```
输出
$$\begin{pmatrix} 1 & -2 & 3 & -1 \\ 3 & -1 & 5 & -3 & 2 \\ 2 & 1 & 2 & -2 & 3 \end{pmatrix}$$

$$\begin{pmatrix} 1 & 0 & 7/5 & -1 & 0 \\ 0 & 1 & -(4/5) & 0 & 0 \\ 0 & 0 & 0 & 0 & 1 \end{pmatrix}$$

可见 $R(\boldsymbol{A}) = 2, R(\boldsymbol{B}) = 3$,故方程组无解.

例 6.31 求解线性方程组 $\begin{cases} x_1 - x_2 - x_3 + x_4 = 0 \\ x_1 - x_2 + x_3 - 3x_4 = 1 \\ x_1 - x_2 - 2x_3 + 3x_4 = -\dfrac{1}{2} \end{cases}$.

输入
```
ab = {{1, -1, -1,1,0}, {1, -1,1, -3,1}, {1, -1, -2,3, -(1/2)}};
a = {{1, -1, -1,1}, {1, -1,1, -3}, {1, -1, -2,3}};
b = ab[[All,5]];
RowReduce[ab]//MatrixForm
NullSpace[a]
```
输出
```
({{1, -1,0, -1,1/2}, {0,0,1, -2,1/2}, {0,0,0,0,0}})
{{1,0,2,1}, {1,1,0,0}}
```
输入   `LinearSolve[a,b]`
输出   `{1/2,0,1/2,0}`

注:(1) 在上例的 In[1] 中首先给出了一个线性方程组的增广矩阵 $\boldsymbol{ab}$,再提取前 4 列得到系数矩阵 $\boldsymbol{a}$,提取第 5 列得到常数项 $\boldsymbol{b}$;然后利用这三个函数分别求出行最简形矩阵、导出组的基础解系、非齐次方程组的一个特解,于是给出了线性代数课中人工求解线性方程组的关键结果.

(2) 从线性代数的内容知道,最有用的是 RowReduce,由它的计算结果就能得到所有答案,不必再使用后两个函数.这个函数还能用于求矩阵的秩和一个极大线性无关部分组.

(3) 也可以用解一般方程组的函数 Solve 解线性方程组,当方程组有自由未知量时,输出答案时用自由未知量表示其余未知量,也很实用.

例 6.32 求线性方程组 $\begin{cases} x_1 - x_2 - x_3 + x_4 = 0 \\ x_1 - x_2 + x_3 - 3x_4 = 1 \\ x_1 - x_2 + 2x_3 + 3x_4 = -\dfrac{1}{2} \end{cases}$ 的通解.

先增广矩阵再化为行最简形.

输入
```
A = {{1, -1, -1,1,0}, {1, -1,1, -3,1}, {1, -1, -2,3, -1/2}};
A//MatrixForm
RowReduce[A]//MatrixForm
```
输出   `{{1, -1,0, -1,1/2}, {0,0,1, -2,1/2}, {0,0,0,0,0}}`

由增广矩阵的行最简形可知,原方程组化为

$$\begin{cases} x_1 - x_2 - x_4 = \dfrac{1}{2} \\ x_3 - 2x_4 = \dfrac{1}{2} \end{cases}$$

所以,原方程组的通解为

$$\begin{pmatrix} x_1 \\ x_2 \\ x_3 \\ x_4 \end{pmatrix} = c_1 \begin{pmatrix} 1 \\ 1 \\ 0 \\ 0 \end{pmatrix} + c_2 \begin{pmatrix} 1 \\ 0 \\ 2 \\ 1 \end{pmatrix} + \begin{pmatrix} \dfrac{1}{2} \\ 0 \\ \dfrac{1}{2} \\ 0 \end{pmatrix}$$

其中 $\boldsymbol{\xi}_1 = \begin{pmatrix} 1 \\ 1 \\ 0 \\ 0 \end{pmatrix}$, $\boldsymbol{\xi}_2 = \begin{pmatrix} 1 \\ 0 \\ 2 \\ 1 \end{pmatrix}$ 是对应其次方程组的基础解系, $\boldsymbol{\eta}^* = \begin{pmatrix} \dfrac{1}{2} \\ 0 \\ \dfrac{1}{2} \\ 0 \end{pmatrix}$ 是原方程组的一个特解.

例 6.33 用 LinearSolve[A,b]求线性方程组 $\begin{cases} 2x_1 + x_2 - x_3 + x_4 = 1 \\ 4x_1 + 2x_2 - 2x_3 + x_4 = 2 \\ 2x_1 + x_2 - x_3 - x_4 = 1 \end{cases}$ 的特解.

输入　　A = {{2,1,-1,1},{4,2,-2,1},{2,1,-1,-1}};
　　　　b = {1,2,1};
　　　　LinearSolve[A,b]

输出　　{1/2,0,0,0}

线性方程组 $\boldsymbol{AX} = \boldsymbol{b}$ 的一个特解为 $\begin{pmatrix} \dfrac{1}{2} \\ 0 \\ 0 \\ 0 \end{pmatrix}$.

习题 6-3

1. 设 $\boldsymbol{M} = \begin{pmatrix} 3 & 2 & -1 & -3 & -2 \\ 2 & -1 & 3 & 1 & -3 \\ 7 & 0 & 5 & -1 & -8 \end{pmatrix}$,求矩阵 $\boldsymbol{M}$ 的秩.

2. 求矩阵 $\boldsymbol{A} = \begin{pmatrix} 2 & -4 & 8 & 0 & 2 \\ 1 & -2 & 2 & -1 & 1 \\ -2 & 4 & -2 & 3 & 3 \\ 3 & -6 & 0 & -6 & 4 \end{pmatrix}$ 的秩.

3. 设 $A = \begin{pmatrix} 3 & 2 & 0 & 5 & 0 \\ 3 & -2 & 3 & 6 & 1 \\ 2 & 0 & 2 & 3 & -1 \\ 1 & 6 & -4 & -1 & 2 \end{pmatrix}$,求 A 的秩.

4. 求矩阵 $A = \begin{pmatrix} 3 & 2 & -1 & -3 & -1 \\ 2 & -1 & 3 & 1 & -3 \\ 7 & 0 & 5 & -1 & -8 \end{pmatrix}$ 的秩,并计算 $AX = 0$ 的基础解系.

5. 求方程组 $\begin{cases} 2x + 3y = 4, \\ x - y = 1, \end{cases}$ 的解.

6. 求齐次方程 $6x_1 + 4x_2 + x_3 + 2x_4 + x_5 = 0$ 的解.

7. 求线性方程组 $\begin{cases} x_1 - x_2 + x_3 - x_4 = 0 \\ x_1 - 2x_2 - x_3 + 3x_4 = 1 \\ x_1 + x_2 + 2x_3 + x_4 = -1 \\ \quad\quad\quad\quad x_4 = 1 \end{cases}$ 的解.

8. 解方程组 $\begin{cases} 3x + 2y + z = 7 \\ x - y + 3z = 6 \\ 2x + 4y - 4z = -2 \end{cases}$.

9. 求非齐次线性方程组 $\begin{cases} 2x_1 + x_2 - x_3 + x_4 = 1 \\ 3x_1 - 2x_2 + x_3 - 2x_4 = 4 \\ x_1 + 4x_2 - 3x_3 + 5x_4 = -2 \end{cases}$ 的通解.

10. 求解线性方程组 $\begin{cases} x_1 + 2x_2 + 3x_3 = 6 \\ 2x_1 + 3x_2 + 4x_3 = 9 \\ 3x_1 + 5x_2 + 7x_3 = 14 \end{cases}$.

11. 求方程组 $\begin{cases} 2x_1 - x_2 + 4x_3 - 3x_4 = -4 \\ x_1 + x_3 - x_4 = -3 \\ 3x_1 + x_2 + x_3 = 1 \\ 7x_1 + 7x_3 - 3x_4 = 3 \end{cases}$ 的通解.

6.4 矢量组的线性相关性

以所给矢量组为列矢量作出矩阵 A,用 RowReduce[A]命令将矩阵 A 化为行最简形矩阵,由行最简形矩阵非零行的个数即知 A 的秩,也就是矢量组的秩.若秩数小于矢量的个数,则矢量组线性相关,否则线性无关.

6.4.1 矢量的线性表示

例 6.34 设

$$\boldsymbol{\alpha} = \begin{pmatrix} 1 \\ 2 \\ 1 \\ 1 \end{pmatrix}, \boldsymbol{\beta}_1 = \begin{pmatrix} 1 \\ 1 \\ 1 \\ 1 \end{pmatrix}, \boldsymbol{\beta}_2 = \begin{pmatrix} 1 \\ 1 \\ -1 \\ -1 \end{pmatrix}, \boldsymbol{\beta}_3 = \begin{pmatrix} 1 \\ -1 \\ 1 \\ -1 \end{pmatrix}, \boldsymbol{\beta}_4 = \begin{pmatrix} 1 \\ -1 \\ -1 \\ 1 \end{pmatrix}$$

试将 $\boldsymbol{\alpha}$ 表示成 $\boldsymbol{\beta}_1, \boldsymbol{\beta}_2, \boldsymbol{\beta}_3, \boldsymbol{\beta}_4$ 的线性组合.

只需将矩阵 $\boldsymbol{A} = \begin{pmatrix} 1 & 1 & 1 & 1 & 1 \\ 1 & 1 & -1 & -1 & 2 \\ 1 & -1 & 1 & -1 & 1 \\ 1 & -1 & -1 & 1 & 1 \end{pmatrix}$ 化为行最简形.

输入
```
A = {{1,1,1,1,1},{1,1,-1,-1,2},{1,-1,1,-1,1},{1,-1,-1,1,1}};
A//MatrixForm
RowReduce[A]
% //MatrixForm
```

输出
```
(1  1   1   1  1
1  1  -1  -1  2
1  -1  1  -1  1
1  -1  -1  1  1)
{{1,0,0,0,5/4},{0,1,0,0,1/4},{0,0,1,0,-(1/4)},{0,0,0,1,-(1/4)}}
(1  0  0  0  5/4
0  1  0  0  1/4
0  0  1  0  -(1/4)
0  0  0  1  -(1/4))
```

容易看出:行最简形的第五列可以表示成第一列的 $\dfrac{5}{4}$ 倍,加上第二列的 $\dfrac{1}{4}$ 倍,加上第三列的 $-\dfrac{1}{4}$ 倍,加上第四列的 $-\dfrac{1}{4}$ 倍,于是 $\boldsymbol{A}$ 的第五列也可以表示成第一列的 $\dfrac{5}{4}$ 倍,加上第二列的 $\dfrac{1}{4}$ 倍,加上第三列的 $-\dfrac{1}{4}$ 倍,加上第四列的 $-\dfrac{1}{4}$ 倍. 即

$$\boldsymbol{\alpha} = \frac{5}{4}\boldsymbol{\beta}_1 + \frac{1}{4}\boldsymbol{\beta}_2 - \frac{1}{4}\boldsymbol{\beta}_3 - \frac{1}{4}\boldsymbol{\beta}_4$$

6.4.2 矢量组的线性相关性

例6.35 判断矢量组的线性相关性:

$$\boldsymbol{\alpha}_1 = \begin{pmatrix} 1 \\ -1 \\ 2 \\ 4 \end{pmatrix}, \boldsymbol{\alpha}_2 = \begin{pmatrix} 0 \\ 3 \\ 1 \\ 2 \end{pmatrix}, \boldsymbol{\alpha}_3 = \begin{pmatrix} 3 \\ 0 \\ 7 \\ 14 \end{pmatrix}, \boldsymbol{\alpha}_4 = \begin{pmatrix} 1 \\ -2 \\ 2 \\ 0 \end{pmatrix}, \boldsymbol{\alpha}_5 = \begin{pmatrix} 2 \\ 1 \\ 5 \\ 10 \end{pmatrix}$$

只需将矩阵 $\boldsymbol{A} = \begin{pmatrix} 1 & 0 & 3 & 1 & 2 \\ -1 & 3 & 0 & -2 & 1 \\ 2 & 1 & 7 & 2 & 5 \\ 4 & 2 & 14 & 0 & 10 \end{pmatrix}$ 化为行最简形.

输入   A={{1,0,3,1,2},{-1,3,0,-2,1},{2,1,7,2,5},{4,2,14,0,10}};

           A//MatrixForm

           RowReduce[A]

           % //MatrixForm

输出

$$\begin{pmatrix} 1 & 0 & 3 & 1 & 2 \\ -1 & 3 & 0 & -2 & 1 \\ 2 & 1 & 7 & 2 & 5 \\ 4 & 2 & 14 & 0 & 10 \end{pmatrix}$$

{{1,0,3,0,2},{0,1,1,0,1},{0,0,0,1,0},{0,0,0,0,0}}

$$\begin{pmatrix} 1 & 0 & 3 & 0 & 2 \\ 0 & 1 & 1 & 0 & 1 \\ 0 & 0 & 0 & 1 & 0 \\ 0 & 0 & 0 & 0 & 0 \end{pmatrix}$$

容易看出：行最简形矩阵的秩为 3，所以原矢量组的秩为 3，矢量组线性相关.

6.4.3   矢量组的秩与矢量组的最大无关组

矩阵的秩与它的行矢量组，以及列矢量组的秩相等.

◆ RowReduce：求矩阵 A 的秩.

◆ RowReduce：求矢量组的秩.

例 6.36   求矢量组 $\boldsymbol{\alpha}_1=(1,2,-1,1),\boldsymbol{\alpha}_3=(0,-4,5,-2),\boldsymbol{\alpha}_2=(2,0,3,0)$ 的秩.

将矢量写作矩阵的行.

输入   A={{1,2,-1,1},{0,-4,5,-2},{2,0,3,0}};

           RowReduce[A]//MatrixForm

输出   ({{1,0,3/2,0},{0,1,-(5/4),1/2},{0,0,0,0}})

这里有两个非零行，矩阵的秩等于 2. 因此，它的行矢量组的秩也等于 2.

例 6.37   矢量组 $\boldsymbol{\alpha}_1=(1,1,2,3),\boldsymbol{\alpha}_2=(1,-1,1,1),\boldsymbol{\alpha}_3=(1,3,4,5),\boldsymbol{\alpha}_4=(3,1,5,7)$ 是否线性相关？

输入   A={{1,1,2,3},{1,-1,1,1},{1,3,4,5},{3,1,5,7}};

           RowReduce[A]//MatrixForm

输出   ({{1,0,0,2},{0,1,0,1},{0,0,1,0},{0,0,0,0}})

矢量组包含四个矢量，而它的秩等于 3，因此，这个矢量组线性相关.

例 6.38   矢量组 $\boldsymbol{\alpha}_1=(1,1,2,3),\boldsymbol{\alpha}_2=(1,-1,1,1),\boldsymbol{\alpha}_3=(1,3,4,5),\boldsymbol{\alpha}_4=(3,1,5,7)$ 是否线性相关？

输入   A={{2,2,7},{3,-1,2},{1,1,3}};

           RowReduce[A]//MatrixForm

输出   ({{1,0,0},{0,1,0},{0,0,1}})

矢量组包含三个矢量，而它的秩等于 3，因此，这个矢量组线性无关.

例 6.39   求矢量组 $\boldsymbol{\alpha}_1=(1,-1,2,4),\boldsymbol{\alpha}_2=(0,3,1,2),\boldsymbol{\alpha}_3=(3,0,7,14),\boldsymbol{\alpha}_4=(1,-1,2,0),\boldsymbol{\alpha}_5=(2,1,5,0)$ 的极大无关组，并将其他矢量用极大无关组线性表示.

248

输入   A = {{1, -1,2,4}, {0,3,1,2}, {3,0,7,14}, {1, -1,2,0}, {2,1,5,0}};

          B = Transpose[A];

          RowReduce[B]//MatrixForm

输出   ({{1,0,3,0, -(1/2)}, {0,1,1,0,1}, {0,0,0,1,5/2}, {0,0,0,0,0}})

在行最简形中有三个非零行,因此矢量组的秩等于3. 非零行的首元素位于第一、二、四列,因此 $\boldsymbol{\alpha}_1, \boldsymbol{\alpha}_2, \boldsymbol{\alpha}_4$ 是矢量组的一个极大无关组. 第三列的前两个元素分别是 $3, 1$,于是 $\boldsymbol{\alpha}_3 = 3\boldsymbol{\alpha}_1 + \boldsymbol{\alpha}_2$. 第五列的前三个元素分别是 $-\frac{1}{2}, 1, \frac{5}{2}$,于是 $\boldsymbol{\alpha}_5 = -\frac{1}{2}\boldsymbol{\alpha}_1 + \boldsymbol{\alpha}_2 + \frac{5}{2}\boldsymbol{\alpha}_4$.

可以证明,两个矢量组等价的充分必要条件是:以它们为行矢量构成的矩阵的行最简形具有相同的非零行,因此,还可以用命令 RowReduce 证明两个矢量组等价.

例 6.40   设矢量 $\boldsymbol{\alpha}_1 = (2,1, -1,3)$, $\boldsymbol{\alpha}_2 = (3, -2,1, -2)$, $\boldsymbol{\beta}_1 = (-5,8, -5,12)$, $\boldsymbol{\beta}_2 = (4, -5,3, -7)$. 求证:矢量组 $\boldsymbol{\alpha}_1, \boldsymbol{\alpha}_2$ 与 $\boldsymbol{\beta}_1, \boldsymbol{\beta}_2$ 等价.

将矢量分别写作矩阵 $\boldsymbol{A}, \boldsymbol{B}$ 的行矢量.

输入   A = {{2,1, -1,3}, {3, -2,1, -2}};

          B = {{ -5,8, -5,12}, {4, -5,3, -7}};

          RowReduce[A]//MatrixForm

          RowReduce[B]//MatrixForm

输出   ({{1,0, -(1/7),4/7}, {0,1, -(5/7),13/7}})

          ({{1,0, -(1/7),4/7}, {0,1, -(5/7),13/7}})

两个行最简形相同,因此两个矢量组等价.

例 6.41   设

$$\boldsymbol{\alpha}_1 = \begin{pmatrix} 1 \\ 1 \\ 2 \\ 3 \end{pmatrix}, \boldsymbol{\alpha}_2 = \begin{pmatrix} 1 \\ -1 \\ 1 \\ 1 \end{pmatrix}, \boldsymbol{\alpha}_3 = \begin{pmatrix} 1 \\ 3 \\ 3 \\ 5 \end{pmatrix}, \boldsymbol{\alpha}_4 = \begin{pmatrix} 4 \\ -2 \\ 5 \\ 6 \end{pmatrix}, \boldsymbol{\alpha}_5 = \begin{pmatrix} 3 \\ 1 \\ 5 \\ 7 \end{pmatrix}$$

求矢量组的秩并确定一个最大无关组,将其余矢量用最大无关组线性标出.

由矢量组做成矩阵 $\boldsymbol{A} = \begin{pmatrix} 1 & 1 & 1 & 4 & 3 \\ 1 & -1 & 3 & -2 & 1 \\ 2 & 1 & 3 & 5 & 5 \\ 3 & 1 & 5 & 6 & 7 \end{pmatrix}$,将 $\boldsymbol{A}$ 化为行最简形矩阵.

输入   A = {{1,1,1,4,3}, {1, -1,3, -2,1}, {2,1,3,5,5}, {3,1,5,6,7}};

          A//MatrixForm

          RowReduce[A]

          % //MatrixForm

输出
$$\begin{pmatrix} 1 & 1 & 1 & 4 & 3 \\ 1 & -1 & 3 & -2 & 1 \\ 2 & 1 & 3 & 5 & 5 \\ 3 & 1 & 5 & 6 & 7 \end{pmatrix}$$

          {{1,0,2,1,2}, {0,1, -1,3,1}, {0,0,0,0,0}, {0,0,0,0,0}}

$$\begin{pmatrix} 1 & 0 & 2 & 1 & 2 \\ 0 & 1 & -1 & 3 & 1 \\ 0 & 0 & 0 & 0 & 0 \\ 0 & 0 & 0 & 0 & 0 \end{pmatrix}$$

由行最简形矩阵可知, A 的 1、2 列即 $\boldsymbol{\alpha}_1,\boldsymbol{\alpha}_2$ 构成 A 的列矢量组的最大无关组, 矢量组的秩为 2, $\boldsymbol{\alpha}_3 = 2\boldsymbol{\alpha}_1 - \boldsymbol{\alpha}_2$, $\boldsymbol{\alpha}_4 = \boldsymbol{\alpha}_1 + 3\boldsymbol{\alpha}_2$, $\boldsymbol{\alpha}_5 = 2\boldsymbol{\alpha}_1 + \boldsymbol{\alpha}_2$.

例 6.62 设 $A = \begin{pmatrix} 2 & -1 & -1 & 1 & 2 \\ 1 & 1 & -2 & 1 & 4 \\ 4 & -6 & 2 & -2 & 4 \\ 3 & 6 & -9 & 7 & 9 \end{pmatrix}$, 求 A 的列矢量组的一个极大无关组.

用初等行变换得到 A 的行最简形, 则由行最简形可以看出 A 列矢量组的极大无关组.

输入　　A = {{2,-1,-1,1,2},{1,1,-2,1,4},{4,-6,2,-2,4},{3,6,-9,7,9}};

A//MatrixForm;

RowReduce[A]//MatrixForm

$$\begin{pmatrix} 1 & 0 & -1 & 0 & 4 \\ 0 & 1 & -1 & 0 & 3 \\ 0 & 0 & 0 & 1 & -3 \\ 0 & 0 & 0 & 0 & 0 \end{pmatrix}$$

输出
$$\begin{pmatrix} 2 & -1 & -1 & 1 & 2 \\ 1 & 1 & -2 & 1 & 4 \\ 4 & -6 & 2 & -2 & 4 \\ 3 & 6 & -9 & 7 & 9 \end{pmatrix}$$

由此可知, A 的 1、2、4 列构成 A 的列矢量组的最大无关组.

习题 6 - 4

1. 判断矩阵 $A = \begin{pmatrix} 1 & -1 & 2 & 1 & 0 \\ 2 & -2 & 4 & -2 & 0 \\ 3 & 0 & 6 & -1 & 1 \\ 2 & 1 & 4 & 2 & 1 \end{pmatrix}$ 的行矢量组的线性相关性.

2. 求 t, 使得矩阵 $A = \begin{pmatrix} 1 & 3 & 2 \\ 2 & -1 & 3 \\ 3 & 2 & t \end{pmatrix}$ 的秩等于 2.

3. 求矢量组 $\boldsymbol{\alpha}_1 = (0,0,1)$, $\boldsymbol{\alpha}_2 = (0,1,1)$, $\boldsymbol{\alpha}_3 = (1,1,1)$, $\boldsymbol{\alpha}_4 = (1,0,0)$ 的秩.

4. 当 t 取何值时, 矢量组 $\boldsymbol{\alpha}_1 = (1,1,1)$, $\boldsymbol{\alpha}_2 = (1,2,3)$, $\boldsymbol{\alpha}_3 = (1,3,t)$ 的秩最小?

5. 矢量组 $\boldsymbol{\alpha}_1 = (1,1,1,1)$, $\boldsymbol{\alpha}_2 = (1,-1,-1,1)$, $\boldsymbol{\alpha}_3 = (1,-1,1,-1)$, $\boldsymbol{\alpha}_4 = (1,1,-1,1)$ 是否线性相关?

6. 设 $\boldsymbol{\alpha}_1 = (2,1,2,3,-2)$, $\boldsymbol{\alpha}_2 = (10,5,5,11,-3)$, $\boldsymbol{\alpha}_3 = (6,3,1,5,1)$, $\boldsymbol{\alpha}_4 = (4,2,-1,2,10)$, 求矢量组的秩和一个极大无关组.

7. 求矢量组 $\boldsymbol{\alpha}_1 = (1,2,3,4)$, $\boldsymbol{\alpha}_2 = (2,3,4,5)$, $\boldsymbol{\alpha}_3 = (3,4,5,6)$ 的最大线性无关组. 并用极大无关组线性表示其他矢量.

8. 设矢量 $\boldsymbol{\alpha}_1 = (-1,3,6,0)$, $\boldsymbol{\alpha}_2 = (8,3,-3,18)$, $\boldsymbol{\beta}_1 = (3,0,-3,6)$, $\boldsymbol{\beta}_2 = (2,3,3,6)$. 求证:矢量组 $\boldsymbol{\alpha}_1$, $\boldsymbol{\alpha}_2$ 与 $\boldsymbol{\beta}_1$, $\boldsymbol{\beta}_2$ 等价.

9. 设矩阵

$$A = \begin{pmatrix} 2 & -1 & -1 & 1 & 2 \\ 1 & 1 & -2 & 1 & 4 \\ 4 & -6 & 2 & -2 & 4 \\ 3 & 6 & -9 & 7 & 9 \end{pmatrix}$$

求矩阵 A 的列矢量组的一个最大无关组,并把不属于最大无关组的列矢量用最大无关组线性表出.

10. 矢量组 $\boldsymbol{\alpha}_1 = (2,1,6,3)$, $\boldsymbol{\alpha}_2 = (1,-2,1,3)$, $\boldsymbol{\alpha}_3 = (0,3,4,5)$, $\boldsymbol{\alpha}_4 = (3,1,1,0)$ 是否线性相关?

6.5　相似矩阵及二次型

化二次型为标准形的本质就是将二次型的矩阵化为对角型矩阵的问题,而矩阵化为对角型矩阵的过程就是求特征值与特征矢量的过程.下面给出本节常用的命令.

◆ Eigenvalues[A]:求矩阵 A 的全部特征值.

◆ Eigenvectors[A]:求矩阵 A 的全部特征矢量.

◆ Orthogonalize[A]:对矩阵 A 正交化.

◆ Eigensystem[a]:求矩阵 A 的全部特征值、特征矢量.

◆ Simplify[%]:对结果化简.

6.5.1　求矩阵的特征值与特征矢量

例 6.43　求矩阵 $A = \begin{pmatrix} 1 & 2 \\ 3 & 4 \end{pmatrix}$ 和 $B = \begin{pmatrix} 1.0 & 2 \\ 3 & 4 \end{pmatrix}$ 的特征值和特征矢量.

输入　　A = {{1,2},{3,4}};
　　　　Eigensystem[A]//MatrixForm

输出　　$(\{\{1/2 (5 + \sqrt{33}), 1/2 (5 - \sqrt{33})\}, \{\{1/6 (-3 + \sqrt{33}), 1\}, \{1/6 (-3 - \sqrt{33}), 1\}\}\})$

输入　　B = {{1.0,2},{3,4}};
　　　　Eigensystem[B]//MatrixForm

输出　　$(\{\{5.37228, -0.372281\}, \{\{-0.415974, -0.909377\}, \{-0.824565, 0.565767\}\}\})$

注意:还有以下特殊情况应当说明,示例如下.

输入　　A1 = {{-1,1,0},{-4,3,0},{1,0,2}};
　　　　Eigensystem[A1]//MatrixForm

输出　　$(\{\{2,1,1\}, \{\{0,0,1\}, \{-1,-2,1\}, \{0,0,0\}\}\})$

这个例子中属于特征值 1 的线性无关的特征矢量只有一个,这时不能找到 n 个线性无关的特征矢量(不相似于对角矩阵).遇到这种情况,Mathematica 总是补上零矢量.但零矢量不是特征矢量,与常规不一致,不要产生误解.

例 6.44 求矩阵 $A = \begin{pmatrix} 2 & -1 & 2 \\ 5 & -3 & 3 \\ -1 & 0 & -2 \end{pmatrix}$ 的特征值和特征矢量.

输入
```
A = {{2,-1,2},{5,-3,3},{-1,0,-2}};
Eigenvalues[A]
Eigenvectors[A]
```

输出
```
{-1,-1,-1}
{{-1,-1,1},{0,0,0},{0,0,0}}
```

结果为

$\{-1,-1,-1\}$(特征值)

$\{\{-1,-1,1\},\{0,0,0\},\{0,0,0\}\}$

(特征矢量)(将最后两个零矢量删去).

例 6.45 求矩阵 $A = \begin{pmatrix} 0 & 0 & 0 & 1 \\ 0 & 0 & 1 & 0 \\ 0 & 1 & 0 & 0 \\ 1 & 0 & 0 & 0 \end{pmatrix}$ 的特征值和特征矢量.

输入
```
A = {{0,0,0,1},{0,0,1,0},{0,1,0,0},{1,0,0,0}};
Eigenvalues[A]
Eigenvectors[A]
```

输出
```
{-1,-1,1,1}
{{-1,0,0,1},{0,-1,1,0},{1,0,0,1},{0,1,1,0}}
```

结果为

$\{-1,-1,1,1\}$(特征值)

$\{\{-1,0,0,1\},\{0,-1,1,0\},\{1,0,0,1\},\{0,1,1,0\}\}$(特征矢量).

6.5.2 矩阵的对角化

例 6.46 设 $A = \begin{pmatrix} -1 & 4 & -2 \\ -3 & 4 & 0 \\ -3 & 1 & 3 \end{pmatrix}$,求矩阵 P,使得 $P^{-1}AP$ 为对角阵,并验证结果.

输入
```
A = {{-1,4,-2},{-3,4,0},{-3,1,3}};
Eigenvalues[A]
P = Eigenvectors[A]
P1 = Transpose[P]
P1//MatrixForm
Inverse[P1].A.P1//MatrixForm
```

输出
```
{3,2,1}
{{1,3,4},{2,3,3},{1,1,1}}
{{1,2,1},{3,3,1},{4,3,1}}
```
$\begin{pmatrix} 1 & 2 & 1 \\ 3 & 3 & 1 \end{pmatrix}$

$$\begin{pmatrix} 4 & 3 & 1 \end{pmatrix}$$
$$\begin{pmatrix} 3 & 0 & 0 \\ 0 & 2 & 0 \\ 0 & 0 & 1 \end{pmatrix}$$

结果为

{3,2,1}特征值

{{1,3,4},{2,3,3},{1,1,1}}特征矢量(为行矢量)

$$\begin{pmatrix} 1 & 2 & 1 \\ 3 & 3 & 1 \\ 4 & 3 & 1 \end{pmatrix}$$矩阵 **P**

$$\begin{pmatrix} 3 & 0 & 0 \\ 0 & 2 & 0 \\ 0 & 0 & 1 \end{pmatrix}$$对角矩阵

例6.47 设 $A = \begin{pmatrix} 2 & 2 & -2 \\ 2 & 5 & -4 \\ -2 & -4 & 5 \end{pmatrix}$，求正交矩阵 **P**，使得 $P^{-1}AP$ 为对角阵，并验证结果.

输入　　A = {{2,2,-2},{2,5,-4},{-2,-4,5}};

　　　　Eigenvalues[A]

　　　　P = Eigenvectors[A]

　　　　P = Orthogonalize[P]

　　　　P = Transpose[P]

　　　　Inverse[P].P//MatrixForm

　　　　Simplify[%]Inverse[P].A.P//MatrixForm

输出　　{10,1,1}

　　　　{{ -1, -2,2},{2,0,1},{ -2,1,0}}

$$\left\{ \left\{ -\frac{1}{3}, -\frac{2}{3}, \frac{2}{3} \right\}, \left\{ \frac{2}{\sqrt{5}}, 0, \frac{1}{\sqrt{5}} \right\}, \left\{ -\frac{2}{3\sqrt{5}}, \frac{\sqrt{5}}{3}, \frac{4}{3\sqrt{5}} \right\} \right\}$$

$$\left\{ \left\{ -\frac{1}{3}, \frac{2}{\sqrt{5}}, -\frac{2}{3\sqrt{5}} \right\}, \left\{ -\frac{2}{3}, 0, \frac{\sqrt{5}}{3} \right\}, \left\{ \frac{2}{3}, \frac{1}{\sqrt{5}}, \frac{4}{3\sqrt{5}} \right\} \right\}$$

$$\begin{pmatrix} 1 & 0 & 0 \\ \frac{1}{3}\left(-\frac{8}{9\sqrt{5}} -\frac{2\sqrt{5}}{9} \right) + \frac{2}{3}\left(\frac{4}{9\sqrt{5}} + \frac{\sqrt{5}}{9} \right) & \frac{\frac{4}{9\sqrt{5}} + \frac{\sqrt{5}}{9}}{\sqrt{5}} + \frac{2\left(\frac{8}{9\sqrt{5}} + \frac{2\sqrt{5}}{9} \right)}{\sqrt{5}} & \frac{4\left(\frac{4}{9\sqrt{5}} + \frac{\sqrt{5}}{9} \right)}{3\sqrt{5}} - \frac{2\left(\frac{8}{9\sqrt{5}} + \frac{2\sqrt{5}}{9} \right)}{3\sqrt{5}} \\ 0 & 0 & 1 \end{pmatrix}$$

$$\begin{pmatrix} -\frac{1}{3} & \frac{2}{\sqrt{5}} & -\frac{2}{3\sqrt{5}} \\ -\frac{2}{3} & 0 & \frac{\sqrt{5}}{3} \\ \frac{2}{3} & \frac{1}{\sqrt{5}} & \frac{4}{3\sqrt{5}} \end{pmatrix}$$

$$\begin{pmatrix} 1 & 0 & 0 \\ \frac{1}{3}\left(-\frac{8}{9\sqrt{5}} -\frac{2\sqrt{5}}{9} \right) + \frac{2}{3}\left(\frac{4}{9\sqrt{5}} + \frac{\sqrt{5}}{9} \right) & \frac{\frac{4}{9\sqrt{5}} + \frac{\sqrt{5}}{9}}{\sqrt{5}} + \frac{2\left(\frac{8}{9\sqrt{5}} + \frac{2\sqrt{5}}{9} \right)}{\sqrt{5}} & \frac{4\left(\frac{4}{9\sqrt{5}} + \frac{\sqrt{5}}{9} \right)}{3\sqrt{5}} - \frac{2\left(\frac{8}{9\sqrt{5}} + \frac{2\sqrt{5}}{9} \right)}{3\sqrt{5}} \end{pmatrix}$$

$$\begin{pmatrix} 10 & \begin{matrix}0\\0\end{matrix} & \begin{matrix}0\\0\end{matrix} & \begin{matrix}1\\0\end{matrix} \\ 0 & \dfrac{5\left(\dfrac{4}{9\sqrt{5}}+\dfrac{\sqrt{5}}{9}\right)-2\left(\dfrac{8}{9\sqrt{5}}+\dfrac{2\sqrt{5}}{9}\right)}{\sqrt{5}}+\dfrac{2\left(-2\left(\dfrac{4}{9\sqrt{5}}+\dfrac{\sqrt{5}}{9}\right)+2\left(\dfrac{8}{9\sqrt{5}}+\dfrac{2\sqrt{5}}{9}\right)\right)}{\sqrt{5}} & & 0 \\ 0 & 0 & & \dfrac{41}{45}-\dfrac{2\left(-\dfrac{4}{\sqrt{5}}+\dfrac{2\sqrt{5}}{3}\right)}{3\sqrt{5}} \end{pmatrix}$$

结果为：

{10,1,1}（特征值）

{{-1,-2,2},{2,0,1},{-2,1,0}}（特征矢量）

6.5.3　化二次型为标准形

例 6.48　　求正交变换 $x = Py$，将下列二次型化为标准形：

$$f(x_1,x_2,x_3) = 2x_1^2 + 3x_2^2 + 3x_3^2 + 4x_2x_3$$

$$f(x) = (x_1,x_2,x_3)\begin{pmatrix} 2 & 0 & 0 \\ 0 & 3 & 2 \\ 0 & 2 & 3 \end{pmatrix}\begin{pmatrix} x_1 \\ x_2 \\ x_3 \end{pmatrix} = x^{\mathrm{T}}\begin{pmatrix} 2 & 0 & 0 \\ 0 & 3 & 2 \\ 0 & 2 & 3 \end{pmatrix}x = x^{\mathrm{T}}Ax$$

其中

$$A = \begin{pmatrix} 2 & 0 & 0 \\ 0 & 3 & 2 \\ 0 & 2 & 3 \end{pmatrix}.$$

输入　　`A={{2,0,0},{0,3,2},{0,2,3}};`

`Eigenvalues[A]`

`P=Eigenvectors[A]`

`P=Orthogonalize[P]`

`P=Transpose[P]`

`Inverse[P].P//MatrixForm`

`P//MatrixForm`

`Inverse[P].A.P//MatrixForm`

`Simplify[%]//MatrixForm`

输出　　{5,2,1}

{{0,1,1},{1,0,0},{0,-1,1}}

$\left\{\left\{0,\dfrac{1}{\sqrt{2}},\dfrac{1}{\sqrt{2}}\right\},\{1,0,0\},\left\{0,-\dfrac{1}{\sqrt{2}},\dfrac{2}{\sqrt{2}}\right\}\right\}$

$\left\{\{0,1,0\},\left\{\dfrac{1}{\sqrt{2}},0,-\dfrac{1}{\sqrt{2}}\right\},\left\{\dfrac{1}{\sqrt{2}},0,\dfrac{1}{\sqrt{2}}\right\}\right\}$

$$\begin{pmatrix} 1 & 0 & 0 \\ 0 & 1 & 0 \\ 0 & 0 & 1 \end{pmatrix}$$

$$\begin{pmatrix} 0 & 1 & 0 \\ \frac{1}{\sqrt{2}} & 0 & -\frac{1}{\sqrt{2}} \\ \frac{1}{\sqrt{2}} & 0 & \frac{1}{\sqrt{2}} \end{pmatrix}$$

$$\begin{pmatrix} \sqrt{2}\left(\frac{3}{\sqrt{2}}+\sqrt{2}\right) & 0 & 0 \\ 0 & 2 & 0 \\ \frac{\frac{3}{\sqrt{2}}-\sqrt{2}}{\sqrt{2}}+\frac{-\frac{3}{\sqrt{2}}+\sqrt{2}}{\sqrt{2}} & 0 & \frac{\frac{3}{\sqrt{2}-\sqrt{2}}}{\sqrt{2}}-\frac{-\frac{3}{\sqrt{2}}+\sqrt{2}}{\sqrt{2}} \end{pmatrix}$$

$$\begin{pmatrix} 5 & 0 & 0 \\ 0 & 2 & 0 \\ 0 & 0 & 1 \end{pmatrix}$$

$\boldsymbol{A}$ 的特征值为 $\{5,2,1\}$, $\boldsymbol{A}$ 的特征矢量为 $\{\{0,1,1\},\{1,0,0\},\{0,-1,1\}\}$.

正交矩阵

$$\boldsymbol{P} = \begin{pmatrix} 0 & 1 & 0 \\ \dfrac{1}{\sqrt{2}} & 0 & -\dfrac{1}{\sqrt{2}} \\ \dfrac{1}{\sqrt{2}} & 0 & \dfrac{1}{\sqrt{2}} \end{pmatrix}$$

对角矩阵

$$\boldsymbol{\Lambda} = \begin{pmatrix} 5 & 0 & 0 \\ 0 & 2 & 0 \\ 0 & 0 & 1 \end{pmatrix}$$

二次型化的标准形为

$$f = 5y_1^2 + 2y_2^2 + y_3^2$$

习题 6–5

1. 求矩阵 $\boldsymbol{A} = \begin{pmatrix} 4 & 1 \\ 2 & 3 \end{pmatrix}$ 的特征值和特征矢量.

2. 求矩阵 $\boldsymbol{A} = \begin{pmatrix} 1 & 2 & 2 \\ 2 & 1 & 2 \\ 2 & 2 & 1 \end{pmatrix}$ 的特征值和特征矢量.

3. 已知矩阵 $\boldsymbol{A} = \begin{pmatrix} 1 & 2 & 1 \\ -1 & 2 & 1 \\ 0 & 4 & 2 \end{pmatrix}$, 求:

(1) 矩阵 $\boldsymbol{A}$ 的特征值表;

(2) 求矩阵 $\boldsymbol{A}$ 的特征矢量表;

(3) 求 $\boldsymbol{A}$ 的所有特征值, 特征矢量组成的表.

4. 求矩阵 $A = \begin{pmatrix} 2 & 1 & 1 \\ 1 & 2 & 1 \\ 1 & 1 & 2 \end{pmatrix}$ 的特征值.

5. 求矩阵 $A = \begin{pmatrix} 1 & 1 & 3 \\ 2 & 3 & 1 \\ 3 & 2 & 2 \end{pmatrix}$ 的特征值和特征矢量.

6. 求矩阵 $A = \begin{pmatrix} 3 & 7 & -3 \\ -2 & -5 & 2 \\ -4 & -10 & 3 \end{pmatrix}$ 的特征值.

7. 设 $A = \begin{pmatrix} 2 & -2 & 0 \\ -2 & 1 & -2 \\ 0 & -2 & 0 \end{pmatrix}$, 求正交矩阵 P, 使得 $P^{-1}AP$ 为对角阵, 并验证结果.

8. 求一个正交变换 $x = Py$, 将下列二次型化为标准形:
$$f(x_1, x_2, x_3, x_4) = x_1^2 + x_2^2 + x_3^2 + x_4^2 + 2x_1x_2 - 2x_1x_4 - 2x_2x_3 + 2x_3x_4$$

9. 设 $A = \begin{pmatrix} 0 & -1 & 1 \\ -1 & 0 & 1 \\ 1 & 1 & 0 \end{pmatrix}$, 求正交矩阵 P, 使得 $P^{-1}AP$ 为对角阵, 并验证结果.

10. 求一个正交变换 $x = Py$, 将下列二次型化为标准形:
$$f(x_1, x_2, x_3) = x_1^2 + x_3^2 + 2x_1x_2 - 2x_2x_3$$

6.6 矩 阵 分 解

矩阵的乘积分解是十分重要的矩阵运算. 在各种矩阵函数和算法中都会或多或少地利用矩阵的乘积分解, 如矩阵的方幂的计算、矩阵的秩的计算、求解线性方程组等.

6.6.1 LU 分解和 Cholesky 分解

LU 分解是一种求解线性方程组的直接方法, 它基于选主元的高斯消去法, 尤其适用于相同系数矩阵的多个线性方程组. 对方阵进行 LU 分解, 得到一个主对角线上的元素为 1 的下三角矩阵和一个上三角矩阵, 再利用分解的结果去解线性方程组.

主要函数为:

◆ LUDecomposition[A]: 将方阵 A 进行 LU 分解.

◆ LUBackSubstitution[data, b]: 由 LUDecomposition 对 A 分解所得数据 data 去解线性方程组 Ax = b.

函数 LUDecomposition 适用于任意可逆方阵.

例 6.49 对矩阵 $A = \begin{pmatrix} 2 & 2 & 3 \\ 4 & 7 & 7 \\ 2 & -4 & 5 \end{pmatrix}$ 进行 LU 分解, 并利用分解结果解线性方程组

$$\begin{pmatrix} 2 & 2 & 3 \\ 4 & 7 & 7 \\ 2 & -4 & 5 \end{pmatrix} x = \begin{pmatrix} -2 \\ 10 \\ 44 \end{pmatrix}$$

输入 A = {{2,2,3},{4,7,7},{2,-4,5}};

    B = LUDecomposition[A]

输出 {{{2,2,3},{2,3,1},{1,-2,4}},{1,2,3},0}

输入 LUBackSubstitution[B,{-2,10,44}]

输出 {{{2,2,3},{2,3,1},{1,-2,4}},{1,2,3},1}

    {-(109/4),-(3/2),37/2}

输入 LUBackSubstitution[B,{-2.0,10,44}]

输出 {-(109/4),-(3/2),37/2}

    {-27.25,-1.5,18.5}

$$L = \begin{pmatrix} 1 & 0 & 0 \\ 2 & 1 & 0 \\ 1 & -2 & 1 \end{pmatrix}, U = \begin{pmatrix} 2 & 2 & 3 \\ 0 & 3 & 1 \\ 0 & 0 & 4 \end{pmatrix}$$

注:由于返回的结果中对数据进行了压缩存储,导致结果的含义不清,但函数 LUBackSubstitution 能自动利用该结果去解线性方程组,如果数据中有小数点,则进行近似计算.

可以检验结果的正确性.

输入 L = {{1,0,0},{2,1,0},{1,-2,1}};

    U = {{2,2,3},{0,3,1},{0,0,4}};

     L.U//MatrixForm

输出 ({{2,2,3},{4,7,7},{2,-4,5}}).

当矩阵 A 的元素是近似数时,LUDecomposition[A]输出的 L,U 的格式有所不同.

例如:

$$A = \begin{pmatrix} 2.0 & 2 & 3 \\ 4 & 7 & 7 \\ 2 & -4 & 5 \end{pmatrix}$$

输入 A = {{2.0,2,3},{4,7,7},{2,-4,5}};

    B = LUDecomposition[A]

输出 {{{4.,7.,7.},{0.5,-7.5,1.5},{0.5,0.2,-0.8}},{2,3,1},69.}

$$L = \begin{pmatrix} 1 & 0 & 0 \\ 0.5 & 1 & 0 \\ 0.5 & 0.2 & 1 \end{pmatrix}, U = \begin{pmatrix} 4 & 7 & 7 \\ 0 & -7.5 & 1.5 \\ 0 & 0 & -0.8 \end{pmatrix}$$

输入 L = {{1,0,0},{0.5,1,0},{0.5,0.2,1}};

    U = {{4,7,7},{0,-7.5,1.5},{0,0,-0.8}};

    L.U//MatrixForm

输出 ({{4.,7.,7.},{2.,-4.,5.},{2.,2.,3.}})

注:矩阵 A 的元素中出现小数点,将导致结果完全改变.

例 6.50 对矩阵 $A = \begin{pmatrix} 1 & 2 & 3 \\ 4 & 5 & 6 \\ 7 & 8 & 10 \end{pmatrix}$ 进行 LU 分解,并利用分解结果解线性方程组

$$\begin{pmatrix} 1 & 2 & 3 \\ 4 & 5 & 6 \\ 7 & 8 & 10 \end{pmatrix} x = \begin{pmatrix} -2 \\ 6 \\ 4 \end{pmatrix}$$

输入　　A={{1,2,3},{4,5,6},{7,8,10}};
　　　　B=LUDecomposition[A]
输出　　{{{1,2,3},{4,-3,-6},{7,2,1}},{1,2,3},1}
输入　　L={{1,0,0},{4,1,0},{7,2,1}};
　　　　U={{1,2,3},{0,-3,-6},{0,0,1}};
　　　　L.U//MatrixForm
　　　　LUBackSubstitution[B,{-2,6,4}]
输出　　{{{1,2,3},{4,-3,-6},{7,2,1}},{1,2,3},1}
　　　　({{1,2,3},{4,5,6},{7,8,10}})
　　　　{-(8/3),46/3,-10}

6.6.2　QR 分解

QR 分解也是求解线性方程组的直接方法,尤其适用于病态系数矩阵的线性方程组. 它的稳定性和精度均优于 LU 分解,只是运算复杂些.

对矩阵 M 进行 QR 分解的函数是:

◆ QRDecomposition[M]:将矩阵 M 进行 QR 分解得到正交矩阵 Q 和上三角矩阵 R.

例 6.51 对矩阵 $A = \begin{pmatrix} 1 & 2 \\ 1 & 3 \end{pmatrix}$ 进行 QR 分解.

输入　　A={{1,2},{1,3}};
　　　　{q,r}=QRDecomposition[A]//Simplify
　　　　q//MatrixForm
　　　　r//MatrixForm
　　　　Transpose[q].r//MatrixForm
输出　　$\left\{\left\{\left\{\frac{1}{\sqrt{2}},\frac{1}{\sqrt{2}}\right\},\left\{-\frac{1}{\sqrt{2}},\frac{1}{\sqrt{2}}\right\}\right\},\left\{\left\{\sqrt{2},\frac{5}{\sqrt{2}}\right\},\left\{0,\frac{1}{\sqrt{2}}\right\}\right\}\right\}$

$$\begin{pmatrix} \frac{1}{\sqrt{2}} & \frac{1}{\sqrt{2}} \\ -\frac{1}{\sqrt{2}} & \frac{1}{\sqrt{2}} \end{pmatrix}$$

$$\begin{pmatrix} \sqrt{2} & \frac{5}{\sqrt{2}} \\ 0 & \frac{1}{\sqrt{2}} \end{pmatrix}$$

$$\begin{pmatrix} 1 & 2 \\ 1 & 3 \end{pmatrix}$$

例 6.52 对矩阵 $A = \begin{pmatrix} 5 & -2 & 0 \\ -2 & 6 & 2 \\ 0 & 2 & 7 \end{pmatrix}$ 进行 QR 分解.

输入　　A = {{5.,-2,0},{-2,6,2},{0,2,7}};

　　　　QRDecomposition[A]

输出　　{{{-0.928477,0.371391,0.},{-0.343117,-0.857792,-0.382707},{-0.
142134,-0.355335,0.92387}},{{-5.38516,4.0853,0.742781},{0.,-5.
22593,-4.39453},{0.,0.,5.75642}}}

$$\overline{Q}' = \begin{pmatrix} -0.928477 & 0.371391 & 0 \\ -0.343117 & -0.857792 & -0.382707 \\ -0.142134 & -0.355335 & 0.92387 \end{pmatrix}, R = \begin{pmatrix} -5.38516 & 4.0853 & 0.742781 \\ 0 & -5.22593 & -4.39453 \\ 0 & 0 & 5.75642 \end{pmatrix}$$

例 6.53 对矩阵 $A = \begin{pmatrix} 1 & 2 \\ 3 & 4 \\ 5 & 6 \end{pmatrix}$ 进行 QR 分解.

输入　　A = {{1,2},{3,4},{5,6}};

　　　　{q,r} = QRDecomposition[A]//Simplify

　　　　q//MatrixForm

　　　　r//MatrixForm

　　　　Transpose[q].r//MatrixForm

输出　　{{{-0.928477,0.371391,0.},{-0.343117,-0.857792,-0.382707},{-0.
142134,-0.355335,0.92387}},{{-5.38516,4.0853,0.742781},{0.,-5.
22593,-4.39453},{0.,0.,5.75642}}}

注:矩阵 A 进行 QR 分解时,A 可以不是方阵.

6.6.3　Schur 分解

SchurDecomposition 函数利用 QR 迭代法,将浮点型方阵 A 酉相似于上三角方阵或正交相似于准上三角方阵,A 可以是实方阵或复方阵,但不可以是整数方阵或含有变元.

对矩阵 A 进行 Schur 分解的函数是:

◆ SchurDecomposition [A]:将矩阵 A 进行 Schur 分解.

例 6.54 将矩阵 $A = \begin{pmatrix} -1.0 & 2 & -3 \\ 0 & 1 & 2 \\ 7 & 3 & -1 \end{pmatrix}$ 进行 Schur 分解.

输入　　A = {{-1.0,2,-3},{0,1,2},{7,3,-1}};

　　　　{Q,T} = SchurDecomposition[A];

　　　　MatrixForm/@ {Q,T}

输出　　{({{-0.0930191,-0.91923,-0.382575},{0.242309,0.351789,-0.904174},
{-0.96573,0.176807,-0.190014}}),({{-1.73835,5.43495,4.79074},
{-3.60424,-1.73835,-0.584646},{0.,0.,2.4767}})}

6.6.4 奇异值分解

◆ SingularValues[A]:将数值矩阵 A 进行奇异值分解.

◆ SingularValuesList[A]:只返回由矩阵 A 非零奇异值组成的表.

A 可以是实矩阵或复矩阵,但不可以是整数矩阵或含有变元.

例6.55 将矩阵 $\begin{pmatrix} 1.0 & 0 \\ 0 & 1 \\ 1 & 1 \end{pmatrix}$ 进行奇异值分解.

输入
```
A = {{1.0,0},{0,1},{1,1}}
{u,s,v} = SingularValueDecomposition[A]
s//MatrixForm
u.s.Transpose[v]//Chop//MatrixForm
```

输出
```
{{1.,0},{0,1},{1,1}}
{{{-0.408248,-0.707107,-0.57735},{-0.408248,0.707107,-0.57735},{-
0.816497,5.55112*10⁻¹⁷,0.57735}},{{1.73205,0.},{0.,1.},{0.,0.}},
{{-0.707107,-0.707107},{-0.707107,0.707107}}}
({{1.73205,0.},{0.,1.},{0.,0.}})
({{1.,0},{0,1.},{1.,1.}})
```

6.6.5 Hessenberg 分解

形如 $A = \begin{pmatrix} a_{11} & a_{12} & \cdots & a_{1n} \\ a_{21} & a_{22} & \cdots & a_{2n} \\ & \ddots & \ddots & \vdots \\ o & & a_{n-1,n} & a_{nn} \end{pmatrix}$ 的方阵称为 Hessenberg 方阵.

◆ HessenbergDecomposition[A]:将一个由近似数组成的方阵 A 进行 Hessenberg 分解,得到正交矩阵 P 和准上三角矩阵 H,使得 $PH\overline{P}' = A$.

HessenbergDecomposition 函数将浮点型方阵 *A* 相似于 Hessenberg 方阵. *A* 可以是实方阵或复方阵,但不可以是整数方阵或含有变元.

例6.56 将方阵 $A = \begin{pmatrix} 1 & 8 & 3 & 10 \\ 2 & 6 & 9 & 8 \\ 9 & 10 & 0 & 12 \\ 13 & 5 & 7 & 0 \end{pmatrix}$ 进行 Hessenberg 分解.

输入
```
A = {{1.,8.,3,10.},{2.,6,9.,8},{9,10,0,12},{13,5.,7,0}}
{p,h} = HessenbergDecomposition[A]//Chop
```

输出
```
{{1.,8.,3,10.},{2.,6,9.,8},{9,10,0,12},{13,5.,7,0}}
{{{1.,0,0,0},{0,-0.125491,0.855093,0.503059},{0,-0.56471,0.35534,
-0.744873},{0,-0.815693,-0.377558,0.438288}},{{1.,-10.855,4.13119,
6.17273},{-15.9374,11.5236,-8.4528,-3.587},{0,-12.7644,3.41416,
```

260

4.52219},{0,0,2.63982,-8.93778}}}

输入   p.h.Transpose[p]//Chop//MatrixForm

输出   ({{1.,8.,3.,10.},{2.,6.,9.,8.},{9.,10.,0,12.},{13.,5.,7.,0}})

输入   p.Transpose[p]//Chop//MatrixForm

输出   ({{1.,0,0,0},{0,1.,0,0},{0,0,1.,0},{0,0,0,1.}})

输入   h//MatrixForm

输出   ({{1.,-10.855,4.13119,6.17273},{-15.9374,11.5236,-8.4528,-3.587},
               {0,-12.7644,3.41416,4.52219},{0,0,2.63982,-8.93778}})

注: 这个函数只能接受由近似数组成的矩阵.

6.6.6 矩阵的广义逆

求矩阵的广义逆矩阵的函数是 PseudoInverse[A]

◆ PseudoInverse[A]:求矩阵 A 的广义逆矩阵 A^+.

例 6.57 求矩阵 $A = \begin{pmatrix} 0 & 0 & 0 \\ 0 & 0 & 0 \\ 1 & 0 & 0 \\ 0 & 1 & 0 \end{pmatrix}$ 的广义逆矩阵.

输入   A={{0,0,0},{0,0,0},{1,0,0},{0,1,0}};
            PseudoInverse[A]//MatrixForm

输出   ({{0,0,1,0},{0,0,0,1},{0,0,0,0}})

例 6.58 求矩阵 $A = \begin{pmatrix} 1 & 2 & 3 \\ 4 & 5 & 6 \end{pmatrix}$ 的广义逆矩阵.

输入   A={{1,2,3},{4,5,6}};
            B=PseudoInverse[A]//MatrixForm

输出   ({{-(17/18),4/9},{-(1/9),1/9},{13/18,-(2/9)}})

下面验证结果的正确性:

输入   A.B//MatrixForm
            B.A//MatrixForm

输出   {{-(17/18),4/9},{-(1/9),1/9},{13/18,-(2/9)}}
            ({{1,0},{0,1}})
            ({{5/6,1/3,-(1/6)},{1/3,1/3,1/3},{-(1/6),1/3,5/6}})

经检验,$AB = E$,$BA \neq E$.

6.6.7 Jordan 分解

◆ JordanDecomposition[A]:计算方阵 A 的 Jordan 分解.

A 可以是任意方阵.

例 6.59 将方阵 $A = \begin{pmatrix} 3 & 1 & 1 \\ 0 & 2 & 0 \\ -1 & 0 & 1 \end{pmatrix}$ 进行 Jordan 分解.

输入   A={{3,1,1},{0,2,0},{-1,0,1}};

          {S,J}=JordanDecomposition[A]

输出   {{{-1,-1,0},{0,0,-1},{1,0,0}},{{2,1,0},{0,2,1},{0,0,2}}}

输入   S//MatrixForm

        J//MatrixForm

输出   {{{-1,-1,0},{0,0,-1},{1,0,0}},{{2,1,0},{0,2,1},{0,0,2}}}

          ({{-1,-1,0},{0,0,-1},{1,0,0}})

          ({{2,1,0},{0,2,1},{0,0,2}})

其中特征矢量组成的对角矩阵为

$$S = \begin{pmatrix} -1 & -1 & 0 \\ 0 & 0 & -1 \\ 1 & 0 & 0 \end{pmatrix}$$

Jordan 矩阵为

$$J = \begin{pmatrix} 2 & 1 & 0 \\ 0 & 2 & 1 \\ 0 & 0 & 2 \end{pmatrix}$$

例 6.60 将方阵 $A = \begin{pmatrix} 4 & 3 & 0 & 1 \\ 0 & 2 & 0 & 0 \\ 1 & 3 & 2 & 1 \\ 0 & 0 & 0 & 2 \end{pmatrix}$ 进行 Jordan 分解.

输入   A={{4,3,0,1},{0,2,0,0},{1,3,2,1},{0,0,0,2}};

          {S,J}=JordanDecomposition[A]

输出   {{{0,0,-1,2},{-1,0,2/3,0},{0,1,0,1},{3,0,0,0}},{{2,0,0,0},{0,2,1,0},

          {0,0,2,0},{0,0,0,4}}}

          {{{-1,-1,0},{0,0,-1},{1,0,0}},{{2,1,0},{0,2,1},{0,0,2}}}

输入   S//MatrixForm

        J//MatrixForm

输出   {{{-1,-1,0},{0,0,-1},{1,0,0}},{{2,1,0},{0,2,1},{0,0,2}}}

          ({{0,0,-1,2},{-1,0,2/3,0},{0,1,0,1},{3,0,0,0}})

          ({{2,0,0,0},{0,2,1,0},{0,0,2,0},{0,0,0,4}})

Jordan 矩阵为

$$J = \begin{pmatrix} 2 & 0 & 0 & 0 \\ 0 & 2 & 1 & 0 \\ 0 & 0 & 2 & 0 \\ 0 & 0 & 0 & 4 \end{pmatrix}$$

习题 6-6

1. 将下面数值矩阵进行 QR 分解.

（1）$A = \begin{pmatrix} 1 & 3 & 5 \\ 2 & 4 & 6 \end{pmatrix}$；　（2）$A = \begin{pmatrix} 1 & 2 & 3 \\ 4 & 5 & 6 \\ 7 & 8 & 9 \end{pmatrix}$.

2. 将方阵 $A = \begin{pmatrix} 5 & -2 & 0 \\ -2 & 6 & 2 \\ 0 & 2 & 7 \end{pmatrix}$ 进行 LU 分解,并解方程组 $\begin{pmatrix} 5 & -2 & 0 \\ -2 & 6 & 2 \\ 0 & 2 & 7 \end{pmatrix} x = \begin{pmatrix} -2 \\ 10 \\ 44 \end{pmatrix}$.

3. 将矩阵 $A = \begin{pmatrix} 1.0 & 10 & 100 \\ 0.1 & 1 & 10 \\ 0.01 & 0.1 & 1 \end{pmatrix}$ 进行 Schur 分解.

4. 求矩阵 $A = \begin{pmatrix} 1 & 2 & 3 \\ 4 & 5 & 6 \\ 7 & 8 & 0 \end{pmatrix}$ 的广义逆矩阵.

5. 求矩阵 $A = \begin{pmatrix} 1 & 2 \\ 2 & 4 \\ 3 & 6 \end{pmatrix}$ 的广义逆矩阵.

6. 求矩阵 $A = \begin{pmatrix} 1 & 0 & -1 & 1 \\ 0 & 2 & 2 & 2 \\ -1 & 4 & 5 & 3 \end{pmatrix}$ 的广义逆矩阵.

7. 将矩阵 $\begin{pmatrix} 3 & 0 \\ 2 & 1 \\ 1 & 1 \end{pmatrix}$ 进行奇异值分解.

8. 将方阵 $A = \begin{pmatrix} 1 & 2 & 1 & 4 \\ 0 & 6 & 1 & 8 \\ 9 & 10 & 11 & 12 \\ 13 & 2 & 1 & 0 \end{pmatrix}$ 进行 Hessenberg 分解.

9. 将方阵 $A = \begin{pmatrix} 3 & 1 & -1 \\ 2 & 2 & -1 \\ 2 & 2 & 0 \end{pmatrix}$ 进行 Jordan 分解.

10. 将方阵 $A = \begin{pmatrix} -1 & 1 & 0 \\ -4 & 3 & 0 \\ 1 & 0 & 2 \end{pmatrix}$ 进行 Jordan 分解.

总习题 6

1. 计算三阶行列式 $|A| = \begin{vmatrix} 3 & 1 & -2 \\ 2 & 4 & 3 \\ 5 & 0 & 1 \end{vmatrix}$.

2. 求解方程 $\begin{vmatrix} x & 1 & 1 & 1 \\ 1 & x & 1 & 1 \\ 1 & 1 & x & 1 \\ 1 & 1 & 1 & x \end{vmatrix} = 0.$

3. 计算范德蒙行列式 $\begin{vmatrix} 1 & 1 & 1 \\ x_1 & x_2 & x_3 \\ x_1^2 & x_2^2 & x_3^2 \end{vmatrix}$.

4. 用克拉默法则解线性方程组 $\begin{cases} x_1 - 2x_2 + x_3 = 1 \\ 2x_1 + x_2 - x_3 = 1 \\ x_1 - 3x_2 - 4x_3 = -10 \end{cases}$

5. 设 $A = \begin{pmatrix} 4 & -2 \\ 2 & 1 \\ 6 & 5 \end{pmatrix}$, $B = \begin{pmatrix} 5 & 4 \\ 1 & 3 \\ 2 & 5 \end{pmatrix}$, 求 $A - B$ 和 $2A - 3B$.

6. 设 $A = \begin{pmatrix} 2 & 1 & 4 \\ -3 & 0 & 2 \end{pmatrix}$, $B = \begin{pmatrix} 3 & 5 \\ 2 & -1 \\ 4 & 2 \end{pmatrix}$, 求 AB.

7. 设 $A = \begin{pmatrix} 3 & -1 & 0 \\ -2 & 1 & 1 \\ 2 & -1 & 4 \end{pmatrix}$, 求其逆矩阵 A^{-1}, 并验证 $AA^{-1} = E$.

8. 设 $A = \begin{pmatrix} 1 & -1 \\ 2 & 4 \end{pmatrix}$, $B = \begin{pmatrix} 2 & 1 \\ 0 & 1 \end{pmatrix}$, $C = \begin{pmatrix} 2 & 1 \\ 3 & -1 \end{pmatrix}$ 且 $AXB = C$, 求矩阵 X.

9. 设 $A = \begin{pmatrix} 2 & 5 & -2 & 6 & 1 & 2 \\ 1 & 2 & 3 & 4 & 2 & 1 \\ 4 & 4 & 5 & 2 & 4 & -2 \\ 3 & 5 & 2 & 1 & 3 & 1 \end{pmatrix}$, 求 A 的秩, 并求 A 的一个最高阶非零子式.

10. 求齐次线性方程组 $\begin{cases} x_1 + 2x_2 + x_3 + x_4 = 0 \\ x_1 + 3x_2 - x_3 + 2x_4 = 0 \\ 2x_1 + 5x_2 + 3x_4 = 0 \end{cases}$ 的基础解系与通解.

11. 求线性方程组 $\begin{cases} x_1 + x_2 + x_3 + x_4 = 1 \\ x_2 - x_3 + 2x_4 = 1 \\ 2x_1 + 3x_2 + x_3 + 4x_4 = 3 \end{cases}$ 的通解.

12. 设 $\boldsymbol{\beta}_1 = \begin{pmatrix} 1 \\ 1 \\ 2 \end{pmatrix}$, $\boldsymbol{\beta}_2 = \begin{pmatrix} 2 \\ 1 \\ 3 \end{pmatrix}$, $\boldsymbol{\beta}_3 = \begin{pmatrix} -1 \\ 1 \\ 1 \end{pmatrix}$, $\boldsymbol{\alpha} = \begin{pmatrix} 3 \\ 2 \\ 5 \end{pmatrix}$, 试将 $\boldsymbol{\alpha}$ 表示成 $\boldsymbol{\beta}_1, \boldsymbol{\beta}_2, \boldsymbol{\beta}_3$ 的线性组合.

13. 判断矢量组的线性相关性: $\boldsymbol{\alpha}_1 = \begin{pmatrix} 1 \\ 1 \\ 2 \end{pmatrix}$, $\boldsymbol{\alpha}_2 = \begin{pmatrix} 0 \\ 4 \\ 4 \end{pmatrix}$, $\boldsymbol{\alpha}_3 = \begin{pmatrix} 2 \\ 3 \\ 5 \end{pmatrix}$.

14. 设 $A = \begin{pmatrix} 2 & 0 & 3 & 1 & 4 \\ 3 & 5 & 5 & 1 & 7 \\ 1 & 5 & 2 & 0 & 1 \end{pmatrix}$, 求 A 的列矢量组的一个最大无关组, 并将不属于最大无关组的矢量用最大无关组线性表示.

15. 求矩阵 $A = \begin{pmatrix} 1 & -2 & 2 \\ -2 & -2 & 4 \\ 2 & 4 & -2 \end{pmatrix}$ 的特征值和特征矢量.

16. 设 $A = \begin{pmatrix} 2 & -2 & 0 \\ -2 & 1 & -2 \\ 0 & -2 & 0 \end{pmatrix}$，求正交矩阵 P，使得 $P^{-1}AP$ 为对角阵，并验证结果.

17. 求一个正交变换 $x = Py$，将下列二次型化为标准形：
$$f(x_1, x_2, x_3) = 2x_1x_2 + 2x_1x_3 + 2x_2x_3$$

18. 判断矢量组的线性相关性： $\alpha_1 = \begin{pmatrix} 1 \\ 1 \\ 2 \end{pmatrix}, \alpha_2 = \begin{pmatrix} 0 \\ 4 \\ 4 \end{pmatrix}, \alpha_3 = \begin{pmatrix} 2 \\ 3 \\ 5 \end{pmatrix}.$

19. 矢量组 $\alpha_1 = (1,1,2,3), \alpha_2 = (1,-1,1,1), \alpha_3 = (1,3,4,5), \alpha_4 = (3,1,5,7)$ 是否线性相关？

根据定义，如果矢量组线性相关，则齐次线性方程组
$$x_1\alpha'_1 + x_2\alpha'_2 + x_3\alpha'_3 + x_4\alpha'_4 = 0$$

有非零解.

20. 对方阵 $A = \begin{pmatrix} 3 & 0 & 1 & 4 \\ 4 & 6 & 1 & 6 \\ 9 & 5 & 11 & 8 \\ 1 & 7 & 1 & 0 \end{pmatrix}$ 进行 Hessenberg 分解.

21. 对矩阵 $A = \begin{pmatrix} 2 & 4 & 1 \\ -1 & 3 & 2 \\ 1 & 0 & 6 \end{pmatrix}$ 进行 QR 分解.

22. 求矩阵 $A = \begin{pmatrix} 1 & 2 & 5 \\ 3 & 4 & 3 \\ 4 & 7 & 6 \end{pmatrix}$ 的广义逆矩阵.

23. 对矩阵 $A = \begin{pmatrix} 1.2 & 2.4 & 5 \\ 3 & 1 & 2 \\ 4.3 & 2.2 & 6 \end{pmatrix}$ 进行 Schur 分解.

24. 对矩阵 $\begin{pmatrix} 3 & 0 \\ 2 & 1 \\ 1 & 1 \end{pmatrix}$ 进行奇异值分解.

25. 对方阵 $A = \begin{pmatrix} 3 & -1 & 1 & 1 & 0 & 0 \\ 1 & 1 & -1 & -1 & 0 & 0 \\ 0 & 0 & 2 & 0 & 1 & 1 \\ 0 & 0 & 0 & 2 & -1 & -1 \\ 0 & 0 & 0 & 0 & 1 & 1 \\ 0 & 0 & 0 & 0 & 1 & 1 \end{pmatrix}$ 进行 Jordan 分解.

第6章习题答案

习题 6-1

1. （1）输入 A = {{1,2,3},{2,3,1},{3,1,2}};

        Det[A]

    输出 -18

（2）输入 A = {{1-λ,2,2},{2,1-λ,2},{2,2,1-λ}};

        Det[A]

    输出 $5 + 9\lambda + 3\lambda2 - \lambda3$

2. 输入 A = {{1,2,3},{1,0,2},{-1,3,0}};

        Det[A]

    输出 -1

3. 输入 A = {{3,1,-1,2},{-5,1,3,-4},{2,0,1,-1},{1,-5,3,-3}};

        Det[A]

    输出 40

4. 输入 A = {{a^2+1/a^2,a,1/a,1},{b^2+1/b^2,b,1/b,1},{c^2+1/c^2,c,1/c,1},{d^2+1/d^2,d,1/d,1}};

    Det[A]//Simplify

    输出 $-(((a-b)(a-c)(b-c)(a-d)(b-d)(c-d)(-1+abcd))/(a^2 b^2 c^2 d^2))$

注意：利用 Simplify 简化函数形式.

5. 输入 Van = Table[x[j]^k,{k,0,4},{j,1,5}]

    %//MatrixForm

    Det[Van]

    Det[Van]//Simplify

输出 $\{\{1,1,1,1,1\},\{x[1],x[2],x[3],x[4],x[5]\},\{x[1]^2,x[2]^2,x[3]^2,x[4]^2,x[5]^2\},\{x[1]^3,x[2]^3,x[3]^3,x[4]^3,x[5]^3\},\{x[1]^4,x[2]^4,x[3]^4,x[4]^4,x[5]^4\}\}$

$(\{\{1,1,1,1,1\},\{x[1],x[2],x[3],x[4],x[5]\},\{x[1]^2,x[2]^2,x[3]^2,x[4]^2,x[5]^2\},\{x[1]^3,x[2]^3,x[3]^3,x[4]^3,x[5]^3\},\{x[1]^4,x[2]^4,x[3]^4,x[4]^4,x[5]^4\}\})$

$x[1]^4 x[2]^3 x[3]^2 x[4] - x[1]^3 x[2]^4 x[3]^2 x[4] - x[1]^4 x[2]^2 x[3]^3 x[4] + x[1]^2 x[2]^4 x[3]^3 x[4] + x[1]^3 x[2]^2 x[3]^4 x[4] - x[1]^2 x[2]^3 x[3]^4 x[4] - x[1]^4 x[2]^3 x[3] x[4]^2 + x[1]^3 x[2]^4 x[3] x[4]^2 + x[1]^4 x[2] x[3]^3 x[4]^2 - x[1] x[2]^4 x[3]^3 x[4]^2 - x[1]^3 x[2] x[3]^4 x[4]^2 + x[1] x[2]^3 x[3]^4 x[4]^2 + x[1]^4 x[2]^2 x[3] x[4]^3 - x[1]^2 x[2]^4 x[3] x[4]^3 - x[1]^4 x[2] x[3]^2 x[4]^3 + x[1] x[2]^4 x[3]^2 x[4]^3 + x[1]^2 x[2] x[3]^4 x[4]^3 - x[1] x[2]^2 x[3]^4 x[4]^3 - x[1]^3 x[2]^2 x[3] x[4]^4 + x[1]^2 x[2]^3 x[3] x[4]^4 + x[1]^3 x[2] x[3]^2 x[4]^4 - x[1] x[2]^3 x[3]^2 x[4]^4 - x[1]^2 x[2] x[3]^3 x[4]^4 + x[1] x[2]^2 x[3]^3 x[4]^4 - x[1]^4 x[2]^3 x[3]^2 x[5] + x[1]^3 x[2]^4 x[3]^2 x[5] + x[1]^4 x[2]^2 x[3]^3 x[5] - x[1]^2 x[2]^4 x[3]^3 x[5] - x[1]^3 x[2]^2 x[3]^4 x[5] + x[1]^2 x[2]^3 x[3]^4 x[5] + x[1]^4 x[2]^3 x[4]^2 x[5]$

$$-x[1]^3 x[2]^4 x[4]^2 x[5] - x[1]^4 x[3]^3 x[4]^2 x[5] + x[2]^4 x[3]^3 x[4]^2 x[5] + x[1]^3 x[3]^4 x[4]^2 x[5] - x[2]^3 x[3]^4 x[4]^2 x[5] - x[1]^4 x[2]^2 x[4]^3 x[5] + x[1]^2 x[2]^4 x[4]^3 x[5] + x[1]^4 x[3]^2 x[4]^3 x[5] - x[2]^4 x[3]^2 x[4]^3 x[5] - x[1]^2 x[3]^4 x[4]^3 x[5] + x[2]^2 x[3]^4 x[4]^3 x[5] + x[1]^3 x[2]^2 x[4]^4 x[5] - x[1]^2 x[2]^3 x[4]^4 x[5] - x[1]^3 x[3]^2 x[4]^4 x[5] + x[2]^3 x[3]^2 x[4]^4 x[5] + x[1]^2 x[3]^3 x[4]^4 x[5] - x[2]^2 x[3]^3 x[4]^4 x[5] + x[1]^4 x[2]^3 x[3] x[5]^2 - x[1]^3 x[2]^4 x[3] x[5]^2 - x[1]^4 x[2] x[3]^3 x[5]^2 + x[1] x[2]^4 x[3]^3 x[5]^2 + x[1]^3 x[2] x[3]^4 x[5]^2 - x[1] x[2]^3 x[3]^4 x[5]^2 - x[1]^4 x[2]^3 x[4] x[5]^2 + x[1]^3 x[2]^4 x[4] x[5]^2 + x[1]^4 x[3]^3 x[4] x[5]^2 - x[2]^4 x[3]^3 x[4] x[5]^2 - x[1]^3 x[3]^4 x[4] x[5]^2 + x[2]^3 x[3]^4 x[4] x[5]^2 + x[1]^4 x[2] x[4]^3 x[5]^2 - x[1] x[2]^4 x[4]^3 x[5]^2 - x[1]^4 x[3] x[4]^3 x[5]^2 + x[2]^4 x[3] x[4]^3 x[5]^2 + x[1] x[3]^4 x[4]^3 x[5]^2 - x[2] x[3]^4 x[4]^3 x[5]^2 - x[1]^3 x[2] x[4]^4 x[5]^2 + x[1] x[2]^3 x[4]^4 x[5]^2 + x[1]^3 x[3] x[4]^4 x[5]^2 - x[2]^3 x[3] x[4]^4 x[5]^2 - x[1] x[3]^3 x[4]^4 x[5]^2 + x[2] x[3]^3 x[4]^4 x[5]^2 - x[1]^4 x[2]^2 x[3] x[5]^3 + x[1]^2 x[2]^4 x[3] x[5]^3 + x[1]^4 x[2] x[3]^2 x[5]^3 - x[1] x[2]^4 x[3]^2 x[5]^3 - x[1]^2 x[2] x[3]^4 x[5]^3 + x[1] x[2]^2 x[3]^4 x[5]^3 + x[1]^4 x[2]^2 x[4] x[5]^3 - x[1]^2 x[2]^4 x[4] x[5]^3 - x[1]^4 x[3]^2 x[4] x[5]^3 + x[2]^4 x[3]^2 x[4] x[5]^3 + x[1]^2 x[3]^4 x[4] x[5]^3 - x[2]^2 x[3]^4 x[4] x[5]^3 - x[1]^4 x[2] x[4]^2 x[5]^3 + x[1] x[2]^4 x[4]^2 x[5]^3 + x[1]^4 x[3] x[4]^2 x[5]^3 - x[2]^4 x[3] x[4]^2 x[5]^3 - x[1] x[3]^4 x[4]^2 x[5]^3 + x[2] x[3]^4 x[4]^2 x[5]^3 + x[1]^2 x[2] x[4]^4 x[5]^3 - x[1] x[2]^2 x[4]^4 x[5]^3 - x[1]^2 x[3] x[4]^4 x[5]^3 + x[2]^2 x[3] x[4]^4 x[5]^3 + x[1] x[3]^2 x[4]^4 x[5]^3 - x[2] x[3]^2 x[4]^4 x[5]^3 + x[1]^3 x[2]^2 x[3] x[5]^4 - x[1]^2 x[2]^3 x[3] x[5]^4 - x[1]^3 x[2] x[3]^2 x[5]^4 + x[1] x[2]^3 x[3]^2 x[5]^4 + x[1]^2 x[2] x[3]^3 x[5]^4 - x[1] x[2]^2 x[3]^3 x[5]^4 - x[1]^3 x[2]^2 x[4] x[5]^4 + x[1]^2 x[2]^3 x[4] x[5]^4 + x[1]^3 x[3]^2 x[4] x[5]^4 - x[2]^3 x[3]^2 x[4] x[5]^4 - x[1]^2 x[3]^3 x[4] x[5]^4 + x[2]^2 x[3]^3 x[4] x[5]^4 + x[1]^3 x[2] x[4]^2 x[5]^4 - x[1] x[2]^3 x[4]^2 x[5]^4 - x[1]^3 x[3] x[4]^2 x[5]^4 + x[2]^3 x[3] x[4]^2 x[5]^4 + x[1] x[3]^3 x[4]^2 x[5]^4 - x[2] x[3]^3 x[4]^2 x[5]^4 - x[1]^2 x[2] x[4]^3 x[5]^4 + x[1] x[2]^2 x[4]^3 x[5]^4 + x[1]^2 x[3] x[4]^3 x[5]^4 - x[2]^2 x[3] x[4]^3 x[5]^4 - x[1] x[3]^2 x[4]^3 x[5]^4 + x[2] x[3]^2 x[4]^3 x[5]^4$$

$$(x[1]-x[2])(x[1]-x[3])(x[2]-x[3])(x[1]-x[4])(x[2]-x[4])(x[3]-x[4])(x[1]-x[5])(x[2]-x[5])(x[3]-x[5])(x[4]-x[5])$$

6. 输入
```
A = {{2,1,-5,1},{1,4,-7,6},{1,-3,0,-6},{0,2,-1,2}};
A1 = {{8,1,-5,1},{0,4,-7,6},{9,-3,0,-6},{-5,2,-1,2}};
A2 = {{2,8,-5,1},{1,0,-7,6},{1,9,0,-6},{0,-5,-1,2}};
A3 = {{2,1,8,1},{1,4,0,6},{1,-3,9,-6},{0,2,-5,2}};
A4 = {{2,1,-5,8},{1,4,-7,0},{1,-3,0,9},{0,2,-1,-5}};
D0 = Det[A]
D1 = Det[A1]
D2 = Det[A2]
D3 = Det[A3]
D4 = Det[A4]
x1 = D1/ D0
```

$$x2 = D2/\ D0$$
$$x3 = D3/\ D0$$
$$x4 = D4/\ D0$$

输出　27
　　　81
　　　-108
　　　-27
　　　27
　　　3
　　　-4
　　　-1
　　　1

7. 输入 $A = \{\{2,1,4,1\},\{3,-1,2,1\},\{1,2,3,2\},\{5,0,6,2\}\};$
　　Det[A]

输出 0

8. 输入　$A = \{\{x+1,2,-1\},\{2,x+1,1\},\{-1,1,x+1\}\};$
　　A//MatrixForm
　　Det[A]
　　Factor[%]

输出　$(\{\{1+x,2,-1\},\{2,1+x,1\},\{-1,1,1+x\}\})$
　　　$-9-3\ x+3\ x^2+x^3$
　　　$(3+x)\ (-3+x^2)$

$x = -3, x = \pm\sqrt{3}$

9. 输入 $A = \{\{1,1,1\},\{a,b,c\},\{a\hat{\ }2,b\hat{\ }2,c\hat{\ }2\}\};$
　　Det[A]
　　Factor[%]

输出　$-a^2\ b+a\ b^2+a^2\ c-b^2\ c-a\ c^2+b\ c^2$
　　　$-(a-b)\ (a-c)\ (b-c)$

10. 输入 $A = \{\{-4,1,2,4\},\{1,-2,0,2\},\{8,3,2,0\},\{0,2,1,5\}\};$
　　　Det[A]

输出　256

习题 6-2

1. 输入　$A = \{\{1,3,7\},\{-3,9,-1\}\}; B = \{\{2,3,-2\},\{-1,6,-7\}\};$
　　A+B
　　A+B//MatrixForm

输出　$\{\{3,6,5\},\{-4,15,-8\}\}$
　　　$(\{\{3,6,5\},\{-4,15,-8\}\})$

2. $\{\{1,2,3\},\{3,5,1\}\};$
　5A
　//MatrixForm

输出　$\{\{5,10,15\},\{15,25,5\}\}$

268

（｛｛5,10,15｝,｛15,25,5｝｝）

3. 输入　A=｛｛1,2,3｝,｛4,5,6｝｝;

B=｛｛-1,-2,-3｝,｛-4,-5,-6｝｝;

A+B//MatrixForm

输出　（｛｛0,0,0｝,｛0,0,0｝｝）

输入　2+A//MatrixForm

输出　（｛｛3,4,5｝,｛6,7,8｝｝）

输入　2A//MatrixForm

输出　（｛｛2,4,6｝,｛8,10,12｝｝）

4. 输入　A=｛｛3,4,5｝,｛4,2,6｝｝;

B=｛｛4,2,7｝,｛1,9,2｝｝;

A+B//MatrixForm

4B-2A//MatrixForm

输出　（｛｛7,6,12｝,｛5,11,8｝｝）

（｛｛10,0,18｝,｛-4,32,-4｝｝）

5. 输入　A=｛｛1,2,3｝,｛4,5,6｝｝;

B=｛｛1,2｝,｛3,4｝,｛5,6｝｝;

A.B//MatrixForm

输出　（｛｛22,28｝,｛49,64｝｝）

6. 输入　A=｛｛1,3,0｝,｛-2,-1,1｝｝;

B=｛｛1,3,-1,0｝,｛0,-1,2,1｝,｛2,4,0,1｝｝;

A.B//MatrixForm

输出　（｛｛1,0,5,3｝,｛0,-1,0,0｝｝）

7. 输入　A=｛｛1,2｝,｛3,4｝｝;

MatrixPower[A,2]

输出　｛｛7,10｝,｛15,22｝｝

8. 输入　A=｛｛1,0,0,-1｝,｛1,1,0,2｝｝

B=｛｛-1,1,0｝,｛-1,1,3｝,｛2,0,1｝,｛1,2,1｝｝;

A.B//MatrixForm

输出　｛｛1,0,0,-1｝,｛1,1,0,2｝｝

（｛｛-2,-1,-1｝,｛0,6,5｝｝）

9. 输入　A=｛｛1,0｝,｛1,1｝｝;

MatrixPower[A,5]

Inverse[A]//MatrixForm

MatrixPower[A,0]//MatrixForm

输出　｛｛1,0｝,｛5,1｝｝

（｛｛1,0｝,｛-1,1｝｝）

（｛｛1,0｝,｛0,1｝｝）

10. 输入　A=｛｛1,2,3,4｝,｛2,3,4,5｝,｛3,4,5,6｝｝

A//MatrixForm

$$AT = Transpose[A]//MatrixForm$$

输出　{{1,2,3,4},{2,3,4,5},{3,4,5,6}}

　　　({{1,2,3,4},{2,3,4,5},{3,4,5,6}})

　　　({{1,2,3},{2,3,4},{3,4,5},{4,5,6}})

11.　输入　A={{1,3,5,1},{7,4,6,1},{2,2,3,4}}

　　　　　A//MatrixForm

　　　　　Transpose[A]//MatrixForm

输出　{{1,3,5,1},{7,4,6,1},{2,2,3,4}}

　　　({{1,3,5,1},{7,4,6,1},{2,2,3,4}})

　　　({{1,7,2},{3,4,2},{5,6,3},{1,1,4}})

12.　输入　A={{1,2,3,4},{2,3,1,2},{1,1,1,-1},{1,0,-2,-6}};

　　　　　Inverse[A]

输出　{{22,-6,-26,17},{-17,5,20,-13},{-1,0,2,-1},{4,-1,-5,3}}

13.　输入　A={{a,b},{c,d}};

　　　　　Inverse[A]//MatrixForm

输出　({{d/(-bc+ad),-(b/(-bc+ad))},{-(c/(-bc+ad)),a/(-bc+ad)}})

14.　输入　A={{1,2},{3,4}};

　　　　　Inverse[A]//MatrixForm

输出　({{-2,1},{3/2,-(1/2)}})

15.　输入　m1={{1,-1,3},{2,-4,6},{-1,1,2}};

　　　　　m2={{2,-2,1},{1,-1,5},{-2,2,1}};

　　　　　a={{1,1},{1,3}};

　　　　　2m2-m1//MatrixForm

　　　　　{1,2,3}.m1

　　　　　Transpose[m2]//MatrixForm

　　　　　Inverse[m1]//MatrixForm

输出　({{3,-3,-1},{0,2,4},{-3,3,0}})

　　　{2,-6,21}

　　　({{2,1,-2},{-2,-1,2},{1,5,1}})

　　　({{7/5,-(1/2),-(3/5)},{1,-(1/2),0},{1/5,0,1/5}})

16.　输入　A={{1,1,1},{2,2,1},{1,0,1}};

　　　　　Inverse[A]//MatrixForm

输出　({{-2,1,1},{1,0,-1},{2,-1,0}})

17.　输入　A={{3,0,4,4},{2,1,3,3},{1,5,3,4},{1,2,1,5}};

　　　　　B={{0,3,2},{7,1,3},{1,3,3},{1,2,2}};

　　　　　Inverse[A]//MatrixForm

　　　　　Inverse[A].B//MatrixForm

输出　({{-(43/3),24,-(16/3),4/3},{-(13/3),7,-(4/3),1/3},{8,-13,3,-1},{3,-5,1,0}})

$(\{\{164,-(97/3),30\},\{48,-(28/3),9\},\{-89,18,-16\},\{-34,7,-6\}\})$

习题 6 – 3

1. 输入　M = {{3,2, -1, -3, -2},{2, -1,3,1, -3},{7,0,5, -1, -8}};

　　　 Minors[M,2]

输出　{{ -7,11,9, -5,5, -1, -8,8,9,11},{ -14,22,18, -10,10, -2, -16,16,18,

22},{7, -11, -9,5, -5,1,8, -8, -9, -11}}

可见矩阵 **M** 有不为 0 的二阶子式.

输入　Minors[M,3]

输出　{{0,0,0,0,0,0,0,0,0,0}}

可见矩阵 **M** 的三阶子式都为 0. 所以 $R(\boldsymbol{M}) = 2$.

2. 输入　A = {{2, -4,8,0,2},{1, -2,2, -1,1},{ -2,4, -2,3,3},{3, -6,0, -6,

4}};

　　　 RowReduce[A]//MatrixForm

输出　$(\{\{1,0,0, -(1/3),0\},\{0,1,0,5/6, -(1/2)\},\{0,0,1,1/2,0\}\})$

$R(\boldsymbol{A}) = 3$.

3. 输入　A = {{3,2,0,5,0},{3, -2,3,6,1},{2,0,2,3, -1},{1,6, -4, -1,2}};

　　　 A//MatrixForm

输出　$(\{\{3,2,0,5,0\},\{3, -2,3,6,1\},\{2,0,2,3, -1\},\{1,6, -4, -1,2\}\})$

输入　MatrixRank[A]

输出　4

例题使用了 MatrixRank[ ]命令来求解矩阵的秩.

4. 输入　A = {{3,2, -1, -3, -1},{2, -1,3,1, -3},{7,0,5, -1, -8}};A//MatrixForm

输出　$(\{\{3,2, -1, -3, -1\},\{2, -1,3,1, -3\},\{7,0,5, -1, -8\}\})$

输入　RowReduce[A]输出{{1,0,5/7, -(1/7),0},{0,1, -(11/7), -(9/7),0},

{0,0,0,0,1}}输入 MatrixForm[%]

输出　$(\{\{1,0,5/7, -(1/7),0\},\{0,1, -(11/7), -(9/7),0\},\{0,0,0,0,1\}\})$

输入　NullSpace[A]输出{{1,9,0,7,0},{ -5,11,7,0,0}}.

5. 输入　Solve[{2x + 3y = =4,x - y = =1},{x,y}]输出{{x - >7/5,y - >2/5}}.

6. 输入　Solve[6x1 + 4x2 + x3 + 2x4 + x5 = =0,x1]输出{{x1 - >1/6 (-4 x2 - x3 -

2 x4 - x5)}}.

7. 输入　A = {{1, -1,1, -1,0},{1, -2, -1,3,1},{1,1,2,1, -1},{0,0,0,1,

1}};A//MatrixForm

　　　 RowReduce[A]//MatrixForm

输出　$(\{\{1, -1,1, -1,0\},\{1, -2, -1,3,1\},\{1,1,2,1, -1\},\{0,0,0,1,1\}\})$

　　　 $(\{\{1,0,0,0, -5\},\{0,1,0,0, -3\},\{0,0,1,0,3\},\{0,0,0,1,1\}\})$

得唯一解为

$$\begin{cases} x1 = -5 \\ x2 = -3 \\ x3 = 3 \\ x4 = 1 \end{cases}$$

8. 输入 A = {{3,2,1},{1,-1,3},{2,4,-4}};b = {7,6,-2};Inverse[A].b

输出 {1,1,2}.

9. 输入 A = {{2,1,-1,1,1},{3,-2,1,-2,4},{1,4,-3,5,-2}};A//MatrixForm

　　　　RowReduce[A]//MatrixForm

输出 ({{2,1,-1,1,1},{3,-2,1,-2,4},{1,4,-3,5,-2}})

　　　({{1,0,-(1/7),0,6/7},{0,1,-(5/7),0,-(5/7)},{0,0,0,1,0}})

通解为

$$\begin{pmatrix} x_1 \\ x_2 \\ x_3 \\ x_4 \end{pmatrix} = k_1 \begin{pmatrix} 1/7 \\ 5/7 \\ 1 \\ 0 \end{pmatrix} + \begin{pmatrix} 6/7 \\ -5/7 \\ 0 \\ 0 \end{pmatrix}.$$

10. 输入 A = {{1,2,3,6},{2,3,4,9},{3,5,7,14}};A//MatrixForm

　　　　RowReduce[A]//MatrixForm

输出 ({{1,2,3,6},{2,3,4,9},{3,5,7,14}})

　　　({{1,0,-1,0},{0,1,2,0},{0,0,0,1}})

可知 A 的秩是 2,A_1 的秩是 3,方程组矛盾,所以没有通常意义下的解.

11. 输入 a = {{2,-1,4,-3},{1,0,1,-1},{3,1,1,0},{7,0,7,-3}};b = {-4,-3,1,3};

　　　　　　x1 = LinearSolve[a,b]

输出 {3,-8,0,6}

输入 NullSpace[a]

输出 {{-1,2,1,0}}

因此,所求通解为 $x = k\begin{pmatrix} -1 \\ 2 \\ 1 \\ 0 \end{pmatrix} + \begin{pmatrix} 3 \\ -8 \\ 0 \\ 6 \end{pmatrix}$,$k$ 为任意实数.

习题 6-4

1. 输入 A = {{1,-1,2,1,0},{2,-2,4,-2,0},{3,0,6,-1,1},{2,1,4,2,1}};RowReduce[A]//MatrixForm

输出 ({{1,0,2,0,1/3},{0,1,0,0,1/3},{0,0,0,1,0},{0,0,0,0,0}})

由行最简行矩阵知,矢量组线性相关.

2. 输入 A = {{1,3,2},{2,-1,3},{3,2,t}};Det[A]//MatrixForm

输出 35-7t

故 $t=5$ 时矩阵 A 的秩等于 2.

3. 输入 A = {{0,0,1},{0,1,1},{1,1,1},{1,0,0}};RowReduce[A]//MatrixForm

输出 ({{1,0,0},{0,1,0},{0,0,1},{0,0,0}})

所以,矢量组的秩为 3.

4. 输入 A = {{1,1,1},{1,2,3},{1,3,t}};Det[A]//MatrixForm

输出 5+t

故 $t=5$ 时矩阵 A 的秩最小.

5. 输入　A={{1,1,1,1},{1,−1,−1,1},{1,−1,1,−1},{1,1,−1,1}};RowReduce
[A]∥MatrixForm

输出　({{1,0,0,0},{0,1,0,0},{0,0,1,0},{0,0,0,1}})

线性无关.

6. 输入　A={{2,1,2,3,−2},{10,5,5,11,−3},{6,3,1,5,1},{4,2,−1,2,10}};A∥
∥MatrixForm

RowReduce[A]

%∥MatrixForm

输出　({{2,1,2,3,−2},{10,5,5,11,−3},{6,3,1,5,1},{4,2,−1,2,10}})

{{1,1/2,0,7/10,0},{0,0,1,4/5,0},{0,0,0,0,1},{0,0,0,0,0}}

({{1,1/2,0,7/10,0},{0,0,1,4/5,0},{0,0,0,0,1},{0,0,0,0,0}})

通过阶梯形可以得知矢量组的秩是 3.

输入　b1={{2,1,2,3,−2},{10,5,5,11,−3},{4,2,−1,2,10}};b1∥MatrixForm

输出　({{2,1,2,3,−2},{10,5,5,11,−3},{4,2,−1,2,10}})

因此矢量 $\boldsymbol{\alpha}_1,\boldsymbol{\alpha}_2,\boldsymbol{\alpha}_4$ 是一个极大无关组.

7. 输入　A={{1,2,3,4},{2,3,4,5},{3,4,5,6}};A∥MatrixForm

RowReduce[A]

%∥MatrixForm

输出　({{1,2,3,4},{2,3,4,5},{3,4,5,6}})

{{1,0,−1,−2},{0,1,2,3},{0,0,0,0}}

({{1,0,−1,−2},{0,1,2,3},{0,0,0,0}})

矢量组的秩为 2,矢量 $\boldsymbol{\alpha}_1,\boldsymbol{\alpha}_2$ 线性无关,所以,最大无关组为 $\boldsymbol{\alpha}_1,\boldsymbol{\alpha}_2 \cdot \boldsymbol{\alpha}_3 = -\boldsymbol{\alpha}_1 + 2\boldsymbol{\alpha}_2,\boldsymbol{\alpha}_4 = -2\boldsymbol{\alpha}_1 +3\boldsymbol{\alpha}_2.$

8. 输入　A={{−1,3,6,0},{8,3,−3,18}};B={{3,0,−3,6},{2,3,3,6}};

RowReduce[A]∥MatrixForm

RowReduce[B]∥MatrixForm

输出　({{1,0,−1,2},{0,1,5/3,2/3}})

({{1,0,−1,2},{0,1,5/3,2/3}})

两个行最简形相同,因此两个矢量组等价.

9. 输入　A={{2,−1,−1,1,2},{1,1,−2,1,4},{4,−6,2,−2,4},{3,6,−9,7,9}};

A∥MatrixForm

RowReduce[A]

%∥MatrixForm

输出　({{2,−1,−1,1,2},{1,1,−2,1,4},{4,−6,2,−2,4},{3,6,−9,7,9}})

{{1,0,−1,0,4},{0,1,−1,0,3},{0,0,0,1,−3},{0,0,0,0,0}}

({{1,0,−1,0,4},{0,1,−1,0,3},{0,0,0,1,−3},{0,0,0,0,0}})

由行最简形矩阵可知,A 的 1、2、4 列即 $\boldsymbol{\alpha}_1,\boldsymbol{\alpha}_2,\boldsymbol{\alpha}_4$ 构成 A 的列矢量组的最大无关组,$\boldsymbol{\alpha}_3 = -\boldsymbol{\alpha}_1 -\boldsymbol{\alpha}_2,\boldsymbol{\alpha}_5 =4\boldsymbol{\alpha}_1 +3\boldsymbol{\alpha}_2 -3\boldsymbol{\alpha}_3.$

10. 输入　A={{2,1,6,3},{1,−2,1,3},{0,3,4,5},{3,1,1,0}};

RowReduce[A]//MatrixForm

输出　({{1,0,0,0},{0,1,0,0},{0,0,1,0},{0,0,0,1}})

矢量组包含四个矢量,而它的秩等于4,因此,这个矢量组线性无关.

习题 6-5

1. 输入　A={{4,1},{2,3}};Eigenvalues[A]

　　　　Eigenvectors[A]

输出　{5,2}

　　　　{{1,1},{-1,2}}

结果为

{5,2}(特征值)

{{1,1},{-1,2}}(特征矢量)

2. 输入　A={{1,2,2},{2,1,2},{2,2,1}};Eigenvalues[A]

　　　　Eigenvectors[A]

输出　{5,-1,-1}

　　　　{{1,1,1},{-1,0,1},{-1,1,0}}

输入　Eigensystem[A]//MatrixForm

输出　{{1,1,1},{-1,0,1},{-1,1,0}}

　　　　({{5,-1,-1},{{1,1,1},{-1,0,1},{-1,1,0}}})

提示:由上例可知,函数 Eigensystem 最好用,输出的结果含义十分清楚,通常使用这个函数就足够了.如果输入 A 的元素时使用了小数点,或者参数改为 N[A],则求近似解.

3. 输入 a={{1.0,2,1},{-1,2,1},{0,4,2}};Eigenvalues[a]

输出　{2.999999999999999`,2.0000000000000004`,0.`}

输入　Eigenvectors[a]

输出　{3.,2.,0.}

{{0.5883484054145524`,0.19611613513818407`,0.784464540552736`},
{0.7071067811865476`,2.16333302218150097`*^-16,0.7071067811865475`},
{1.0203359768051038`*^-16,-0.4472135954999579`,0.89442271909999159`}}

输入　Eigensystem[a]

输出　{{0.588348,0.196116,0.784465},{0.707107,2.16333*10^{-16},0.707107},
{1.02034*10^{-16},-0.447214,0.894427}}

{{3.,2.,0.},{{0.588348,0.196116,0.784465},{0.707107,2.16333*10^{-16},
0.707107},{1.02034*10^{-16},-0.447214,0.894427}}}

因此,所求特征值为3,2,0,三个线性无关的特征矢量为

{0.588348,0.196116,0.784465},{0.707107,2.16333*10^{-16},0.707107},{1.02034*
10^{-16},-0.447214,0.894427}

这里可以把非常小的数看作零处理.

4. 输入　A={{2,1,1},{1,2,1},{1,1,2}};Eigenvalues[A]输出{4,1,1}

5. 输入　A={{1,1,3},{2,3,1},{3,2,2}};Eigenvalues[A]

　　　　Eigenvectors[A]

输出　{6,-$\sqrt{2}$,$\sqrt{2}$}

274

$$\left\{\{10,11,13\},\left\{-\frac{6+5\sqrt{2}}{5+3\sqrt{2}},-\frac{-1-2\sqrt{2}}{5+3\sqrt{2}},1\right\},\left\{-\frac{-6+5\sqrt{2}}{-5+3\sqrt{2}},-\frac{1-2\sqrt{2}}{-5+3\sqrt{2}},1\right\}\right\}$$

6. 输入　A＝{{3,7,-3},{-2,-5,2},{-4,-10,3}};Eigenvalues[A]

输出　{I,-I,1}.

7. 输入　A＝{{2,-2,0},{-2,1,-2},{0,-2,0}};Eigenvalues[A]

　　　　P＝Eigenvectors[A]

　　　　P＝Orthogonalize[P]

　　　　P＝Transpose[P]

　　　　Inverse[P].P//MatrixForm

　　　　P//MatrixForm

　　　　Inverse[P].A.P//MatrixForm

　　　　Simplify[%]//MatrixForm

输出　{4,-2,1}

　　　{{2,-2,1},{1,2,2},{-2,-1,2}}

　　　{{2/3,-(2/3),1/3},{1/3,2/3,2/3},{-(2/3),-(1/3),2/3}}

　　　{{2/3,1/3,-(2/3)},{-(2/3),2/3,-(1/3)},{1/3,2/3,2/3}}

　　　({{1,0,0},{0,1,0},{0,0,1}})

　　　({{2/3,1/3,-(2/3)},{-(2/3),2/3,-(1/3)},{1/3,2/3,2/3}})

　　　({{4,0,0},{0,-2,0},{0,0,1}})

　　　({{4,0,0},{0,-2,0},{0,0,1}})

8. 输入　A＝{{1,1,0,-1},{1,1,-1,0},{0,-1,1,1},{-1,0,1,1}};Eigenvalues[A]

　　　　P＝Eigenvectors[A]

　　　　P＝Orthogonalize[P]

　　　　P＝Transpose[P]

　　　　Inverse[P].P//MatrixForm

　　　　P//MatrixForm

　　　　Inverse[P].A.P//MatrixForm

　　　　Simplify[%]//MatrixForm

输出　{3,-1,1,1}

　　　{{-1,-1,1,1},{1,-1,-1,1},{0,1,0,1},{1,0,1,0}}

$$\left\{\left\{-\frac{1}{2},-\frac{1}{2},\frac{1}{2},\frac{1}{2}\right\},\left\{\frac{1}{2},-\frac{1}{2},-\frac{1}{2},\frac{1}{2}\right\},\left\{0,\frac{1}{\sqrt{2}},0,\frac{1}{\sqrt{2}}\right\},\left\{\frac{1}{\sqrt{2}},0,\frac{1}{\sqrt{2}},0\right\}\right\}$$

$$\left\{\left\{-\frac{1}{2},\frac{1}{2},0,\frac{1}{\sqrt{2}}\right\},\left\{-\frac{1}{2},-\frac{1}{2},\frac{1}{\sqrt{2}},0\right\},\left\{\frac{1}{2},-\frac{1}{2},0,\frac{1}{\sqrt{2}}\right\},\left\{\frac{1}{2},\frac{1}{2},\frac{1}{\sqrt{2}},0\right\}\right\}$$

$$\begin{pmatrix}1 & 0 & 0 & 0\\ 0 & 1 & 0 & 0\\ 0 & 0 & 1 & 0\\ 0 & 0 & 0 & 1\end{pmatrix}$$

$$\begin{pmatrix} -\dfrac{1}{2} & \dfrac{1}{2} & 0 & \dfrac{1}{\sqrt{2}} \\ -\dfrac{1}{2} & -\dfrac{1}{2} & \dfrac{1}{\sqrt{2}} & 0 \\ \dfrac{1}{2} & -\dfrac{1}{2} & 0 & \dfrac{1}{\sqrt{2}} \\ \dfrac{1}{2} & \dfrac{1}{2} & \dfrac{1}{\sqrt{2}} & 0 \end{pmatrix}$$

$$\begin{array}{cccc} 3 & 0 & 0 & \\ \end{array}$$
$$\begin{pmatrix} 0 & -1 & 0 & 0 \\ 0 & 0 & 1 & 0 \end{pmatrix}$$
$$\begin{array}{cccc} 0 & 0 & 0 & 1 \end{array}$$

$$\begin{array}{cccc} 3 & 0 & 0 & \\ \end{array}$$
$$\begin{pmatrix} 0 & -1 & 0 & 0 \\ 0 & 0 & 1 & 0 \end{pmatrix}$$
$$\begin{array}{cccc} 0 & 0 & 0 & 1 \end{array}$$

$$\boldsymbol{x} = \boldsymbol{Py} = \begin{pmatrix} -\dfrac{1}{2} & \dfrac{1}{2} & 0 & \dfrac{1}{\sqrt{2}} \\ -\dfrac{1}{2} & -\dfrac{1}{2} & \dfrac{1}{\sqrt{2}} & 0 \\ \dfrac{1}{2} & -\dfrac{1}{2} & 0 & \dfrac{1}{\sqrt{2}} \\ \dfrac{1}{2} & \dfrac{1}{2} & \dfrac{1}{\sqrt{2}} & 0 \end{pmatrix} \begin{pmatrix} y_1 \\ y_2 \\ y_3 \\ y_4 \end{pmatrix}$$

则原二次型化为

$$f = 3y_1^2 - y_2^2 + y_3^2 + y_4^2$$

9. 输入　A = {{0, -1, 1}, {-1, 0, 1}, {1, 1, 0}};

Eigenvalues[A]

P = Eigenvectors[A]

P = Orthogonalize[P]

P = Transpose[P]

Inverse[P]. P//MatrixForm

P//MatrixForm

Inverse[P]. A. P//MatrixForm

Simplify[%]//MatrixForm

输出　{-2, 1, 1}

　　{{-1, -1, 1}, {1, 0, 1}, {-1, 1, 0}}

10.

输入　A = {{1, 1, 0}, {1, 0, -1}, {0, -1, 1}};

Eigenvalues[A]

P = Eigenvectors[A]

P = Orthogonalize[P]

P = Transpose[P]

Inverse[P] . P∥MatrixForm

P∥MatrixForm

Inverse[P] . A. P∥MatrixForm

Simplify[%]∥MatrixForm

输出　$\{2, -1, 1\}$

$\{\{ -1, -1, 1\}, \{ -1, 2, 1\}, \{1, 0, 1\}\}$

$\left\{\left\{ -\dfrac{1}{\sqrt{3}}, -\dfrac{1}{\sqrt{3}}, \dfrac{1}{\sqrt{3}}\right\}, \left\{ -\dfrac{1}{\sqrt{6}}, \sqrt{\dfrac{2}{3}}, \dfrac{1}{\sqrt{6}}\right\}, \left\{\dfrac{1}{\sqrt{2}}, 0, \dfrac{1}{\sqrt{2}}\right\}\right\}$

$\left\{\left\{ -\dfrac{1}{\sqrt{3}}, -\dfrac{1}{\sqrt{6}}, \dfrac{1}{\sqrt{2}}\right\}, \left\{ -\dfrac{1}{\sqrt{3}}, \sqrt{\dfrac{2}{3}}, 0\right\}, \left\{\dfrac{1}{\sqrt{3}}, \dfrac{1^*}{\sqrt{6}}, \dfrac{1}{\sqrt{2}}\right\}\right\}$

$$\begin{pmatrix} 1 & 0 & 0 \\ 0 & 1 & 0 \\ 0 & 0 & \sqrt{2}\left(\dfrac{1}{3\sqrt{2}} + \dfrac{\sqrt{2}}{3}\right) \end{pmatrix}$$

$$\begin{pmatrix} -\dfrac{1}{\sqrt{3}} & -\dfrac{1}{\sqrt{6}} & \dfrac{1}{\sqrt{2}} \\ -\dfrac{1}{\sqrt{3}} & \sqrt{\dfrac{2}{3}} & 0 \\ \dfrac{1}{\sqrt{3}}, & \dfrac{1}{\sqrt{6}} & \dfrac{1}{\sqrt{2}} \end{pmatrix}$$

$$\begin{pmatrix} 2 & 0 & 0 \\ \dfrac{\sqrt{2}}{3} - \dfrac{\sqrt{\frac{2}{3}} - \frac{1}{\sqrt{6}}}{\sqrt{3}} + \dfrac{-\sqrt{\frac{2}{3}} + \frac{1}{\sqrt{6}}}{\sqrt{3}} & -\dfrac{2}{3} - \dfrac{\sqrt{\frac{2}{3}} - \frac{1}{\sqrt{6}}}{\sqrt{6}} + \dfrac{-\sqrt{\frac{2}{3}} + \frac{1}{\sqrt{6}}}{\sqrt{6}} & \dfrac{\sqrt{\frac{2}{3}} - \frac{1}{\sqrt{6}}}{\sqrt{2}} + \dfrac{-\sqrt{\frac{2}{3}} + \frac{1}{\sqrt{6}}}{\sqrt{2}} \\ 0 & 0 & \sqrt{2}\left(\dfrac{1}{3\sqrt{2}} + \dfrac{\sqrt{2}}{3}\right) \end{pmatrix}$$

$$\begin{pmatrix} 2 & 0 & 0 \\ 0 & -1 & 0 \\ 0 & 0 & 1 \end{pmatrix}$$

习题 6 - 6

1. (1) 输入　A = {{1,3,5},{2,4,6}};QRDecomposition[A]

输出

$\{\{\{ -0.447214, -0.894427\}, \{ -0.894427, 0.447214\}\}, \{\{ -2.23607, -4.91935,$
$-7.60263\}, \{0, -0.894427, -1.78885\}\}\}.$

$\overline{Q}' = \begin{pmatrix} -0.447214 & -0.894427 \\ -0.894427 & 0.447214 \end{pmatrix}, R = \begin{pmatrix} -2.23607 & -4.91935 & -7.60263 \\ 0. & -0.894427 & -1.78885 \end{pmatrix}$

输入　A = {{ -0.447214, -0.894427},{ -0.894427,0.447214}};B = {{ -2.23607, -
4.91935, -7.60263},{0. , -0.894427, -1.78885 }};

A. B∥MatrixForm

输出　({{1. ,3. ,5. },{2. ,4. ,6. }})

(2) 输入　A＝{{1,2,3},{4,5,6},{7,8,9}};

      {q,r}＝QRDecomposition[A]／／Simplify

      q／／MatrixForm

      r／／MatrixForm

      Transpose[q].r／／MatrixForm

输出

$$\left\{\left\{\left\{\frac{1}{\sqrt{66}},2\sqrt{\frac{2}{33}},\frac{7}{\sqrt{66}}\right\},\left\{\frac{3}{\sqrt{11}},\frac{1}{\sqrt{11}},-\frac{1}{\sqrt{11}}\right\}\right\},\left\{\left\{\sqrt{66},13\sqrt{\frac{6}{11}},15\sqrt{\frac{6}{11}}\right\},\left\{0,\frac{3}{\sqrt{11}},\frac{6}{\sqrt{11}}\right\}\right\}\right\}$$

$$\begin{pmatrix} \frac{1}{\sqrt{66}} & 2\sqrt{\frac{2}{33}} & \frac{7}{\sqrt{66}} \\ \frac{3}{\sqrt{11}} & \frac{1}{\sqrt{11}} & -\frac{1}{\sqrt{11}} \end{pmatrix}$$

$$\begin{pmatrix} \sqrt{66} & 13\sqrt{\frac{6}{11}} & 15\sqrt{\frac{6}{11}} \\ 0 & \frac{3}{\sqrt{11}} & \frac{6}{\sqrt{11}} \end{pmatrix}$$

$$\begin{pmatrix} 1 & 2 & 3 \\ 4 & 5 & 6 \\ 7 & 8 & 9 \end{pmatrix}$$

2. 输入　A＝{{5, -2,0},{ -2,6,2},{0,2,7}};

      B＝LUDecomposition[A]

输出　{{{ -2,6,2},{0,2,7},{ -(5/2),13/2, -(81/2)}},{2,3,1},0}

输入　LUBackSubstitution[B,{ -2,10,44}]

输出　{ -(56/81), -(59/81),526/81}

输入　L＝{{1,0,0},{0,1,0},{ -(5/2),(13/2),1}};

      U＝{{ -2,6,2},{0,2,7},{0,0, -(81/2)}};

      L. U／／MatrixForm

输出　({{ -2,6,2},{0,2,7},{5, -2,0}})

3. 输入　A＝{{1. ,10. ,100. },{0.1,1. ,10. },{0.01,0.1,1. }};

      {Q,T}＝SchurDecomposition[A];

      MatrixForm／@{Q,T}

输出　{({{ -0. 99874,0. 0501861,0. },{0. 049937,0. 993783, -0. 0995037},{0.0049937,0.0993783,0. 995037}}),({{0. , -19. 8002, -97. 8877},{0. ,3. ,14. 8313},{0. ,0. ,1. 11022 * 10 $^{-16}$}})}

$$Q=\begin{pmatrix} -0.99874 & 0.0501861 & 0. \\ 0.049937 & 0.993783 & -0.0995037 \\ 0.0049937 & 0.0993783 & 0.995037 \end{pmatrix}, R=\begin{pmatrix} 0. & -19.8002 & -97.8877 \\ 0. & 3. & 14.8313 \\ 0. & 0. & 1.11022 \times 10^{-16} \end{pmatrix}$$

4. 输入　A＝{{1,2,3},{4,5,6},{7,8,0}};

B = PseudoInverse[A]

    A. B//MatrixForm

    B. A//MatrixForm

输出　{{-(16/9),8/9,-(1/9)},{14/9,-(7/9),2/9},{-(1/9),2/9,-(1/9)}}

$(\{\{1,0,0\},\{0,1,0\},\{0,0,1\}\})$

$(\{\{1,0,0\},\{0,1,0\},\{0,0,1\}\})$.

5. 输入　A = {{1,2},{2,4},{3,6}};

    B = PseudoInverse[A]

    A. B//MatrixForm

    B. A//MatrixForm

输出　{{1/70,1/35,3/70},{1/35,2/35,3/35}}

$(\{\{1/14,1/7,3/14\},\{1/7,2/7,3/7\},\{3/14,3/7,9/14\}\})$

$(\{\{1/5,2/5\},\{2/5,4/5\}\})$

A 为降秩矩阵,所以 **AB**,**BA** 都不是单位矩阵.

6. 输入　A = {{1,0,-1,1},{0,2,2,2},{-1,4,5,3}};

    B = PseudoInverse[A]

    A. B//MatrixForm

    B. A//MatrixForm

输出　{{5/18,1/9,-(1/18)},{1/18,1/18,1/18},{-(2/9),-(1/18),1/9},{1/3,1/6,0}}

$(\{\{5/6,1/3,-(1/6)\},\{1/3,1/3,1/3\},\{-(1/6),1/3,5/6\}\})$

$(\{\{1/3,0,-(1/3),1/3\},\{0,1/3,1/3,1/3\},\{-(1/3),1/3,2/3,0\},\{1/3,1/3,0,2/3\}\})$

输入　RowReduce[A]//MatrixForm

输出　$(\{\{1,0,-1,1\},\{0,1,1,1\},\{0,0,0,0\}\})$

由行最简形矩阵矩阵知道 A 的秩为 2,是降秩矩阵,所以 AB,BA 都不是单位矩阵.

7. 输入　A = {{3.0,0},{2,1},{1,1}}

    {u,s,v} = SingularValueDecomposition[A]

输出　{{3.,0},{2,1},{1,1}}

{{{-0.761317,-0.606436,0.229416},{-0.567452,0.452011,-0.688247},{-0.31368,0.654157,0.688247}},{{3.83513,0.},{0.,1.13657},{0.,0.}},{{-0.973249,-0.229753},{-0.229753,0.973249}}}.

8. 输入　A = {{1.,2,1.,4},{0,6,1.,8},{9,10,11,12},{13,2,1.,0}}

    {p,h} = HessenbergDecomposition[A]//Chop

输出　{{1.,2,1.,4},{0,6,1.,8},{9,10,11,12},{13,2,1.,0}}

{{{1.,0,0,0},{0,0,-0.483578,-0.875302},{0,-0.56921,-0.719666,0.397594},{0,-0.822192,0.49823,-0.275257}},{{1.,-3.85798,0.3061,-2.45404},{-15.8114,9.648,5.24234,5.48543},{0,14.7789,3.85775,8.26703},{0,0,-2.54796,3.49425}}}

输入　p. h. Transpose[p]//Chop//MatrixForm

输出　（｛｛1.，2.，1.，4.｝，｛0,6.，1.，8.｝，｛9.，10.，11.，12.｝，｛13.，2.，1.，0｝｝）

输入　p.Transpose［p］//Chop//MatrixForm

输出　（｛｛1.，0,0,0｝，｛0,1.，0,0｝，｛0,0,1.，0｝，｛0,0,0,1.｝｝）

输入　h//MatrixForm

输出　（｛｛1.，−3.85798，0.3061，−2.45404｝，｛−15.8114，9.648，5.24234，5.48543｝，
｛0,14.7789，3.85775，8.26703｝，｛0,0，−2.54796，3.49425｝｝）

9. 输入　A＝｛｛3,1，−1｝，｛2,2，−1｝，｛2,2,0｝｝；

输出　｛S,J｝＝JordanDecomposition［A］

　　　｛｛｛1,1,1/2｝，｛0,1,1/2｝，｛2,2,0｝｝，｛｛1,0,0｝，｛0,2,1｝，｛0,0,2｝｝｝

输入　S//MatrixForm

　　　J//MatrixForm

输出　｛｛｛1,1,1/2｝，｛0,1,1/2｝，｛2,2,0｝｝，｛｛1,0,0｝，｛0,2,1｝，｛0,0,2｝｝｝

　　　（｛｛1,1,1/2｝，｛0,1,1/2｝，｛2,2,0｝｝）

　　　（｛｛1,0,0｝，｛0,2,1｝，｛0,0,2｝｝）

10. 输入　A＝｛｛1,1,0｝，｛1,0，−1｝，｛0，−1,1｝｝；

　　　Eigenvalues［A］

　　　P＝Eigenvectors［A］

　　　P＝Orthogonalize［P］

　　　P＝Transpose［P］

　　　Inverse［P］.P//MatrixForm

　　　P//MatrixForm

　　　Inverse［P］.A.P//MatrixForm

　　　Simplify［%］//MatrixForm

输出　｛2，−1,1｝

　　　｛｛−1，−1,1｝，｛−1,2,1｝，｛1,0,1｝｝

$$\left\{\left\{-\frac{1}{\sqrt{3}},-\frac{1}{\sqrt{3}},\frac{1}{\sqrt{3}}\right\},\left\{-\frac{1}{\sqrt{6}},\sqrt{\frac{2}{3}},\frac{1}{\sqrt{6}}\right\},\left\{\frac{1}{\sqrt{2}},0,\frac{1}{\sqrt{2}}\right\}\right\}$$

$$\left\{\left\{-\frac{1}{\sqrt{3}},-\frac{1}{\sqrt{6}},\frac{1}{\sqrt{2}}\right\},\left\{-\frac{1}{\sqrt{3}},\sqrt{\frac{2}{3}},0\right\},\left\{\frac{1}{\sqrt{3}},\frac{1}{\sqrt{6}},\frac{1}{\sqrt{2}}\right\}\right\}$$

$$\begin{pmatrix} 1 & 0 & 0 \\ 0 & 1 & 0 \\ 0 & 0 & \sqrt{2}\left(\dfrac{1}{3\sqrt{2}}+\dfrac{\sqrt{2}}{3}\right) \end{pmatrix}$$

$$\begin{pmatrix} -\dfrac{1}{\sqrt{3}} & -\dfrac{1}{\sqrt{6}} & \dfrac{1}{\sqrt{2}} \\ -\dfrac{1}{\sqrt{3}} & \sqrt{\dfrac{2}{3}} & 0 \\ \dfrac{1}{\sqrt{3}} & \dfrac{1}{\sqrt{6}} & \dfrac{1}{\sqrt{2}} \end{pmatrix}$$

$$\begin{pmatrix} 2 & 0 & 0 \\ \dfrac{\sqrt{2}}{3}-\dfrac{\sqrt{\dfrac{2}{3}}-\dfrac{1}{\sqrt{6}}}{\sqrt{3}}+\dfrac{-\sqrt{\dfrac{2}{3}}+\dfrac{1}{\sqrt{6}}}{\sqrt{3}} & -\dfrac{2}{3}-\dfrac{\sqrt{\dfrac{2}{3}}-\dfrac{1}{\sqrt{6}}}{\sqrt{6}}+\dfrac{-\sqrt{\dfrac{2}{3}}+\dfrac{1}{\sqrt{6}}}{\sqrt{6}} & \dfrac{\sqrt{\dfrac{2}{3}}-\dfrac{1}{\sqrt{6}}}{\sqrt{2}}+\dfrac{-\sqrt{\dfrac{2}{3}}+\dfrac{1}{\sqrt{6}}}{\sqrt{2}} \\ 0 & 0 & \sqrt{2}\left(\dfrac{1}{3\sqrt{2}}+\dfrac{\sqrt{2}}{3}\right) \end{pmatrix}$$

$$\begin{pmatrix} 2 & 0 & 0 \\ 0 & -1 & 0 \\ 0 & 0 & 1 \end{pmatrix}$$

总习题6

1. 输入　$A=\{\{3,1,-2\},\{2,4,3\},\{5,0,1\}\};Det[A]$

　　输出　65

2. 输入　$A=\{\{x,1,1,1\},\{1,x,1,1\},\{1,1,x,1\},\{1,1,1,x\}\}$
　　　　　$Solve[Det[A]==0,x]$

　　输出　$\{\{x,1,1,1\},\{1,x,1,1\},\{1,1,x,1\},\{1,1,1,x\}\}$
　　　　　$\{\{x->-3\},\{x->1\},\{x->1\},\{x->1\}\}$

3. 输入　$Van=Table[x[j]\hat{\ }k,\{k,0,2\},\{j,1,3\}]$
　　　　　$\%//MatrixForm$
　　　　　$Det[Van]$

　　输出　$\{\{1,1,1\},\{x[1],x[2],x[3]\},\{x[1]^2,x[2]^2,x[3]^2\}\}$
　　　　　$(\{\{1,1,1\},\{x[1],x[2],x[3]\},\{x[1]^2,x[2]^2,x[3]^2\}\})$
　　　　　$-x[1]^2\,x[2]+x[1]\,x[2]^2+x[1]^2\,x[3]-x[2]^2\,x[3]-x[1]\,x[3]^2+x[2]\,x[3]^2$

　　输入　$Det[Van]//Simplify$

　　输出　$-x[1]^2\,x[2]+x[1]\,x[2]^2+x[1]^2\,x[3]-x[2]^2\,x[3]-x[1]\,x[3]^2+x[2]\,x[3]^2$
　　　　　$-(x[1]-x[2])(x[1]-x[3])(x[2]-x[3])$

4. 输入　$A=\{\{1,-2,1\},\{2,1,-1\},\{1,-3,-4\}\};$
　　　　　$A1=\{\{1,-2,1\},\{1,1,-1\},\{-10,-3,-4\}\};$
　　　　　$A2=\{\{1,1,1\},\{2,1,-1\},\{1,-10,-4\}\};$
　　　　　$A3=\{\{1,-2,1\},\{2,1,1\},\{1,-3,-10\}\};$
　　　　　$D0=Det[A]$
　　　　　$D1=Det[A1]$
　　　　　$D2=Det[A2]$
　　　　　$D3=Det[A3]$
　　　　　$x1=D1/D0$
　　　　　$x2=D2/D0$
　　　　　$x3=D3/D0$

　　输出　-28

$$-28$$
$$-28$$
$$-56$$
$$1$$
$$1$$
$$2$$

5.输入　$A = \{\{4, -2\}, \{2,1\}, \{6,5\}\}; B = \{\{5,4\}, \{1,3\}, \{2,5\}\}; A - B$

　　　　$2A - 3B$

　　　　$A - B//\text{MatrixForm}$

　　　　$2A - 3B//\text{MatrixForm}$

输出　$\{\{-1, -6\}, \{1, -2\}, \{4,0\}\}$

　　　$\{\{-7, -16\}, \{1, -7\}, \{6, -5\}\}$

　　　$(\{\{-1, -6\}, \{1, -2\}, \{4,0\}\})$

　　　$(\{\{-7, -16\}, \{1, -7\}, \{6, -5\}\})$

6. 输入　$A = \{\{2,1,4\}, \{-3,0,2\}\};$

　　　　$A//\text{MatrixForm}$

　　　　$B = \{\{3,5\}, \{2, -1\}, \{4,2\}\};$

　　　　$B//\text{MatrixForm}$

　　　　$A . B$

　　　　$A . B//\text{MatrixForm}$

输出　$(\{\{2,1,4\}, \{-3,0,2\}\})$

　　　$(\{\{3,5\}, \{2, -1\}, \{4,2\}\})$

　　　$\{\{24,17\}, \{-1, -11\}\}$

　　　$(\{\{24,17\}, \{-1, -11\}\})$

7. 输入　$A = \{\{3, -1,0\}, \{-2,1,1\}, \{2, -1,4\}\}; B = \text{Inverse}[A]$

　　　　$B//\text{MatrixForm}$

　　　　$A . B$

　　　　$\%//\text{MatrixForm}$

输出　$\{\{1,4/5, -(1/5)\}, \{2,12/5, -(3/5)\}, \{0,1/5,1/5\}\}$

　　$(\{\{1,4/5, -(1/5)\}, \{2,12/5, -(3/5)\}, \{0,1/5,1/5\}\})$

　　$\{\{1,0,0\}, \{0,1,0\}, \{0,0,1\}\}$

　　$(\{\{1,0,0\}, \{0,1,0\}, \{0,0,1\}\})$

8. $\boldsymbol{AXB = C \Rightarrow X = A^{-1} C B^{-1}}$

输入　$A = \{\{1, -1\}, \{2,4\}\}; B = \{\{2,1\}, \{0,1\}\}; C1 = \{\{2,1\}, \{3, -1\}\}; X = \text{Inverse}$

　　$[A] . C1 . \text{Inverse}[B]$

　　　　$\%//\text{MatrixForm}$

输出　$\{\{11/12, -(5/12)\}, \{-(1/12), -(5/12)\}\}$

　　　$(\{\{11/12, -(5/12)\}, \{-(1/12), -(5/12)\}\})$

9. 输入　$A = \{\{2,5, -2,6,1,2\}, \{1,2,3,4,2,1\}, \{4,4,5,2,4, -2\}, \{3,5,2,1,3,1\}\};$

　　　　$A//\text{MatrixForm}$

MatrixRank[A]

输出　({{2,5,-2,6,1,2},{1,2,3,4,2,1},{4,4,5,2,4,-2},{3,5,2,1,3,1}})

　　　4

为求 A 的一个最高阶非零子式,求 A 的行最简形.

输入　RowReduce[A]// MatrixForm

输出　({{1,0,0,0,20/ 177,-(373/ 177)},{0,1,0,0,65/ 177,248/ 177},{0,0,1,0,
76/ 177,34/ 177},{0,0,0,1,-(2/ 59),-(4/ 59)}})

由行最简形中四个 1 的位置,知原矩阵的前四行以及 1、2、3、4 列的子式不为零.

10. 先将系数矩阵化为行最简形.

输入　A={{1,2,1,1},{1,3,-1,2},{2,5,0,3}};A// MatrixForm

　　　RowReduce[A]// MatrixForm

输出　({{1,2,1,1},{1,3,-1,2},{2,5,0,3}})

　　　({{1,0,5,-1},{0,1,-2,1},{0,0,0,0}})

由 A 的行最简形可知,原方程组化为

$$\begin{cases}x_1 + 5x_3 - x_4 = 0 \\ x_2 - 2x_3 + x_4 = 0\end{cases} \text{或} \begin{cases}x_1 = -5x_3 + x_4 \\ x_2 = 2x_3 - x_4 \\ x_3 = x_3 \\ x_4 = x_4\end{cases}$$

方程组的通解为

$$\begin{pmatrix} x_1 \\ x_2 \\ x_3 \\ x_4 \end{pmatrix} = c_1 \begin{pmatrix} -5 \\ 2 \\ 1 \\ 0 \end{pmatrix} + c_2 \begin{pmatrix} 1 \\ -1 \\ 0 \\ 1 \end{pmatrix}$$

其中 $\boldsymbol{\xi}_1 = \begin{pmatrix} -5 \\ 2 \\ 1 \\ 0 \end{pmatrix}, \boldsymbol{\xi}_2 = \begin{pmatrix} 1 \\ -1 \\ 0 \\ 1 \end{pmatrix}$ 是方程组的基础解系.

11. 先增广矩阵再化为行最简形.

输入　A={{1,1,1,1,1},{0,1,-1,2,1},{2,3,1,4,3}};A// MatrixForm

　　　RowReduce[A]// MatrixForm

输出　({{1,1,1,1,1},{0,1,-1,2,1},{2,3,1,4,3}})

　　　({{1,0,2,-1,0},{0,1,-1,2,1},{0,0,0,0,0}})

由增广矩阵的行最简形可知,原方程组化为

$$\begin{cases}x_1 + 2x_3 - x_4 = 0 \\ x_2 - x_3 + 2x_4 = 1\end{cases} \text{或} \begin{cases}x_1 = -2x_3 + x_4 \\ x_2 = x_3 - 2x_4 + 1 \\ x_3 = x_3 \\ x_4 = x_4\end{cases}$$

原方程组的通解为

$$\begin{pmatrix} x_1 \\ x_2 \\ x_3 \\ x_4 \end{pmatrix} = c_1 \begin{pmatrix} -2 \\ 1 \\ 1 \\ 0 \end{pmatrix} + c_2 \begin{pmatrix} 1 \\ -2 \\ 0 \\ 1 \end{pmatrix} + \begin{pmatrix} 0 \\ 1 \\ 0 \\ 0 \end{pmatrix}$$

其中 $\boldsymbol{\xi}_1 = \begin{pmatrix} -2 \\ 1 \\ 1 \\ 0 \end{pmatrix}$, $\boldsymbol{\xi}_2 = \begin{pmatrix} 1 \\ -2 \\ 0 \\ 1 \end{pmatrix}$ 是对应其次方程组的基础解系, $\boldsymbol{\eta}^* = \begin{pmatrix} 0 \\ 1 \\ 0 \\ 0 \end{pmatrix}$ 是原方程组的一个特解.

12. 只需将矩阵 $\boldsymbol{A} = \begin{pmatrix} 1 & 2 & -1 & 3 \\ 1 & 1 & 1 & 2 \\ 2 & 3 & 1 & 5 \end{pmatrix}$ 化为行最简形.

输入　A = {{1,2,-1,3},{1,1,1,2},{2,3,1,5}};A//MatrixForm

RowReduce[A]

%//MatrixForm

输出　({{1,2,-1,3},{1,1,1,2},{2,3,1,5}})

{{1,0,0,1},{0,1,0,1},{0,0,1,0}}

({{1,0,0,1},{0,1,0,1},{0,0,1,0}})

容易看出:行最简形的第四列可以表示成第一列的 1 倍,加上第二列的 1 倍,加上第三列的 0 倍,于是 A 的第四列也可以表示成第一列的 1 倍,加上第二列的 1 倍,加上第三列的 0 倍. 即

$$\boldsymbol{\alpha} = \boldsymbol{\beta}_1 + \boldsymbol{\beta}_2 + 0\boldsymbol{\beta}_3$$

13. 只需将矩阵 $\boldsymbol{A} = \begin{pmatrix} 1 & 0 & 2 \\ 1 & 4 & 3 \\ 2 & 4 & 5 \end{pmatrix}$ 化为行最简形.

输入　A = {{1,0,2},{1,4,3},{2,4,5}};A//MatrixForm

RowReduce[A]

%//MatrixForm

输出　({{1,0,2},{1,4,3},{2,4,5}})

{{1,0,2},{0,1,1/4},{0,0,0}}

({{1,0,2},{0,1,1/4}{0,0,0}})

容易看出:行最简形矩阵的秩为 2,所以原矢量组的秩为 2,矢量组线性相关.

14. 用初等行变换得到 A 的行最简形,则由行最简形可以看出 A 列矢量组的极大无关组.

输入　A = {{2,0,3,1,4},{3,5,5,1,7},{1,5,2,0,1}};A//MatrixForm

RowReduce[A]//MatrixForm

输出　({{2,0,3,1,4},{3,5,5,1,7},{1,5,2,0,1}})

({{1,0,3/2,1/2,0},{0,1,1/10,-(1/10),0},{0,0,0,0,1}})

由此可知,A 的 1、2、5 列构成 A 的列矢量组的最大无关组.

15. 输入　A = {{1,-2,2},{-2,-2,4},{2,4,-2}};Eigenvalues[A]

$$\text{Eigenvectors}[A]$$

输出　$\{-7,2,2\}$

　　　$\{\{-1,-2,2\},\{2,0,1\},\{-2,1,0\}\}$

结果为

$\{-7,2,2\}$（特征值）

$\{\{-1,-2,2\},\{2,0,1\},\{-2,1,0\}\}$（特征矢量）.

　　16. 输入　$A=\{\{2,-2,0\},\{-2,1,-2\},\{0,-2,0\}\}$；$\text{Eigenvalues}[A]$

　　　　　　$P=\text{Eigenvectors}[A]$

　　　　　　$P=\text{Orthogonalize}[P]$

　　　　　　$P=\text{Transpose}[P]$

　　　　　　$\text{Inverse}[P].P//\text{MatrixForm}$

　　　　　　$P//\text{MatrixForm}$

　　　　　　$\text{Inverse}[P].A.P//\text{MatrixForm}$

　　　　　　$\text{Simplify}[\%]//\text{MatrixForm}$

　　输出　$\{4,-2,1\}$

　　　　　$\{\{2,-2,1\},\{1,2,2\},\{-2,-1,2\}\}$

　　　　　$\{\{2/3,-(2/3),1/3\},\{1/3,2/3,2/3\},\{-(2/3),-(1/3),2/3\}\}$

　　　　　$\{\{2/3,1/3,-(2/3)\},\{-(2/3),2/3,-(1/3)\},\{1/3,2/3,2/3\}\}$

　　　　　$(\{\{1,0,0\},\{0,1,0\},\{0,0,1\}\})$

　　　　　$(\{\{2/3,1/3,-(2/3)\},\{-(2/3),2/3,-(1/3)\},\{1/3,2/3,2/3\}\})$

　　　　　$(\{\{4,0,0\},\{0,-2,0\},\{0,0,1\}\})$

　　　　　$(\{\{4,0,0\},\{0,-2,0\},\{0,0,1\}\})$

结果为

$\{4,-2,1\}$特征值)

$\{\{2,-2,1\},\{1,2,2\},\{-2,-1,2\}\}$（特征矢量）

$\{\{2/3,-(2/3),1/3\},\{1/3,2/3,2/3\},\{-(2/3),-(1/3),2/3\}\}$（特征矢量正交单位化）

$$\begin{pmatrix} 4 & 0 & 0 \\ 0 & -2 & 0 \\ 0 & 0 & 1 \end{pmatrix}$$ 验证结果

$$\begin{pmatrix} 2/3 & 1/3 & -(2/3) \\ -(2/3) & 2/3 & -(1/3) \\ 1/3 & 2/3 & 2/3 \end{pmatrix}$$ 正交矩阵 P

$$\begin{pmatrix} 4 & 0 & 0 \\ 0 & -2 & 0 \\ 0 & 0 & 1 \end{pmatrix}$$ 对角矩阵

　　17.

$$f(x)=(x_1,x_2,x_3)\begin{pmatrix} 0 & 1 & 1 \\ 1 & 0 & 1 \\ 1 & 1 & 0 \end{pmatrix}\begin{pmatrix} x_1 \\ x_2 \\ x_3 \end{pmatrix}=x^{\mathrm{T}}\begin{pmatrix} 0 & 1 & 1 \\ 1 & 0 & 1 \\ 1 & 1 & 0 \end{pmatrix}x=x^{\mathrm{T}}Ax$$

其中 $A = \begin{pmatrix} 0 & 1 & 1 \\ 1 & 0 & 1 \\ 1 & 1 & 0 \end{pmatrix}$.

现在求一个正交矩阵 P, 使得 $P^{-1}AP$ 为对角阵.

输入　A = {{0,1,1},{1,0,1},{1,1,0}};Eigenvalues[A]

P = Eigenvectors[A]

P = Orthogonalize[P]

P = Transpose[P]

Inverse[P].P//MatrixForm

P//MatrixForm

Inverse[P].A.P//MatrixForm

Simplify[%]//MatrixForm

In[124]: = A = {{0,1,1},{1,0,1},{1,1,0}};

Eigenvalues[A]

P = Eigenvectors[A]

P = Orthogonalize[P]

P = Transpose[P]

Inverse[P].P//MatrixForm

P//MatrixForm

Inverse[P].A.P//MatrixForm

Simplify[%]//MatrixForm

输出　$\{2,-1,-1\}$

$\{\{1,1,1\},\{-1,0,1\},\{-1,1,0\}\}$

$$\left\{\left\{\frac{1}{\sqrt{3}},\frac{1}{\sqrt{3}},\frac{1}{\sqrt{3}}\right\},\left\{-\frac{1}{\sqrt{2}},0,\frac{1}{\sqrt{2}}\right\},\left\{-\frac{1}{\sqrt{6}},\sqrt{\frac{2}{3}},-\frac{1}{\sqrt{6}}\right\}\right\}$$

$$\left\{\left\{\frac{1}{\sqrt{3}},-\frac{1}{\sqrt{2}},-\frac{1}{\sqrt{6}}\right\},\left\{\frac{1}{\sqrt{3}},0,\sqrt{\frac{2}{3}}\right\},\left\{\frac{1}{\sqrt{3}},\frac{1}{\sqrt{2}},-\frac{1}{\sqrt{6}}\right\}\right\}$$

$$\begin{pmatrix} 1 & 0 & 0 \\ \dfrac{-\frac{1}{3\sqrt{2}}-\frac{\sqrt{2}}{3}}{\sqrt{3}}+\dfrac{\frac{1}{3\sqrt{2}}+\frac{\sqrt{2}}{3}}{\sqrt{3}} & -\dfrac{-\frac{1}{3\sqrt{2}}-\frac{\sqrt{2}}{3}}{\sqrt{2}}+\dfrac{\frac{1}{3\sqrt{2}}+\frac{\sqrt{2}}{3}}{\sqrt{2}} & -\dfrac{-\frac{1}{3\sqrt{2}}-\frac{\sqrt{2}}{3}}{\sqrt{6}}-\dfrac{\frac{1}{3\sqrt{2}}+\frac{\sqrt{2}}{3}}{\sqrt{6}} \\ 0 & 0 & 1 \end{pmatrix}$$

$$\begin{pmatrix} \dfrac{1}{\sqrt{3}} & -\dfrac{1}{\sqrt{2}} & -\dfrac{1}{\sqrt{6}} \\ \dfrac{1}{\sqrt{3}} & 0 & \sqrt{\dfrac{2}{3}} \\ \dfrac{1}{\sqrt{3}} & \dfrac{1}{\sqrt{2}} & -\dfrac{1}{\sqrt{6}} \end{pmatrix}$$

$$\begin{pmatrix} 2 & 0 & 0 \\ \dfrac{-\dfrac{1}{3\sqrt{2}}-\dfrac{\sqrt{2}}{3}}{\sqrt{3}}+\dfrac{\dfrac{1}{3\sqrt{2}}+\dfrac{\sqrt{2}}{3}}{\sqrt{3}} & \dfrac{-\dfrac{1}{3\sqrt{2}}-\dfrac{\sqrt{2}}{3}}{\sqrt{2}}-\dfrac{\dfrac{1}{3\sqrt{2}}+\dfrac{\sqrt{2}}{3}}{\sqrt{2}} & -\dfrac{\dfrac{1}{3\sqrt{2}}-\dfrac{\sqrt{2}}{3}}{\sqrt{6}}-\dfrac{\dfrac{1}{3\sqrt{2}}+\dfrac{\sqrt{2}}{3}}{\sqrt{6}} \\ -\dfrac{\sqrt{2}}{3}+\dfrac{2\left(\sqrt{\dfrac{2}{3}}-\dfrac{1}{\sqrt{6}}\right)}{\sqrt{3}} & 0 & -\dfrac{2}{3}-\sqrt{\dfrac{2}{3}}\left(\sqrt{\dfrac{2}{3}}-\dfrac{1}{\sqrt{6}}\right) \end{pmatrix}$$

$$\begin{pmatrix} 2 & 0 & 0 \\ 0 & -1 & 0 \\ 0 & 0 & -1 \end{pmatrix}$$

$\{2,-1,-1\}$

$\{\{1,1,1\},\{-1,0,1\},\{-1,1,0\}\}$

$\left\{\left\{\dfrac{1}{\sqrt{3}},\dfrac{1}{\sqrt{3}},\dfrac{1}{\sqrt{3}}\right\},\left\{-\dfrac{1}{\sqrt{2}},0,\dfrac{1}{\sqrt{2}}\right\},\left\{-\dfrac{1}{\sqrt{6}},\sqrt{\dfrac{2}{3}},-\dfrac{1}{\sqrt{6}}\right\}\right\}$

$\left\{\left\{\dfrac{1}{\sqrt{3}},-\dfrac{1}{\sqrt{2}},-\dfrac{1}{\sqrt{6}}\right\},\left\{\dfrac{1}{\sqrt{3}},0,\sqrt{\dfrac{2}{3}}\right\},\left\{\dfrac{1}{\sqrt{3}},\dfrac{1}{\sqrt{2}},-\dfrac{1}{\sqrt{6}}\right\}\right\}$

$$\begin{pmatrix} 1 & 0 & 0 \\ \dfrac{-\dfrac{1}{3\sqrt{2}}-\dfrac{\sqrt{2}}{3}}{\sqrt{3}}+\dfrac{\dfrac{1}{3\sqrt{2}}+\dfrac{\sqrt{2}}{3}}{\sqrt{3}} & -\dfrac{\dfrac{1}{3\sqrt{2}}-\dfrac{\sqrt{2}}{3}}{\sqrt{2}}+\dfrac{\dfrac{1}{3\sqrt{2}}+\dfrac{\sqrt{2}}{3}}{\sqrt{2}} & -\dfrac{\dfrac{1}{3\sqrt{2}}-\dfrac{\sqrt{2}}{3}}{\sqrt{6}}-\dfrac{\dfrac{1}{3\sqrt{2}}+\dfrac{\sqrt{2}}{3}}{\sqrt{6}} \\ 0 & 0 & 1 \end{pmatrix}$$

$$\begin{pmatrix} \dfrac{1}{\sqrt{3}} & -\dfrac{1}{\sqrt{2}} & -\dfrac{1}{\sqrt{6}} \\ \dfrac{1}{\sqrt{3}} & 0 & \sqrt{\dfrac{2}{3}} \\ \dfrac{1}{\sqrt{3}} & \dfrac{1}{\sqrt{2}} & -\dfrac{1}{\sqrt{6}} \end{pmatrix}$$

$$\begin{pmatrix} 2 & 0 & 0 \\ \dfrac{-\dfrac{1}{3\sqrt{2}}-\dfrac{\sqrt{2}}{3}}{\sqrt{3}}+\dfrac{\dfrac{1}{3\sqrt{2}}+\dfrac{\sqrt{2}}{3}}{\sqrt{3}} & \dfrac{-\dfrac{1}{3\sqrt{2}}-\dfrac{\sqrt{2}}{3}}{\sqrt{2}}-\dfrac{\dfrac{1}{3\sqrt{2}}+\dfrac{\sqrt{2}}{3}}{\sqrt{2}} & -\dfrac{\dfrac{1}{3\sqrt{2}}-\dfrac{\sqrt{2}}{3}}{\sqrt{6}}-\dfrac{\dfrac{1}{3\sqrt{2}}+\dfrac{\sqrt{2}}{3}}{\sqrt{6}} \\ -\dfrac{\sqrt{2}}{3}+\dfrac{2\left(\sqrt{\dfrac{2}{3}}-\dfrac{1}{\sqrt{6}}\right)}{\sqrt{3}} & 0 & -\dfrac{2}{3}-\sqrt{\dfrac{2}{3}}\left(\sqrt{\dfrac{2}{3}}-\dfrac{1}{\sqrt{6}}\right) \end{pmatrix}$$

$$\begin{pmatrix} 2 & 0 & 0 \\ 0 & -1 & 0 \\ 0 & 0 & -1 \end{pmatrix}$$

运算结果为

$$P = \begin{pmatrix} \dfrac{1}{\sqrt{3}} & -\dfrac{1}{\sqrt{2}} & -\dfrac{1}{\sqrt{6}} \\[3mm] \dfrac{1}{\sqrt{3}} & 0 & \sqrt{\dfrac{2}{3}} \\[3mm] \dfrac{1}{\sqrt{3}} & \dfrac{1}{\sqrt{2}} & -\dfrac{1}{\sqrt{6}} \end{pmatrix}$$

$$x = Py = \begin{pmatrix} \dfrac{1}{\sqrt{3}} & -\dfrac{1}{\sqrt{2}} & -\dfrac{1}{\sqrt{6}} \\[3mm] \dfrac{1}{\sqrt{3}} & 0 & \sqrt{\dfrac{2}{3}} \\[3mm] \dfrac{1}{\sqrt{3}} & \dfrac{1}{\sqrt{2}} & -\dfrac{1}{\sqrt{6}} \end{pmatrix} \begin{pmatrix} y_1 \\ y_2 \\ y_3 \\ y_4 \end{pmatrix}$$

则原二次型化为 $f = 2y_1^2 - y_2^2 - y_3^2$.

18. 输入　A = {{1,1,2},{0,4,4},{2,3,5}}; A// MatrixForm

　　　　RowReduce[A]

　　　　%// MatrixForm

输出　({{1,1,2},{0,4,4},{2,3,5}})

　　　　{{1,0,1},{0,1,1},{0,0,0}}

　　　　({{1,0,1},{0,1,1},{0,0,0}})

矢量组的秩为2,线性相关.

19. 根据定义,如果矢量组线性相关,则齐次线性方程组

$$x_1\alpha'_1 + x_2\alpha'_2 + x_3\alpha'_3 + x_4\alpha'_4 = 0$$

有非零解.

　　　输入　A = {{1,1,2,3},{1,-1,1,1},{1,3,4,5},{3,1,5,7}}; RowReduce[A]

　　　　　　%// MatrixForm

　　　　　　NullSpace[A]

　　　输出　{{1,0,0,2},{0,1,0,1},{0,0,1,0},{0,0,0,0}}

　　　　　　({{1,0,0,2},{0,1,0,1},{0,0,1,0},{0,0,0,0}})

　　　　　　{{-2,-1,0,1}}

说明矢量组线性相关,且 $-2\alpha_1 - \alpha_2 + \alpha_4 = 0$.

20. 输入　A = {{3.,0,1.,4},{4,6,1.,6.},{9,5.,11,8},{1,7,1.,0}}

　　　　　　{p,h} = HessenbergDecomposition[A]// Chop

　　　输出　{{3.,0,1.,4},{4,6,1.,6.},{9,5.,11,8},{1,7,1.,0}}

　　　　　　{{{1.,0,0,0},{0,-0.404061,0.547119,0.733073},{0,-0.909137,-0.151698,-0.387888},{0,-0.101015,-0.823194,0.558701}},{{3.,-1.3132,-3.44448,1.84692},{-9.89949,13.6327,5.37626,-6.97091},{0,2.86744,-3.17993,-0.46342},{0,0,2.87008,6.54727}}}

　　　输入　p. h. Transpose[p]// Chop// MatrixForm

输出　（｛｛3. ,0,1. ,4. ｝,｛4. ,6. ,1. ,6. ｝,｛9. ,5. ,11. ,8. ｝,｛1. ,7. ,1. ,0｝｝）

输入　p. Transpose[p]// Chop// MatrixForm

输出　（｛｛1. ,0,0,0｝,｛0,1. ,0,0｝,｛0,0,1. ,0｝,｛0,0,0,1. ｝｝）

输入　h// MatrixForm

输出　（｛｛3. , − 1. 3132, − 3. 44448,1. 84692｝,｛ − 9. 89949,13. 6327,5. 37626,
− 6. 97091｝,｛0,2. 86744, − 3. 17993, − 0. 46342｝,｛0,0,2. 87008,6. 54727｝｝）

21. 输入　A = ｛｛2. ,4. ,1｝,｛ − 1,3,2｝,｛1,0,6｝｝;
　　　　　QRDecomposition[A]

输出　｛｛｛ − 0. 816497,0. 408248, − 0. 408248｝,｛ − 0. 511208, − 0. 839841,0. 182574｝,
｛ − 0. 268328,0. 357771,0. 894427｝｝,｛｛ − 2. 44949, − 2. 04124, − 2. 44949｝,｛0. , − 4. 56435,
− 1. 09545｝,｛0. ,0. ,5. 81378｝｝｝.

22. 输入　A = ｛｛1,2,5｝,｛3,4,3｝,｛4,7,6｝｝;
　　　　　B = PseudoInverse[A]
　　　　　A. B// MatrixForm
　　　　　B. A// MatrixForm

输出　｛｛3/ 16,23/ 16, − (7/ 8)｝,｛ − (3/ 8), − (7/ 8),3/ 4｝,｛5/ 16,1/
　　　　16, − (1/ 8)｝｝
　　　　（｛｛1,0,0｝,｛0,1,0｝,｛0,0,1｝｝）
　　　　（｛｛1,0,0｝,｛0,1,0｝,｛0,0,1｝｝）.

23. 输入　A = ｛｛1. 2,2. 4,5. ｝,｛3. ,1. ,2. ｝,｛4. 3,2. 2,6. ｝｝;
　　　　　｛Q,T｝ = SchurDecomposition[A];
　　　　　MatrixForm/ @ ｛Q,T｝

输出　｛（｛｛ − 0. 533897, − 0. 7694, − 0. 350682｝,｛ − 0. 349749,0. 578546, − 0. 736858｝,
｛ − 0. 769824,0. 270756,0. 577981｝｝）,（｛｛9. 98169, − 0. 239149, − 0. 413556｝,｛0. ,
− 2. 19824, − 0. 813498｝,｛0. ,0. ,0. 416549｝｝）｝

24. 输入　A = ｛｛3. 2,0,3｝,｛2,1. 2,4｝,｛1. ,1,6｝｝
　　　　　｛u,s,v｝ = SingularValueDecomposition[A]

输出　｛｛3. 2,0,3｝,｛2,1. 2,4｝,｛1. ,1,6｝｝
　　　　｛｛｛ − 0. 463556,0. 80365,0. 37318｝,｛ − 0. 538688,0. 0787866, − 0. 838814｝,
｛ − 0. 703514, − 0. 589864,0. 396394｝｝,｛｛8. 53208,0. ,0. ｝,｛0. ,2. 34167,0. ｝,｛0. ,0. ,
0. 632653｝｝,｛｛ − 0. 382588,0. 913614, − 0. 137606｝,｛ − 0. 158219, − 0. 211524,
− 0. 964481｝,｛ − 0. 910271, − 0. 347227,0. 225478｝｝｝

25. 输入　A = ｛｛3, − 1,1,1,0,0｝,｛1,1, − 1, − 1,0,0｝,｛0,0,2,0,1,1｝,｛0,0,0,2, − 1,
− 1｝,｛0,0,0,0,1,1｝,｛0,0,0,0,1,1｝｝;
　　　　　｛S,J｝ = JordanDecomposition[A]

输出　｛｛｛0,0,0,1,1,1/ 2｝,｛0,0,0,1,0,0｝,｛0, − 1,0,0,0,1/ 2｝,｛0,1,0,0,0,0｝,
｛ − 1,0, − (1/ 2),0,0,0｝,｛1,0, − (1/ 2),0,0,0｝｝,｛｛0,0,0,0,0,0｝,｛0,2,1,0,0,0｝,｛0,
0,2,0,0,0｝,｛0,0,0,2,1,0｝,｛0,0,0,0,2,1｝,｛0,0,0,0,0,2｝｝｝

输入　S// MatrixForm
　　　　J// MatrixForm

289

输出　{{{0,0,0,1,1,1/2},{0,0,0,1,0,0},{0,−1,0,0,0,1/2},{0,1,0,0,0,0},{−1,0,−(1/2),0,0,0},{1,0,−(1/2),0,0,0}},{{0,0,0,0,0,0},{0,2,1,0,0,0},{0,0,2,0,0,0},{0,0,0,2,1,0},{0,0,0,0,2,1},{0,0,0,0,0,2}}}

（{{0,0,0,1,1,1/2},{0,0,0,1,0,0},{0,−1,0,0,0,1/2},{0,1,0,0,0,0},{−1,0,−(1/2),0,0,0},{1,0,−(1/2),0,0,0}}）

（{{0,0,0,0,0,0},{0,2,1,0,0,0},{0,0,2,0,0,0},{0,0,0,2,1,0},{0,0,0,0,2,1},{0,0,0,0,0,2}}）.

第7章
Mathematica 概率统计学习基础

本章概要
- 随机变量的数字特征
- 分布及置信区间
- Mathematica 概率统计实例

7.1 随机变量的数字特征

Mathematica 主要以符号运算为主,是进行科学数值计算的主要工具之一,在高等数学、线性代数、概率统计的数学基础课中得到了广泛的应用.特别在概率统计中,Mathematica 具有强大的统计功能函数和程序包,对数据的精确处理、高精度的数值计算、有效的准确分析和统计图形的描绘,起到了不可替代的重要作用.本章针对概率统计中的数学问题、运用 Mathematica 中与概率统计相关的命令和程序,详细地给出了解决问题的方法及程序实现.

7.1.1 随机数的生成

1. 随机整数
随机数生成的命令:
◆Random[type,range]:生成指定类型和范围内的随机数.
Type:包括 Integer(整数)、Real(实数)、Complex(复数).
Range:{a,b} 其中 a,b 为任意的数,a 与 b 的大小任意.
随机整数生成的命令:
◆ Random[Integer,{a,b}]:生成 a 与 b 之间的随机整数.
◆ Random[Integer]:生成 0 或 1.

例7.1 在[−3.4,6.8]内生成随机整数.
输出结果可能是:{ −3, −2, −1,0,1,2,3,4,5,6 }
运行命令:Random[Integer,{ −3.4,6.8 }]
输出结果:2
运行命令:Random[Integer,{ −3.4,6.8 }]
输出结果:−2
运行命令:Random[Integer,{ −3.4,6.8 }]
输出结果:0

例 7.2 生成随机整数 0 或 1.

输出结果可能是:{0,1}

运行命令:Random[Integer]

输出结果:1

运行命令:Random[Integer]

输出结果:0

2. 随机实数

随机实数生成的命令:

◆ Random[Real,{a,b}]:生成 a 与 b 之间的随机实数.

◆ Random[ ]:生成 0 到 1 之间的随机实数.

例 7.3 在[−1.25,2.65]内生成随机实数.

运行命令:Random[Real,{−1.25,2.65}]

输出结果:2.15853

运行命令:Random[Real,{−1.25,2.65}]

输出结果:0.207098

运行命令:Random[Real,{−1.25,2.65}]

输出结果:−0.855647

例 7.4 生成 0 到 1 之间的随机实数.

运行命令:Random[ ]

输出结果:0.0429067

运行命令:Random[ ]

输出结果:0.744169

3. 随机复数

随机复数生成的命令:

◆ Random[Complex,{a,b}]:生成随机的复数.

生成复数的实部介于 a 与 b 的实部之间,生成复数的虚部介于 a 与 b 的虚部之间.

◆ Random[Complex]:在[0,1]×[0,1]的单位正方形内生成随机复数.

例 7.5 在 2−3i 与 6+2i 之间生成随机复数.

运行命令:Random[Complex,{2−3*i,6+2*i}]

输出结果:3.33861+1.84474 i

运行命令:Random[Complex,{2−3*i,6+2*i}]

输出结果:4.41139+1.07194 i

运行命令:Random[Complex,{2−3*i,6+2*i}]

输出结果:3.68137−1.1689 i

例 7.6 在[0,1]×[0,1]的单位正方形内生成随机复数.

运行命令:Random[Complex]

输出结果:0.771272+0.849537 i

运行命令:Random[Complex]

输出结果:0.0926644+0.632504 i

7.1.2 数据的最大值、最小值、极差

1. 数据的录入与长度

◆ 数据的录入格式:data $= \{x_1, x_2, \cdots, x_n\}$.

◆ 数据的长度(个数):Length[data].

例 7.7   给定一组数据:

$$34,56,28,62,32$$
$$90,20,10,12,35$$
$$63,78,12,25,68$$

请在 Mathematica 中正确录入,并统计其长度.

首先在 Mathematica 中调用统计命令 < <Statistics`.

运行命令: < <Statistics`

　　　data = {34,56,28,62,32,90,20,10,12,35,63,78,12,25,68}

　　　Length[data]

输出结果:{34,56,28,62,32,90,20,10,12,35,63,78,12,25,68}

　　　15

2. 数据的最大值、最小值、极差

◆ Max[data]:计算数据的最大值.

◆ Min[data]:计算数据的最小值.

◆ SampleRange[data]:计算数据的极差 = Max[data] − Min[data].

例 7.8   计算数据

$$34,56,28,62,32$$
$$90,20,10,12,35$$
$$63,78,12,25,68$$

的最大值、最小值和极差.

运行命令: < <Statistics`

　　　data = {34,56,28,62,32,90,20,10,12,35,63,78,12,25,68};

　　　Max[data]

　　　Min[data]

　　　SampleRange[data]

输出结果:

　　　90

　　　10

　　　80

 ## 7.1.3 数据的中值、平均值

1. 数据的中值

◆ Median[data]:计算数据的中值.

例 7.9　计算数据

$$34,56,28,62,32$$
$$90,20,10,12,35$$
$$63,78,12,25,68$$

的中值.

　　运行命令：< < Statistics`

　　　　　data = {34,56,28,62,32,90,20,10,12,35,63,78,12,25,68};

　　　　　Median[data]

　　输出结果：34

　　2. 数据的平均值

　◆ Mean[data]:计算数据的平均值.

例 7.10　计算数据

$$34,56,28,62,32$$
$$90,20,10,12,35$$
$$63,78,12,25,68$$

的平均值.

　　运行命令：< < Statistics`

　　　　　data = {34,56,28,62,32,90,20,10,12,35,63,78,12,25,68};

　　　　　P1 = Mean[data]

　　　　　P2 = N[P1]

　　输出结果：125/ 3

　　　　　41. 6667

7.1.4　数据的方差、标准差、中心矩

　　1. 数据的方差

　◆ Variance[data]:计算数据的方差(无偏估计).

　◆ VarianceMLE[data]:计算数据的方差.

例 7.11　计算数据

$$34,56,28,62,32$$
$$90,20,10,12,35$$
$$63,78,12,25,68$$

的方差.

　　运行命令：< < Statistics`

　　　　　data = {34,56,28,62,32,90,20,10,12,35,63,78,12,25,68};

　　　　　F1 = Variance[data]

　　　　　P1 = N[F1]

　　　　　F2 = VarianceMLE[data]

```
          P2 = N[F2]
```
输出结果: 13976/21

　　　665.524

　　　27952/45

　　　621.156

2. 数据的标准差

◆ StandardDeviation[data]:计算数据的标准差(无偏估计).

◆ StandardDeviationMLE[data]:计算数据的标准差.

例7.12　　计算数据

$$34,56,28,62,32$$
$$90,20,10,12,35$$
$$63,78,12,25,68$$

的标准差.

运行命令: < <Statistics`

```
          data = {34,56,28,62,32,90,20,10,12,35,63,78,12,25,68};
          S1 = StandardDeviation[data]
          P1 = N[S1]
          S2 = StandardDeviationMLE[data]
          P2 = N[S2]
```

输出结果: $2\sqrt{\dfrac{3494}{21}}$

25.7977

$\dfrac{4}{3}\sqrt{\dfrac{1747}{5}}$

24.923

3. 数据的中心矩

◆ CentralMoment[data,k]:计算数据的 k 阶中心矩.

例7.13　　计算数据

$$34,56,28,62,32$$
$$90,20,10,12,35$$
$$63,78,12,25,68$$

的二阶、三阶中心距.

运行命令: < <Statistics`

```
          data = {34,56,28,62,32,90,20,10,12,35,63,78,12,25,68};
          Z1 = CentralMoment[data,2]
          P1 = N[Z1]
          Z2 = CentralMoment[data,3]
          P2 = N[Z2]
```

输出结果: 27952/45

```
621.156
174994/27
6481.26
```

 7.1.5　数据的频率直方图

首先在 Mathematica 中调用统计命令 < <Statistics`和作图命令 < <Graphics`.

◆ BarChart[{{x_1,y_1},{x_2,y_2},…,{x_n,y_n}}]:作出给定数据组的条形图.

例 7.14 作出下列数据的频率直方图:

$$141,148,132,138,154,142,150,146,155,158,150,140,$$
$$147,148,144,150,149,145,149,158,143,141,144,144,$$
$$126,140,144,142,141,140,145,135,147,146,141,136,$$
$$140,146,142,137,148,154,137,139,143,140,131,143,$$
$$141,149,148,135,148,152,143,144,141,143,147,146,$$
$$150,132,142,142,143,153,149,146,149,138,142,149,$$
$$142,137,134,144,146,147,140,142,140,137,152,145$$

运行命令: < <Statistics`

```
< <Graphics`
data = {141,148,132,138,154,142,150,146,155,158,150,140,147,148,144,
        150,149,145,149,158,143,141,144,144,126,140,144,142,141,140,
        145,135,147,146,141,136,140,146,142,137,148,154,137,139,143,
        140,131,143,141,149,148,135,148,152,143,144,141,143,147,146,
        150,132,142,142,143,153,149,146,149,138,142,149,142,137,134,
        144,146,147,140,142,140,137,152,145};
Length[data]
Min[data]
Max[data]
fi = BinCounts[data,{124.5,159.5,5}]
center = Table[124.5 + j * 5 - 2.5,{j,1,7}]
k = Transpose[{fi/Length[data]/5,center}]
BarChart[k]
```

输出结果:84

```
126
158
{1,4,10,33,24,9,3}
{127.,132.,137.,142.,147.,152.,157.}
{{1/420,127.},{1/105,132.},{1/42,137.},{11/140,142.},{2/35,147.},
{3/140,152.},{1/140,157.}}
```

频率直方图如图 7 - 1 所示.

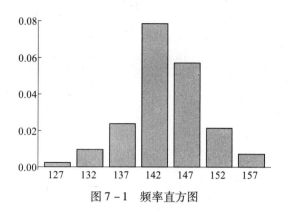

图 7 - 1　频率直方图

 7.1.6　协方差与相关系数

1. 协方差

◆ Covariance[x,y]:计算 x,y 的协方差(无偏估计).

◆ CovarianceMLE[x,y]:计算 x,y 的协方差.

例7.15　计算下表所列数据的协方差.

x	1.23	1.22	1.08	1.09	1.25
y	2.12	2.32	2.26	2.28	2.42
z	3.21	3.32	3.33	3.51	3.42

运行命令:
```
< <Statistics`
data = {{1.23,2.12,3.21},{1.22,2.32,3.32},{1.08,2.26,3.33},{1.09,2.28,
3.51},{1.25,2.42,3.42}};
x = data[[All,1]];
y = data[[All,2]];
z = data[[All,3]];
Covariance[x,y]
Covariance[x,z]
Covariance[y,z]
Covariance[x,x]
Covariance[y,y]
Covariance[z,z]
CovarianceMLE[x,y]
CovarianceMLE[x,z]
CovarianceMLE[y,z]
CovarianceMLE[x,x]
CovarianceMLE[y,y]
CovarianceMLE[z,z]
```
输出结果:
```
0.00135
-0.003865
0.00785
```

0.00673

0.0118

0.01277

0.00108

-0.003092

0.00628

0.005384

0.00944

0.010216

2. 相关系数

◆ Correlation[x,y]:计算 x,y 的相关系数.

例 7.16   计算下表所列数据的相关系数.

x	1.23	1.22	1.08	1.09	1.25
y	2.12	2.32	2.26	2.28	2.42
z	3.21	3.32	3.33	3.51	3.42

运行命令:

```
<<Statistics`
data = {{1.23,2.12,3.21},{1.22,2.32,3.32},{1.08,2.26,3.33},{1.09,2.28,
3.51},{1.25,2.42,3.42}};
x = data[[All,1]];
y = data[[All,2]];
z = data[[All,3]];
Correlation[x,y].
Correlation[x,z]
Correlation[y,z]
Correlation[x,x]
Correlation[y,y]
Correlation[z,z]
```

输出结果:
```
0.15149
-0.416914
0.639489
1
1
1
```

 7.1.7　数学期望与方差

例 7.17   离散型随机变量分布如下:

X	10	30	50	70	90
p_k	$\frac{3}{6}$	$\frac{1}{3}$	$\frac{1}{36}$	$\frac{1}{12}$	$\frac{1}{18}$

求 $E(X)$.

运行命令：X = {10,30,50,70,90};

P = {3/ 6,1/ 3,1/ 36,1/ 12,1/ 18};

EX1 = X. P/ / MatrixForm

EX2 = N[EX1]

输出结果：245/ 9

27.2222

例 7.18 某商店对某种家用电器的销售采用先使用后付款的方式. 记使用寿命为 X
（以年计），规定：

$$X \leq 1,\text{一台付款 1500 元}$$
$$1 < X \leq 2,\text{一台付款 2000 元}$$
$$2 < X \leq 3,\text{一台付款 2500 元}$$
$$X > 3,\text{一台付款 3000 元}$$

设寿命 X 服从指数分布，概率密度为

$$f(x) = \begin{cases} \dfrac{1}{10}e^{-x/10}, & x > 0 \\ 0, & x \leq 0 \end{cases}$$

试求该商店一台这种家用电器收费 Y 的数学期望 $E(Y)$.

运行命令：

$$P1 = N\left[\int_0^1 1/ 10 * E^{\wedge}(- x/ 10)\,dx,3 \right]$$

$$P2 = N\left[\int_1^2 1/ 10 * E^{\wedge}(- x/ 10)\,dx,3 \right]$$

$$P3 = N\left[\int_2^3 1/ 10 * E^{\wedge}(- x/ 10)\,dx,3 \right]$$

$$P4 = N\left[\int_2^3 1/ 10 * E^{\wedge}(- x/ 10)\,dx,4 \right]b$$

X = {1500,2000,2500,3000};

P = {P1,P2,P3,P4};

EX = X. P/ / MatrixForm

输出结果：

0.0952

0.0861

0.0779

0.7408

2732.

例 7.19 设 $X \sim U(a,b)$，求 $E(X)$.

运行命令：

$$EX = \text{Simplify}\left[\int_a^b x/ (b - a)\,dx \right]$$

输出结果：$(a+b)/ 2$

例 7.20 设随机变量 (X,Y) 的概率密度

$$f(x,y) = \begin{cases} \dfrac{3}{2x^3 y^2}, & \dfrac{1}{x} < y < x, x > 1 \\ 0, & \text{else} \end{cases}$$

求 $E(Y),E\left(\dfrac{1}{XY}\right)$.

运行命令：
```
EY = Integrate[3/(2*x^3*y),{x,1,∞},{y,1/x,x}]
E1XY = Integrate[3/(2*x^4*y^3),{x,1,∞},{y,1/x,x}]
```

输出结果：

$$3/4$$
$$3/5$$

例 7.21 设 $X \sim U(a,b)$，求 $D(X)$.

运行命令：
```
EX = Simplify[Integrate[x/(b-a),{x,a,b}]];
EX2 = Simplify[Integrate[x^2/(b-a),{x,a,b}]];
DX = Simplify[EX2 - EX^2]
```

输出结果：$1/12\,(a-b)^2$

例 7.22 设随机变量 $X \sim N(\mu,\sigma^2)$，求 $E(X),D(X)$.

运行命令：
```
dist = NormalDistribution[μ,σ];
EX = Mean[dist]
DX = Variance[dist]
```

输出结果：μ

$$\sigma^2$$

习题 7-1

1. 在 $[-4.3,5.1]$ 内生成随机整数.

2. 在 $[-3.25,5.65]$ 内生成随机实数.

3. 计算数据

| 15.28 | 15.63 | 15.13 | 15.46 | 15.40 | 15.56 | 15.35 | 15.56 | 15.38 | 15.21 |
| 15.48 | 15.58 | 15.57 | 15.36 | 15.48 | 15.46 | 15.52 | 15.29 | 15.42 | 15.69 |

的最大值、最小值和极差.

4. 计算数据

| 15.28 | 15.63 | 15.13 | 15.46 | 15.40 | 15.56 | 15.35 | 15.56 | 15.38 | 15.21 |
| 15.48 | 15.58 | 15.57 | 15.36 | 15.48 | 15.46 | 15.52 | 15.29 | 15.42 | 15.69 |

的中值、平均值.

5. 计算数据

| 15.28 | 15.63 | 15.13 | 15.46 | 15.40 | 15.56 | 15.35 | 15.56 | 15.38 | 15.21 |
| 15.48 | 15.58 | 15.57 | 15.36 | 15.48 | 15.46 | 15.52 | 15.29 | 15.42 | 15.69 |

的方差、标准差及二阶、三阶中心矩.

6. 从某厂生产的某种零件中随机抽取 120 个,测得其质量(单位:g)如下. 列出分组表,并作频率直方图.

200	202	203	208	216	206	222	213	209	219	216	203
197	208	206	209	206	208	202	203	206	213	218	207
208	202	194	203	213	211	193	213	208	208	204	206

204	206	208	209	213	203	206	207	196	201	208	207
213	208	210	208	211	211	214	220	211	203	216	221
211	209	218	214	219	211	208	221	211	218	218	190
219	211	208	199	214	207	207	214	206	217	214	201
212	213	211	212	216	206	210	216	204	221	208	209
214	214	199	204	211	201	216	211	209	208	209	202
211	207	220	205	206	216	213	206	206	207	200	198

7. 计算下表中 x、z 的协方差及 x、y 相关系数.

x	1.86	1.87	1.62
y	1.56	1.92	1.58
z	1.97	2.35	3.26

8. 设随机变量 $X \sim N(0,1)$,求 $E(X)$,$D(X)$.

7.2 分布及置信区间

7.2.1 分布

1. 分布相关函数
◆ Domain[dist]:计算分布 dist 的定义域.
◆ Mean[dist]:计算分布 dist 的期望.
◆ Variance[dist]:计算分布 dist 的方差.
◆ StandardDeviation[dist]:计算分布 dist 的标准差.
◆ PDF[dist,x]:求点 x 处的分布 dist 的密度值.
◆ CDF[dist,x]:求点 x 处的分布函数值.

2. Bernoulli 分布
◆ BernoulliDistribution[p].

例 7.23 计算 Bernoulli 分布的定义域、期望、方差、标准差.

运行命令:
```
< < Statistics`
dist = BernoulliDistribution[p];
Domain[dist]
Mean[dist]
Variance[dist]
StandardDeviation[dist]
```

输出结果:$\{0,1\}$
p
$(1-p)p$
$\sqrt{(1-p)p}$

例 7.24 分别描绘 Bernoulli 分布的在 $p=0.2$、$p=0.6$、$p=0.8$ 时的分布函数曲线. 并求出 Bernoulli 分布在 $p=0.15$、$x=0.16$ 处的概率密度值与分布函数值.

运行命令：<<Statistics`

   <<Graphics`

   dist=BernoulliDistribution[0.2];

   Plot[{CDF[dist,x]},{x,0,1},PlotStyle {Thickness[0.006],RGBColor[0, 0,1]},PlotRange All]

输出结果如图 7-2 所示.

运行命令：<<Statistics`

   <<Graphics`

   dist=BernoulliDistribution[0.6];

   Plot[{CDF[dist,x]},{x,0,1},PlotStyle {Thickness[0.006],RGBColor[0, 0,1]},PlotRange All]

输出结果如图 7-3 所示.

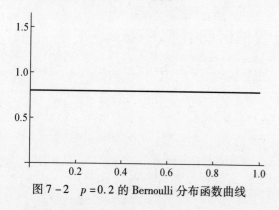

图 7-2 $p=0.2$ 的 Bernoulli 分布函数曲线

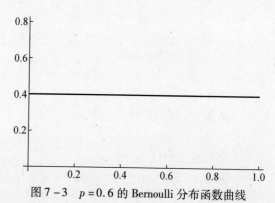

图 7-3 $p=0.6$ 的 Bernoulli 分布函数曲线

运行命令：<<Statistics`

   <<Graphics`

   dist=BernoulliDistribution[0.8];

   Plot[{CDF[dist,x]},{x,0,1},PlotStyle {Thickness[0.006],RGBColor[0, 0,1]},PlotRange All]

输出结果如图 7-4 所示.

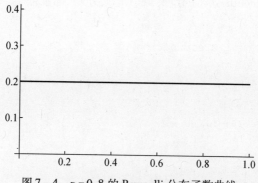

图 7-4 $p=0.8$ 的 Bernoulli 分布函数曲线

运行命令：`<<Statistics`` `
    `dist=BernoulliDistribution[0.15];`
    `x=0.16;`
    `PDF[dist,x]`
    `CDF[dist,x]`
输出结果：`0`
    `0.85`

3. 二项分布

◆ **BinomialDistribution[n,p]**.

例7.25 计算二项分布的定义域、期望、方差、标准差.

运行命令：`<<Statistics`` `
    `dist=BinomialDistribution[n,p];`
    `Domain[dist]`
    `Mean[dist]`
    `Variance[dist]`
    `StandardDeviation[dist]`
输出结果：`Range[0,n]`
    `np`
    `n(1-p)p`
    $\sqrt{n(1-p)p}$

例7.26 分别描绘二项分布在 $n=8$、$p=0.2$；$n=12$、$p=0.8$ 时的分布函数曲线. 并求出二项分布分布在 $n=15$、$p=0.6$、$x=10$ 处的概率密度值与分布函数值.

运行命令：`<<Statistics`` `
    `<<Graphics`` `
    `dist=BinomialDistribution[8,0.2];`
    `Plot[{CDF[dist,x]},{x,0,8},PlotStyle {Thickness[0.006],RGBColor[0,0,1]},PlotRange All]`
输出结果如图 7-5 所示.

运行命令：`<<Statistics`` `
    `<<Graphics`` `
    `dist=BinomialDistribution[12,0.8];`
    `Plot[{CDF[dist,x]},{x,0,12},PlotStyle {Thickness[0.006],RGBColor[0,0,1]},PlotRange All]`
输出结果如图 7-6 所示.

运行命令：`<<Statistics`` `
    `dist=BinomialDistribution[15,0.6];`
    `x=10;`
    `PDF[dist,x]`
    `CDF[dist,x]`
输出结果：`0.185938`
    `0.782722`

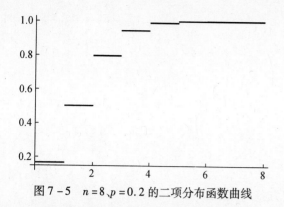
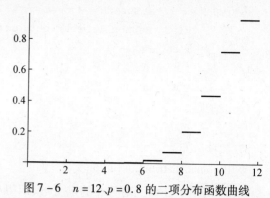

图 7-5　$n=8$、$p=0.2$ 的二项分布函数曲线　　　　图 7-6　$n=12$、$p=0.8$ 的二项分布函数曲线

4. 几何分布

◆ GeometricDistribution[p].

例 7.27　计算几何分布的定义域、期望、方差、标准差.

运行命令:`< < Statistics`\``
```
dist = GeometricDistribution[p];
Domain[dist]
Mean[dist]
Variance[dist]
StandardDeviation[dist]
```
输出结果:Range[0,∞]

$$-1 + \frac{1}{p}$$

$$\frac{1-p}{p^2}$$

$$\frac{\sqrt{1-p}}{p}$$

例 7.28　分别描绘几何分布在 $p=0.1$、$p=0.5$ 时的分布函数曲线. 并求出几何分布分布在 $p=0.3$、$x=5$ 处的概率密度值与分布函数值.

运行命令:`< < Statistics`\``
```
 < < Graphics`
dist = GeometricDistribution[0.1];
Plot[{CDF[dist,x]},{x,0,80},PlotStyle  {Thickness[0.006],RGBColor
[0,0,1]},PlotRange  All]
```
输出结果如图 7-7 所示.

运行命令:`< < Statistics`\``
```
 < < Graphics`
dist = GeometricDistribution[0.5];
Plot[{CDF[dist,x]},{x,0,15},PlotStyle→{Thickness[0.006],RGBColor
[0,0,1]},PlotRange→All]
```
输出结果如图 7-8 所示.

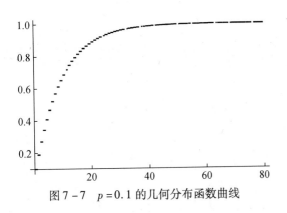

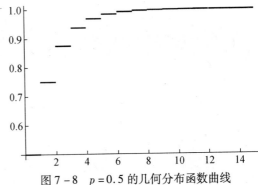

图 7-7 $p=0.1$ 的几何分布函数曲线   图 7-8 $p=0.5$ 的几何分布函数曲线

运行命令: `< <Statistics`
```
dist = GeometricDistribution[0.3];
x = 5;
PDF[dist,x]
CDF[dist,x]
```
输出结果: `0.050421`
`0.882351`

5. 超几何分布

◆ HypergeometricDistribution[n, M, N].

例 7.29   计算超几何分布的定义域、期望、方差、标准差.

运行命令: `< <Statistics`
```
dist = HypergeometricDistribution[n,M,N];
Domain[dist]
Mean[dist]
Variance[dist]
StandardDeviation[dist]
```
输出结果: `Range[Max[0,M+n-N],Min[M,n]]`

$$\frac{Mn}{N}$$

$$\frac{Mn\left(1-\dfrac{M}{N}\right)(-n+N)}{(-1+N)N}$$

$$\sqrt{\dfrac{\dfrac{Mn(-M+N)(-n+N)}{-1+N}}{N}}$$

6. Poisson 分布

◆ PoissonDistribution[μ].

例 7.30   计算 Poisson 分布的定义域、期望、方差、标准差.

运行命令: `< <Statistics`
```
dist = PoissonDistribution[μ];
Domain[dist]
Mean[dist]
```

```
Variance[dist]
StandardDeviation[dist]
```
输出结果:`Range[0,¥]`

$$\mu$$

$$\mu$$

$$\sqrt{\mu}$$

7. 正态分布

◆ NormalDistribution$[\mu,\sigma]$.

例 7.31　计算正态分布的定义域、期望、方差、标准差.

运行命令:`< <Statistics`` `
```
dist = NormalDistribution[μ,σ];
Domain[dist]
Mean[dist]
Variance[dist]
StandardDeviation[dist]
```
输出结果:`Interval[{-∞,∞}]`

$$\mu$$

$$\sigma^2$$

$$\sigma$$

8. 负二项分布

◆ NegativeBinomialDistribution$[n,p]$.

例 7.32　计算负二项分布的定义域、期望、方差、标准差.

运行命令:`< <Statistics`` `
```
dist = NegativeBinomialDistribution[n,p];
Domain[dist]
Mean[dist]
Variance[dist]
StandardDeviation[dist]
```
输出结果:`Range[0,∞]`

$$\frac{n(1-p)}{p}$$

$$\frac{n(1-p)}{p^2}$$

$$\frac{\sqrt{n(1-p)}}{p}$$

9. 均匀分布

◆ UniformDistribution$[\{min,max\}]$.

例 7.33　计算均匀分布的定义域、期望、方差、标准差.

运行命令:`< <Statistics`` `
```
dist = UniformDistribution[{min,max}];
Domain[dist]
```

```
Mean[dist]
Variance[dist]
StandardDeviation[dist]
```

输出结果: `Interval[{min,max}]`

$$\frac{\max + \min}{2}$$

$$\frac{1}{12}(\max - \min)^2$$

$$\frac{\max - \min}{2\sqrt{3}}$$

10. 指数分布

◆ ExponentialDistribution[λ].

例 7.34　计算指数分布的定义域、期望、方差、标准差.

运行命令:
```
< <Statistics`
dist = ExponentialDistribution[λ];
Domain[dist]
Mean[dist]
Variance[dist]
StandardDeviation[dist]
```

输出结果: `Interval[{0,∞}]`

$$\frac{1}{\lambda}$$

$$\frac{1}{\lambda^2}$$

$$\frac{1}{\lambda}$$

11. t 分布

◆ StudentTDistribution[v].

例 7.35　计算 t 分布的定义域、期望、方差、标准差.

运行命令:
```
< <Statistics`
dist = StudentTDistribution[v];
Domain[dist]
Mean[dist]
Variance[dist]
StandardDeviation[dist]
```

输出结果: `Interval[{-∞,∞}]`

$$\begin{cases} 0 & v > 1 \\ \text{Indeterminate} & \text{True} \end{cases}$$

$$\begin{cases} \dfrac{v}{-2+v} & v > 2 \\ \text{Indeterminate} & \text{True} \end{cases}$$

$$\begin{cases} \sqrt{\dfrac{v}{-2+v}} & v > 2 \\ \text{Indeterminate} & \text{True} \end{cases}$$

12. χ^2 分布

◆ ChiSquareDistribution[ν].

例 7.36 计算 χ^2 分布的定义域、期望、方差、标准差.

运行命令: < < Statistics`

        dist = ChiSquareDistribution[ν];
        Domain[dist]
        Mean[dist]
        Variance[dist]
        StandardDeviation[dist]

输出结果: Interval[{0,∞}]

$$\nu$$
$$2\nu$$
$$\sqrt{2}\sqrt{\nu}$$

13. F 分布

◆ FRatioDistribution[n,m].

例 7.37 计算 F 分布的定义域、期望、方差、标准差.

运行命令: < < Statistics`

        dist = FRatioDistribution[n,m];
        Domain[dist]
        Mean[dist]
        Variance[dist]
        StandardDeviation[dist]

输出结果: Interval[{0,∞}]

$$\begin{cases} \dfrac{m}{-2+m} & m>2 \\ \text{Indeterminate} & \text{True} \end{cases}$$

$$\begin{cases} \dfrac{2m^2(-2+m+n)}{(-4+m)(-2+m)^2 n} & m>4 \\ \text{Indeterminate} & \text{True} \end{cases}$$

$$\begin{cases} \dfrac{\sqrt{2}\,m\,\sqrt{-2+m+n}}{\sqrt{-4+m}(-2+m)\sqrt{n}} & m>4 \\ \text{Indeterminate} & \text{True} \end{cases}$$

14. Γ 分布

◆ GammaDistribution[α,β].

例 7.38 计算 Γ 分布的定义域、期望、方差、标准差.

运行命令: < < Statistics`

        dist = GammaDistribution[α,β];
        Domain[dist]
        Mean[dist]

```
Variance[dist]

StandardDeviation[dist]
```

输出结果:`Interval[{0,∞}]`

$$\alpha\beta$$

$$\alpha\beta^2$$

$$\sqrt{\alpha\beta}$$

 7.2.2 置信区间

◆ MeanCI[data,选项 1,选项 2]:求单正态总体均值的置信区间.

data 为样本观察值,选项 1 用于选定置信度,形式为 Confidencel→1 − α,缺省默认值为 Confidencel→0.95,即求置信水平为 0.95 的置信区间. 选项 2 用于说明方差是已知的还是未知,其形式为 Known Variance→None 或 σ_0^2,缺省默认值为 Known Variance→None. 也可以用说明标准差的选项 Known StandarDeviation→None 或 σ_0 来代替这个选项.

例 7.39 有一大批糖果. 现从中随机地取 16 袋,称得质量(单位:g)如下:

$$506 \quad 508 \quad 499 \quad 503 \quad 504 \quad 510 \quad 497 \quad 512$$

$$514 \quad 505 \quad 493 \quad 496 \quad 506 \quad 502 \quad 509 \quad 496$$

设袋装糖果的质量近似地服从正态分布,试求总体均值 μ 的置信水平为 0.95 的置信区间.

运行命令:`<<Statistics``

```
data={506,508,499,503,504,510,497,512,514,505,493,496,506,502,509,
496};

MeanCI[data]
```

输出结果:`{500.445,507.055}`

习题 7 − 2

1. 绘出正态分布 $N(\mu,\sigma^2)$ 的概率密度曲线,其中固定 $\sigma=1$,分别取 $\mu=-2,\mu=0,\mu=2$.

2. 某车间生产滚珠,从长期实践中知道,滚珠直径可以认为服从正态分布. 从某天产品中任取 6 个测得直径如下(单位:mm):

15.6   16.3   15.9   15.8   16.2   16.1

若已知直径的方差是 0.06,试求总体均值 μ 的置信度为 0.95 的置信区间与置信度为 0.90 的置信区间.

3. 描绘 Bernoulli 分布的在 $p=0.3$ 时的分布函数曲线.

4. 描绘二项分布在 $n=10$、$p=0.5$ 分布函数曲线.

5. 描绘几何分布在 $p=0.2$ 时的分布函数曲线.

6. 并求出几何分布在 $p=0.2$、$x=6$ 处的概率密度值与分布函数值.

7. 计算 Poisson 分布 $\mu=1$ 的期望、方差、标准差.

8. 计算 χ^2 分布 $\nu=10$ 的期望、方差、标准差.

7.3 Mathematica 概率统计实例

7.3.1 随机变量的分布与统计实例

国家统计局有关数据显示,2004 年我国成品钢材产量为 28141.39 万 t,钢铁行业实现利润 910.5 亿元,比 2003 年度增长了 68.5%. 我国加入 WTO 以后,国际国内良好的钢材需求形势和国内外钢材价格差异将使得我国钢铁行业的产量在 2005 年继续保持较高的增长. 在这样一种形势下,如果在生产成品钢材的过程中采用一些技术革新,可产生直接的经济效益.

把粗大的钢坯变成合格的钢材(如钢筋、钢板)通常要经过两道工序,第一道是粗轧(热轧),形成钢材的雏形;第二道是精轧(冷轧),得到规定长度的成品材. 粗轧时由于设备、环境等方面众多因素的影响,得到的钢材的长度是随机的,大体上呈正态分布,其均值可以在轧制过程中由轧机调整,而均方差则是设备的精度决定的,不能随意改变. 如果粗轧后的钢材长度大于规定长度,精轧时把多出的部分切掉,造成浪费;如果粗轧后的钢材已经比规定长度短,则整根报废,造成更大的浪费. 显然,应该综合考虑这两种情况,使得总的浪费最小.

例 7.40 **问题** 要轧制长度为 $L = 2.5\text{m}$ 的成品钢材,需要经过两个阶段——粗轧和精轧,已知由粗轧设备轧出的钢材长度服从标准差为 $\sigma = 0.1\text{m}$ 的正态分布,如果粗轧出的钢材比 2.5m 短,则整根报废,如果粗轧出的钢材比 2.5m 长,则精轧后多余部分去掉,试确定粗轧后钢材长度的均值,以使得精轧后得到成品钢材时的浪费最少.

模型分析 粗轧后钢材的长度是一个随机变量记为 X,它服从正态分布 $X \sim N(\mu, \sigma^2)$,X 的概率密度函数为 $f(x)$,如图 7-9 所示,其中 σ 已知,μ 待定. 当成品材的规定长度 L 给定后,记 $X \geqslant L$ 的概率为 p,即 $p = p(X \geqslant L)$,p 是图中阴影部分的面积.

轧制过程中的浪费由两部分构成:一是当 $X \geqslant L$ 时,精轧时要切掉长 $X - L$ 的钢材;二是当 $X < L$ 时,长 X 的整根钢材报废. 由图 7-9 可以看出,μ 变大时曲线右移,概率 P 增加,第一部分的浪费随之增加,而第二部分的浪

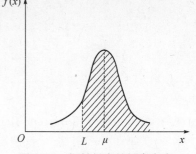

图 7-9 钢材长度的概率密度

费将减少;反之,当 μ 变小时曲线左移,虽然被切掉的部分减少了,但是整根报废的可能将增加. 于是必然存在一个最佳的 μ,使得两部分的浪费综合起来最小.

模型的建立 这是一个优化模型,建模的关键是选择合适的目标函数,并用已知的和待确定的量 L,σ,μ 把目标函数表示出来. 一种很自然地想法是直接写出上面分析的两部分浪费,以二者之和作为目标函数,于是得到总的浪费长度为

$$W = \int_{L}^{\infty} (x - L) f(x) \, \mathrm{d}x + \int_{-\infty}^{L} x f(x) \, \mathrm{d}x$$

再利用 $\int_{-\infty}^{\infty} f(x) \, \mathrm{d}x = 1, \int_{-\infty}^{\infty} x f(x) \, \mathrm{d}x = \mu, \int_{L}^{\infty} f(x) \, \mathrm{d}x = p$, 上式可化简为

$$W = \mu - LP$$

平均每粗轧一根钢材浪费的长度 W 也可以这样得到. 设想共粗轧了 N 根钢材(N 很大),所用钢材总长为 μN, N 根中可以轧出成品材的只有 pN 根,成品材总长为 LpN,于是浪费的总长度为 $\mu N - LpN$,平均每粗轧一根钢材浪费的长度为

$$W = \frac{\mu N - LpN}{N} = \mu - LP$$

那么以 W 作为目标函数是否合适? 轧钢的最终产品是成品材,如果粗轧车间追求的是效益而不是产量,那么浪费的多少不应以每粗轧一根钢材的平均浪费量为标准,而应该用每得到一根成品材浪费的平均长度来衡量. 因此,以每得到一根成品材所浪费钢材的平均长度为目标函数. 因为当粗轧 N 根钢材时浪费的总长度是 $\mu N - LpN$,而只得到 pN 根成品材,所以目标函数为

$$J = \frac{\mu N - LpN}{pN} = \frac{\mu}{p} - L$$

于是数学模型为

$$\min \quad J = \frac{\mu}{p} - L$$

$$\text{s. t.} \quad p = \int_{L}^{\infty} \frac{1}{\sqrt{2\pi}\,\sigma} \mathrm{e}^{-\frac{(x-\mu)^2}{2\sigma^2}} \mathrm{d}x, \quad L = 2.5, \sigma = 0.1$$

模型求解 可利用 Matematica 软件进行求解. 用到的 Mathematica 中的相关函数见表 7-1.

表 7-1 函数表

函数或命令	含义或用法
$<<$ StatIstIcs'	调入概率统计函数库
NormalDistribution$[\mu, \sigma]$	均值 μ,标准差 σ 的正态分布
PDF$[\,$dist$, x]$	分布 dist 的概率密度函数
CDF$[\,$dist$, x]$	分布 dist 的分布函数
D$[f, x]$	计算导数 $\dfrac{\mathrm{d}f}{\mathrm{d}x}$
FindRoot$[\,$方程$, \{x, x0\}]$	从 $x = x_0$ 开始,寻找方程的一个数值解

用 Mathematica 求解模型的程序如下:

```
In[1]: = <<Statistics
       L = 2.5;σ = 0.1;
       dist = NormalDistribution[μ,σ];
       F = CDF[dist,x];
       P = 1 - F/.x→L:
       J = μ/P - L
       φ = D[J,μ]
       FindRoot[φ = = 0,{μ,2.5}]
```

运行后的结果:

$$- 2.5 + \frac{\mu}{1 + \frac{1}{2}(-1 - \mathrm{Erf}[7.07107(2.5 - \mu)])}$$

$$\mu = 2.71901$$

即粗轧时钢材长度的最优均值是 2.71901m.

评注 模型中假定当粗轧后钢材长度 X 小于规定长度 L 时就整根报废,实际上这种钢材还常常能轧成较小规格如长 $L_1(<L)$ 的成品材. 只有当 $X < L_1$ 时才报废. 或者当 $X < L$ 时可以降级使用(对浪费打一折扣). 这些情况下的模型及求解就比较复杂了.

在日常生产活动中类似的问题很多,如用包装机将某种物品包装成 500g 一袋出售,在众多因素的影响下包装封口后一袋的质量是随机的,不妨认为服从正态分布,均方差已知,而均值可以在包装时调整. 出厂检验时精确地称量每袋的质量,多元 500g 的仍按 500g 一袋出售,厂方吃亏;不足 500g 的降价处理,或打开封口返工,或直接报废,将给厂方造成更大的损失. 那么应该如何调整包装时每袋的重量的均值使厂方损失最小. 生活中类似的现象也很多,如从家中出发去火车站赶火车,由于途中各种因素的干扰,到达车站的时间是随机的. 到达太早白白浪费时间,到达晚了则赶不上火车,损失巨大. 那么如何权衡两方面的影响来决定出发的时间呢?

7.3.2 回归分析

当人们对研究对象的内在特性和各因素间的关系有比较充分的认识时,一般用机理分析方法建立数学模型. 如果由于客观事物内部规律的复杂性及人们认识程度的限制,无法分析实际对象内在的因果关系,建立合乎机理规律的数学模型,那么通常的办法是搜集大量的数据,通过对数据的统计分析,找出与数据拟合最好的模型. 回归模型是用统计分析方法建立的最常用的一类模型.

回归分析是用来确定两种或两种以上变量相互依赖的定量关系的一种统计分析方法,运用十分广泛. 按照自变量和因变量的关系类型,可分为线性回归分析和非线性回归分析.

如果在回归分析中,只包括一个自变量和一个因变量,且二者的关系可用一条直线近似表示,这种回归分析称为一元线性回归分析. 如果回归分析中包括两个或两个以上的自变量,且因变量和自变量之间是线性关系,则称为多元线性回归分析.

1. 线性回归分析

利用 Mathematica 软件可以求解回归分析.

1)调用线性回归软件包的命令 << Statistics\LinearRegression. m

输入并执行调用线性回归软件包的命令

< <Statistics\LinearRegression.m

或调用整个统计软件包的命令

< <Statistics`

2)线性回归的命令 Regress

一元和多元线性回归的命令都是 Regress. 其格式是

Regress[数据,回归函数的简略形式,自变量,

RegressionReport(回归报告)→{选项1,选项2,选项3,…}]

其中回归报告包含 BestFit(最佳拟合,即回归函数),ParameterCITable(参数的置信区间表),PredictedResponse(因变量的预测值),SinglePredictionCITable(因变量的预测区间),FitResiduals(拟合的残差),SummaryReport(总结性报告)等.

例 7.41 **问题提出** 已知某种食品的价格与日销售量的数据见表 7 – 2.

表 7 – 2　某种食品的价格与日销售量

价格/元	1.0	2.0	2.0	2.3	2.5	2.6	2.8	3.0	3.3	3.5
销量/kg	5.0	3.5	3.0	2.7	2.4	2.5	2.0	1.5	1.2	1.2

试构造一个合适的回归模型描述价格与销售量的关系. 再求价格为 4 时的销售量.

模型分析　绘制散点图和回归直线,以模型 $y = a + bx$ 拟合数据,用 Mathematica 软件求解.

模型求解

```
In[1]: = data = {{1.0,5.0},{2.0,3.5},{2.0,3.0},{2.3,2.7},{2.5,2.4},{2.6,2.5},
          {2.8,2.0},{3.0,1.5},{3.3,1.2},{3.5,1.2}};
        f = Fit[data,{1,x},x];
   Out[1] = 6.43828 - 1.57531x.
In[2]: = pd = ListPlot[data,DisplayFunction - >Identity];
        fd = Plot[f,{x, -0.3,5},DisplayFunction - >Identity];
        Show[pd,fd,DisplayFunction - >$DisplayFunction]
Out[4] = Graphics
```

输出散点图和回归直线,如图 7 – 10 所示.

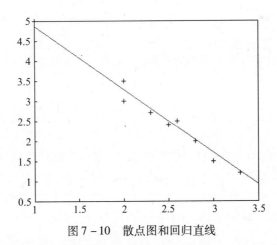

图 7 – 10　散点图和回归直线

根据函数表达式得,预测价格为 4 时的销售量:

```
Out[5] = 0.137029
```

即价格为 4 时的销售量为 0.137029.

下面利用线性回归的命令 Regress 求解.

```
In[6]: = < <Statistics`
   In[7]: = Regress[data,{1,x},x,RegressionReport - >{BestFit,ParameterCIT-
   able,SummaryReport}]
     Out[7] =
```

{BestFit→6.43828−1.57531x,

		Estimate	SE	CI	
ParameterCITable→	1	6.43828	0.236494	{5.89293,6.98364}	
	x	−1.57531	0.0911754	{−1.78556,−1.36506},	
		Estimate	SE	TStat	PValue
ParameterTable→	1	6.43828	0.236494	27.2239	3.57135×10^{-9},
	x	−1.57531	0.0911754	−17.2778	1.28217×10^{-7}

RSquared→0.973901,AdjustedRSquared→0.970639,EstimatedVariance→0.0397359,

		DF	SumOfSq	MeanSq	FRatio	PValue
ANOVATable→	Model	1	11.8621	11.8621	298.524	1.28217×10^{-7}
	Error	8	0.0317887	0.0397359,		
	Total	9	12.18			

图 7 −11　回归分析报告图

以上生成回归分析报告图 7 −11,现对上述回归分析报告作如下说明.

BestFit(最优拟合) − >6.43828 − 1.57531x 表示一元回归方程为 $y = 6.43828 − 1.57531x$.

ParameterCITable(参数置信区间表)中:Estimate 列表示回归函数中参数 a,b 的点估计值为 $\hat{a} = 6.43828$,$\hat{b} = − 1.57531$. SE 列的第一行表示估计量 $\hat{a}$ 的标准差为 0.236494,第二行表示估计量 $\hat{b}$ 的标准差为 0.0911754. CI 列分别表示 $\hat{a}$ 的置信水平为 0.95 的置信区间是 (5.89293,6.98364),$\hat{b}$ 的置信水平为 0.95 的置信区间是(−1.78556, −1.36506).

ParameterTable(参数表)中前两列的意义同参数置信区间表,Tstat 与 Pvalue 这两列的第一行表示作假设检验(t 检验):$H_0 : a = 0$,$H_1 : a \neq 0$ 时,T 统计量的观察值为 27.2239,检验统计量的 P 值为 3.57135×10^{-9},这个 P 值非常小,检验结果强烈地拒绝 $H_0 : a = 0$,接受 $H_1 : a \neq 0$. 第二行表示作假设检验(t 检验)$H_0 : b = 0$,$H_1 : b \neq 0$ 时,T 统计量的观察值为 −17.2778,检验统计量的 P 值为 1.28217×10^{-7},这个 P 值也非常小,检验结果强烈地拒绝 $H_0 : b = 0$,接受 $H_1 : b \neq 0$.

Rsquared − >0.973901,表示 $R^2 = \dfrac{SSR(回平方和)}{SST(平方和)} = 0.973901$. 说明 y 的变化有 97.39% 来自 x 的变化. AdjustedRSquared − >0.970639,表示修正后的 $\tilde{R}^2 = 0.970639$. EstimatedVariance − >0.0397359,表示线性模型 $y = a + bx + \varepsilon$,$\varepsilon \sim N(0,\sigma^2)$ 中的方差 σ^2 的估计值为 0.397359.

ANOVATable(回归方差分析表)中,DF 列为自由度,Model(一元线性回归模型)的自由度为 1,Error(残差)的自由度为 8,Total(总的)自由度为 9. SumOfSq 列为平方和,回归平方和 SSR = 11.8621,残差平方和 SSE = 0.317887,总的平方和 SST = SSR + SSE = 12.18. MeanSq 列是平方和的平均值,由 SumOfSq 这一列除以对应的 DF,得

$$MSR = \frac{SSR}{1} = 11.8621, MSE = \frac{SSE}{n − 2} = 0.0397359$$

Fratio 列为统计量 $F = \dfrac{MSR}{MSE}$ 的值,即 F = 298.524. 最后一列表示统计量 F 的 P 值非常接近于 0.

因此在作模型参数的假设检验 $H_0 : b = 0$,$H_1 : b \neq 0$ 时,强烈地拒绝 $H_0 : b = 0$,即模型的参

数矢量,因此回归效果非常显著.

2. 多项式回归模型

例 7.42 问题提出　混凝土的抗压强度随养护时间的延长而增加,现将一批混凝土分别做三次试验,得到养护时间及抗压强度的数据见表 7 - 3.

表 7 - 3　养护时间及抗压强度的数据

养护时间	10.0	10.0	10.0	15.0	15.0	15.0	20.0	20.0	20.0	25.0	25.0	25.0	30.0	30.0	30.0
抗压强度	25.2	27.3	28.7	29.8	31.1	27.8	31.2	32.6	29.7	31.7	30.1	32.3	29.4	30.8	32.8

模型分析　(1) 作散点图;

(2) 以模型 $Y = b_0 + b_1 x + b_2 x^2 + \varepsilon, \varepsilon \sim N(0, \sigma^2)$ 拟合数据,其中 b_0, b_1, b_2, σ^2 与 x 无关;

(3) 求回归方程 $\hat{y} = \hat{b}_0 + \hat{b}_1 x + \hat{b}_2 x^2$,并作回归分析.

模型求解　先输入数据

```
bb = {{10.0,25.2},{10.0,27.3},{10.0,28.7},{15.0,29.8},
      {15.0,31.1},{15.0,27.8},{20.0,31.2},{20.0,32.6},
      {20.0,29.7},{25.0,31.7},{25.0,30.1},{25.0,32.3},
      {30.0,29.4},{30.0,30.8},{30.0,32.8}};
```

(1) 作散点图,输入

```
ListPlot[bb,PlotRange - >{{5,32},{23,33}},AxesOrigin - >{8,24}]
```

则输出图 7 - 12.

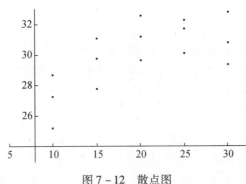

图 7 - 12　散点图

(2) 作二元线性回归,输入

```
< <Statistics`
Regress[bb,{1,x,x^2},x,RegressionReport - >{BestFit,
                ParameterCITable,SummaryReport}]
```

(* 对数据 bb 作回归分析,回归函数为 $b_0 + b_1 x + b_2 x^2$,用{1,x,x^2}表示,
自变量为 x,参数 b_0, b_1, b_2 的置信水平为 0.95 的置信区间)

结果分析　执行后得到输出的结果为

```
{bestFit - >19.0333 +1.00857x -0.020381x²,
ParameterCITable - >
```

	Estimate	SE	CI
1	19.0333	3.27755	{11.8922,26.1745}
x	1.00857	0.356431	{0.231975,1.78517}

| x² | −0.020381 | 0.00881488 | {−0.0395869, −0.00117497} |

ParameterTable −>

	Estimate	SE	Tstat	PValue
1	19.0333	3.27755	5.80718	0.0000837856
x	1.00857	0.356431	2.82964	0.0151859
x²	−0.020381	0.00881488	−2.31211	0.0393258

Rsquared −>0.614021,AdjustedRSquared −>0.549692,

EstimatedVariance −>2.03968,ANOVATable −>

	DF	SumOfSq	MeanSq	Fratio	PValue
Model	2	38.9371	19.4686	9.5449	0.00330658
Error	12	24.4762	2.03968		
Total	14	63.4133			

从输出结果可见回归方程为

$$Y = 19.0333 + 1.00857x - 0.020381x^2$$

$\hat{b}_0 = 19.0333, \hat{b}_1 = 1.00857, \hat{b}_2 = -0.020381.$ 它们的置信水平为 0.95 的置信区间分别是 (11.8922, 26.1745), (0.231975, 1.78517), (−0.0395869, −0.00117497).

假设检验的结果是在显著性水平为 0.95 时它们都不等于零. 模型

$$Y = b_0 + b_1 x + b_2 x^2 + \varepsilon, \varepsilon \sim N(0, \sigma^2)$$

中, σ^2 的估计为 2.03968. 对模型参数 $\beta = (b_1, b_2)^\mathrm{T}$ 是否等于零的检验结果是 $\beta \neq 0$. 因此回归效果显著.

评注 应用 Mathematica 软件可以建立回归方程, 绘制散点图和回归直线, 还可以对结果进行检验分析, 从而大大提高解决实际问题的能力.

3. 非线性回归模型

若因变量和自变量之间不是线性关系, 则称为非线性回归分析.

非线性拟合的命令: NonlinearFit.

使用的基本格式为:

◆ NonlinearFit [数据, 拟合函数, (拟合函数中的)变量集, (拟合函数中的)参数, 选项].

例 7.43 **问题提出** 下面的数据来自对某种遗传特征的研究结果, 一共有 2723 对数据, 把它们分成 8 类后归纳为表 7 − 4.

表 7 − 4

频率	579	1021	607	324	120	46	17	9
分类变量 x	1	2	3	4	5	6	7	8
遗传性指标 y	38.08	29.7	25.42	23.15	21.79	20.91	19.37	19.36

研究者通过散点图认为 y 和 x 符合指数关系 $y = ae^{bx} + c$, 其中 a, b, c 是参数. 求参数 a, b, c 的最小二乘估计.

模型分析 因为 y 和 x 的关系不是能用 Fit 命令拟合的线性关系, 也不能转换为线性回归模型. 因此考虑用

(1) 多元微积分的方法求 a, b, c 的最小二乘估计;

316

（2）非线性拟合命令 NonlinearFit 求 a,b,c 的最小二乘估计.

模型的建立及求解

模型一　微积分方法.

输入　　Off[Genera1::spe11]
　　　　Off[Genera1::spe111]
　　　　Clear[x,y,a,b,c]
　　　　dataset＝{{579,1,38.08},{1021,2,29.70},{607,3,25.42},{324,4,23.15},
　　　　　　　　{120,5,21.79},{46,6,20.91},{17,7,19.37},{9,8,19.36}};　（＊输入数
　　　　　　　据集＊）
　　　　y[x_]:＝a Exp[b x]＋c　（＊定义函数关系＊）

下面一组命令先定义了曲线 $y = ae^{bx} + c$ 与 2723 个数据点的垂直方向的距离平方和,记为 $g(a,b,c)$. 再求 $g(a,b,c)$ 对 a,b,c 的偏导数 $\dfrac{\partial g}{\partial a}, \dfrac{\partial g}{\partial b}, \dfrac{\partial g}{\partial c}$,分别记为 ga,gb,gc. 用 FindRoot 命令解三个偏导数等于零组成的方程组(求解 a,b,c). 其结果就是所要求的 a,b,c 的最小二乘估计.

输入　　Clear[a,b,c,f,fa,fb,fc]
　　　　g[a_,b_,c_]:＝Sum[dataset[[i,1]]＊(dataset[[i,3]]－a
　　　　＊Exp[dataset[[i,2]]＊b]－c)^2,{i,1,Length[dataset]}]
　　　ga[a_,b_,c_]＝D[g[a,b,c],a];
　　　gb[a_,b_,c_]＝D[g[a,b,c],b];
　　　gc[a_,b_,c_]＝D[g[a,b,c],c];
　　　Clear[a,b,c]
　　　oursolution＝FindRoot[{ga[a,b,c]＝＝0,gb[a,b,c]＝＝0,
　　　　　　　　　gc[a,b,c]＝＝0},{a,40.},{b,－1.},{c,20.}]
　　　　　　　（＊40 是 a 的初值,－1 是 b 的初值,20 是 c 的初值＊）

则输出　　{a－>33.2221,b－>－0.626855,c－>20.2913}

再输入　　yhat[x_]＝y[x]/.oursolution

则输出　　$20.2913 + 33.2221e^{-0.626855x}$

这就是 y 和 x 的最佳拟合关系. 输入以下命令可以得到拟合函数和数据点的图形:
p1＝Plot[yhat[x],{x,0,12},PlotRange－>{15,55},DisplayFunction－>Identity];
pts＝Table[{dataset[[i,2]],dataset[[i,3]]},{i,1,Length[dataset]}];
p2＝ListPlot[pts,PlotStyle－>PointSize[.01],DisplayFunction－>Identity];
Show[p1,p2,DisplayFunction－>$DisplayFunction];

则输出图 7－13.

模型二　直接用非线性拟合命令 NonlinearFit 方法.

输入　　data2＝Flatten[Table[Table[{dataset[[j,2]],dataset[[j,3]]},
　　　　　　　{i,dataset[[j,1]]}],{j,1,Length[dataset]}],1];
　　　　　　　（＊把数据集恢复成 2723 个数对的形式＊）
　　　　<<Statistics`
　　　　w＝NonlinearFit[data2,a＊Exp[b＊x]＋c,{x},{{a,40},{b,－1},{c,
　　　20}}]

则输出　$20.2913 + 33.2221e^{-0.626855x}$

这个结果与(1)的结果完全相同. 这里同样要注意的是参数 a,b,c 必须选择合适的初值.

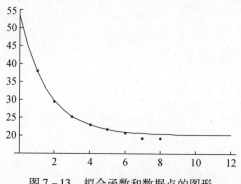

图 7 - 13　拟合函数和数据点的图形

如果要评价回归效果,则只要求出 2723 个数据的残差平方和 $\sum (y_i - \hat{y_i})^2$.

输入　yest = Table[yhat[dataset[[i,2]]],{i,1,
　　　　Length[dataset]}];
　　　　yact = Table[dataset[[i,3]],{i,1,Length[dataset]}];
　　　　wts = Table[dataset[[i,1]],{i,1,Length[dataset]}];
　　　　sse = wts.(yact - yest)^2　（∗作点乘运算∗）

则输出　59.9664

即 2723 个数据的残差平方和是 59.9664. 再求出 2723 个数据的总的相对误差的平方和 $\sum [(y_i - \hat{y_i})^2 / \hat{y_i}]$.

输入　sse2 = wts.((yact - yest)^2/yest)　（∗作点乘运算）

则输出　2.74075

由此可见,回归效果是显著的.

评注　模型 2 直接用非线性拟合命令 NonlinearFit 来求解,比模型 1 的解法更为简便.

习题 7 - 3

1. 考察温度 xy 对产量 y 的影响,测得下列 10 组数据:

温度	20	25	30	35	40	45	50	55	60	65
产量	13.2	15.1	16.4	17.1	17.9	18.7	19.6	21.2	22.5	24.3

求 y 关于 x 的线性回归方程.

2. 测 16 名成年女子的身高与腿长所得数据如下:

身高	143	145	146	147	149	150	153	154	155	156	157	158	159	160	162	164
腿长	88	85	88	91	92	93	93	95	96	98	97	96	98	99	100	102

试构造一个合适的回归模型描述身高与腿长的关系.

318

3. 观测物体降落的距离 s 与时间 t 的关系, 得到数据如下表, 求 s.

t/s	1/30	2/30	3/30	4/30	5/30	6/30	7/30
s/cm	11.86	15.67	20.60	26.69	33.71	41.93	51.13
$t(s)$	8/30	9/30	10/30	11/30	12/30	13/30	14/30
s/cm	61.49	72.90	85.44	99.08	113.77	129.54	146.48

4. 酶是一种具有特异性的高效生物催化剂, 绝大多数的酶是活细胞产生的蛋白质. 酶的催化条件温和, 在常温、常压下即可进行. 酶催化的反应即为酶促反应, 要比相应的非催化反应快 $10^3 \sim 10^7$ 倍. 酶促反应动力学简称酶动力学, 主要研究酶促反应的速度与底物 (即反应物) 浓度以及其他因素的关系. 在底物浓度很低时酶促反应是一级反应; 当底物浓度处于中间范围时, 是混合级反应; 当底物浓度增加时, 向零级反应过渡. 某生化系学生为了研究嘌呤霉素在某项酶促反应中对反应速度与底物浓度之间关系的影响, 设计了两个实验, 一个实验中所使用的酶是经过嘌呤霉素处理的, 而另一个实验所用的酶是未经嘌呤霉素处理的, 所得的实验数据见下表. 试根据问题的背景和这些数据建立 Michaelis – Menten 模型

$$y = \frac{\beta_1 x}{\beta_2 + x}$$

来反映该酶促反应的速度与底物浓度以及经嘌呤霉素处理与否之间的关系. 其中酶促反应的速度为 y, 底物浓度为 x.

底物浓度/$\times 10^{-6}$		0.02		0.06		0.11		0.22		0.56		1.10	
反应速度	处理	76	47	97	107	123	139	159	152	191	201	207	200
	未处理	67	51	84	86	98	115	131	124	144	158	160	—

5. 出钢时所用的盛钢水的钢包, 由于钢水对耐火材料的侵蚀, 容积不断增大. 我们希望知道使用次数与增大的容积之间的关系. 对一钢包作试验, 测得的数据列于下表:

使用次数	增大容积	使用次数	增大容积
2	6.42	10	10.49
3	8.20	11	10.59
4	9.58	12	10.60
5	9.50	13	10.80
6	9.70	14	10.60
7	10.00	15	10.90
8	9.93	16	10.76
9	9.99		

总习题 7

1. 在 $[2,6]$ 内生成随机实数.
2. 给定一组数据: 102,103,101,88,210

$$125,213,126,136,240$$
$$123,106,128,103,102$$
$$120,98,87,196,118$$

计算其长度、最大值、最小值、极差、中值、平均值.

3. 计算 Bernoulli 分布在 $p=0.5$ 时的期望、方差、标准差.

4. 计算下列数据的协方差与相关系数.

x	1.86	1.87	1.62
y	1.56	1.92	1.58
z	1.97	2.35	3.26

5. 有一批水果,现从中随机地取 10 袋,称得质量(单位:g)如下:

$$1200 \quad 1205 \quad 1208 \quad 1207 \quad 1220$$
$$1108 \quad 1203 \quad 1208 \quad 1212 \quad 1218$$

设袋装水果的质量近似地服从正态分布,试求总体均值 μ 的置信水平为 0.95 的置信区间.

6. 某零件上有一段曲线,为了在程序控制机床上加工这一零件,需要这段曲线的解析表达式,在曲线横坐标 x 处测得纵坐标 y,共 11 对数据如下:

x	0	2	4	6	8	10	12	14	16	18	20
y	0.6	2.0	4.4	7.5	11.8	17.1	23.3	31.2	39.6	49.7	61.7

求这段曲线的纵坐标关于横坐标的二次多项回归方程.

7. 在习题 7 - 3 第 4 题酶促反应中,如果用指数增长模型 $y=\beta_1(1-e^{-\beta_2 x})$ 代替 Michaelis - Menten 模型对经过嘌呤霉素处理的实验数据作非线性回归分析,其结果如何.

8. 某地区高压锅的销售量(单位:万台)如下:

年份	t	y	年份	t	y
1981	0	43.65	1988	7	1238.75
1982	1	109.86	1989	8	1560.00
1983	2	187.21	1990	9	1824.29
1984	3	312.67	1991	10	2199.00
1985	4	496.58	1992	11	2438.89
1986	5	707.65	1993	12	2737.71
1987	6	960.25			

试拟合 Logistic 增长模型 $y_t=\dfrac{L}{1+ae^{-kt}}$,其中初值 $L^0=3000, a^0=7.978, k^0=0.3016$.

第 7 章习题答案

习题 7 - 1

1. 运行命令:Random[Integer,{-4.3,5.1}]

输出结果可能是:$\{-4,-3,-2,-1,0,1,2,3,4,5\}$

2. 运行命令:Random[Real,{-3.25,5.65}]

3. < <Statistics`

data1 = {15.28,15.63,15.13,15.46,15.40,15.56,15.35,15.56,

    15.38,15.21,15.48,15.58,15.57,15.36,15.48,15.46,

    15.52,15.29,15.42,15.69};

    Max[data1]

    Min[data1]

    SampleRange[data1]

输出结果:15.13

    15.69

    0.56

4. 运行命令: < <Statistics`

    data1 = {15.28,15.63,15.13,15.46,15.40,15.56,15.35,15.56,

        15.38,15.21,15.48,15.58,15.57,15.36,15.48,15.46,

        15.52,15.29,15.42,15.69};

    Median[data1]

    Mean[data1]

输出结果:15.46

    15.4405

5. 运行命令: < <Statistics`

    data1 = {15.28,15.63,15.13,15.46,15.40,15.56,15.35,15.56,

        15.38,15.21,15.48,15.58,15.57,15.36,15.48,15.46,

        15.52,15.29,15.42,15.69};

    Variance[data1]

    StandardDeviation[data1]

    VarianceMLE[data1]

    StandardDeviationMLE[data1]

    CentralMoment[data1,2]

    CentralMoment[data1,3]

输出结果:0.0195748

    -0.00100041

    0.020605

    0.143544

    0.0195748

    0.13991

6. 运行命令 < <Statistics`

    < <Graphics`

    data2 = {200,202,203,208,216,206,222,213,209,219,216,203,197,208,

        206,209,206,208,202,203,206,213,218,207,208,202,194,203,

$$213,211,193,213,208,208,204,206,204,206,208,209,213,203,$$
$$206,207,196,201,208,207,213,208,210,208,211,211,214,220,$$
$$211,203,216,221,211,209,218,214,219,211,208,221,211,218,$$
$$218,190,219,211,208,199,214,207,207,214,206,217,214,201,$$
$$212,213,211,212,216,206,210,216,204,221,208,209,214,214,$$
$$199,204,211,201,216,211,209,208,209,202,211,207,220,205,$$
$$206,216,213,206,206,207,200,198\};$$

Min[data2]

Max[data2]

f1 = BinCounts[data2, {189.5, 222.5, 3}]

gc = Table[189.5 + j * 3 − 1.5, {j, 1, 11}]

bc = Transpose[{f1 / Length[data2], gc}]

BarChart[bc]

输出结果:190

222

$\{1,2,3,7,14,20,23,22,14,8,6\}$

$$\left\{ \left\{ \frac{1}{120},191.\right\},\left\{ \frac{1}{60},194.\right\},\left\{ \frac{1}{40},197.\right\},\left\{ \frac{7}{120},200.\right\},\left\{ \frac{7}{60},203.\right\},\left\{ \frac{1}{6},206.\right\},\right.$$
$$\left.\left\{ \frac{23}{120},209.\right\},\left\{ \frac{11}{60},212.\right\},\left\{ \frac{7}{60},215.\right\},\left\{ \frac{1}{15},218.\right\},\left\{ \frac{1}{20},221.\right\}\right\}$$

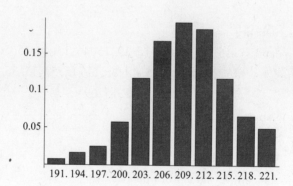

7. 运行命令: < < Statistics`

   data = {{1.86, 1.56, 1.97}, {1.87, 1.92, 2.35}, {1.62, 1.58, 3.26}};

   x = data[[All, 1]];

   y = data[[All, 2]];

   z = data[[All, 3]];

   Covariance[x, z]

   Correlation[x, y]

输出结果: − 0.0888833

0.487728

8. 运行命令:dist = NormalDistribution[0, 1];

EX = Mean[dist]

322

$$DX = \text{Variance}[\,\text{dist}\,]$$

输出结果:0

         1

习题 7 - 2

1. < < Statistics`

    < < Graphics`Graphics`

    dist = NormalDistribution[0 ,1] ;

    dist1 = NormalDistribution[-2 ,1] ;

    dist2 = NormalDistribution[2 ,1] ;

    Plot[{ PDF[dist1 ,x] ,PDF[dist2 ,x] ,PDF[dist ,x] } , { x , -6 ,6 } ,

        PlotStyle - > { Thickness[0. 008] ,RGBColor[0 ,0 ,1] } ,PlotRange - > All]

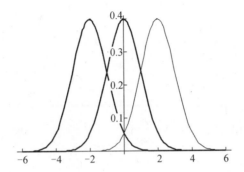

2. < < Statistics\ConfidenceIntervals. m

    data1 = { 15. 6 ,16. 3 ,15. 9 ,15. 8 ,16. 2 ,16. 1 } ;

    MeanCI[data1 ,KnownVariance - > 0. 06]

    MeanCI[data1 ,ConfidenceLevel - > 0. 90 ,KnownVariance - > 0. 06]

输出结果: { 15. 7873 ,16. 1793 }

        { 15. 8188 ,16. 1478 }

3.   < < Statistics`

      < < Graphics`

      dist = BernoulliDistribution[0. 3] ;

      Plot[{ CDF[dist ,x] } , { x ,0 ,1 } ,PlotStyle { Thickness[0. 006] ,RGBColor[0 ,0 ,

   1] } ,PlotRange All]

4. < < Statistics`

    < < Graphics`

    dist = BinomialDistribution[10 ,0. 5] ;

    Plot[{ CDF[dist ,x] } , { x ,0 ,8 } ,PlotStyle { Thickness[0. 006] ,RGBColor[0 ,0 ,1] } ,

    PlotRange All]

5. < < Statistics`

    < < Graphics`

    dist = GeometricDistribution[0. 2] ;

    Plot[{ CDF[dist ,x] } , { x ,0 ,80 } ,PlotStyle { Thickness[0. 006] ,RGBColor[0 ,0 ,1] } ,

PlotRange   All]

6. < < Statistics`

   dist = GeometricDistribution[0.3];

   x = 5;

   PDF[dist, x]

   CDF[dist, x]

输出结果:0.050421

            0.882351

7. < < Statistics`

   dist = PoissonDistribution[μ];

   Mean[dist]

   Variance[dist]

   StandardDeviation[dist]

输出结果:1

         1

         1

8. < < Statistics`

   dist = ChiSquareDistribution[10];

   Mean[dist]

   Variance[dist]

   StandardDeviation[dist]

输出结果:10

         20

         $\sqrt{2}\sqrt{10}$

习题 7 - 3

1. 以模型 $y = b_0 + b_1 x$ 拟合数据,用 Mathematica 求解:

data = {{20,13.2}, {25,15.1}, {30,16.4}, {35,17.1}, {40,17.9}, {45,18.7},
        {50,19.6}, {60,22.5}, {65,24.3}};

        Regress[data, {1, x}, x, RegressionReport - >{BestFit,
                          ParameterCITable, SummaryReport}]

得到一元回归方程为 $y = 9.085 + 0.224x$.

2. 以模型 $y = b_0 + b_1 x$ 拟合数据,用 Mathematica 求解:

data = {{143,88}, {145,85}, {146,88}, {147,91}, {149,92}, {150,93}, {153,93},
{154,95}, {155,96}, {156,98}, {157,97}, {158,96}, {159,98}, {160,99}, {162,100},
{164,102}};

Regress[data, {1, x}, x, RegressionReport - >{BestFit,
                          ParameterCITable, SummaryReport}]

得到一元回归方程为 $y = -16.073 + 0.7194x$.

3. 根据物理知识可得关于 t 的回归方程 $\hat{s} = a + bt + ct^2$. 利用多项式回归可得:

bb = {{1/30,11.86}, {2/30,15.67}, {3/30,20.60}, {4/30,33.71},

324

$\{6/30,41.93\},\{7/30,51.13\},\{8/30,61.49\},\{9/30,72.90\},$

$\{10/30,85.44\},\{11/30,99.08\},\{12/30,113.77\},\{13/30,129.54\},$

$\{14/30,146.48\}\};$

<<Statistics`

Regress[bb,{1,x,x^2},x,RegressionReport−>{BestFit,

ParameterCITable,SummaryReport}]

的回归模型为 $\hat{s}=477.536t^2+68.2005t+10.0751$.

4. 用非线性回归的方法直接估计模型 $y=\dfrac{\beta_1 x}{\beta_2+x}$ 中的参数 β_1,β_2.

data = {{0.02,76},{0.02,47},{0.06,97},{0.06,107},{0.11,123},{0.11,139},

{0.22,159},{0.22,152},{0.56,191},{0.56,201},{1.10,207},

{1.10,200}};

<<Statistics`

NonlinearFit[data,beta1∗x/(beta2+x),{x},{{beta1,195.8027},

{beta2,0.04841}}]

得到的结果见下表:

参数	参数估计值	置信区间
β_1	212.6819	[197.2029 228.1609]
β_2	0.0641	[0.0457 0.0826]

5. 非线性回归 $y=ae^{b/x}$.

data = {{2,6.42},{3,8.20},{4,9.58},{5,9.5},{6,9.7},{7,10},

{8,9.93},{9,9.99},{10,10.49},{11,10.59},{12,10.60},

{13,10.8},{14,10.60},{15,10.90},{16,10.76}};

<<Statistics`

NonlinearFit[data,beta1∗Exp[beta2/x],{x},{{beta1,8},{beta2,2}}]

得结果 beta1 = 11.6036,beta2 = −1.0641,即得回归模型为 $y=11.6036e^{-\frac{1.10641}{x}}$.

总习题7

1. Random[Real,{2,6}]

结果:4.39066

2. <<Statistics`

data = {102,103,101,88,210,125,213,126,136,240,123,106,128,103,102,120,98,87,

196,118};

Length[data]

Max[data]

Min[data]

SampleRange[data]

Median[data]

Mean[data]

结果:20 ,240,87,153 ,119 ,525/ 4

3. < < Statistics`

dist = BernoulliDistribution[0.5];

Mean[dist]

Variance[dist]

StandardDeviation[dist]

结果:0.5,0.25,0.5

4. < < Statistics`

data = {{1.86,1.56,1.97},{1.87,1.92,2.35},{1.62,1.58,3.26}};

x = data[[All,1]];

y = data[[All,2]];

z = data[[All,3]];

Covariance[x,y]

Covariance[x,z]

Covariance[y,z]

Covariance[x,x]

Covariance[y,y]

Covariance[z,z]

Correlation[x,y]

Correlation[x,z]

Correlation[y,z]

Correlation[x,x]

Correlation[y,y]

Correlation[z,z]

结果:0.0139667, − 0.0888833, − 0.0244667,0.0200333,0.0409333,0.439433,0.487728,

− 0.947321, − 0.182427,1,1,1

5. < < Statistics`

data = {1200,1205,1208,1207,1220,1108,1203,1208,1212,1218};

MeanCI[data]

结果:{1175.62,1222.18}

6. bb = {{0,0.6},{2,2.0},{4,4.4},{6,7.5},

{8,11.8},{10,17.1},{12,23.3},{14,31.2},

{16,39.6},{18,49.7},{20,61.7}};

< < Statistics`

Regress[bb,{1,x,x^2},x,RegressionReport − > {BestFit,

ParameterCITable,SummaryReport}]

回归方程为 $Y = 1.01 + 0.197x + 0.1403x^2$.

7. data = {{0.02,76},{0.02,47},{0.06,97},{0.06,107},{0.11,123},{0.11,139},

$\{0.22,159\}$, $\{0.22,152\}$, $\{0.56,191\}$, $\{0.56,201\}$, $\{1.10,207\}$,
$\{1.10,200\}\}$;

< < Statistics`

NonlinearFit[data, beta1 * (1 − Exp[− beta2 * x]) , $\{x\}$, $\{\{beta1,195.8027\}$,
$\{beta2,10\}\}$]

8. data = $\{\{0,43.65\}$, $\{1,109.86\}$, $\{2,187.21\}$, $\{3,312.67\}$, $\{4,496.58\}$, $\{5,707.65\}$,
$\{6,960.25\}$, $\{7,1238.75\}$, $\{8,1560.00\}$, $\{9,1824.29\}$, $\{10,$
$2199.00\}$,
$\{11,2438.89\}$, $\{12,2737.71\}\}$;

< < Statistics`

NonlinearFit[data, beta1 / (1 + beta2 * Exp[− beta3 * x]) , $\{x\}$, $\{\{beta1,3000\}$,
$\{beta2,7.978\}$, $\{beta3,0.3016\}\}$]

结果: $y = \dfrac{3260.42}{1 + 30.5350e^{-0.04148x}}$

第8章
Mathematica 在数学建模和经典物理中的应用

本章概要
- 数学规划问题和微分方程问题的求解
- 散点图,数据拟合及常用画图命令
- 经典物理中的应用及一些有趣的图形

8.1　数学规划问题和微分方程问题的求解

数学规划问题和微分方程问题是数学建模中经常出现的两类问题.如何利用现有资源来安排生产,以取得最大经济效益等问题,属于数学规划问题;描述实际对象的某些特性随时间(空间)而演变的过程、分析对象特征的变化规律、预报对象特征的未来性态,研究控制对象特征的手段时,通常要建立动态规划模型,这时需要建立微分方程,属于微分方程问题.下面重点介绍这两类问题的求解.

8.1.1　数学规划问题

数学规划可表述成如下形式

$$\min(\text{或} \max)z = f(x), \boldsymbol{x} = (x_1, \cdots, x_n)^{\mathrm{T}}$$
$$\text{s. t.}\quad g_i(x) \leqslant 0, i = 1, 2, \cdots, m$$

这里的 s. t. (subject to)是"受约束于"的意思. n 维矢量 $\boldsymbol{x} = (x_1, \cdots, x_n)^{\mathrm{T}}$ 表示决策变量,多元函数 $f(x)$ 表示目标函数.

Mathematica 中集成了大量的局部和全局性优化技术,包括求解线性规划、整数规划、二次规划、非线性规划及全局最优化算法等.下面给出求解规划及优化模型的部分命令及意义,其中的 Minimize 可对应地改成 Maximize,FindMinimum 改成 FindMaximum,分别表示求相应函数的最大值.

- ◆ LinearProgramming[c,m,b]:求 C * x 的最小值,并满足限制条件 m * x > = b 和 x > = 0.
- ◆ Minimize[f,x]:求出以 x 为自变量的函数 f 的最小值.
- ◆ Minimize[f,{ x,y,. . . }]:求出以 x,y,. . . 为自变量的函数,f 的最小值.
- ◆ Minimize[{ f,cons } ,{ x,y,. . . }]:根据约束条件 cons,得出 f 的最小值.

◆ Minimize[{f,cons},{x,y,⋯},dom]:求 f 的最小值,函数含有域 dom 上的变量,典型的有 Reals 和 Integers.

◆ FindMinimum[f,x]:搜索 f 的局部极小值,从一个自动选定的点开始.

◆ FindMinimum[f,{x,x0}]:搜索 f 的局部最小值,初始值是 x = x0.

◆ FindMinimum[f,{{x,x0},{y,y0},...}]:搜索多元函数的局部最小值.

◆ FindMinimum[{f,cons},{x,y,...}]:搜索约束条件 cons 下局部最小值.

例8.1 求解下列线性规划问题:

$$\max z = 2x_1 + 3x_2 - 5x_3$$
$$\text{s. t.} \quad x_1 + x_2 + x_3 = 7$$
$$2x_1 - 5x_2 + x_3 \geqslant 0$$
$$x_1 + 3x_2 + x_3 \leqslant 12$$
$$x_1, x_2, x_3 \geqslant 0$$

输入 `Maximize[{2x1+3x2-5x3,x1+x2+x3==7,2x1-5x2+x3>=10,x1+3x2+x3<=12,`
`x1>=0,x2>=0,x3>=0},{x1,x2,x3}]`

输出 `{102/7,{x1->45/7,x2->4/7,x3->0}}`

再输入 `N[%]`

输出 `{14.5714,{x1->6.42857,x2->0.571429,x3->0.}}`

从而 maxz = 14.5714.

例8.2 求解下列线性规划问题:

$$\min z = 2x_1 + 3x_2 + x_3$$
$$\text{s. t.} \quad x_1 + 4x_2 + 2x_3 \geqslant 8$$
$$3x_1 + 2x_2 \geqslant 6$$
$$x_1, x_2, x_3 \geqslant 0$$

输入 `Minimize[{2x1+3x2+x3,x1+4x2+2x3>=8,3x1+2x2>=6,x1>=0,x2>=0,`
`x3>=0},{x1,x2,x3}];N[%,4]`

输出 `{7.000,{x1->0.8000,x2->1.800,x3->0}}`

对应的最优值为 minz = 7.000

例8.3 求解下列规划问题:

$$\min z = |x_1| + 2|x_2| + 3|x_3| + 4|x_4|$$
$$\text{s. t.} \quad x_1 - x_2 - x_3 + x_4 \leqslant -2$$
$$x_1 - x_2 + x_3 - 3x_4 \leqslant -1$$
$$x_1 - x_2 - 2x_3 + 3x_4 \leqslant -\frac{1}{2}$$

输入 `Clear[x1,x2,x3,x4]`

`Minimize[{Abs[x1]+2Abs[x2]+3Abs[x3]+4Abs[x4],x1-x2-x3+x4<=`
`-2,x1-x2+x3-3x4<=-1,x1-x2-2x3+3x4<=-1/2},{x1,x2,x3,x4}];N[%,4]`

输出 `{2.000,{x1->-2.000,x2->0,x3->0,x4->0}}`

因此,得到最优解为 $x_1 = -2, x_2 = x_3 = x_4 = 0$,最优值 $z = 2$.

例8.4 一奶制品加工厂用牛奶生产 A_1, A_2 两种奶制品,1 桶牛奶可以在甲类设备上用12h加工成3kg A_1，或者在乙类设备上用8h加工成4kg A_2．生产的 A_1、A_2 全部都能售出，且每千克 A_1 获利24元，每千克 A_2 获利16元．现在加工厂每天能得到50桶牛奶的供应，每天工人总的劳动时间为480h，并且甲类设备每天至多能多加工100kg A_1，乙类设备的加工能力没有限制．试为该厂制订一个生产计划，使每天获利最大．

问题分析　这个优化问题的目标是使每天的获利最大，要作的决策是生产计划，即每天用多少桶牛奶生产 A_1，多少桶牛奶生产 A_2（也可以是每天生产多少千克 A_1，多少千克 A_2），决策受到3个条件的限制：原料（牛奶）供应、劳动时间、甲类设备的加工能力．按照题目所给，将决策变量、目标函数和约束条件用数学符号和式子表示出来，就可得到下面的模型．

基本模型

决策变量：设每天用 x_1 桶牛奶生产 A_1，用 x_2 桶牛奶生产 A_2．

目标函数：设每天获利为 z 元．x_1 桶牛奶可生产 $3x_1$ 千克 A_1，获利 $24 \times 3x_1$，x_2 桶牛奶可生产 $4x_2$ 千克 A_2，获利 $16 \times 4x_2$，故 $z = 72x_1 + 64x_2$．

约束条件

原料供应：生产 A_1，A_2 的原料（牛奶）总量不得超过每天的供应，即 $x_1 + x_2 \leqslant 50$．

劳动时间：生产 A_1，A_2 的总加工时间不得超过每天正式工人总的劳动时间，即 $12x_1 + 8x_2 \leqslant 480$．

设备能力：A_1 的产量不得超过设备甲每天的加工能力，即 $3x_1 \leqslant 100$．

非负约束：x_1，x_2 均不能为负值，即 $x_1 \geqslant 0$，$x_2 \geqslant 0$．

综上可得该问题的基本模型：

$$\max z = 72x_1 + 64x_2$$
$$\text{s. t.} \quad x_1 + x_2 \leqslant 50$$
$$12x_1 + 8x_2 \leqslant 480$$
$$3x_1 \leqslant 100$$
$$x_1 \geqslant 0, x_2 \geqslant 0$$

模型分析与假设　由于上述模型的目标函数和约束条件对于决策变量而言都是线性的，所以称为线性规划．线性规划具有下述三个特征．

比例性：每个决策变量对目标函数的"贡献"，与该决策变量的取值成正比；每个决策变量对每个约束条件右端的"贡献"，与该决策变量的取值成正比．

可加性：各个决策变量对目标函数的"贡献"，与其他决策变量取值无关；各个决策变量对每个约束条件右端项的"贡献"与其他决策变量的取值无关．

连续性：每个决策变量的取值是连续的．

比例性和可加性保证了目标函数和约束条件对于决策变量的线性性，连续性则允许得到决策变量的实数最优解．

对于本例，能建立上面的线性规划模型，实际上是事先作了如下的假设：

（1）A_1，A_2 两种奶制品每千克的获利是与它们各自产量无关的常数，每桶牛奶加工出 A_1，A_2 的数量和所需的时间是与它们各自的产量无关的常数．

（2）A_1，A_2 每千克的获利是与它们相互间产量无关的常数，每桶牛奶加工出 A_1，A_2 的数量和所需的时间是与它们相互间产量无关的常数．

（3）加工 A_1，A_2 的牛奶桶数可以是任意实数．

模型求解　求解线性规划问题的基本方法是单纯形法，为了提高解题速度，又有改进单纯形法、对偶单纯形法、原始对偶法、分解算法和多项式时间算法. 无论哪种方法如果决策变量较多,计算量就会十分巨大. 借助 Mathematica 软件,约束条件和决策变量数在 10000 个以上的线性规划问题也能很快求出解来.

解法一 用命令 Maximize.

输入 `Maximize[{72x1 + 64x2, x1 + x2 < =50, 12x1 + 8x2 < =480, 3x1 < =100, x1 > =0, x2 > =0}, {x1, x2}]`

输出 `{3360, {x1 - >20, x2 - >30}}`

即设每天用 20 桶牛奶生产 A_1,用 30 桶牛奶生产 A_2,获利 3360 元.

解法二 用命令 LinearProgramming.

输入 `LinearProgramming[{ -72, -64}, {{ -1, -1}, { -12, -8}, { -3, 0}}, { -50, -480, -100}]`

输出 `{20, 30}`

即设每天用 20 桶牛奶生产 A_1,用 30 桶牛奶生产 A_2,进一步可算出获利 3360 元.

例8.5 某市有甲、乙、丙、丁四个居民区,自来水由 A、B、C 三个水库供应. 四个区每天必须得到保证的基本生活用水量分别为 30,70,10,10(单位:kt),但由于水源紧张,三个水库每天最多只能分别供应 50kt,60kt,50kt 自来水. 由于地理位置的差别,自来水公司从各水库向各区送水所需付出的引水管理费不同(见表 8 – 1,其中 C 水库与丁区之间没有输水管道),其他管理费用都是 450 元/kt. 根据公司规定,各区用户按照统一标准 900 元/kt 收费. 此外,四个区都向公司申请了额外用水量,分别为每天 50,70,20,40kt. 该公司应如何分配供水量,才能获利最多?

表 8 – 1

引水管理费/(元/ kt)	甲	乙	丙	丁
A	160	130	220	170
B	140	130	190	150
C	190	200	230	/

问题分析 分配供水量就是安排从三个水库向四个区送水的方案,目标是获利最多. 而从给出的数据看,A、B、C 三个水库的总供水量为 50 + 60 + 50 = 160(kt),不超过四个区的基本生活用水量与额外用水量之和 30 + 70 + 10 + 10 + 50 + 70 + 20 + 40 = 300(kt),因而总能全部卖出并获利,于是自来水公司每天的总收入是 900 × (50 + 60 + 50) = 144000(元),与送水方案无关. 同样,公司每天的其他管理费也是固定的 450 × (50 + 60 + 50) = 72000(元),与送水方案无关. 所以,要使利润最大,只需使引水管理费最小即可. 另外,送水方案自然要受三个水库的供应量和四个区的需求量的限制.

模型建立 决策变量为 A、B、C 三个水库($i = 1, 2, 3$)分别向甲、乙、丙、丁四个居民区($j = 1, 2, 3, 4$)的供水量. 设 x_{ij} 为水库 i 向居民区 j 的日供水量,$i = 1, 2, 3, j = 1, 2, 3, 4$. 由于 C 水库与丁区之间没有输水管道,即 $x_{34} = 0$,因此只有 11 个决策变量.

由以上分析,问题的目标可以从利润最大转化为引水管理费最小,于是

目标函数

$$\min z = 160x_{11} + 130x_{12} + 220x_{13} + 170x_{14} + 140x_{21} +$$
$$130x_{22} + 190x_{23} + 150x_{24} + 190x_{31} + 200x_{32} + 230x_{33}$$

约束条件有两类：一类是水库的供应量的限制；另一类是各区的需求量的限制.

水库的供应量的限制可表示为

$$x_{11} + x_{12} + x_{13} + x_{14} = 50$$

$$x_{21} + x_{22} + x_{23} + x_{24} = 60$$

$$x_{31} + x_{32} + x_{33} = 50$$

需求量的限制可表示为

$$30 \leqslant x_{11} + x_{21} + x_{31} \leqslant 80$$

$$70 \leqslant x_{12} + x_{22} + x_{32} \leqslant 140$$

$$10 \leqslant x_{13} + x_{23} + x_{33} \leqslant 30$$

$$10 \leqslant x_{14} + x_{24} \leqslant 50$$

模型求解 本例是一个线性规划模型可以利用 Mathematica 软件进行求解.

输入 `Minimize[{160x11 + 130x12 + 220x13 + 170x14 + 140x21 + 130x22 + 190x23`
`150x24 +190x31 +200x32 +230x33,`

`x11 + x12 + x13 + x14 = =50,x21 + x22 + x23 + x24 = =60,x31 + x32 + x33 = =50,`
`x11 + x21 + x31 < =80,x11 +x21 +x31 > =30,`

`x12 +x22 +x32 < =140,x12 +x22 +x32 > =70,x13 +x23 +x33 < =30,x13 +x23 +`
`x33 > =10,x14 +x24 < =50,x14 +x24 > =10,`

`x11 > =0,x12 > =0,x13 = 0 ,x14 > =0,x21 > =0,x22 > =0,x23 > =0,x24 > =0,`
`x31 > =0,x32 > =0,x33 > =0},`

`{x11,x12,x13,x14,x21,x22,x23,x24,x31,x32,x33}]`

输出 `{24400,{x11 - >0,x12 - >50,x13 - >0,x14 - >0,x21 - >0,x22 - >50,x23 - >0,`
`x24 - >10,x31 - >40,x32 - >0,x33 - >10}}`

即解得

$x11 = 0, x12 = 50, x13 = 0, x14 = 0, x21 = 0, x22 = 50, x23 = 0, x24 = 10, x31 = 40, x32 = 0, x33 = 10$

送水方案为：A 水库向乙区供水 50kt；B 水库向乙、丁区分别供水 50kt，10kt；C 水库向甲、丙区分别供水 40kt，10kt. 引水管理费 24400 元，利润 = 总收入 – 其他管理费 – 引水管理费 = 144000 – 72000 – 24400 = 47600 元.

讨论 如果 A、B、C 每个水库每天的最大供水量都提高一倍，则公司总供水量 320kt，大于总需求量 300kt，水库供水量不能全部卖出，因而不能像前面那样，将利润最大转化为引水管理费最小. 此时首先计算 A、B、C 三个水库分别向甲、乙、丙、丁四个居民区供应每千吨水的净利润，即从收入 900 中减去其他管理费用 450 元，再减去表 8-1 的引水管理费，得表 8-2.

表 8-2

利润/(元/kt)	甲	乙	丙	丁
A	290	320	230	280
B	310	320	260	300
C	260	250	220	/

于是目标函数为

$$\max z = 290x_{11} + 320x_{12} + 230x_{13} + 280x_{14} +$$
$$310x_{21} + 320x_{22} + 260x_{23} + 300x_{24} + 260x_{31} + 250x_{32} + 220x_{33}$$

约束条件：由于水库供水量不能全部卖出，所以水库供应量的限制的右端增加一倍，同时，应将等号改成小于等于号，需求量的限制不变.

$$x_{11} + x_{12} + x_{13} + x_{14} \leqslant 100$$
$$x_{21} + x_{22} + x_{23} + x_{24} \leqslant 120$$
$$x_{31} + x_{32} + x_{33} \leqslant 100$$
$$30 \leqslant x_{11} + x_{21} + x_{31} \leqslant 80$$
$$70 \leqslant x_{12} + x_{22} + x_{32} \leqslant 140$$
$$10 \leqslant x_{13} + x_{23} + x_{33} \leqslant 30$$
$$10 \leqslant x_{14} + x_{24} \leqslant 50$$

解得送水方案为：A 水库向乙区供水 100kt，B 水库向甲、乙、丙、丁区分别供水 30kt，40kt，50kt，C 水库向甲、丙区分别供水 50kt，30kt. 总利润 88700 元.

例8.6　一汽车厂生产小、中、大三种汽车，已知各类型每辆车对钢材、劳动时间的需求，利润以及每月工厂钢材、劳动时间的现有量见表 8 – 3，试制订月生产计划，使工厂的利润最大.

表 8 – 3　汽车厂的生产数据

	小型	中型	大型	现有量
钢材	1.5	3	5	600
时间	280	250	400	60000
利润	2	3	4	

模型建立及求解　设每月生产小、中、大型汽车的数量分别为 $x1$，$x2$，$x3$，工厂的月利润为 z，则可得到如下整数规划模型

$$\max \quad z = 2x1 + 3x2 + 4x3$$
$$1.5x1 + 3x2 + 5x3 \leqslant 600$$
$$\text{s. t.} \quad 280x1 + 250x2 + 400x3 \leqslant 60\,000$$
$$x1，x2，x3 \text{ 为非负整数}$$

在线性规划模型中增加约束条件：$x1$，$x2$，$x3$ 为整数. 这样得到的模型称为整数规划.

利用 Mathematica 软件进行求解.

输入　`Maximize[ {2x1 + 3x2 + 4x3,1.5x1 + 3x2 + 5x3 < = 600,280x1 + 250x2 + 400x3 < = 60000,x1 > = 0,x2 > = 0,x3 > = 0,Element[ {x1,x2,x3},Integers] },{ x1,x2,x3} ]`

输出　`{632,{x1 – >64,x2 – >168,x3 – >0}}`

即解得 $x1 = 64$，$x2 = 168$，$x3 = 0$，最优值 $z = 632$，即问题要求的月生产计划为生产小型车 64 辆、中型车 168 辆，不生产大型车.

Mathematica 软件可以用于求解微分方程的命令形式及意义如下:

◆ DSolve[eqns,y[x] ,x]:求解微分方程(组) eqns,y[x]为因变量,x 为变量.

◆ DSolve[{ eqns,y[0] = = x0} ,y[x] ,x]:求解微分方程(组) eqns,满足初始条件 y[0] = = x0 的解 y[x].

◆ DSolve[eqns,{ y1,y2,…} ,x]:求解微分方程(组) eqns,{ y1,y2,…}为因变量列表, x 为变量.

◆ NDSolve[eqns,y,{ x,xmin,xmax}]:求解微分方程(组) eqns 在区间[xmin,xmax]中 的数值解.

例8.7 随着卫生设施的改善、医疗水平的提高以及人类文明的不断发展,诸如霍乱、 天花等曾经肆虐全球的传染病已经得到有效地控制.但是一些新的不断变异着的传染病毒却 悄悄向人类袭来.20 世纪 80 年代,艾滋病毒开始肆虐全球,至今仍在蔓延;2003 年春天,SARS 病毒突袭人间,给人民的生命财产带来极大危害.试建立传染病的数学模型来研究以下问题:

(1) 描述传染病的传播过程.

(2) 分析受感染人数的变化规律.

(3) 预报传染病高潮到来的时刻.

(4) 预防传染病蔓延的手段.

基本方法 不是从医学角度分析各种传染病的特殊机理,而是按照传播过程的一般规律 建立数学模型.

模型 1

模型假设

(1) 时刻 t 的病人人数为 $x(t)$ 是连续、可微函数.

(2) 每天每个病人有效接触(足以使人致病的接触)的人数为常数 λ.

(3) $t = 0$ 时有 x_0 个病人.

模型的建立 时刻 t 到 $t + \Delta t$ 增加的病人数为

$$x(t + \Delta t) - x(t) = \lambda x(t) \Delta t$$

又 $t = 0$ 时有 x_0 个病人,得微分方程的初值问题

$$\begin{cases} \dfrac{\mathrm{d}x}{\mathrm{d}t} = \lambda x \\ x(0) = x_0 \end{cases}$$

利用 Mathematica 软件可以求解微分方程:

```
DSolve[{x'[t] = =λ*x[t],x[0] = =x0},x[t],t]
```

得微分方程的解为 $x(t) = x_0 \mathrm{e}^{\lambda t}$.

模型解释 随着 t 的增加,病人人数 $x(t)$ 将无限增长,这显然是不符合实际的.建模失败 的原因在于:在病人有效接触的人群中,有健康人也有病人,而其中只有健康人才可以被传染 为病人,所以在改进的模型中必须区别这两种人.

模型 2(SI 模型) 区分已感染者(病人)和未感染者(健康人)

模型假设

（1）总人数 N 不变,病人和健康人的 比例分别为 $i(t),s(t),s(t)+i(t)=1$.

（2）每个病人每天有效接触人数为 λ,且使接触的健康人致病.

模型的建立 根据假设,每个病人每天可使 $\lambda s(t)$ 个健康者变为病人,因为病人人数为 $Ni(t)$,所以每天共有 $\lambda Ns(t)i(t)$ 个健康者被感染,$\lambda Ns(t)i(t)$ 就是病人数 $Ni(t)$ 的增加率,于是得到微分方程

$$N\frac{\mathrm{d}i}{\mathrm{d}t} = \lambda Nsi$$

由于 $s(t)+i(t)=1$,得以下微分方程初值问题

$$\begin{cases} \dfrac{\mathrm{d}i}{\mathrm{d}t} = \lambda i(1-i) \\ i(0) = i_0 \end{cases}$$

利用 Mathematica 软件求解:

$$\mathrm{DSolve}[\ \{\ i'[\ t\ ]\ ==\ \lambda * i[\ t\ ] * (1-i[t])\ ,i[\ 0\ ]\ ==\ i0\}\ ,i[\ t\ ]\ ,t\ ]$$

解得

$$i(t) = \frac{1}{1+\left(\dfrac{1}{i_0}-1\right)\mathrm{e}^{-\lambda t}}$$

当 $i=\dfrac{1}{2}$ 时 $\dfrac{\mathrm{d}i}{\mathrm{d}t}$ 达到最大值,这个时刻为 $t_m = \lambda^{-1}\ln\left(\dfrac{1}{i_0}-1\right)$,$t_m$ 为传染病高潮到来时刻.

模型解释 当 $t\to\infty$ 时,$i\to 1$,即所有人将被感染,全变成病人,这显然不符合实际. 其原因是没有考虑到病人可以治愈.

为了修正上述结果,须修正模型的假设. 以下模型中将讨论病人可以治愈的情况.

模型 3(SIS 模型)

模型假设

（1）总人数 N 不变,病人和健康人的 比例分别为 $i(t),s(t),s(t)+i(t)=1$.

（2）每个病人每天有效接触人数为 λ,且使接触的健康人致病.

（3）每天被治愈的病人数占病人总数的比例为常数 μ,称为日治愈率. 病人治愈后成为仍可被感染的健康者.$\dfrac{1}{\mu}$ 为这种传染病的平均传染期.

模型建立 考虑到条件(3),SI 模型中 $N\dfrac{\mathrm{d}i}{\mathrm{d}t}=\lambda Nsi$ 式修正为

$$N\frac{\mathrm{d}i}{\mathrm{d}t} = \lambda Nsi - \mu Ni$$

于是得微分方程初值问题

$$\begin{cases} \dfrac{\mathrm{d}i}{\mathrm{d}t} = \lambda i(1-i) - \mu i \\ i(0) = i_0 \end{cases}$$

记 $\sigma = \lambda/\mu$,σ 为整个传染期内每个病人有效接触的平均人数,称为接触数. 上述方程可改写为

$$\begin{cases} \dfrac{\mathrm{d}i}{\mathrm{d}t} = -\lambda i\left[i - \left(1 - \dfrac{1}{\sigma}\right)\right] \\ i(0) = i_0 \end{cases}$$

不难看出,接触数 $\sigma = 1$ 是阈值. 当 $\sigma > 1$ 时 $i(t)$ 的增减性取决于 i_0 的大小,但其极限值 $i(\infty) = 1 - \dfrac{1}{\sigma}$ 随 σ 的增加而增加;当 $\sigma \leqslant 1$ 时病人比例 $i(t)$ 越来越小,最终趋于零,这时因为传染期内经有效接触从而使健康者变成病人数不超过原来病人数的缘故.

模型 4(SIR 模型)

大多数传染病有免疫性——病人治愈后即移出感染系统,称为移出者. 如流感、麻疹等,病人治愈后均有很强的免疫力,所以病愈的人既非健康者,也非病人,他们已经退出传染系统. 下面将分析建模过程.

模型假设

(1) 总人数 N 不变,病人、健康人和移出者的比例分别为 $i(t)$,$s(t)$,$r(t)$.

(2) 病人的日接触率为 λ,日治愈率为 μ,传染期接触数 $\sigma = \lambda / \mu$.

(3) 初始时刻健康者和病人的比例分别是 $s_0(s_0 > 0)$ 和 $i_0(i_0 > 0)$,移出者的初始值 $r_0 = 0$.

模型建立 由假设(1)显然有

$$s(t) + i(t) + r(t) = 1$$

根据条件(2)方程 $N\dfrac{\mathrm{d}i}{\mathrm{d}t} = \lambda Nsi - \mu Ni$ 仍成立. 对于病愈免疫移出者而言应有 $N\dfrac{\mathrm{d}r}{\mathrm{d}t} = \mu Ni$.

因此得 SIR 模型的方程为

$$\begin{cases} \dfrac{\mathrm{d}i}{\mathrm{d}t} = \lambda si - \mu i, \quad i(0) = i_0 \\ \dfrac{\mathrm{d}s}{\mathrm{d}t} = -\lambda si, \qquad s(0) = s_0 \end{cases}$$

对于上面的微分方程组无法求出的解析解,可使用 NDSolve 命令求出数值解,并作出 $i(t)$, $s(t)$ 的图像.

输入 $\lambda = 1, \mu = 3, i_0 = 0.02, s_0 = 0.98$

```
S1 = NDSolve[ { i'[ t ] = = s[ t ] * i[t],s'[ t ] = = -s[ t ] * i[t],i[ 0 ] = = 0.02,
s[ 0 ] = = 0.98} ,{i,s},{t,0,50}]
    Plot[Evaluate[{i[ t ],s[t]}/.S1],{t,0,50}]
```

则输出如图 8 - 1 所示的图像.

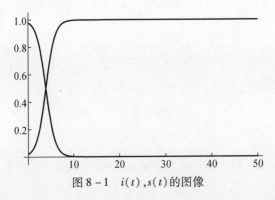

图 8 - 1 $i(t)$,$s(t)$ 的图像

$i(t)$从初值增长到最大然后减少$t \to \infty$,$i \to 0$,$s(t)$单调减;$t \to \infty$,$s \to 0.04$.

SIR 模型的相轨线分析　在数值计算和图形观察的基础上,利用相轨线讨论解$i(t)$,$s(t)$的性质.

$s \sim i$平面称为相平面,相轨线在相平面上的定义域为

$$D = \{(s,i) \mid s \geqslant 0, i \geqslant 0, s + i \leqslant 1\}$$

在 SIR 模型的方程

$$\begin{cases} \dfrac{\mathrm{d}i}{\mathrm{d}t} = \lambda si - \mu i, & i(0) = i_0 \\ \dfrac{\mathrm{d}s}{\mathrm{d}t} = -\lambda si, & s(0) = s_0 \end{cases}$$

中消去$\mathrm{d}t$,得

$$\begin{cases} \dfrac{\mathrm{d}i}{\mathrm{d}t} = \dfrac{1}{\sigma s} - 1 \\ i \big|_{s = s_0} = i_0 \end{cases}$$

其解为

$$i = (s_0 + i_0) - s + \dfrac{1}{\sigma} \ln \dfrac{s}{s_0}$$

在定义域D内,$i = (s_0 + i_0) - s + \dfrac{1}{\sigma} \ln \dfrac{s}{s_0}$表示的曲线即为相轨线. 若$s_0 > 1/\sigma$,则$i(t)$先升后降至0;若$s_0 < 1/\sigma$,则$i(t)$单调降至0. 因此$1/\sigma$是阈值.

预防传染病蔓延的手段　因为传染病不蔓延的条件是$s_0 < 1/\sigma$,所以预防传染病蔓延的手段基本上有两个方面:

(1) 提高阈值$1/\sigma$. 即降低$\sigma(= \lambda/\mu)$,可通过提高μ,降低λ来实现,也就是通过提高卫生水平降低日接触率λ及提高医疗水平增加日治愈率来预防传染病蔓延.

(2) 降低s_0. 这可以通过预防接种增强群体免疫的方法实现.

评注　传染病模型从几个方面体现了模型的改进、建模的目的性,以及方法的配合.

第一,最初建立的模型 1 基本上不能用,修改假设后的模型 2 虽有所改进,但仍不符合实际. 进一步修改假设,并针对不同情况建立的模型 3,4 才是比较成功的.

第二,模型 3,4 的可取之处在于它们比较全面地达到了建模的目的,即描述传染病的传播过程、分析受感染人数的变化规律、预报传染病高潮到来的时刻、探索预防传染病蔓延的手段.

第三,对于比较复杂的模型 4,采用了数值计算,图形观察与理论分析相结合的方法.

习题 8-1

1. 求解下列线性规划问题:

$\max z = x_1 + x_2 - 3x_3$

s. t. $\quad x_1 + x_2 + x_3 = 10$

$2x_1 - 5x_2 + x_3 \geqslant 0$

$x_1 + 3x_2 + x_3 \leqslant 12$

$x_1, x_2, x_3 \geqslant 0$

2. 求解下列线性规划问题:

$\min z = x_1 + 3x_2 + 5x_3$

s. t.　$x_1 + 4x_2 + 3x_3 \geqslant 8$

$3x_1 + 2x_2 \geqslant 6$

$x_1, x_2, x_3 \geqslant 0$

3. 求解下列规划问题:

$\min z = |x_1| + |x_2| + |x_3| + |x_4|$

s. t.　$x_1 - x_2 - x_3 + x_4 \leqslant -2$

$x_1 - x_2 + x_3 - 3x_4 \leqslant -1$

$x_1 - x_2 - 2x_3 + 3x_4 \leqslant -\dfrac{1}{2}$

4. 求解下列规划问题:

$\max z = 50x_1 + 36x_2$

s. t.　$x_1 + x_2 \leqslant 50$

$12x_1 + 8x_2 \leqslant 480$

$3x_1 \leqslant 100$

$x_1 \geqslant 0, x_2 \geqslant 0$

5. 求解下列规划问题:

$$\min z = 120x_{11} + 130x_{12} + 140x_{13} + 150x_{14} + 160x_{21} +$$
$$170x_{22} + 190x_{23} + 150x_{24} + 190x_{31} + 200x_{32} + 230x_{33}$$

$$\text{s. t.}\quad x_{11} + x_{12} + x_{13} + x_{14} = 50$$
$$x_{21} + x_{22} + x_{23} + x_{24} = 60$$
$$x_{31} + x_{32} + x_{33} = 50$$
$$30 \leqslant x_{11} + x_{21} + x_{31} \leqslant 80$$
$$70 \leqslant x_{12} + x_{22} + x_{32} \leqslant 140$$
$$10 \leqslant x_{13} + x_{23} + x_{33} \leqslant 30$$
$$10 \leqslant x_{14} + x_{24} \leqslant 50$$

6. 求解下列整数规划问题:

$$\max \quad z = 4x1 + 5x2 + 6x3$$
$$\text{s. t.}\quad 1.5x1 + 3x2 + 5x3 \leqslant 600$$
$$280x1 + 250x2 + 400x3 \leqslant 60\,000$$
$$x1, x2, x3 \text{ 为非负整数}$$

7. 使用 NDSolve 命令求出下列微分方程的数值解,并作出 $x(t), y(t)$ 的图像.

$$\begin{cases} x'(t) = -y(t) - x^2(t) \\ y'(t) = 2x(t) - y(t) \quad, t \in [0,1] \\ x(0) = y(0) = 1 \end{cases}$$

8.2 散点图,数据拟合及常用画图命令

8.2.1 散点图及线性拟合

Mathematica 软件用于散点图及线性拟合的命令形式及意义如下:

◆ ListPlot[数据]:作数据散点图.

◆ LinearModelFit[bb,{1,x,x^2},x]:(＊对数据 bb 作函数为 $b_0 + b_1x + b_2x^2$ 的拟合＊).

例 8.8 混凝土的抗压强度随养护时间的延长而增加,现将一批混凝土分别做三次试验,得到养护时间及抗压强度的数据见表 8 − 4.

表 8 − 4 养护时间及抗压强度的数据

养护时间	10.0	10.0	10.0	15.0	15.0	15.0	20.0	20.0	20.0	25.0	25.0	25.0	30.0	30.0	30.0
抗压强度	25.2	27.3	28.7	29.8	31.1	27.8	31.2	32.6	29.7	31.7	30.1	32.3	29.4	30.8	32.8

模型分析

(1) 作散点图.

(2) 以模型 $Y = b_0 + b_1x + b_2x^2$ 拟合数据,其中 b_0, b_1, b_2 与 x 无关.

模型求解 先输入数据

bb = {{10.0,25.2},{10.0,27.3},{10.0,28.7},{15.0,29.8},
　　　{15.0,31.1},{15.0,27.8},{20.0,31.2},{20.0,32.6},
　　　{20.0,29.7},{25.0,31.7},{25.0,30.1},{25.0,32.3},
　　　{30.0,29.4},{30.0,30.8},{30.0,32.8}};

(1) 作散点图,输入 ListPlot[bb, PlotRange − > {{5,32},{23,33}}, AxesOrigin − > {8, 24}],则输出如图 8 − 2 所示的图像.

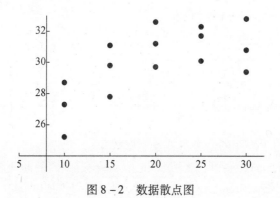

图 8 − 2 数据散点图

(2) 以模型 $Y = b_0 + b_1x + b_2x^2$ 拟合数据.

输入 `LinearModelFit[bb,{1,x,x^2},x]`

则输出 `FittedModel[19.0333 + 1.00857 x − 0.020381 x^2]`

即

$$Y = 19.0333 + 1.00857x - 0.020381x^2$$

8.2.2 非线性拟合

Mathematica 软件用于非线性拟合的命令形式及意义如下:

◆ NonlinearModelFit[data, Log[a + b x^2], {a,b}, x]　(*对数据 data 作函数为 Log[a + b x^2]的拟合*).

◆ NonlinearModelFit[data, Exp[a x + b y], {a,b}, {x,y}]　(*对数据 data 作函数为 Exp[a x + b y]的拟合*).

例8.9　对数组{0,1},{1,0},{3,2},{5,4},{6,4},{7,5}作函数为 Log[a + b x^2]的拟合.

输入　data = {{0,1},{1,0},{3,2},{5,4},{6,4},{7,5}};

　　　nlm = NonlinearModelFit[data, Log[a + b x^2], {a,b}, x]

输出　FittedModel[Log[1.50632 + 1.42633 x^2]]

再输入　Normal[nlm]

获得函数形式为 Log[1.50632 + 1.42633 x^2].

再输入　Plot[%, {x, -10,10}]

可以画出函数的图像.

例8.10　对数组{0.1,0.9,0.2},{0,0.3,0.5},{0.7,0.6,3.},{0.4,0.3,3.5},{0.5,0.8,0.6},{0.8,0.6,2.7},{0.1,0.1,1.3},{0.2,0.8,0.7},{0.6,0.6,2.2},{0.7,0.8,1.8}作函数为 Exp[a x + b y]的拟合.

输入　Clear[a,b,x,y]

　　　data = {{0.1,0.9,0.2},{0,0.3,0.5},{0.7,0.6,3.},{0.4,0.3,3.5},{0.5,0.8,0.6},{0.8,0.6,2.7},{0.1,0.1,1.3},{0.2,0.8,0.7},{0.6,0.6,2.2},{0.7,0.8,1.8}};

　　　nlm = NonlinearModelFit[data, Exp[a x + b y], {a,b}, {x,y}]

输出　FittedModel[$e^{2.85782x - 1.74901y}$]

再输入　Normal[nlm]

获得函数形式为 $e^{2.85782x - 1.74901y}$.

8.2.3 常用的画图命令

Mathematica 软件用于画图的命令形式及意义如下:

◆ Plot[f, {x,xmin,xmax}]:画出 f 从 xmin 到 xmax 范围内的曲线图形.

◆ Plot[{f1,f2,···}, {x,xmin,xmax}]:在同一坐标系下画出 f1,f2,···从 xmin 到 xmax 范围内的曲线图形.

◆ Plot3D[f, {x,xmin,xmax}, {y,ymin,ymax}]:画出 f 从 xmin 到 xmax 和从 ymin 到 ymax 范围内的曲面图形.

◆ Plot3D[{f1,f2,···}, {x,xmin,xmax}, {y,ymin,ymax}]:同一坐标系下画出 f1,f2,···从

xmin 到 xmax 和从 ymin 到 ymax 范围内的曲面图形.

例 8.11　画出 $\sin x$ 从 0 到 12π 范围内的曲线图形.

输入　`Plot[Sin[x],{x,0,12Pi}]`

则输出如图 8-3 所示的图形.

例 8.12　在同一坐标系下画出 $e^x,\ln x,x$ 从 -3 到 3 范围内的曲线图形.

输入　`Plot[{Exp[x],Log[x],x},{x,-3,3},PlotRange->3,PlotStyle->{Red,Green,Dashed},AspectRatio->Automatic]`

则输出如图 8-4 所示的图形.

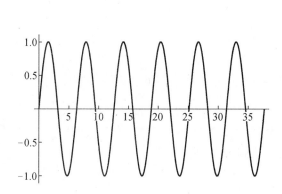

图 8-3　$\sin x$ 从 0 到 12π 范围内的曲线图形

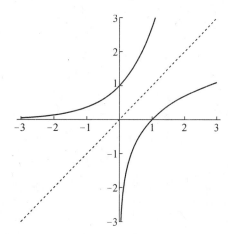

图 8-4　同一坐标系下画出 $e^x,\ln x,x$ 从 -3 到 3 范围内的曲线图形

例 8.13　画出函数 $\sin(xy)+\sin\dfrac{1}{x^2+y^2},x,y$ 从 0 到 2π 范围内的曲面图形.

输入　`Plot3D[Sin[x*y]+Sin[1/(x^2+y^2)],{x,0,2Pi},{y,0,2Pi}]`

则输出如图 8-5 所示的图形.

例 8.14　在同一坐标系下画出函数 x^2 $-4,-x^2,x,y$ 从 -2 到 2 范围内的曲面图形.

输入　`Plot3D[{x^2-4,-x^2},{x,-2,2},{y,-2,2},BoxRatios->Automatic]`

则输出如图 8-6 所示的图形.

Mathematica 软件用于绘制统计图的命令形式及意义如下:

◆ BarChart[$\{y_1,y_2,\cdots\}$]:绘制数据 $\{y_1,y_2,\cdots\}$ 的直方图.

◆ PieChart[$\{y_1,y_2,\cdots\}$]:绘制数据 $\{y_1,y_2,\cdots\}$ 的饼形图.

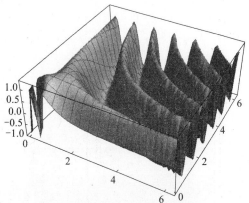

图 8-5　函数 $\sin(xy)+\sin\dfrac{1}{x^2+y^2}$ 的图形

◆ BubbleChart[$\{\{x_1,y_1,z_1\},\{x_2,y_2,z_2\},\cdots\}$] 在位置 $\{xi,yi\}$ 以尺寸 zi 绘制气泡图.

例 8.15　绘制数据 1,2,3,4,5,4,3,2,1 的直方图.

输入　BarChart[{1,2,3,4,5,4,3,2,1}]

则输出如图 8-7 所示的图形.

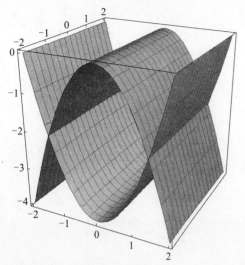

图 8-6　同一坐标系下函数 x^2-4, $-x^2$ 的图形

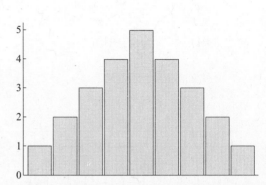

图 8-7　数据 1,2,3,4,5,4,3,2,1 的直方图

例 8.16　绘制数据 1,2,3,4,5,4,3,2,1 的饼形图.

输入　PieChart[{1,2,3,4,5,4,3,2,1}]

则输出如图 8-8 所示的图形.

例 8.17　绘制数据 {{1,2,3},{4,5,4},{3,2,1},{2,2,8},{1,5,7},{3,6,10}} 的气泡图.

输入　BubbleChart[{{1,2,3},{4,5,4},{3,2,1},{2,2,8},{1,5,7},{3,6,10}}]

则输出如图 8-9 所示的图形.

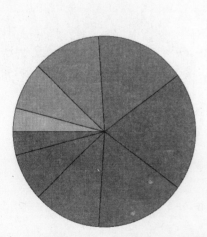

图 8-8　数据 1,2,3,4,5,4,3,2,1 的饼形图

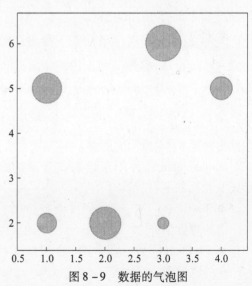

图 8-9　数据的气泡图

习题 8 – 2

1. 使用命令 ListPlot 作下列数据的散点图.

$\{\{5.0,25.2\},\{5.0,27.3\},\{5.0,28.7\},\{7.5.0,29.8\},\{7.5,31.1\},\{7.5.,27.8\},\{10.0,31.2\},\{10.0,32.6\},$

$\{10.0,29.7\},\{12.5,31.7\},\{12.5,30.1\},\{12.5,32.3\},\{15.0,29.4\},\{15.0,30.8\},$
$\{15.0,32.8\}\}$

2. 对数组 $\{2,1\},\{1,3\},\{3,5\},\{5,7\},\{6,8\},\{7,9\}$ 作函数为 $Log[a+b\ x^2]$ 的拟合.

3. 对数组 $\{1,2,3\},\{2,3,4\},\{3,4,5\},\{4,5,6\},\{5,6,7\},\{6,7,8\},\{7,8,9\}$ 作函数为 $Exp[a\ x+b\ y]$ 的拟合.

4. 画出 $\cos x+\sin x$ 从 0 到 12π 范围内的曲线图形.

5. 在同一坐标系下画出 e^x, x^2, x 从 -3 到 3 范围内的曲线图形.

6. 画出函数 $\cos\dfrac{1}{x^2+y^2}, x, y$ 从 0 到 2π 范围内的曲面图形.

7. 绘制数据 $5,4,3,2,1$ 的直方图.

8. 绘制数据 $1,2,3,4,5$ 的饼形图.

9. 绘制数据 $\{1,2,5\},\{4,5,6\},\{3,2,9\},\{2,2,3\},\{1,5,6\},\{3,2,10\}$ 的气泡图.

8.3 经典物理中的应用及一些有趣的图形

8.3.1 经典物理中的应用

在运动学理论中,用位置矢量、速度和加速度描述运动. 首先建立坐标系,在这个基础上分析运动. 运用矢量的方法来表示位置、速度和加速度,也就是利用矢量代数来作为研究工具. 位矢速度和加速度都是时间的矢量函数,这三个函数,如果知道其中一个,就可以求出其余两个. 欲求质点的速度加速度,只要选择适当的坐标系,把位置矢量写出来,然后利用公式计算,也就是矢量积分运算. 相反,已知加速度,积分就可以了.

例 8.18   一质点在 XY 平面上运动,运动函数为 $X=2t, Y=19-2t^2(\mathrm{SI})$.

（1）求质点运动的轨道方程并画出轨道曲线;

（2）求质点的位置,速度和加速度.

输入   r1[t_] = {2 t,19 – 2 t^2};

　　　　 ParametricPlot[r1[t],{t,0,5},AspectRatio – >1/ 1]

则输出如图 8 – 10 所示的图形.

例 8.19   已知一质点的加速度为 $x''=4t$,并且 $x(0)=10, x(0)'=0$,求质点的位移表达式.

输入   DSolve[{x″[t] = =4 t,x′[0] = =0,x[0] = =10},x[t],t]

则输出   {{x[t] – >2/3 (15 +t^3)}}.

例 8.20　已知一质点的加速度为 $x'' = 3x'$,并且 $x(0) = 10, x(0)' = 5$,求质点的位移表达式.

输入　DSolve[{x″[t] == 3 x′[t],x′[0] == 5,x[0] == 10},x[t],t]

则输出　$\{\{x[t] -> \frac{5}{3}(5 + e^{3t})\}\}$.

电磁场是矢量场,可以直观地可以用画图来加深理解.

例 8.21　点电荷电场二维矢量场表示与三维矢量场表示.

输入　VectorPlot[{x/(x^2 +y^2)^{3/2},y/(x^2 +y^2)^{3/2}},{x,0,0.3},{y,0,0.3}]

则输出如图 8 - 11 所示的图形.

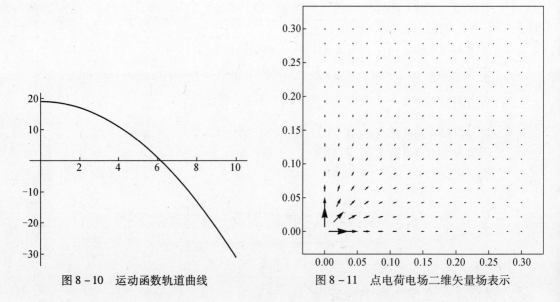

图 8 - 10　运动函数轨道曲线　　　　图 8 - 11　点电荷电场二维矢量场表示

输入　VectorPlot3D[{x/(x^2 +y^2 +z^2)^{3/2},y/(x^2 +y^2 +z^2)^{3/2},
　　　z/(x^2 +y^2 +z^2)^{3/2}},{x, -0.3,0.3},{y, -0.3,0.3},{z, -0.3,0.3}]

则输出如图 8 - 12 所示的图形.

在分子运动理论中,麦克斯韦利用统计的观念得到麦克斯韦分布定律,在此基础上,进一步得到最可几速率、平均速率和方均根速率.麦克斯韦分布定律为

$$4\pi \left(\frac{m}{2\pi kT}\right)^{\frac{3}{2}} e^{-\frac{mv^2}{2kT}} v^2$$

例 8.22　将麦克斯韦分布定律以曲线形式表示出来.

输入　f[v_]: =4Pi*(m/(2Pi*k*T))^(3/2)*E^(-(m*v^2)/(2k*T))*v^2
　　　m =4.65*10^(-26);
　　　k =1.38*10^(-23);
　　　T =300;
　　　f[v]

则输出　$3.00344 \times 10^{-8} e^{-5.61594 \times 10^{-6} v^2} v^2$

再输入　Plot[f[v],{v,0,1000}]

则输出如图 8 - 13 所示的图形.

344

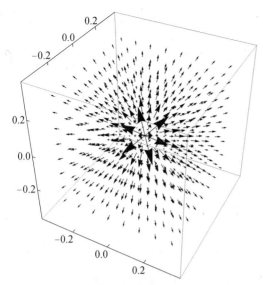

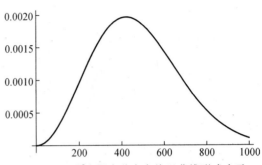

图 8 – 12　点电荷电场三维矢量场表示　　　图 8 – 13　麦克斯韦分布定律以曲线形式表示

 8.3.2　一些有趣的图形

　　例 8.23　阅读并输入以下程序：

```
f[x_]: = x^2;
quxian = Plot[f[x],{x, -0.1,1.1},PlotStyle - >{AbsoluteThickness[2],Red}];
quyu = Plot[f[x],{x,0,1},Filling - >Bottom,AspectRatio - >1,PlotRange - >All,
Ticks - >{{ -1,0,1},{ -1,0,1}},FillingStyle - >Green];
　　Show[quyu,quxian]
```

则输出如图 8 – 14 所示的图形.

　　例 8.24　阅读并输入以下程序：

```
f[x_]: = Sin[x];
quxian = Plot[f[x],{x, -1.1,1.1},PlotStyle - >{AbsoluteThickness[3],Red}];
quyu = Plot[f[x],{x, -1,1},Filling - >Axis,AspectRatio - >1,PlotRange - >All,
Ticks - >{{ -1,0,1},{ -1,0,1}},FillingStyle - >Green];
　　Show[quyu,quxian]
```

则输出如图 8 – 15 所示的图形.

　　例 8.25　阅读并输入以下程序：

```
f[x_]: = x;g[x_]: = x^2;
quxian1 = Plot[f[x],{x, -1.3,1.3},PlotStyle - >{AbsoluteThickness[2],Red}];
quxian2 = Plot[g[x],{x, -1.3,1.3},PlotStyle - >{AbsoluteThickness[2],Blue}];
quyu = Plot[{f[x],g[x]},{x,0,1},Filling - >{1 - >{2}},AspectRatio - >1,Plo-
tRange - >All,Ticks - >{{ -1,0,1},{ -1,0,1}},FillingStyle - >Green];
　　Show[quyu,quxian1,quxian2]
```

则输出如图 8 – 16 所示的图形.

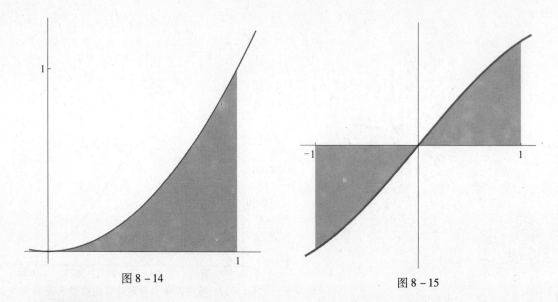

图 8 – 14

图 8 – 15

例 8.26   阅读并输入以下程序:

```
f[x_]: = Sin[x];g[x_]: = Cos[x];
quxian1 = Plot[f[x],{x,0,2 * Pi},PlotStyle - >{AbsoluteThickness[2],Red}];
quxian2 = Plot[g[x],{x,0,2 * Pi},PlotStyle - >{AbsoluteThickness[2],Blue}];
quyu = Plot[{f[x],g[x]},{x,0,2 * Pi},Filling - >{1 - >{2}},AspectRatio - >0.8,
PlotRange - >All,Ticks - >{{0,Pi/2,Pi,3 * Pi/2,2 * Pi},{ - 1,0,1}},FillingStyle - >
Yellow];
    Show[quyu,quxian1,quxian2]
```

则输出如图 8 – 17 所示的图形.

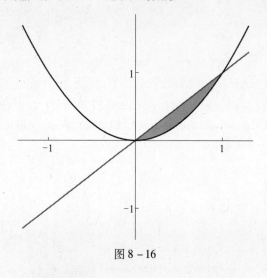

图 8 – 16

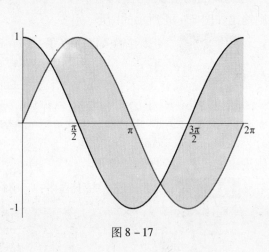

图 8 – 17

例 8.27   阅读并输入以下程序:

```
f[x_]: = Sin[x] * Exp[ - (x - 1)^2];g[x_]: = 4 * Cos[x - 2];
quxian1 = Plot[f[x],{x,0,4},PlotStyle - >{AbsoluteThickness[2],Red}];
quxian2 = Plot[g[x],{x,0,4},PlotStyle - >{AbsoluteThickness[2],Blue}];
```

346

```
quyu = Plot[{f[x],g[x]},{x,0.6,3.6},Filling->{1->{2}},AspectRatio->1,Plo-
tRange->All,Ticks->{{0,1,2,3,4},{-1,0,2,3,4}},FillingStyle->LightRed,AxesOr-
igin->{0,0}];
    Show[quyu,quxian1,quxian2]
```
则输出如图 8-18 所示的图形.

例 8.28   阅读并输入以下程序:

```
f[x_]:=x;g[x_]:=x^3;
quxian1 = Plot[f[x],{x,-1.3,1.3},PlotStyle->{AbsoluteThickness[2],Red}];
quxian2 = Plot[g[x],{x,-1.3,1.3},PlotStyle->{AbsoluteThickness[2],Pink}];
quyu = Plot[{f[x],g[x]},{x,-1,1},Filling->{1->{2}},AspectRatio->1.4,Plo-
tRange->All,Ticks->{{-1,0,1},{-1,0,1}},FillingStyle->Green];
    Show[quyu,quxian1,quxian2]
```
则输出如图 8-19 所示的图形.

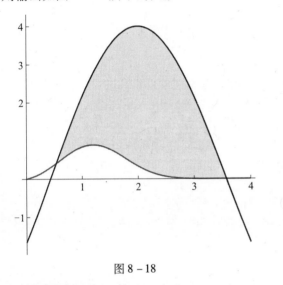

图 8-18

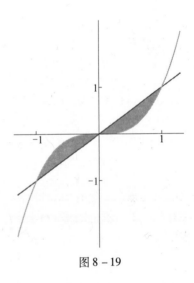

图 8-19

例 8.29   阅读并输入以下程序:

```
f[x_]:=x^2;
quxian = Plot[f[x],{x,-1,1.3},PlotStyle->{AbsoluteThickness[4],Red}];
quyu = RegionPlot[0<y<f[x],{x,0,1},{y,0,1},PlotStyle->Green];
    Show[quyu,quxian,PlotRange->All,Axes->Automatic,AspectRatio->0.7,Frame-
>False,Ticks->{{-1,0,1},{0,1,2}}]
```
则输出如图 8-20 所示的图形.

例 8.30   阅读并输入以下程序:

```
f[x_]:=Sin[x];
quxian = Plot[f[x],{x,-4,4},PlotStyle->{AbsoluteThickness[3],Red}];
quyu = RegionPlot[0<y<f[x],{x,-Pi,Pi},{y,-1,1},PlotStyle->Cyan];
quyu2 = RegionPlot[0>y>f[x],{x,-Pi,Pi},{y,-1,1},PlotStyle->Green];
    Show[quyu,quyu2,quxian,PlotRange->All,Axes->Automatic,AspectRatio->1,
Frame->False,
```

```
Ticks - >{{ -Pi, -Pi/2,0,Pi/2,Pi},{ -1,0,1}}]
```
则输出如图 8 - 21 所示的图形.

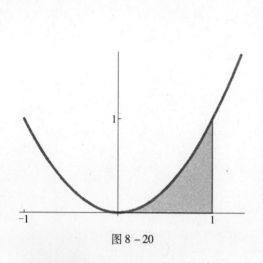

图 8 - 20

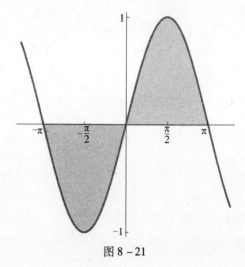

图 8 - 21

例 8.31 阅读并输入以下程序：

```
f[ x_]: = x;g[ x_]: = x^2;
quxian = Plot[ f[x],{x, -0.1,1.1},PlotStyle - >{AbsoluteThickness[3],Red}];
quxian2 = Plot[ g[x],{x, -0.1,1.1},PlotStyle - >{AbsoluteThickness[3],Blue}];
quyu = RegionPlot[g[x] < y < f[x],{x, -1,1},{y, -1,1},PlotStyle - > Green];
Show[ quyu,quxian,quyu2,PlotRange - > All,Axes - > Automatic,AspectRatio - > 1,
Frame - >False,
    Ticks - >{{ -1,0,1},{0,1,2}}]
```
则输出如图 8 - 22 所示的图形.

例 8.32 阅读并输入以下程序：

```
f[ x_]: = x +1/2;g[ x_]: = x^2 +1/6;
quxian = Plot[ f[x],{x,0.1,1},PlotStyle - >{AbsoluteThickness[3],Red}];
quxian2 = Plot[ g[x],{x,0.1,1},PlotStyle - >{AbsoluteThickness[3],Blue}];
quyu = RegionPlot[g[x] < y < f[x],{x,0.3,0.7},{y,0,2},PlotStyle - > Green];
Show[ quyu,quxian,quyu2,PlotRange - >All,Axes - >True,AxesOrigin - >{0,0},Aspec-
tRatio - >1,
    Frame - >False,Ticks - >{{ -1/2,0,1/2,1},{0,1/2,1,3/2}}]
```
则输出如图 8 - 23 所示的图形.

例 8.33 阅读并输入以下程序：

```
ContourPlot[x +3 * y * Log[10,y] -1/36 * Exp[ -(36 * y -36/E)^4] = = 0,{x,0,1},{y,0,
1}];
    RegionPlot[x +3 * y * Log[10,y] -1/36 * Exp[ -(36 * y -36/E)^4] >0,{x,0,1},{y,0,1},
PlotStyle - >Cyan];
    RegionPlot[x +3 * y * Log[10,y] -1/36 * Exp[ -(36 * y -36/E)^4] <00,{x,0,1},{y,0,
1},PlotStyle - >Yellow]
```
则输出如图 8 - 24 所示的图形.

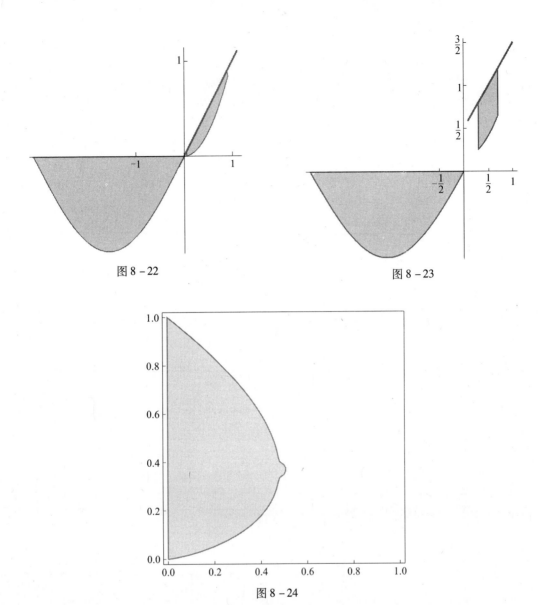

图 8 - 22

图 8 - 23

图 8 - 24

习题 8 - 3

1. 阅读并运行下列程序：

```
f[x_]: = Sin[x];g[x_]: = Cos[x];
quxian = Plot[f[x],{x,0,2 * Pi},PlotStyle - >{AbsoluteThickness[3],Red}];
quxian2 = Plot[g[x],{x,0,2Pi},PlotStyle - >{AbsoluteThickness[3],Blue}];
quyu = RegionPlot[f[x] >y >g[x],{x,0,2 * Pi},{y, -1,1},PlotStyle - >Pink];
quyu2 = RegionPlot[f[x] <y <g[x],{x,0,2 * Pi},{y, -1,1},PlotStyle - >Green];
Show[quyu,quyu2,quxian,quxian2,PlotRange - >All,Axes - >Automatic,AspectRatio
- >1,Frame - >False,
    Ticks - >{{0,Pi/2,Pi,3 * Pi/2,2 * Pi},{ -1,0,1}}]
```

2. 阅读并运行下列程序：

```
f[x_]:=Sin[Pi*x]*Exp[-(x-1)^2];g[x_]:=4*Cos[x-2];
quxian=Plot[f[x],{x,0,4},PlotStyle->{AbsoluteThickness[3],Red}];
quxian2=Plot[g[x],{x,0,4},PlotStyle->{AbsoluteThickness[3],Blue}];
quyu=RegionPlot[f[x]<y<g[x],{x,0,4},{y,-2,4},PlotStyle->Green];
Show[quyu,quxian,quxian2,PlotRange->All,Axes->Automatic,AspectRatio->1,
Frame->False,
Ticks->{{-1,0,1,2,3,4},{-3,-2,-1,0,1,2,3,4}}]
```

3. 阅读并运行下列程序：

```
f[x_]:=x;g[x_]:=x^3;
quxian=Plot[f[x],{x,-1.2,1.2},PlotStyle->{AbsoluteThickness[3],Red}];
quxian2=Plot[g[x],{x,-1.2,1.2},PlotStyle->{AbsoluteThickness[3],Blue}];
quyu=RegionPlot[f[x]>y>g[x],{x,-1.2,1.2},{y,-1,1},PlotStyle->Pink];
quyu2=RegionPlot[f[x]<y<g[x],{x,-1.2,1.2},{y,-1,1},PlotStyle->Green];
Show[quyu,quyu2,quxian,quxian2,PlotRange->All,Axes->Automatic,AspectRatio
->1.2,Frame->False,
Ticks->{{-1,-1/2,0,1/2,1},{-1,-1/2,0,1/2,1}}]
```

4. 阅读并运行下列程序：

```
f[y_]:=Sin[y];
quxian=ParametricPlot[{f[y],y},{y,0,Pi},PlotStyle->{AbsoluteThickness[5],
Black}];
quyu=RegionPlot[f[y]>x>0,{x,0,1},{y,0,Pi},PlotStyle->Green];
Show[quyu,quxian,PlotRange->All,Axes->Automatic,AspectRatio->1.7,Frame-
>False,
Ticks->{{0,1/2,1},{0,Pi/2,Pi}}]
```

5. 阅读并运行下列程序：

```
f[y_]:=12*(y^2-y^3);
quxian=ParametricPlot[{f[y],y},{y,0,1},PlotStyle->{AbsoluteThickness[3],
Red}];
quyu=RegionPlot[f[y]>x>0,{x,0,5},{y,0,1},PlotStyle->Green];
Show[quyu,quxian,PlotRange->All,Axes->Automatic,AspectRatio->0.7,Frame-
>False,
Ticks->{{0,1,2},{0,1/2,1}}]
```

6. 阅读并运行下列程序：

```
f[y_]:=y^2/2;g[y_]:=y^4/4-y^2/2
quxian=ParametricPlot[{f[y],y},{y,0,2.3},PlotStyle->{AbsoluteThickness[3],
Red}];
quxian2=ParametricPlot[{g[y],y},{y,0,2.1},PlotStyle->{AbsoluteThickness
[3],Blue}];
quyu=RegionPlot[f[y]>x>g[y],{x,-1/2,2},{y,0,2.3},PlotStyle->Green];
Show[quyu,quxian,quxian2,PlotRange->All,Axes->Automatic,AspectRatio->0.
7,Frame->False,
Ticks->{{0,1,2},{0,1,2}}]
```

7. 阅读并运行下列程序：

```
f[y_]:=y^2+1;g[y_]:=y^2+1/2;
quxian=ParametricPlot[{f[y],y},{y,0,1},PlotStyle->{AbsoluteThickness[3],
Red}];
    quxian2=ParametricPlot[{g[y],y},{y,0,1},PlotStyle->{AbsoluteThickness[3],
Blue}];
    quyu=RegionPlot[f[y]>x>g[y],{x,-1/2,2},{y,0.4,0.8},PlotStyle->Green];
    Show[quyu,quxian,quxian2,PlotRange->All,Axes->True,AxesOrigin->{0,0},As-
pectRatio->1,
    Ticks->{{0,1,2},{0,1/2,1}},Frame->False]
```

8. 阅读并运行下列程序：

```
f[y_]:=Sin[y];g[y_]:=(1-y)*y+1;
    quxian=ParametricPlot[{g[y],y},{y,0,2.1},PlotStyle->{AbsoluteThickness[3],
Red}];
    quxian2=ParametricPlot[{f[y],y},{y,0,2.1},PlotStyle->{AbsoluteThickness
[3],Blue}];
    quyu=RegionPlot[f[y]>x>g[y],{x,-1,2},{y,0,2},PlotStyle->Green];
    quyu2=RegionPlot[f[y]<x<g[y],{x,-1,2},{y,0,2},PlotStyle->Pink];
    Show[quyu,quyu2,quxian,quxian2,PlotRange->All,Axes->Automatic,AspectRatio
->0.7,Frame->False,
    Ticks->{{-1,0,1},{0,1,2}}]
```

9. 阅读并运行下列程序：

```
f[y_]:=y^2;g[y_]:=1;
    quxian=ParametricPlot[{f[y],y},{y,-1.2,1.2},PlotStyle->{AbsoluteThickness
[3],Red}];
    quxian2=ParametricPlot[{g[y],y},{y,-1.2,1.2},PlotStyle->{AbsoluteThickness
[3],Blue}];
    quyu=RegionPlot[f[y]<x<g[y],{x,-1,2},{y,-1,1},PlotStyle->Cyan];
    Show[quyu,quxian,quxian2,PlotRange->All,Axes->Automatic,AspectRatio->1.
5,Frame->False,
    Ticks->{{0,1/2,1},{-1,0,1}}]
```

总习题 8

1. 阅读并运行下列程序：

```
PolarPlot[Cos[t/2],{t,0,4 Pi}]
    PolarPlot[1-2 Sin[5 t],{t,0,2 Pi}]
    PolarPlot[Cos[t/4],{t,0,8 Pi}]
    PolarPlot[t*Cos[t],{t,0,8Pi}]
    PolarPlot[t^(-3/2),{t,0,8 Pi}]
    PolarPlot[2Cos[3 t],{t,0,Pi}]
    PolarPlot[1-2 Sin[t],{t,0,2 PI}]
    PolarPlot[4-3 Cos[t],{t,0,2 Pi}]
```

```
PolarPlot[Sin[3 t]+Sin[2 t]^2,{t,0,2 Pi}]
PolarPlot[3 Sin[2 t],{t,0,2 Pi}]
PolarPlot[4 Sin[4 t],{t,0,2 Pi}]
PolarPlot[Cos[2 t]+Cos[4 t]^2,{t,0,2 Pi}]
PolarPlot[Cos[2 t]+Cos[3 t]^2,{t,0,2 Pi}]
PolarPlot[Cos[4 t]+Cos[4 t]^2,{t,0,2 Pi},PlotRange - >All]
```

2. 分别画出坐标为 (i,i^2)，$(i^2,4i^2+i^3)$，$(i=1,2,\cdots,10)$ 的散点图，并画出折线图.

3. 阅读并运行下列程序：

```
Plot[x+4 * Sin[x],{x,0,20 Pi}]
Plot[x * Sin[x],{x,0,20 Pi}]
```

4. 求解微分方程 $y''=2x+e^x$，并作出其积分曲线.

5. 求微分方程组 $\begin{cases}\dfrac{\mathrm{d}x}{\mathrm{d}t}+x+2y=e^t\\[2mm]\dfrac{\mathrm{d}y}{\mathrm{d}t}-x-y=0\end{cases}$ 在初始条件 $x|_{t=0}=1,y|_{t=0}=0$ 下的特解.

6. 求出初值问题 $\begin{cases}y''+y'\sin^2x+y=\cos^2x\\ y(0)=1,y'(0)=0\end{cases}$ 的数值解，并作出数值解的图形.

7. 洛伦兹(Lorenz)方程组是由三个一阶微分方程组成的方程组. 这三个方程看似简单，也没有包含复杂的函数，但它的解却很有趣和耐人寻味. 试求解洛伦兹方程组

$$\begin{cases}x'(t)=16y(t)-16x(t)\\ y'(t)=-x(t)z(t)+45x(t)-y(t)\\ z'(t)=x(t)y(t)-4z(t)\\ x(0)=12,y(0)=4,z(0)=0\end{cases}$$

并画出解曲线的图形.

8. 为研究某一化学反应过程中温度 $x(℃)$ 对产品得率 $y(\%)$ 的影响，测得数据如下：

x	100	110	120	130	140	150	160	170	180	190
y	45	51	54	61	66	70	74	78	85	89

试求其拟合曲线.

9. 阅读并运行下列程序：

```
Plot[{ √(4-x^2),- √(4-x^2)},{x,-2,2}]
Plot[{ √(4-x^2),- √(4-x^2)},{x,-2,2},AspectRatio - >Automatic]
Plot[{ √(4-x^2),- √(4-x^2)},{x,-2,2},AspectRatio - >Automatic,Axes - >{True,
False}]
Plot[{ √(4-x^2),- √(4-x^2)},{x,-2,2},AspectRatio - >Automatic,AxesLabel - >{"
x","y"}]
Plot[{ √(4-x^2),- √(4-x^2)},{x,-2,2},AspectRatio - >Automatic,AxesLabel - >{"
x","y"},PlotLabel - >"圆"]
```

10. 阅读并运行下列程序：

```
1 =3 -2x^2 -y^2;
z2 =x^2 +2y^2;
x =r Cos[θ];
```

```
y = r Sin[θ];
ParametricPlot3D[{{x,y,z1},{x,y,z2}},{θ,0,2Pi},{r,0,1}]
RevolutionPlot3D[{1+0.5Cos[t],0.5Sin[t]},{t,0,2Pi}]
VectorPlot3D[{x,y,z},{x,0,2},{y,0,2},{z,0,2},VectorPoints - >4,VectorScale - >
0.1]
```

第 8 章习题答案

习题 8 - 1

1. 输入　Maximize[{x1 + x2 - 3x3, x1 + x2 + x3 = = 10, 2x1 - 5x2 + x3 > = 10, x1 + 3x2 +
   x3 < = 12, x1 > = 0,
   x2 > = 0, x3 > = 0}, {x1, x2, x3}]

   输出　{10, {x1 - >9, x2 - >1, x3 - >0}}

2. 输入　Clear[x1, x2, x3]
   Minimize[{x1 + 3x2 + 5x3, x1 + 4x2 + 3x3 > = 8, 3x1 + 2x2 > = 6, x1 > = 0, x2 > = 0,
   x3 > = 0}, {x1, x2, x3}];
   N[% , 4]

   输出　{6.200, {x1 - >0.8000, x2 - >1.800, x3 - >0}}

   对应的最优值为 Minz = 6.200.

3. 输入　Clear[x1, x2, x3, x4]
   Minimize[{Abs[x1] + Abs[x2] + Abs[x3] + Abs[x4], x1 - x2 - x3 + x4 < = -
   2, x1 - x2 + x3 - 3x4 < = - 1, x1 - x2 - 2x3 + 3x4 < = - 1/ 2}, {x1, x2, x3, x4}];
   N[% , 4]

   输出　{2.000, {x1 - > - 1.000, x2 - >0.7500, x3 - >0, x4 - > - 0.2500}}

   因此, 得到最优解为 $x_1 = - 1, x_2 = 0.75, x_3 = 0, x_4 = - 0.25$, 最优值 z = 2.

4. 输入　Clear[x1, x2]
   Maximize[{50x1 + 36x2, x1 + x2 < = 50, 12x1 + 8x2 < = 480, 3x1 < = 100, x1 > =
   0, x2 > = 0}, {x1, x2}]

   输出　{2080, {x1 - >20, x2 - >30}}

5. 输入　Minimize[{120x11 + 130x12 + 140x13 + 150x14 + 160x21 + 170x22 + 190x23 +
   150x24 + 190x31 + 200x32 + 230x33, x11 + x12 + x13 + x14 = = 50, x21 + x22 + x23 + x24 = = 60,
   x31 + x32 + x33 = = 50, x11 + x21 + x31 < = 80, x11 + x21 + x31 > = 30, x12 + x22 + x32 < = 140,
   x12 + x22 + x32 > = 70, x13 + x23 + x33 < = 30, x13 + x23 + x33 > = 10, x14 + x24 < = 50, x14 +
   x24 > = 10, x11 > = 0, x12 > = 0, x13 > = 0, x14 > = 0, x21 > = 0, x22 > = 0, x23 > = 0, x24 > =
   0, x31 > = 0, x32 > = 0, x33 > = 0}, {x11, x12, x13, x14, x21, x22, x23, x24, x31, x32, x33}]

   输出　{25500, {x11 - >0, x12 - >40, x13 - >10, x14 - >0, x21 - >0, x22 - >10, x23 - >0,
   x24 - >50, x31 - >30, x32 - >20, x33 - >0}}.

6. 输入　Clear[x1, x2, x3]
   Maximize[{4x1 + 5x2 + 6x3, 1.5x1 + 3x2 + 5x3 < = 600, 280x1 + 250x2 + 400x3 < =
   60000, x1 > = 0, x2 > = 0, x3 > = 0,

$$\text{Element}\big[\,\{x1,x2,x3\},\text{Integers}\big]\big\},\{x1,x2,x3\}\big]$$

输出　　$\{1096.,\{x1->64,x2->168,x3->0\}\}$

7. 输入　$S1=\text{NDSolve}\big[\{x'[t]==-y[t]-x[t]\,\hat{}\,2,y'[t]==2\,x[t]-y[t],x[0]==y[0]==1\},\{x,y\},\{t,0,3\}\big]$

$$\text{Plot}\big[\text{Evaluate}\big[\{x[t],y[t]\}/.S1\big],\{t,0,3\}\big]$$

输出相应的结果和图形.

习题 8 – 2

1. 输入　$bb=\{\{5.0,25.2\},\{5.0,27.3\},\{5.0,28.7\},\{7.5.0,29.8\},\{7.5,31.1\},\{7.5,27.8\},\{10.0,31.2\},\{10.0,32.6\},$

$\{10.0,29.7\},\{12.5,31.7\},\{12.5,30.1\},\{12.5,32.3\},\{15.0,29.4\},\{15.0,30.8\},\{15.0,32.8\}\};$

$\text{ListPlot}\big[bb,\text{PlotRange}->\{\{5,15\},\{15,33\}\},\text{AxesOrigin}->\{2,0\}\big]$

输出相应的图形.

2. 输入　$data=\{\{2,1\},\{1,3\},\{3,5\},\{5,7\},\{6,8\},\{7,9\}\};$

$nlm=\text{NonlinearModelFit}\big[data,\text{Log}[a+b\;x\,\hat{}\,2],\{a,b\},x\big]$

输出相应的结果.

3. 输入　$\text{Clear}[a,b,x,y]$

$data=\{\{1,2,3\},\{2,3,4\},\{3,4,5\},\{4,5,6\},\{5,6,7\},\{6,7,8\},\{7,8,9\}\};$

$nlm=\text{NonlinearModelFit}\big[data,\text{Exp}[a\;x+b\;y],\{a,b\},\{x,y\}\big]$

输出相应的结果.

4. 输入　$\text{Plot}\big[\text{Cos}[x]+\text{Sin}[x],\{x,0,12\text{Pi}\}\big]$

输出相应的图形.

5. 输入　$\text{Plot}\big[\{E\,\hat{}\,x,x\,\hat{}\,2,x\},\{x,-3,3\}\big]$

输出相应的图形.

6. 输入　$\text{Plot3D}\big[\text{Cos}[1/(x\,\hat{}\,2+y\,\hat{}\,2)],\{x,0,2\text{Pi}\},\{y,0,2\text{Pi}\}\big]$

输出相应的图形.

7. 输入　$\text{BarChart}\big[\{5,4,3,2,1\}\big]$

输出相应的图形.

8. 输入　$\text{PieChart}\big[\{1,2,3,4,5\}\big]$

输出相应的图形.

9. 输入　$\text{BubbleChart}\big[\{\{1,2,5\},\{4,5,6\},\{3,2,9\},\{2,2,3\},\{1,5,6\},\{3,2,10\}\}\big]$

输出相应的图形.

习题 8 – 3

1. 输入所给程序,运行得到所要图形.

2. 输入所给程序,运行得到所要图形.

3. 输入所给程序,运行得到所要图形.

4. 输入所给程序,运行得到所要图形.

5. 输入所给程序,运行得到所要图形.

6. 输入所给程序,运行得到所要图形.

7. 输入所给程序,运行得到所要图形.

8. 输入所给程序,运行得到所要图形.

9. 输入所给程序,运行得到所要图形.

总习题 8

1. 输入所给程序,运行得到所要图形.

2. 输入 t1 = Table[i^2,{i,10}];g1 = ListPlot[t1,PlotStyle − > PointSize[0.02]];
   g2 = ListPlot[t1,Joined − > True];Show[g1,g2];
   t2 = Table[{i^2,4i^2 + i^3},{i,10}];
   g1 = ListPlot[t2,PlotStyle − > PointSize[0.02]];
   g2 = ListPlot[t2,Joined − > True];Show[g1,g2]

运行得到所要图形.

3. 输入所给程序,运行得到所要图形.

4. 输入 g1 = Table[Plot[E^x + x^3/3 + c1 + x * c2,{x, −5,5},
   DisplayFunction − > Identity],{c1, −10,10,5},{c2, −5,5,5}];
   Show[g1,DisplayFunction − > $DisplayFunction]

运行得到所要图形.

5. 输入 Clear[x,y,t];
   DSolve[{x′[t] + x[t] + 2y[t] == Exp[t],y′[t] − x[t] − y[t] == 0,x[0] ==
   1,y[0] == 0},{x[t],y[t]},t]

则输出所求特解为

$$\left\{\left\{x[t]\rightarrow Cos[t],y[t]\rightarrow\frac{1}{2}(e^t − Cos[t] + Sin[t])\right\}\right\}.$$

6. 输入 NDSolve[{y″[x] + Sin[x]^2 * y′[x] + y[x] == Cos[x]^2,y[0] == 1,y′[0]
   == 0},y[x],{x,0,10}]
   Plot[Evaluate[y[x]/.%],{x,0,10}]

则输出所求微分方程的数值解及数值解的图形.

7. 输入 Clear[eq,x,y,z]
   eq = Sequence[x′[t] == 16 * y[t] − 16 * x[t],y′[t] == − x[t] * z[t] − y[t]
   + 45x[t],z′[t] == x[t] * y[t] − 4z[t]];
   sol1 = NDSolve[{eq,x[0] == 12,y[0] == 4,z[0] == 0},{x[t],y[t],z[t]},
   {t,0,16},MaxSteps − > 10000];
   g1 = ParametricPlot3D[Evaluate[{x[t],y[t],z[t]}/.sol1],{t,0,16},Plot-
   Points − > 14400,Boxed − > False,Axes − > None]

则输出所要的图形. 从图中可以看出洛伦兹微分方程组具有一个奇异吸引子,这个吸引子紧紧地把解的图形"吸"在一起. 有趣的是,无论把解的曲线画得多长,这些曲线也不相交.

改变初值为 x(0) = 6,y(0) = −10,z(0) = 10,输入

sol2 = NDSolve[{eq,x[0] == 6,y[0] == − 10,z[0] == 10},{x[t],y[t],z[t]},{t,0,
24},MaxSteps − > 10000];

g2 = ParametricPlot3D[Evaluate[{x[t],y[t],z[t]}/.sol2],{t,0,24},PlotPoints − >
14400,Boxed − > False,Axes − > None];

Show[GraphicsArray[{g1,g2}]]

则输出所求数值解的图形. 从图中可以看出奇异吸引子又出现了,它把解"吸"在某个区域内,使得所有的解好像是有规则地依某种模式缠绕.

8. 输入点的坐标,作散点图,即输入

b2 = {{100,45},{110,51},{120,54},{130,61},{140,66},{150,70},{160,74},{170,78},{180,85},{190,89}};

fp = ListPlot[b2]

则输出题设数据的散点图. 通过观察发现散点基本位于一条直线附近,可用直线拟合. 输入

Fit[b2,{1,x},x]　　(*用 Fit 作拟合,这里是线性拟合*)

则输出拟合直线

$-2.73939 + 0.48303x$

作图观察拟合效果. 输入

gp = Plot[% ,{x,100,190},PlotStyle − > {RGBColor[1,0,0]},DisplayFunction − > Identity];(*作拟合曲线的图形*)

Show[fp,gp,DisplayFunction − > \$ DisplayFunction]　　(*显示数据点与拟合曲线*)

则输出平面上的点与拟合曲线线的图形.

9. 输入所给程序,运行得到所要图形.

10. 输入所给程序,运行得到所要图形.

第9章
Mathematica 程序设计

本章概要

- 常量与变量
- 字符串
- 表达式
- 函数
- 过程与局部变量
- 条件结构程序设计
- 循环结构程序设计
- 函数
- 流程控制与程序调试
- 程序包
- 编程举例

9.1　常量与变量

 9.1.1　常量

在程序运行过程中,其值不能被改变的量称为常量. 常量区分为不同的类型,如 12、0、-3 为整数常量,2/ 3 、5/ 6 为实数常量,2.34、3.56 为实数常量,"abcdef" "student" 为字符串常量. 除此之外,Mathematica 还定义了许多符号常量,即以标识符形式对一些数学常数进行表示. 表 9 -1 中列出了一些常用的数学常数.

表 9 -1　数学常数

数学常数	说明
Degree	角度到弧度的转换系数 $\pi/ 180$
E	自然对数的底数 $e = 2.7182818\cdots$
EulerGamma	Euler 常数 $\gamma = 0.57721566\cdots$
GoldenRatio	黄金分割数 1.61803
I	虚数单位 $i = \sqrt{-1}$
Infinity	无穷大 ∞
- Infinity	负的无穷大 ∞
Pi	圆周率 $\pi = 3.1415926\cdots$

Mathematica 中数学常数的都是以大写字母开头的. 使用这种符号常数的含义非常清楚清楚,如在程序中看到 Pi,就知道它代表圆周率.

 ## 9.1.2 变量

1. 变量的命名

变量代表代表内存中具有特定属性的一个存储单元,它用来存放数据,也就是变量的值,在程序运行期间,这些值是可以改变的. 一个变量有一个变量名,以便被引用. Mathematica 中为变量名通常是英文字母开头,后跟字母或数字,长度不限. 希腊字符和中文字符也可以用在变量名中. 例如,"sum""abcdfeg""x1""$\alpha\beta\gamma$""小张"均是合法变量名,但"e − 3""2w""x y"(x 与 y 之间有空格)均不是合法变量名.

Mathematica 中变量名区别大小写,即 a 和 A 是不同的变量名. 由于内部函数和命令均为大写字母开头的标识符,为了避免混淆,我们建议用户变量名以小写字母开头. 如果一定要用大写字母表示变量,请避免使用 C、D、E、I、N、O 等系统已经使用的字符.

2. 变量的定义

在 Mathematica 中,数值有类型,变量也有类型. 在 Mathematica 中变量不仅可存放一个数、字符串、矢量、矩阵或函数,还可存放复杂的计算数据或图形图像. Mathematica 中变量名即取即用,不需要先说明变量的类型再使用,系统会根据变量所赋的值做出正确的处理. 另外,Mathematica 提供了 Head 函数,用于判断变量的类型. 例如在 Mathematica 的 Notebook 中,输入

x = 2.5； （＊定义实数型变量 x ＊）.   y = 2；   （＊定义整数型变量 y ＊）
z = 2 + 3I；（＊定义复数型变量 z ＊）.   u = "abc"；（＊定义字符串型变量 z ＊）
v   （＊定义符号变量 v ＊）
{Head[x],Head[y],Head[z] ,Head[u] ,Head[v]} （＊获取变量类型＊）

输出

{Real ,Integer ,Complex ,String ,Symbol }

需要注意的是,变量的类型并不是一成不变的,变量类型会随着它所存储的内容发生改变.

3. 变量赋值

程序中常需要用变量设置初值、保存中间结果或最终结果,即需要对变量进行赋值. Mathematica 为变量赋值提供了" ＝ "与" ： ＝ "两个运算符,这两个运算符也称为赋值运算符,其中前一个运算符为"立即赋值"运算符,后一个运算符为"延迟赋值"运算符. 立即赋值指赋值符" ＝ "右侧的表达式立即被求值,延时赋值指赋值运算符" ： ＝ "右侧表达式在定义时不求值,只是在调用该语句时才进行求值. 具体使用方法为:

变量＝表达式 或 变量 1＝变量 2＝表达式.

执行步骤:先计算赋值号右端的表达式的值,再将结果送给变量. 特别要提醒的是这里的表达式可为一个数值、一个表达式、一个数组和一个图形等. 例如在 Mathematica 的 Notbook 中,输入

x = 3   （＊给变量 x 赋值＊）
y = x^2 + 2 * x   （＊将一多项式赋给变量 y ＊）

358

```
z = {1,2,3}                        (*将一数组赋给变量 z*)
f = Plot[Sin[x],{x,-3,3}];         (*将一图像赋给变量 f*)
Show[f]
```
输出　3
　　　15
　　　{1,2,3}

如图 9-1 所示.

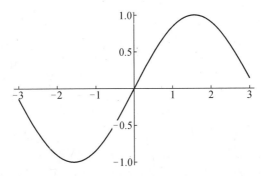

图 9-1　函数 $f(x) = \sin(x)$ 的在 $[-3,3]$ 的函数图形

变量一旦赋值,这个值便永久保留,直到它被清除或重新赋值为止,保留期间,无论如何使用这个变量,它将被已赋的值所取代. 例如在 Mathematica 笔记本中,输入

```
x = .                      (*清除变量 x 的值*)
p3 = x^3 + 2*x^2 + 3       (*将一多项式赋给变量 p3*)
p4 = p3 + x^2
```
输出　$3 + 2 x^2 + x^3$
　　　$3 + 3 x^2 + x^3$

从输出结果可以看出,p3 一旦被赋值为多项式 $3 + 2x^2 + x^3$,在以后的运算中,凡是用到 p3 的地方,也就相当于在那里写了这个多项式.

对于已赋值的变量,可以用 Unset、=. 清除它的值,或用 Clear 函数清除关于它的值和定义. 及时地清除变量可以释放被占用的内存空间,提高 Mathematica 的运行效率,同时也可以减少由于重复使用变量名称而可能带来的编程错误. 表 9-2 给出了变量清除函数的用法及说明.

表 9-2　变量清除函数

用法	说明
Unset[x]或 x =.	清除 x 的值
Clear[x1,x2,…]	清除 x1,x2,…的值和定义
Clear["p1","p2",…]	清除与模式 p1,p2,…相匹配的值和定义

4. 变量替换

在数学运算中,常常需要将表达式中的某一符号用数值来替换,或将符号替换为其他的表达式. 如将 $p3 = 3 + 2x^2 + x^3$ 中的 x 替换成 $t+1$,有 $p3 = 3 + 2(t+1)^2 + (t+1)^3$,或者将 p3 中的 x 换成 2,即计算 p3 在 $x = 2$ 处的函数值. 在 Mathematica 中把这种替换机制称为变换规则,即

按给定的规则对变量进行替换. 变量替换的一般方法是:

◆ ReplaceAll[表达式,规则] 或 表达式/. 规则.

其中替换规则是一个或一组形如 lhs→rhs 的表达式,例如"x→4"可理解为 x 用 4 来替换.

例9.1 输入一表达式 $x^2+2xy+y^2$,用数值 2 替换 x,用 $\sin(z)$ 替换 y.

输入 x^2+2*x*y+y^2

x^2+2*x*y+y^2/.{x→2,y→sin[z]}

输出 $x^2+2xy+y^2$

$4+4\sin[z]+\sin[z]^2$

例9.2 输入一表达式 $\sin^2(x)+\cos^2(y)$,用表达式 $2x^2+x$ 替换 x,用 x^3 替换 y.

输入 sin[x]^2+cos[y]^2

ReplaceAll[sin[x]^2+cos[y]^2,{x→2*x^2+x,y→x^3}]

输出 $\cos[y]^2+\sin[x]^2$

$\cos[x^3]^2+\sin[x+2\ x^2]^2$

习题 9 –1

1. 定义整型变量 x,y 并赋初值 10,20.

2. 定义实型变量 x,y 并赋初值 5.2,5.3.

3. 定义复数型变量 x,y 并赋初值 $5+3i,6+5i$.

4. 定义字符串型变量 z,并赋初值"student".

5. 定义整型变量 x,并赋初值 15,计算 x^2 的值,清除变量 x 的值,计算 x^2.

6. 输入一表达式 x^3+2x^2+x,用数值 2 替换 x.

7. 输入一表达式 y^3+2y^2+y,用 $\sin(x)$ 替换 y.

8. 输入一表达式 $x^3+2xy^2+y^3$,用 3 替换 x,用 $\sin(z)$ 替换 y.

9. 输入一表达式 x^2+y^2,用 $\sin(z)$ 代替 x,用 $\cos(z)$ 替换 y.

10. 将函数 $\cos(x),x\in[-3,3]$ 的函数图像赋值给一变量 f.

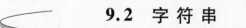

9.2 字 符 串

9.2.1 字符串的输入

字符串是一串由双引号""括起来的字符. 字符串中可以包含任意编码的字符,如希腊字母、中文字符等,还可以包含一些特殊字符,如换行符"\n"、制表符"\t"等.

例9.3 输入字符串"teacher"与字符串"a\b b\d e\f".

输入 "teacher"

"a\\b\tb\\d\te\\f"

输出 teacher

a \bb \de \f

输入的字符串要放在引号之中,但 Mathematica 输出字符串时没有引号,可以通过输入形式的调用来显示引号,另外在 Mathematica 的笔记本中,引号在编辑字符串时自动出现.

9.2.2　字符串的运算

Mathematica 提供了各种字符串处理函数,如字符串的编辑函数、字符串的查找函数等.

1. 字符串的生成函数

可以把一个字符串拆成字符列表,或者把多个字符串连接成一个字符串,字符串生成函数见表9-3.

表9-3　字符串生成函数

函数	说明
Characters[s]	把字符串分割为字符列表
StringJoint[s1,s2,…,]	把多个字符串拼接为一个字符串
StringLength[s]	字符串长度
StringSplit[s]	把空白字符分割字符串
ToExpression[s]	把字符串化为表达式
ToString[expr]	把表达式转化为字符串

例9.4　将字符串"this is a string"分割为字符列表.

输入　Characters["this is a string"]

输出　{t,h,i,s,,,i,s,,,a,,s,t,r,i,n,g}

例9.5　将字符串"stu","de","nt"连接成一个字符串.

输入　StringJoin["stu","de","nt"]

输出　student

例9.6　将字符串"go to school by bus"按空格分隔成子串列表.

输入　StringSplit["go to school by bus"]

输出　{go,to,school,by,　bus}

例9.7　将表达式 $x + y$ 转化为字符串.

输入　ToString[x + y]

输出　x + y

2. 字符串编辑函数

Mathematica 提供了许多函数可以实现字符串中字符的提取、字符的删除、字符的替换、字母大小写转化等功能,表9-4给出了常用的字符串编辑函数.

表9-4　常用的字符串编辑函数

函数	说明
StringDrop[s,i]、StringDrop[s,-i]	删除 s 的前 i 个、后 i 个字符
StringDrop[s,{i}]	删除 s 的第 i 个字符
StringInsert[s,t,p]	在 s 的位置 p 插入 t

函数	说明
StringReplace[s,rule]	根据 rule 替换 s 子串
StringReplacePart[s,t,p]	把 s 在位置 p 处的字串替换成 t
StringReverse[s]	颠倒 s 中字符顺序
StringTake[s,i]、StringTake[s,-i]	s 的前 i 个、后 i 个字符构成子串
StringTake[s,{i}]	提前 s 的第 i 个字符
StringTrim[s]	删除首尾两端空白字符
ToLowerCase[s]、ToUpperCase[s]	把字母转化为小写字母、大写字母

例 9.8 完成对字符串的编辑

输入　s ="helloyou"

输出　helloyou

输入　StringTake[s,3]

输出　hel

输入　StringTake[s, -3]

输出　you

输入　StringTake[s,{3}]

输出　l

输入　StringTake[s,3]

输出　hel

输入　StringDrop[s,3]

输出　loyou

输入　StringDrop[s, -3]

输出　hello

输入　StringTrim["\t i love you \t"]

输出　i love you

输入　StringInsert[s,"∗∗",3]

输出　he∗∗lloyou

输入　StringReplacePart[s,"∗∗",3]

输出　∗∗loyou

输入　ToUpperCase[s]

输出　HELLOYOU

需要注意的是,对字符串应用上述函数之后,字符串本身并没有发生变化,需要使用赋值语句来保存函数结果.

3. 字符串查找函数

Mathematica 提供了相关的字符串查找函数. 表 9-5 给出了常用的字符串查找函数.

表 9-5　字符串查找函数

函数	说明
StringCount[s,t]	s 中 t 的个数
StringPosition[s,t]	s 中 t 出现的起点和终点位置

例 9.9　完成字符串的查找操作.

输入　`s ="hello,this is the first program,the my first,the what i want"`
　　　`StringPosition[s,"the"]`　　（*查找字符串 s 中子串"the"的位置*）
输出　`{{16,18},{35,37},{49,51}}`
输入　`StringCount[s,"the"]`　　（*查找字符串 s 中子串"the"的个数*）
输出　`3`

习题 9-2

1. 输入字符串"i am a teacher".
2. 输入字符串"2/ 3　3/ 4　5/ 6".
3. 将字符串"thanks "分割为字符列表.
4. 将字符串"thank you very much"按空格分割成子串列表.
5. 将字符串"i love you"转换为大写字母.
6. 去掉字符串"　welcome to you　　"前后空格.
7. 删除字符串"hello,this is my book"前 5 个字符.
8. 删除字符串"hello,this is my book"后 5 个字符.
9. 将字符串"te","ch","er"连接成一个字符串.
10. 查找字符串"my book,my school,my home"中子串"my"的位置,并统计子串"my"的数量.

9.3　表 达 式

　　几乎所有的 Mathematica 对象都可以被认为是表达式. 常量、变量是最基本的表达式单元,多个表达式通过函数或运算符连接成为一个复合表达式. Mathematica 的运算过程就是表达式的求值过程,下面介绍比较常用的算术表达式、逻辑表达式.

9.3.1　算术运算符和算术表达式

　　一个算术表达式是由常量、变量、函数、算术运算符和括号组成. 常量和变量的类型可以是整型、有理型、实型、复数型、表、矢量和矩阵,函数包括系统定义的函数、用户自定义函数、程序包中的函数. 其中方括号[ ]内放函数的变量,花括号{ }是组成表所用的定界符,用圆括号( )组织运算量之间的顺序. Mathematica 中提供的常用算术运算符见表 9-6.

表9-6 算术运算符

运算优先级	符号	意义
1	[ ]、{ }、( )	函数、列表、分隔符
2	!、!!	阶乘、双阶乘
3	++、--	变量自加1、变量自减1
4	+=、-=、*=、√=	运算后赋值给左边变量
5	∧	乘方
6	.	矩阵乘积或矢量内积
7	*、√	乘法、除法
8	+、-	加法、减法

例9.10 计算表达式 $10\left(\cos\dfrac{2\pi}{3} + \dfrac{1}{1+\ln2}\right) \div 8\left(\cos\dfrac{\pi}{6} - \dfrac{e^{-5}}{2+\sqrt[5]{3}}\right)$ 的值.

输入

```
N[(10 * (Cos[2 * Pi/3] + 1/(1 + Log[2])))/(8 * (Sin[Pi/6] - Exp[ -5]/(2 + 3^(1/
5)))))]
```

输出　0.227485

算术运算符的优先级遵从数学习惯,同级运算符按照从左到右的顺序,赋值则按照从右到左的顺序. 例如输入 x = 2;x * = x + = x + +,则显示

```
In[1]:= x = 2;x * = x + = x + +
Out[1] = 25
```

9.3.2 关系运算符和关系表达式

所谓关系运算实际上是比较运算,将两个值进行比较,判断其比较结果是否符合给定的条件,例如,a > 3 是一个关系表达式,大于号(>)是一个关系运算符,如果 a 的值为 5,则满足给定的"a > 3",因此关系表达式的值为 True;如果 a 的值为 2,则不满足给定的"a > 3"条件,则称关系表达式的值为 False. 常用关系运算符见表 9-7.

表9-7 关系运算符

关系运算符	实例	意义
==	x == y	比较 == 两端是否相等
!=	x! = y	比较! =两端是否不相等
>	x > y	大于
>=	x > = y	大于等于
<	x < y	小于
<=	x < = y	小于等于

关系表达式也可以看作最简单的逻辑表达式,表达式计算结果是 True 或 False,当一个表达式的值为 True 时,也称该表达式为真,当其值为 False 时,也称其为假.

364

9.3.3　逻辑运算符和逻辑表达式

用逻辑运算符将关系表达式或逻辑量连接起来的式子就是逻辑表达式. Mathematica 中常见的逻辑运算符见表 9 – 8.

表 9 – 8　逻辑运算符

逻辑运算符	实例	意义
Not 或 !	! A	非,当且仅当 A 为假时! A 为真
And 或 &&	A&&B	与,A&&B 为真当且仅当 A 和 B 均为真
Or 或 ||	A||B	或,A||B 为真当且仅当 A 或 B 均为真
Xor	Xor[e1,e2,…]	异与,Xor[e1,e2,…] 为真当且仅当 e1,e2,…中有偶数个真
Implies	Implies[A,B]	隐含,Implies[A,B] 为假当且仅当 A 真 B 假

例 9.11　写出与下列数学条件等价的 Mathematica 逻辑表达式.

(1) $m > s$ 且 $m < t$, 即 $m \in (s,t)$.

输入　And[m > s,m < t]

输出　m > s&&m < t

(2) $x \leqslant -10$ 或 $x \geqslant 10$, 即 $x \notin (10,10)$.

输入　Or[x < = -10,x > =10]

输出　x -10 ||x310

(3) $x \in (-3,6)$ 且 $y \notin [-2,7)$.

输入　And[And[x > -3,x < 6],Or[y < -2,y > =7]]

输出　x > -3&&x < 6&&(y < -2 ||y > =7)

习题 9 – 3

1. 请列举 Mathematica 中的算术运算符.

2. 请列举 Mathematica 中的关系运算符.

3. 请列举 Mathematica 中的逻辑运算符.

4. 计算表达式 $10\left(\sin\dfrac{2\pi}{3} + \dfrac{1}{1 + e^{-5}}\right) \div 8\left(\sin\dfrac{\pi}{6} - \dfrac{\ln 2}{2 + \sqrt[5]{3}}\right)$ 的值.

5. 已知 $x = 5, y = 3$, 计算表达式 $x > y, x < y, x = = y, x! = y$ 的值.

6. 已知 $A = \text{False}, B = \text{True}$, 计算表达式 $!A, A\&\&B, A||B$ Implies[A,B] 的值.

7. 写出表达式满足 $m \in (10,20)$.

8. 写出表达式满足 $m \notin (20,30)$.

9. 写出表达式满足 $x \in (-10,10]$ 且 $y \notin [-5,9)$.

10. 已知 $x = 6, y = 2$, 计算表达式 $(x > y)\&\&(x < y), (x > y)||(x < y), (x - y > x + y)\&\&(x < y), !(x > x + y)||(x < y)$ 的值.

9.4 函　数

Mathematica 中的函数可以分为两大类,一类是在数学中常用并且明确给出定义的函数,如三角函数、反三角函数等;另一类是在 Mathematica 中给出定义,具有计算和操作性质的函数,如画图函数、方程求根函数. Mathematica 函数的类型及使用实例已经在第 2 章中有较详细的介绍. 除了这种 Mathematica 已经定义、功能明确、用户可以直接使用的函数外,在实际应用中,有很多因为用户特殊需要而系统没有定义的函数,需要用户自己给出定义以供使用. 本节主要介绍自定义函数的定义与使用方法.

 9.4.1　自定义一元函数

自定义一元函数的方法:

f[x_] : = 自选表达式

例如"f[x_] : = 2x − 1"定义了数学函数 $f(x) = 2x − 1$. 其中"x_"称为模式. 这是一类重要实体,它可以表示函数定义中的变量,可以看成高级语言函数定义的形式参数. 模式"x_"表示匹配任何形式参数的表达式."x_"可为实数、矢量或矩阵. 下面给出常用的函数定义形式及实例.

例 9.12　定义函数 $f(x) = x * \sin(1/x) + x^2$,计算 $x = \pi/2$ 时的函数值,并绘出 $x \in [−0.03, 0.03]$ 时的函数图像.

输入　　`f[x_]=x*Sin[1/x]+x^2; f[2/Pi]`
　　　　`Plot[f[x],{x,-0.03,0.03}]`

输出　　$x^2 + x \sin[1/x], \dfrac{2}{\pi^2} + \dfrac{2}{\pi}$

如图 9 − 2 所示.

当要定义的函数存在明显的选择或分支结构时,可以使用条件运算符或条件语句进行定义,其中条件运算符定义的一般格式为

f[x_] : = 自定义表达式 / ；条件

功能:当条件满足时才把自定义表达式赋给 f.

下面的定义方法,通过图形可以验证所定义函数的正确性.

例 9.13　定义一分段函数 $f(x) = \begin{cases} 3x − 1, & x > 0 \\ x^2 + 2, & −1 < x \leq 0, \\ \sin(1/x), & x \leq −1 \end{cases}$ 并在区间 $[−3, 3]$ 绘制函数图形.

输入　　`f[x_]:=3x-1/;x>0`
　　　　`f[x_]:=x^2+2 /;(x>-1)&&(x<0)`
　　　　`f[x_]:=Sin[1/x] /; x<=-1`
　　　　`Plot[f[x],{x,-3,3}]`

输出的图形如图 9 − 3 所示.

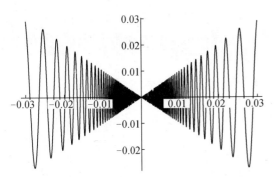

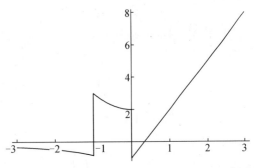

图9-2 函数 $f(x)$ 在 $x \in [-0.03, 0.03]$ 的图形　　图9-3 分段函数 $f(x)$ 在区间 $[-3,3]$ 上的函数图形

例9.14 通过执行下面语句区别 x_ 与 x 功能上的差别.

输入　f[x_]:=2x+3b;

输入　f[x]

输出　3 b+2 x

输入　f[y]

输出　3 b+2y

输入　f[b]

输出　5 b

输入　f[{1,2,3}]

输出　{2+3 b,4+3 b,6+3 b}

输入　g[x]:=2x+3b;

输入　g[x]

输出　3 b+2 x

输入　g[y]

输出　g[y]　　　　　(* 无定义,找不到与右端表达式相匹配的 y,原样输出 *)

输入　g[b]

输出　g[b]　　　　　(* 无定义,同上 *)

输入　g[{1,2,3}]

输出　g[{1,2,3}]　　(* 无定义,同上 *)

注:上面的例子中,f[x_]:=2x+3b 中的 x_ 同数学函数 f(x) 中的 x 的功能基本相同,都起着自变量的作用,在 Mathematica 中将 x_ 称为规则变量或模式变量. 而 f[x] 中的 x 类似于数学里的一个常量. 即 f[x] 只代表 f[x_] 在某一点的值.

例9.15 通过执行下面语句区别"="与":="功能上的差别.

输入　Clear[f,g];　　　　　(* 清除掉前面所有对 f 和 g 的定义 *)

　　　x=2;

　　　f[x_]=x^2;

　　　g[x_]:=x^2;

　　　f[3]

　　　g[3]

输出　4
　　　9

注:(1) 上面的例子说明,f[x_]=x^2 在定义时便被赋值 x=2,在调用它时,f[3]中的值已是 2² 了,而 g[x_]:=x^2 在定义时暂不赋值,直到调用时 g[3]才被赋值 g[3]=3².

(2)"="与":="功能上的主要差别为,前者为立即赋值,后者为延迟赋值,即在使用"="号时,右面表达式在定义时被立即赋值;而在使用":="号时,右边表达式在定义时暂不赋值,直到被调用时才赋值.

 9.4.2　自定义多元函数

Mathematica 可以定义单变量函数,也可以定义多个变量的函数,格式为

$$f[x\_,y\_,z\_,\cdots] = 函数表达式$$

自变量为 x,y,z⋯,相应的函数表达式中的自变量会被替换.

例 9.16　定义函数 $f(x,y) = xy + y\cos x$,并计算 $\frac{3\sqrt{3}}{2} + \frac{\pi}{2}$ 时的函数值.

输入　f[x_,y_]:=x*y+y*Cos[x]
　　　　f[Pi/6,3]
输出　x*y+y*Cos[x]

$$\frac{3\sqrt{3}}{2} + \frac{\pi}{2}$$

注:上面例子定义了一个二元函数,类似还可以定义三元、四元以及更多元的自定义函数.

 9.4.3　参数数目可变函数的定义

1. 定少用多

在 Mathematica 中定少用多的函数是指,在定义时的一个形式参量位置,调用函数时可以放多个实在参量. Mathematica 中提供了表示形式参量数目的标记,见表 9-9. 利用这些标记可以实现定少用多函数的定义.

表 9-9　形式参量数目的标记

标记	意义
_	任何单一表达式
x_	任何名为 x 的单一表达式
__	表示一个或多个表达式的序列
___	表示零个或多个表达式的序列

例 9.17　函数参数定少用多实例.

输入　f[x_,y__]:=5(x+y)
输入　f[1,2]
输出　15
输入　f[1,2,w]

368

输出　5 (3 +w)

输入　f[a,b,c,d]

输出　5 (a +b +c +d)

2. 定多用少

这里定多用少是指在调用函数时实在参量的个数少于定义时形式参量的数目. Mathematica 中函数中每个参量的意义由其位置确定,在调用时允许省略参量而由其默认值代替. 参数省略表示常用的形式见表 9 – 10.

表 9 – 10　参数省略的常用形式

参数省略形式	意义
x_:v	省略 x 时取缺省值 v
x_h:v	头部为 h 的取缺省值
x_.	系统对模式自定义的缺省值,通常为 0 或 1

例 9.18　函数参数定多用少实例.

输入　g[x_,y_:1,z_:2]:= x +Cos[y] +Sin[z]

　　　g[a,b,c]

　　　g[a,b]　　　　　　（ ∗第 3 个参数取缺省值 2 ∗ ）

　　　g[a]　　　　　　　（ ∗第 2 个参数取缺省值 1,第 3 个参数取缺省值 2 ∗ ）

输出　a +Cos[b] +Sin[c]

　　　a +Cos[b] +Sin[2]

　　　a +Cos[1] +Sin[2]

9.4.4　自定义函数的保存与重新调用

已经定义好的函数,如果希望以后多次使用,这就需要妥善保存与重新调出,保存的方法如下:

Save["filename",函数名序列]:把自定义的函数序列添加到文件 filename 中,Mathematica 没有对文件名 filename 后缀提出任何要求,通常取为后缀". m",也可以不取后缀.

例 9.19　将函数定义"f[x_]:= Sin[x]"与"g[x_,y_]:= x +y"保存到文件 file1 中.

输入　f[x_]:= Sin[x]

　　　Save["file1.m",f]

　　　g[x_,y_]:= x +y

　　　Save["file1.m",g]

　　　FilePrint["file1.m"]　　　　　（ ∗ 查看文件 f1.m 的内容 ∗ ）

输出　f[x_]:= Sin[x]

　　　g[x_,y_]:= x +y

注:Save 将文件 file1. m 存在当前默认目录下,可用 Directory[ ]查看 file1. m 所在位置,在 Mathematica 笔记本中输入 Directory[ ]命令,执行后则输出 D:\My Documents.

例 9.20　调用保存在 file1 文件中的"g[x_,y_]:= x +y",并计算当 x =3,y =4 时的

函数值.

输入　　<< file1.m　　　　　(*将文件 file1.m 调入到 Mathematica 中*)

　　　　g[3,4]　　　　　　　　(*调用 file1.m 中的函数 g[x,y]*)

输出　7

注:如果将文件 file1.m 放在指定目录下,则调入时输入路径和文件名.

9.4.5　纯函数

在 Mathematica 中还常用到一种没有函数名字的函数,这种特殊形式的函数称为纯函数,它的一般形式如下.

1. 纯函数的一般形式

Function[自变量,函数表达式] 或 Function[自变量表,函数表达式]

例9.21　　定义纯函数函数 $x^2 + x$,计算 $x = 2$ 处的函数值:

输入　Function[x,x^2 + x][2]

输出　6

例9.22　　计算 $x^2 + y^2 - xy$ 在 $x = 1, y = 2$ 处的函数值.

输入　Function[{x,y},x^2 + y^2 - x*y][1,2]

输出　3

2. 纯函数的缩写形式

上述纯函数的一般书写形式与通常函数的书写形式相比还是比较麻烦,至少需要输入更多的字符,如果采用函数的缩写形式就会简便得多,缩写形式如下:

　　函数表达式 &

式中 & 代替了 Function,省略了自变量,如果是一元函数自变量,用符合 # 表示,多元时则用#n 表示第 n 个自变量. 例21、例22 的输入内容缩写形式为

f = (#^2 + #) &

f[2] = 6

g = (#1^2 + #2^2 - #1 * #2)&

g[1,2] = 3

另外,##表示所有的自变量,##n 表示第 n 个往后的所有自变量.

习题 9-4

1. 比较 f[x_]与 f[x]中"x_"与"x"的区别.

2. 定义函数 $f(x) = \cos(e^x) - \sin(e^x / 2)$,计算 $x = 2$ 时的函数值,并绘出 $x \in [-4,4]$时的函数图像.

3. 定义函数 $f(x) = x^3 + 2x - 30$ 在区间 $x \in [-6,6]$的图像,并计算 $x = -5$ 时函数值.

4. 定义一分段函数 $f(x) = \begin{cases} \cos x - \dfrac{\pi}{2}, & x < -\dfrac{\pi}{2} \\ x, & -\dfrac{\pi}{2} \leqslant x \leqslant 1 \\ \sin(x-1) + 1, & x > 1 \end{cases}$,并在区间 $[-15,15]$时的函数

图像.

5. 定义一二元函数 $f(x,y) = x^2 + xy + y^2 \cos x$，并计算 $\left(\dfrac{\pi}{2}, 3\right)$ 时的函数值.

6. 定义函数 $f[x\_, y\_] := 5(x*y)$，计算 $f[1,2], f[1,2,w], f[a,b,c,d]$ 的值.

7. 定义函数 $f(x) = x^3 + x^2 + x$，将其保存到 student. m 文件中，查看其内容.

8. 定义纯函数 $x^3 + x^4 + x^5$，计算 $x = 6$ 时的函数值.

9. 定义纯函数 $x^2 + 2xy + y^2$，计算在 $(5,6)$ 处的函数值.

10. 用函数的缩写形式定义函数 $x^3 + y^3$，计算 $x = 3, y = 5$ 时的函数值.

9.5　过程与局部变量

9.5.1　过程与复合表达式

简单地说，在 Mathematica 中的一个过程是用分号隔开的表达式序列，一个表达式序列也称为一个复合表达式. 在 Mathematica 的各种结构中，任何一个表达式的位置都能放一个复合表达式，运行时按复合表达式顺序依次求值，输出最后一个表达式的值. 在程序设计中也称这种复合表达式为语句序列. Mathematica 中过程的定义和调用方便灵活，在一个输入行中就可以放一个过程，调用一个过程就象调用一个函数. 比如在 Mathematica 笔记本中输入

a1 = 1;a2 = a1 + 2;a3 = a2 + 3;a4 = a3 + 4

输出　10　（*只输出最后一个表达式 a3 + 4 的计算结果*）

在函数定义中如果要用一串命令，即一个复合表达式完成计算，可将该复合表达式用圆括号括起来，并以最后一个表达式的值作为函数值. 例如：

输入　f[x_] := u = x^2;y = 5x　　　　（* 自定义函数 f[x_] := u = x^2　*）

输出　5 x

输入　g[x_] := (u = x^2;y = 5x)　　（* 自定义函数 g[x_] := 过程(u = x^2;y = 5x) *）
　　　　{f[3],g[3]}

输出　{9,15}

9.5.2　模块与局部变量

前面学习了有关 Mathematica 的各种基本运算及操作，为了使 Mathematica 更有效地工作，需要学习 Mathematica 中的全局变量与局部变量.

在 Mathmatica 中，如果不使用 Clear[ ] 等命令删除，则整个程序中都存的变量称为全局变量，查看某变量是否为全局变量，可以键入命令：

? 变量名

如果输出结果是"Global变量名…"，则说明该变量是全局变量，否则，就不是全局变量.

例 9.23　判断变量 w 是否为全局变量.

输入　w = 2

```
          ? w
输出   Global w    (* 说明 w 是全局变量 *)
       w = 2      (* w 的值为 2 *)
```

不同于全局变量,称变量的赋值效果只在某一模块内有效的变量为局部变量. 即用 Module[ ]或者 Block[ ]定义的变量称为局部变量,实际上,模块就是其他计算机语言中的函数或者子程序.

一般情况下,Mathematica 假设所有变量都为全局变量. 也就是说无论何时使用一个所定义的变量,Mathematica 都假设指的是同一个目标. 然而在编制程序时,不会把所有的变量当作全局变量,因为如果这样,程序可能就不具有通用性. 表 9 – 11 给出定义模块或块和局部变量的常用形式.

表 9 – 11 模块或块和局部变量的常用形式

Module[{x,y,...},body]	具有局部变量 x,y…的模块
Module[{x = x0,y = y0,···},body]	具有初始值的局部变量的模块
lhs: = Module[vars,rhs/ :cond]	rhs 和 cond 共享局部变量
Block[{x,y,... },body]	运用局部值 x,y,…计算 body
Block[{x = x0,y = y0,···},bddy]	给 x,y,.. 赋初始值

其中 body 中可含有多个语句,除最后一个语句外,各语句间以分号结尾,可以多个语句占用一行,也可一个语句占用多行. 但这两个命令略有差别,当 Module[ ]申请的局部变量与全局变量重名时,它会在内存中重新建立一个新的变量,Module[ ]运行完毕,这个新的局部变量也会从内存中消失,而 Block[ ]此时不会建立新的变量,它将重名的全局变量的值存起来,然后使用全局变量作为局部变量,当 Block[ ]运行完毕后,再恢复全局变量的值. 另外,如果在 Module[ ]或 Block[ ]中有 Return[expr]命令,则程序执行到 Return[expr]后,将会跳出模块,并返回 expr 的值;则模块中无 Return[ ]命令,则返回模块中最后一个语句的计算结果(注:最后一个语句不能用分号结束,否则将返回 Null,即空信息).

下面这段程序是用 Module 编写的,它不需要输入任何信息,也不返回任何信息,但运行此程序,由打印出程序的计算计算结果.

例 9.24　用 Module 定义一模块,计算 x = 1,y = 2 时 x + y 的执行结果.

```
输入   mmm : = Module [{x,y,z} ,x = 1; y = 2;
                    z = x + y; Print [z]; ];
       mmm
输出   3
```

注:此段程序与程序"x = 1; y = 2; z = x + y; Print[z];"的运行结果相同,但上面的程序中的 x,y,z 是局部变量,而后面的程序中是全局变量. 如果将刚才的程序变为如下形式:

```
输入   f[x_,y_] : = Module[{z},z = x + y; Return (z);];
       f[1,2]
       f[a + 1,b + 2]
输出   3
       3 + a + b
```

则它就是一个即有输入又有输出的子程序,其中的 f[x_,y_]中的下划线是必不可少的,程序中的参数 x,y,实际上是 Mathematica 中任一合法表达式.

例 9.25 已知有 n 个元素的一个数表 x = {a1,a2,…,an},定义一个计算此类数表最大数与最小数平方差的函数.

输入　g[x_] := Module[{m,n},m = Max[x];n = Min[x];m*m-n*n]

x = {1,2,3,4,5};

g[x]

输出　24

Mathematica 中的模块工作很简单,每当使用模块时,将产生一个新的符号来表示它的每一个局部变量. 产生的新符号具有唯一的名字,互不冲突,有效地保护了模块内外的每个变量的作用范围. 首先看 Module 函数,这个函数的第一部分参数里说明的变量只在 Module 内起作用,body 执行包含合法的 Mathematica 语句,多个语句之间可用";"分割.

例 9.26 举例说明全局变量与局部变量的不同.

输入　x = 10;

Module[{x},x = Sin[Pi/3];Print[x]]

输出　$\dfrac{\sqrt{3}}{2}$

输入　x

输出　10

通过例 9.26 可以看出,在模块中局部变量 x 的值 Sin[Pi/3]不会改变全局变量 x 的值. Mathematica 中的模块允许你把某变量名看作局部变量名. 然而又存在有时你希望它们为全局变量,但变量值为局部的矛盾,这时我们可以用 Block[ ] 函数. 下面是一个含有全局变量 x 表达式,使用 x 的局部值计算上面的表达式,如例 9.27 所示.

例 9.27 测试下列语句的执行结果.

输入　x^2 + 1　　输出　$1 + x^2$

输入　Block[{x = a + 1},%]　　　　(*为 x 局部赋值*)

输出　$1 + (1 + a)^2$

输入　x　　　　　　　　(*x 为全局变量*)

输出　x

习题 9 - 5

1. 简述局部变量与全局变量的区别.

2. 列出模块和局部变量的常用形式.

3. 比较 Module 与 Block 定义局部变量的区别.

4. Mathematic 中如何判断一个变量是否为全局变量?

5. 在 Mathematic 中输入

f[x_] := u = x^3;y = 6x

g[x_] := (u = x^3;y = 6x)

执行 f[3] 与 g[3],结果是否相同,分析原因.

6. 已知有 n 个元素的一个数表 $x = \{a1, a2, \cdots, an\}$，定义一个计算此类数表最大数与最小数立方差的函数.

7. 用 Module 定义一模块，计算 $x = \dfrac{\pi}{3}$，$y = \dfrac{\pi}{6}$ 时 $\sin^2(x) + \cos^2(y)$ 的执行结果.

8. 用 Module 定义一模块，计算 $x = \dfrac{2\pi}{3}$，$y = \dfrac{\pi}{6}$ 时表达式 $10\left(\sin x + \dfrac{1}{1 + e^{-5}}\right) \div 8 \left(\cos y - \dfrac{\ln 2}{2 + \sqrt[5]{3}}\right)$ 的值.

9. 测试下列语句执行结果，分析原因

输入　`x = 20;`
　　　`Module[{x}, x = Cos[Pi/6]; Print[x]]`
　　　`x`

10. 已知一模块代码为

`mmm := Module[{x,y,z}, x = 5; y = 2; z = x^2 + y; Print[z]; ];`

试写出与之等效的函数代码.

9.6　条件控制结构程序设计

在进行复杂计算时，常需要根据表达式的情况（它是否满足一定条件），确定是否做某些处理，或是在满足不同的条件下做不同的处理. Mathematica 提供了多种设置条件的方法与条件控制语句，这些语句常用在程序中，也可用于交互式行文命令中用于控制程序的执行过程.

 9.6.1　If 语句结构

If 语句的结构与一般程序设计语言结构类似，由于 Mathematica 的逻辑表达式的值有三个：真（True）、假（False）和非真非假（通常是无法判定）. 因此 If 语句的转向也有三种情况，下列是 If 结构的三种情况：

◆ 格式 1：If[逻辑表达式, 表达式 1]

功能：逻辑表达式的值为真，计算表达式 1，表达式 1 的值就是整个 If 结构的值.

◆ 格式 2：If[逻辑表达式, 表达式 1, 表达式 2]

功能：当逻辑表达式的值为真，计算表达式 1 的值，并将表达式 1 的值作为整个 If 结构的值；当逻辑表达式的值为假时，计算表达式 2 的值，并将表达式 2 的值作为整个 If 结构的值.

◆ 格式 3：If[逻辑表达式, 表达式 1, 表达式 2, 表达式 3]

功能：当逻辑表达式的值为真，计算表达式 1 的值，并将表达式 1 的值作为整个结构的值；当逻辑表达式的值为假时，计算表达式 2 的值，并将表达式 2 的值作为整个结构的值；当逻辑表达式的值非真非假时，计算表达式 3 的值，并将表达式 3 的值作为整个结构的值.

例 9.28　输入下列条件语句，观察其执行结果.

（1）输入　`x = 1; If[x > 0, x]`

输出　`1`

(2) 输入　f[x_,y_]: = If[x > 0&&y > 0,x + y,x - y]
　　　　　f[3,4]

输出　7

输入　f[2,u]　（∗u 没赋值,无法判断是否大于 0∗）

输出　If[u > 0,2 + u,2 - u]

(3) 输入　g[y_]: = If[y > 0,″ABC″,″DEF″,″XYZ″]
　　　　　g[z]　　　（∗z 没有赋值,逻辑表达式"y > 0"的结果非 True 非 False∗）

输出　XYZ

例 9.29　用 Mathematica 命令描述下面问题:先产生一个函数[0,1]内的随机实数,再判断该随机数是否小于 0.5,如果小于 0.5,则将此随机数显示出来,否则显示" ∗ ".

输入　If[(p = Random[]) < 0.5,p,″∗″]

输出　0.202857

输入　If[(p = Random[]) < 0.5,p,″∗″]

输出　∗

例 9.30　定义函数 $f(x,y) = \begin{cases} x + y, & xy \geq 0 \\ \dfrac{x}{y}, & xy < 0 \end{cases}$,分别计算 $(x = 12, y = 6)$ 与 $(x = 6,$

$y = -12)$ 的函数值.

输入　f[x_,y_]: = If[x ∗ y ≥ 0,x + y,x/y]
　　　　f[12,6]　　　　（∗xy > 0,f(x,y) = x + y∗）

输出　18

输入　f[6, -12]　　　　（∗xy < 0,f(x,y) = x/y∗）

输出　-(1/2)

例 9.31　定义函数 $f(x) = \begin{cases} x + \sin x, & x < 1 \\ x * \cos x, & x \geq 1 \end{cases}$,并画出其在[-3,3]上的图形.

输入　f[x_]: = If[x < 1,x + Sin[x],x ∗ Cos[x]]　（或 f[x_]: = If[x < 1,x + Sin[x],x ∗
　　　Cos[x],″err″]）
　　　Plot[f[x],{x, -3,3}]

输出如图 9 -4 所示.

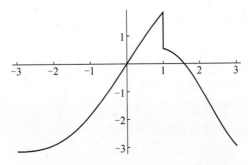

图 9 -4　函数 $f(x)$ 在[-3,3]上的图形

对于一般情况函数 If 提供一个两者择一的方法. 然而,有时条件多于两个,在这种情况下可用 If 函数的嵌套方式来处理,但在这种情况下使用 Which 或 Switch 函数将更合适.

Which 语句的一般形式:

◆ 格式 1:Which[条件 1,表达式 1,条件 2,表达式 2,…,条件 n,表达式 n]

功能:由条件 1 开始按顺序依次判断相应的条件是否成立,若第一个成立的条件为条件 k,则执行对应的表达式 k. 如所有条件都为假,值为 Null,作为整个结构的值.

格式 2: Which[条件 1,表达式 1,…,条件 n,表达式 n, True,"字符串"]

功能:由条件 1 开始按顺序依次判断相应的条件是否成立,若第一个成立的条件为条件 k,则执行对应的语句 k,若直到条件 n 都不成立时,则返回符号字符串.

例 9.32 计算 $h(x) = \begin{cases} -x, & x < 0 \\ \sin x, & 0 \leqslant x < 6 \\ x/3, & 16 \leqslant x < 20 \\ 0, & \text{其他} \end{cases}$,计算 $x = 15, -12, 5, 18$ 处的函数值.

输入 `h[x_]:=Which[ x<0, -x,x >=0&&x<6,Sin[x],x >=16&&x<20,x/3,True,0]`
`{h[15],h[-12],h[5],h[18]}`

输出 `{0,12,Sin[5],6}`

例 9.33 试用 Which 语句描述函数

$$g(x) = \begin{cases} \dfrac{x^2 - 1}{x - 1}, & -1 \leqslant x < 2 \\ 5 - x, & 2 \leqslant x < 5 \\ 0, & \text{其他} \end{cases}$$

并求 g(0),g(-1),g(2),g(3) 的值,并在[-1,5]区间上绘图.

输入 `g[x_]:=Which[x >= -1&&x<2,(x^2-1)/(x-1),x >=2&&x <=5,5-x,True,0]`
`{g[0],g[-1],g[2],g[3]}`

输出 `{1,0,3,2}`

输入 `Plot[g[x],{x,-1,5}]`

输出如图 9-5 所示.

例 9.34 写出一元二次方程 $ax^2 + bx + c = 0$ 判别根的类型的 Mathematica 自定义函数形式.

分析:一元二次方程根的判别式为 $\Delta = b^2 - 4ac$,当 $\Delta > 0$ 时方程有两个实根;当 $\Delta < 0$ 时方程有两个复根;当 $\Delta = 0$ 时方程有两个实重根,它有多于两种的选择,故可以用 Which 语句表示.

输入 `g[a_,b_,c_]:=(w=b^2-4*a*c;`
`Which[w>0,"two real roots",w<0,"`

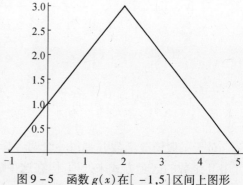

图 9-5 函数 $g(x)$ 在[-1,5]区间上图形

$$\text{two complex roots''},$$
$$\text{w} = = 0,\text{''duplicate roots''}])$$
$$\qquad\text{g}[0,1,2] \qquad (*\text{b}^2 - 4\text{ac} > 0*)$$

输出　two real roots

输入　g[3,1,2]　　　　$(*\text{b}^2 - 4\text{ac} < 0*)$

输出　two complex roots

输入　g[3,0,0]　　　　$(*\text{b}^2 - 4\text{ac} = 0*)$

输出　duplicate roots

例 9.35　任给矢量 $\boldsymbol{x} = (x_1, x_2, \cdots, x_n)$，定义一个可以计算下面三种矢量范数的函数：

$$\|x\|_1 = \sum_{i=1}^{n} |x_i|, \qquad \|x\|_2 = \sqrt{\sum_{i=1}^{n} |x_i|^2}, \qquad \|x\|_\infty = \max |x_i|$$

输入　norm[x_,p_]: = Which[p = =1,Sum[Abs[x][[i]],{i,1,Length[x]}],

$$\qquad\qquad p = = 2, \text{Sqrt}[\text{Sum}[\text{Abs}[x][[i]]\,\hat{}\,2,\{i,1,$$

Length[x]}]],

$$\qquad\qquad\qquad \text{True,Max}[\text{Abs}[x]]]$$

x = {3, -4,0};

norm[x,1]　　　　$\left(*p = 1, \|x\| = \sum_{i=1}^{n} |x_i|*\right)$

输出　7

输入　norm[x,2]　　　　$\left(*p = 2, \|x\| = \sqrt{\sum_{i=1}^{n} |x_i|^2}*\right)$

输出　5

输入　norm[x,0]　　　　$(*p = 3, \|x\| = \text{Max}\{|x_i|\}*)$

输出　4

9.6.3　Switch 语句结构

◆ 格式：Switch[表达式,模式 1,语句 1,模式 2,语句 2,… ,模式 n,语句 n]

功能：先计算表达式,然后按模式 1,模式 2,…的顺序依次比较与表达式结果相同的模式,找到的第一个相同的模式,则将此模式对应的语句计算计算结果作为 Switch 语句的结果.

Switch 语句是根据表达式的执行结果来选择对应的执行语句,它类似于一般计算机语言的 Case 语句.

例 9.36　用函数描述如下结果：任给一个整数 x,显示它被 3 除的余数.

输入　f[x_]: = Switch[Mod[x,3],0,Print["0 is the remainder on division of",x ," by 3"],

$$\qquad\qquad 1, \text{Print}[\text{''}1 \text{ is the remainder on division of''},x,\text{''by } 3\text{''}],$$

$$\qquad\qquad 2, \text{Print}[\text{''}2 \text{ is the remainder on division of''},x,\text{''by } 3\text{''}]]$$

f[126]

输出　0 is the remainder on division of 126 by 3

输入 f[346]

输出 1 is the remainder on division of 346 by 3

输入 f[599]

输出 2 is the remainder on division of 599 by 3

注:对于函数 Which 和 Switch,遇到第 1 个可匹配的模式时,以它对应的表达式的值作为整个结构的值. 如果没有能匹配的模式,整个结构的结果是 Null.

习题 9-6

1. Mathematica 中条件控制语句有哪几种?

2. 试写出 If 语句的常用语法形式,并解释其语法含义.

3. 试写出 Which 语句的常用语法格式,解释其对应语法含义.

4. 写出 Switch 语句的语法格式,解释其具体用法.

5. 定义 If 条件语句定义函数 $f(x,y) = \begin{cases} x^2 + y^2, & xy \geq 0 \\ x/y, & xy < 0 \end{cases}$.

6. 用 If 语句定义分段函数 $g(x) = \begin{cases} \cos(x)\sin(x), & x < -1 \\ |x|, & -1 \leq x \leq 1 \\ \cos(x^2), & x > 1 \end{cases}$.

7. 用 Which 语句计算 $h(x) = \begin{cases} |x|, & x < 0 \\ \cos(x), & 0 \leq x < 6 \\ \dfrac{x^2}{2}, & 16 \leq x < 20 \\ 0, & 其他 \end{cases}$.

8. 用 Which 语句定义以 $(-2,4)$、$(1,7)$、$(2,5)$、$(3,6)$、$(4,2)$ 为节点的分段线性函数,并绘图.

9. 用 Switch 语句定义函数 $f(x) = \begin{cases} 1/x, & x 是非零常数 \\ x^{-1}, & x 是可逆方阵 \\ x, & 其他情形 \end{cases}$.

10. 用 Switch 语句定义一函数,能够对任意给定的一个整数 x,显示它被 5 除的余数.

9.7 循环结构程序设计

Mathematica 程序的执行包括对一系列 Mathematica 表达式的计算. 对简单程序,表达式的计算可用分号";"来隔开,然后一个接一个地进行计算. 然而,有时需要对同一表达式进行多次计算,即循环计算. Mathematica 中共有三种描述循环结构的语句,它们是 Do、While 和 For.

9.7.1 Do 循环结构

Do 语句的一般形式为

$$Do[循环体,\{循环范围\}]$$

具体形式有:

格式1:$Do[expr,\{n\}]$

功能:循环执行 n 次表达式 expr.

格式2:$Do[expr,\{i,imin,imax\}]$

功能:按循环变量 i 为 $imin,imin+1,imin+2,\cdots,imax$ 循环执行 $imax-imin+1$ 次表达式 expr.

格式3:$Do[expr,\{i,imin,imax,d\}]$

功能:按循环变量 i 为 $imin,imin+d,imin+2d,\cdots,imin+nd$,循环执行 $(imax-imin)/d+1$ 次表达式 expr.

格式4:$Do[expr,\{i,imin,imax\},\{j,jmin,jmax\}]$

功能:对循环变量 i 为 $imin,imin+1,imin+2,\cdots,imax$ 每个值,再按循环变量 j 的循环执行表达式 expr. 这是通常所说的二重循环命令,类似地,可以用在 Do 命令中再加循环范围的方法得到多重循环命令.

例9.37 找出 300 至 500 之间同时能被 3 和 11 整除的自然数.

输入 `Do[If[Mod[i,13]==0 && Mod[i,3]==0,Print[i]],{i,300,500}]`

输出 312

351

390

429

468

例9.38 找出方程"$5x+3y+z/3==100$"在 $[0,100]$ 内的整数解.

输入 `Do[z=100-x-y; If[5x+3y+z/3==100,Print["x=",x,"y=",y,"z=",z]],{x,0,100},{y,0,100}]`

输出 x=0 y=25 z=75

x=4 y=18 z=78

x=8 y=11 z=81

x=12 y=4 z=84

例9.39 对自然数 k 从 1 开始到 10,取 $s=1$ 做赋值 $s=s*k$,并显示对应的值,直到 s 的值大于 5 终止.

输入 `s=1; Do[s*=k;Print[s]; If[s>5,Break[]],{k,1,10}]`

输出 1

2

6

注:在 Mathematica 程序中,Do 是以结构方式进行循环的,然而有时你需要生成非结构循环,此时,运用函数 While 和 For 是合适的.

9.7.2 While 循环结构

格式:$While[test,body]$

功能：当 test 为 True 时，计算 body，重复对 test 的判断和 body 的计算，直到 test 不为 True 时终止. 这里 test 为条件，body 为循环体，通常由 body 控制 test 值的变化. 如果 test 不为 True，则循环体不做任何工作.

例 9.40　计算两个数的最大公约数.

输入　{a,b} = {117,36};
　　　While[b! =0,{a,b} = {b,Mod[a,b]}];a

输出　9

例 9.41　用割线法求解方程 $x^3 - 2x^2 + 7x + 4 = 0$ 的根，要求误差 $|x_k - x_{k-1}| < 10^{-12}$，割线法的计算公式为

$$x_{k+1} = x_k - \frac{f(x_k)(x_k - x_{k-1})}{f(x_k) - f(x_{k-1})}$$

输入　f[x_]: =x^3 -2x^2 +7x +4
　　　x0 = -1; x1 =1;
　　　While[Abs[x0 - x1] >10^(-12),x2 =x1 -(x1 - x0) * f[x1]/(f[x1] - f[x0]);x0
　　　=x1;x1 =x2]
　　　N[x1,12]

输出　-0.487120155928

例 9.42　编制 20 以内整数加法自测程序

输入　For[i =1,i < =10,i + +,t = Random[Integer,{0,10}];
　　　s = Random[Integer,{0,10}]; Print[t,"+",s,"="]; y = Input[];
　　　While[y! = t +s,Print[t,"+",s,"=",y,"Wong! Try again!"];
　　　Print[t,"+",s,"="]; y = Input[]] ;
　　　Print[t,"+",s,"=",y,"Good"]]

执行结果为

```
3 +0 =3    Good
7 +3 =12   Wrong! Ttry again!
7 +3 =10   Good
6 +3 =12   Wrong! Ttry again!
8 +2 =10   Good
7 +7 =12   Wrong! Ttry again!
4 +6 =10   Good
5 +3 =12   Wrong! Ttry again!
6 +4 =10   Good
8 +3 =12   Wrong! Ttry again!
```

9.7.3　For 循环结构

格式：For[stat,test,incr,body]

功能：以 stat 为初值，重复计算 incr 和 body 直到 test 为 False 终止. 这里 start 为初始值，test 为条件，incr 为循环变量修正式，In[15] 为循环体，通常由 incr 项控制 test 的变化.

注：上述命令形式中的 start 可以是由复合表达式提供的多个初值.

例9.43 指出语句 For[i = 1;t = x,i * i < 10,i + +,t - -;Print[t]] 的初始值,条件,循环变量修正式和循环体.

解:初始值为 i = 1;t = x,i 为循环变量;条件为 i * i < 10;循环变量修正式为 i + +;循环体为 t - -;Print[t].

例9.44 求 1 ~ 10 的自然数之和,放在变量 s 中,求 1 ~ 10 的自然数之积,放在变量 t 中.

输入　s = 0;
　　　t = 1;
　　　For[i = 1,i < = 10,i = i + 1,s = s + i;t = t * i]
　　　Print["s = ",s," t = ",t]
输出　s = 55　t = 3628800

例9.45 用 For 语句编程计算 1 + 2 + ⋯ + 100.

输入　For[s = 0;n = 1,n < = 100,n + +,s + = n];s
输出　5050

在使用 For 语句编写程序的过程中,一定要注意 For 语句的用法,因为一个标点符号之差会使结果完全错误. 比如将上面的程序写成下面的形式,可以看出结果会完全错误.

输入　For[s = 0;n = 1,n < = 100,n + +;s + = n];s　　　(＊错误的程序＊)
输出　5150
输入　For[s = 0,n = 1,n < = 100;n + +,s + = n];s　　　(＊错误的程序＊)
输出　0

注:Mathematica 中的 For 和 While 和 C 语言中的 For 和 While 的工作方式大致相同,但逗号和分号的作用在 Mathematica 中和在 C 语言中正好相反.

 9.7.4　一些特殊的赋值方法

在使用 For 循环与 While 循环的过程中,使用一些赋值方式在循环结构中有时能带来一些方便. 表 9 - 12 给出了这些特殊的赋值形式.

表 9 - 12　特殊的赋值形式

i + +	变量 i 加 1	i - = di	i 减 di
i - -	变量 i 减 1	x * = C	x 乘以 C
+ + i,	变量 i 先加 1	x/ = c	x 除以 c
- - i	变量 i 先减 1	{x,y} = {y,x}	交换 x 和 y 值
i + = di	i 加 di		

 9.7.5　重复应用函数的方法

除了可用 Do、While、For 等进行循环计算外,还可以运用函数进行编程. 运用函数编程结构能得出非常有效的程序. 例如 Nest[f,x,n] 允许对某一表达式重复运用函数 f. 表 9 - 13 给出了 Mathematica 的常用迭代函数及其意义.

表 9 – 13 　常用的迭代函数

Nest[f,x,n]	f 对 x 复合 n 次
NestList[f,x,n]	产生列表｛x,f[x],f[f[x]],…｝其中 f 最多复合 n 次
NestWhile[f,x,test]	重复运用函数 f,不断迭代直到 test 不为 True 时结束
NestWhileList[f,x,test]	产生迭代序列｛x,f[x],f[f[x]],…｝,直到 test 不为 True 时结束
FoldList[f,x,｛a,b,…｝]	产生迭代序列｛x,f[x,a],f[f[x,a],b],…｝
Fold[f,x,｛a,b,…｝]	用 FoldList[f,x,｛a,b,…｝] 产生迭代序列中的最后一项
FixedPoint[f,x]	将 f 复合到结果不变为止
FixedPointList[f,x]	产生 f 的复合序列｛x,f[x],f[f[x]],…｝直到结果不变为止
TakeWhile[｛a_1,…,a_n｝,f]	最长｛a_1,…,a_k｝使得 $f(a_1) = … = f(a_k) = $ True
LengthWhile[｛a_1,…,a_n｝,f]	最大整数 k 使得 $f(a_1) = … = f(a_k) = $ True

例如,在 Mathematica 笔记本中输入

In[1]:＝Nest[f,x,4]

In[2]:＝NestList[f,x,4]

执行后输出结果为

Out[1]＝f[f[f[f[x]]]]

Out[2]＝｛x,f[x],f[f[x]],f[f[f[x]]],f[f[f[f[x]]]]｝

例 9.46 　定义一个简单函数 $1/(1+x)$,利用迭代函数迭代 3 次.

输入　recip[x_]:＝1/(1+x)

　　　Nest[recip,x,3]

输出　1/(1+1/(1+1/(1+x)))

　　Nest 和 NestList 对函数进行确定数目的复合,有时需要对函数进行多次复合直到它不再变化为止,FixedPoint 和 FixedPointList 可以实现这一功能.

例 9.47 　已知迭代格式 $x_{k+1} = \lg(x_k + 2)$ 及迭代初值 $x_0 = 1.0$.

(1) 计算出 x_7.

输入　q[x_]:＝Log[10,x+2]

　　　Nest[q,1.0,7]

输出　0.375816

(2) 显示 ｛$x_0,x_1,x_2,…,x_7$｝.

输入　NestList[q,1.0,7]

输出　｛1.,0.477121,0.393947,0.379115,0.376415,0.375922,0.375832,0.375816｝

(3) 显示 $\lg(x+2)$ 的 1,2 次自复合函数.

输入　NestList[q,x,2]

输出　｛x,Log[2+x]/Log[10],Log[2+Log[2+x]/Log[10]]/Log[10]｝

例 9.48 　用牛顿迭代法求 $\sqrt{3}$ 的近似值,迭代公式为 $x_{k+1} = x_k - \dfrac{x_k^2 - 3}{2x_k}$. 以 1.0 为初值,做 5 次迭代并输出计算结果.

输入　f[x_]:＝(x+3/x)/2; NestList[f,1.0,5]

输出　｛1.,2.,1.75,1.73214,1.73205,1.73205｝

输入　FixedPoint[f,1.0]

输出　1.73205

输入　FixedPointList[f,1.0]

输出　{1.,2.,1.75,1.73214,1.73205,1.73205,1.73205}

习题 9 – 7

1. 列出常用的循环语句及其语法结构.

2. 请说出 For 循环、While 循环、Do 循环的各自特点及应用场合.

3. 列举在 For 循环与 While 循环中的一些特殊的赋值形式.

4. 列出常用的迭代函数.

5. 用牛顿迭代法计算 $\sqrt{20}$.

6. 已知一数列 $\{1,2,3,4,5,6\}$,计算并输出该数列元素的立方.

7. 用 While 语句计算两个数的最大公约数.

8. 计算 $1 + 2 + \cdots + 100$ 的值.

9. 用迭代法解方程 $x = 0.5 + \sin x$.

10. 用 For、While、Do 三种循环函数计算 10!.

9.8　流程控制及程序调试

9.8.1　流程控制

函数程序结构的流程控制一般来说比较简单,但是在应用 While 或 For 等循环时就比较复杂了,这是因为它们的流程控制依赖于表达式的值. 而且在这样的循环中,流程的控制并不依赖于循环体中表达式的值. 有时在编制 Mathematica 程序时,在该程序中,流程控制受某一过程或循环体执行结果的影响. 这时,可用 Mathematica 提供的流程控制函数来控制流程. 这些函数的工作过程与 C 语言很相似. 常用的流程控制函数见表 9 – 14.

表 9 – 14　常用的流程控制函数

Break[]	退出最近一层的循环结构
Continue[]	忽略 Continue 后的语句,进入下一次循环
Return[expr]	退出函数中的所有过程及循环,并返回 expr 值
Label[name]	定义一个名字为 name 的标号
Goto[name]	直接跳转到当前过程的 name 标号处

Break[]只能用于循环结构之中,它退出离它最近的一层循环结构.

例 9.49　当 t > 20 时使用 Break[]语句退出循环.

输入　t = 1;

```
Do[t * =k;Print[t];If[t >20,Break[]],{k,10}]
```

输出　1

　　　2

　　　6

　　　24

注：Continue[ ]也与 Break[ ]一样,用于循环语句中,当程序执行到此语句后,将不会执行当前循环中 Continue[ ]后面的语句,而是继续下一次循环.

例 9.50　计算从 1 开始,多少个自然数累加和超过 100.

输入　s =0;

　　　i =1;

　　　While[2 = =2,

　　　s =s +i;

　　　i =i +1;

　　　If[s >100,Break[]]

　　　]

　　　Print["从 1 到",i -1,"累加的和为",s]

输出　从 1 到 14 累加的和为 105

例 9.51　当 k <3 时,Continue[ ]继续下一次循环.

输入　t =1;

　　　Do[t * =k;Print[t];If[k <3,Continue[]];t + =2,{k,5}]

输出　1

　　　2

　　　6

　　　32

　　　170

例 9.52　计算从 1 到 10 奇数的和.

输入　s =0;

　　　D0[If[Mod[i,2] = =0,Continue[]];s =s +i,{i,1,10}];

　　　Print["从 1 到 10 奇数的和为",s]

输出　从 1 到 10 奇数的和为 15

例 9.53　当 i =3 时,Continue[ ]继续下一次循环.

输入　For[i =1,i < =4,i + +,If[i = =3,Continue[]]; Print[i]]

输出　1

　　　2

　　　4

对于 For[stat,test,incr,body]语句,如果 Cintinue[ ]出现在 incr 中,其后的语句将被略过,继续执行 test 和 body;如果 Continue[ ]出现在 expr 中,其后的语句将被略过,继续执行 incr 和 body.

Return[ ]允许退出一个函数,并返回一个值,如在 Mathematica 笔记本中输入

```
f[x_]: =(If[x >5,Return[big]];t =x^3;Return[t -7])
```

```
f[10]
```
然后按 Shift + Enter 键,显示为
```
In[1]:= f[x_]:=(If[x>5,Return[big]];t=x^3;Return[t-7])
In[2]:= f[10]
Out[2]= big
```

注:利用 Label[ ] 与 Goto[ ] 语句,可以实现在一个复合表达式内部的跳转,其用法与 BAS-IC 语言相同。

例 9.54 利用 Goto 语句输出 i = 1,i = 2,i = 3.

输入 (Clear[i];i=1;Label[one];Print["i=",i];i=i+1;
If[i≤3,Goto[one],Goto[two]];Print["* * * * * * * * * * * * *"];Label
[two];)

输出 i = 1
i = 2
i = 3

9.8.2 程序调试

在 Mathematica 程序运行过程中,如果程序运行时间过长或陷入死循环,则可以通过菜单项【Evaluation】或热键来暂停或终止程序的运行。

单击菜单项【Evaluation】/【Abort Evaluation】之后,系统会退出全部表达式运算,返回 $ A-borted。单击菜单项【Evaluation】/【Quit Kernel】/【Local】之后,系统会结束 Mathematica 的后台内核程序。

单击菜单项【Evaluation】/【Debugger】之后,系统会弹出一个调试器窗口,如图 9 – 6 所示。

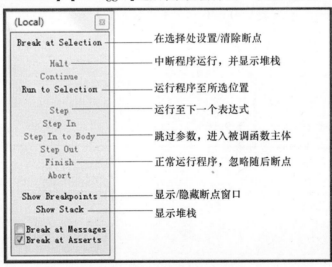

图 9 – 6 Mathematica 调试窗口

通过该调试窗口,可以更好地实现对程序执行过程的控制,能够比较容易找到程序中的错误并进行修改。Mathematica 除了使用菜单项进行程序调试之外,还可以在表达式中插入调试语句,起到与单击菜单项相同的效果。常用的调试语句见表 9 – 15。

表 9 - 15　常用的调试语句

函数	说明
Abort[ ]	终止程序运行,返回 $ Aborted
Interrupt[ ]	暂停程序运行,并弹出对话框
Exit[ ] 或 Quit[ ]	结束 Mathematica 的后台内核程序
Throw[val,tag]	抛出类型为 tag 的异常消息
Catch[exp]	捕捉 exp 抛出的第一个异常消息 val,并返回 val
Catch[exp,patt]	捕捉 exp 抛出的与 patt 相匹配的异常消息 val,并返回 val
Check[exp1,exp2]	先对 exp1 求值,若捕捉异常信息,再对 exp2 求值
CheckAbort[exp1,exp2]	先对 exp1 求值,若捕捉 Abort,再对 exp2 求值
AbortProtect[exp]	若捕捉 Abort,在对 exp 求值完毕之后终止程序运行

例 9.55　执行下列程序,观察程序执行结果.

(1) 输入　f[x_]:=If[x 0,Throw[Infinity],1/x];
　　　　Catch[Do[Print[f[i]],{i,-1,1}]]

输出　-1

　　∞

(2) 输入　Check[Do[Print[1/i],{i,-1,1}],Infinity]

输出　-1

　　Power::infy: Infinite expression _1/0_ encountered.

　　ComplexInfinity

　　1

　　∞

(3) 输入　f[x_]:=If[x 0,Abort[],1/x];
　　　　Chenk[Do[Print[f[i]],{i,-1,1}],Infinity]

输出　-1

　　$ Aborted

(4) 输入　CheckAbort[Do[Print[f[i]],{i,-1,1}],Infinity]

输出　-1

　　∞

(5) 输入　AbortProtect[Do[Print[f[i]],{i,-1,1}]]　（＊AbortProtect 可以捕获 A-bort 信号,并立即终止＊）

输出　-1

　　Null

　　1

　　$ Aborted

习题 9 - 8

1. 列出常用的流程控制函数.

2. 简述 Continue 与 Break 的区别.

3. 计算从 10 开始,多少个自然数累加和超过 200.

4. 计算 1~10 内自然数奇数和.

5. 在 Do 循环中,当 i>2 时,退出循环.

6. 用 Goto 语句编写函数计算 $\sqrt{x}$.

7. 请列出 Mathematica 中常用的调试语句.

8. 举例说明 Abort[ ]函数的使用方法.

9. 举例说明 Exit[ ]的使用方法.

10. 简述 Catch 函数有几种使用方法,并举例说明.

9.9 程序包

程序包就是一些功能相近的函数和语句的集合,按照某种方式组合在一起以便用户使用,相当于面向对象程序设计中的类. 当系统启动时,系统会自动加载一些软件包. 通过系统变量 $Packages,可以知道哪些程序包已经被加载. 通过系统变量 $Path,可以知道这些程序包的位置. 如在 Mathematica 的笔记本中输入 $Packages,然后按 Shift + Enter 键,经过 Mathematica 系统运算以后,显示为

{"Mypackage","DocumentationSearch","HTTPClient","HTTPClient`OAuth","HTTPClient`CURLInfo","HTTPClient`CURLLink","JLink","Utilities`URLTools","URLUtilities","WolframAlphaClient","GetFEKernelInit","TemplatingLoader","ResourceLocator","PacletManager","System","Global"}

如果输入 $Path,然后按 Shift + Enter 键,经过 Mathematica 系统运算以后,显示为

{"C:\\ Program Files \\ Wolfram Research \\ Mathematica \\ 10.0 \\ SystemFiles \\ Links",

"C:\\Users \\Administrator \\AppData \\ Roaming \\ Mathematica \\ Kernel",

"C:\\Users \\Administrator \\AppData \\ Roaming \\ Mathematica \\ Autoload",

"C:\\Users \\Administrator \\ AppData \\ Roaming \\ Mathematica \\ Applications",   "C:\\ProgramData \\Mathematica \\Kernel",

"C:\\ ProgramData \\Mathematica \\Autoload",

"C:\\ ProgramData \\Mathematica \\Applications",".",

"C:\\Users \\Administrator","C:\\Program Files \\Wolfram Research \\Mathematica \\ 10.0 \\AddOns \\ Packages",

"C:\\ Program Files \\Wolfram Research \\ Mathematica \\ 10.0 \\ AddOns \\ LegacyPackages",

"C:\\ Program Files \\ Wolfram Research \\ Mathematica \\ 10.0 \\ SystemFiles \\ Autoload","C:\\ Program Files \\Wolfram Research \\ Mathematica \\10.0 \\AddOns \\Autoload",

"C:\\ Program Files \\ Wolfram Research \\ Mathematica \\ 10.0 \\ AddOns \\ Applications","C:\\ Program Files \\ Wolfram Research \\ Mathematica \\10.0 \\ AddOns \\ ExtraPackages",

"C:\\Program Files \\Wolfram Research \\Mathematica \\10.0 \\SystemFiles \\Kernel \\ Packages",

"C:\\Program Files \\Wolfram Research \\ Mathematica \\10.0 \\ Documentation \\ English \\ System",

"C:\\Program Files \\WolframResearch \\Mathematica \\10.0 \\SystemFiles \\Data \\ICC"}

程序包为纯文本格式,通常后缀名"＊.m",具有一般的形式为:

```
BeginPackage["程序包名"]
f::usage ="说明",…        (＊引人作为输出的目标＊)
Begin["Private′ "]           (＊开始程序包的私有上下文＊)
f[变量]=表达式             (＊包的主体＊)
…
End[ ]                      (＊结束自身的上下文＊)
EndPackage[ ]              (＊程序包结束标志,并将该程序包放到全局上下文路径的最前面＊)
```

在文件包结构中,BeginPackage["程序包名"]与 EndPackage[ ]定义了程序包上下文,通过 Begin["Private′ "]与 End[ ]设置了当前环境的上下文. 通过设置上下文主要是用来区分在不同环境下同名变量,相当于 C＋＋中的 namespace. 就像两个专业有同名的学生,都叫"张三",只有通过专业名才能确定是哪个"张三". 在 Mathematica 的所有内部实体均属于上下文System′. 函数 Factor 的全名是 System′ Factor. 如果一个特定名字只出现在一个上下文中,就不必明确给出上下文的名字了.

程序包中的 f::usage 语句定义了函数 f 的使用信息,通常是对函数的描述和用法的说明.通过"Definition[f]"函数或? f,我们可以得到 f 的使用信息.

例9.56　生成一个软件包,用来求矩形的周长和面积.

输入　
```
BeginPackage["Mypackage"];
mj::usage ="计算矩形的面积";
zc::usage ="计算矩形周长";
mj[x_,y_]:＝x＊y;
zc[x_,y_]:＝2＊(x＋y);
EndPackage[];
< <Mypackage.m          (＊导人 Mypackage.m 并执行其中代码＊)
mj[3,4]
zc[4,5]
```

输出　12
　　　18

习题 9 – 9

1. 简述程序包的概念.
2. 简述 Mathematica 中定义程序包的过程.
3. 简述程序包的使用方法.
4. 生成一个程序包,用来求三角形的周长.
5. 生成一个程序包,计算 x^2 的值.
6. 生成一个程序包,计算 $\sin^2(x)＋\cos^2(x)$ 的值.
7. 生成一程序包,计算两个数的最大公约数.
8. 生成一程序包,用来求一分段函数 $f(x)=\begin{cases}\cos x-\dfrac{\pi}{2}, & x<-\dfrac{\pi}{2} \\ x, & -\dfrac{\pi}{2}\leqslant x\leqslant 1 \\ \sin(x-1)＋1, & x>1\end{cases}$ 的值.

9. 生成一程序包,计算表达式 $x^3 + x^4 + x^5$ 的值.

10. 生成一程序包,计算 $x^3 + y^4$ 的值.

9.10 编 程 实 例

例9.57 计算一组数据的算术平均值、几何平均值、中差、方差和标准差.

输入
```
BeginPackage["Statistics"];
mean::usage = "计算算术平均";
geomean::usage = "计算几何平均";
median::usage = "计算中差";
var::usage = "计算方差";
stdev::usage = "计算标准差";
mean[x_]: = Total[x_]/Length[x];
geomean[x_]: = Apply[Times,x]^(1/Length[x]);
median[x_]: = Module[{n = Length[x],s = Sort[x]},
              If[OddQ[n],s[(n+1)/2],(s[[n/2]] + s[[n/2 + 1]])/2]];
var[x_]:: = mean[(x - mean[x])^2];
stdev[x_]: = Sqrt[var[x]];
EndPackage[];
```

将上面程序包保存为"我的文档"下的一个 Mathematica Package(* . m)文件,然后在 Mathematica 的笔记本窗体输入

```
< < Statistics.m
x = RandomReal[{0,1},10]
{mean[x],geomean[x],var[x],stdev[x]}
```

然后按 Shift + Enter 键,经过 Mathematica 系统运算以后,显示为

{0.514439,0.241906,0.669244,0.251412,0.32429,0.0546289,0.606271,0.267244,0.346928,0.539093}

{0.381546,0.319947,0.0336603,0.183467}

例9.58 应用切线法,编制程序求解 $f(x) = 0$ 的根. 已知切线公式为

$$x_{n+1} = x_n - \frac{f(x_n)}{f'(x_n)}$$

设 $f(x) = x^5 - 5x + 1$,求 $f(x) = 0$ 的根 x_0.

分析:为了掌握根 x_0 分布的大致情况,不妨先画出 $f(x) = x^5 - 5x + 1$ 的图形如图 9-7 所示.

输入   Plot[x^5 - 5 * x + 1,{x, -2,2}]

输出如图 9-7 所示.

从图 9-7 中可以看出,在区间 [-2,2] 上,方程共有 3 个实根,它们所在范围是 [-2, -1],[-1,1],[1,2].

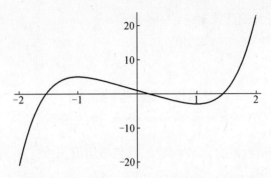

图 9-7 函数 $f(x) = x^5 - 5x + 1$ 在 $[-2,2]$ 的图形

该程序如下：

输入
```
f[x_]:=x^5-5*x+1;
f'[x_]:=D[f[x],x];
g[x_]:=x-f[x]/f'[x];
x0=0;n=10;
For[i=1,i≤n,i++,x0=N[g[x0]];
Print[i," ",x0]]
```

输出
```
1  0.2
2  0.200064
3  0.200064
4  0.200064
5  0.200064
6  0.200064
7  0.200064
8  0.200064
9  0.200064
10 0.200064
```

例 9.59 用龙格库塔方法

$$\begin{cases} y_{n+1} = (y_n + 3K_2 + 3K_3 + K_4)/8 \\ K_1 = hf(x_n, y_n) \\ K_2 = hf(x_n + h/3, y_n + K_1/3) \\ K_3 = hf(x_n + 2h/3, y_n - K_1/3 + K_2) \\ K_4 = hf(x_n + h, y_n + K_1 - K_2 + K_3) \end{cases}$$

解常微分方程 $\begin{cases} \dfrac{dy}{dx} = f(x,y) \\ y(x_0) = y_0 \end{cases}$.

首先制作龙格库塔方法解常微分方程的程序包，输入下面程序：

```
BeginPackage["RK"]
RK::usage="the fourth order Runge-Kutta method,"
Begin["Private"]
```

390

```
RK[f_,{x_,y_},{x0_,y0_},h_,ntot_] := Module[{k1,k2,k3,k4,n,xylist,d},xylist =
{{x0,y0}};
Do[xn = xylist[[n]][[1]];yn = xylist[[n]][[2]];
k1 = h * f /.{x→xn,y→yn};
k2 = h * f /.{x→xn + h/3,y→yn + k1/3};
k3 = h * f /.{x→xn + 2h/3,y→yn − k1/3 + k2};
k4 = h * f /.{x→xn + h,y→yn + k1 − k2 + k3};
d = (k1 + 3k2 + 3k3 + k4)/8;
xylist = Append[xylist,{xn + h,yn + d}],{n,1,ntot}];xylist]
End[]
EndPackage[]
```

载入程序包,并调用相关函数,在 Mathematica 笔记本中输入

```
< < RK.m
g[x_,y_] := Cos[x]Sqrt[y]
RK[g[x,y],{x,y},{1.2,3.2},0.05,17]
```

输出　{{1.2,3.2},{1.25,3.23038},{1.3,3.25663},{1.35,3.27862},
　　　{1.4,3.29626},{1.45,3.30946},{1.5,3.31816},{1.55,3.32233},
　　　{1.6,3.32195},{1.65,3.31701},{1.7,3.30755},{1.75,3.2936},{1.8,3.27523},
　　　{1.85,3.25251},{1.9,3.22556},{1.95,3.19449},{2.,3.15945},{2.05,3.12058}}

例 9.60　输入三角形的三边长,求三角形面积.

分析:为简单起见,设输入的三个边长为 a,b,c 能构成三角形. 从数学公式已知三角形面积公式为

$$\text{area} = \sqrt{s(s-a)(s-b)(s-c)}$$

其中,$s = (a+b+c)/2$,根据此定义编写程序,在笔记本中输入

```
a = 3;
b = 4;
c = 5;
s = (a + b + c)/2;
area = (s * (s − a) * (s − b) * (s − c))^0.5
```

输出　6

例 9.61　求 $ax^2 + bx + c = 0$ 方程的根,a,b,c 为方程系数,设 $b^2 - 4ac > 0$.

分析:由数学知识可知,一元二次方程的根为

$$x_1 = \frac{-b + \sqrt{b^2 - 4ac}}{2a},\ x_2 = \frac{-b - \sqrt{b^2 - 4ac}}{2a}$$

由此,可在笔记本中输入

```
a = 4;
b = 6;
c = 1;
x1 = ((b^2 − 4 * a * c)^0.5 − b)/2 * a
x1 = ((b^2 − 4 * a * c)^0.5 + b)/2 * a
```

输出　−3.05573

20.9443

例9.62 写程序,判断某一年是否为闰年.

分析:能被4整除且不能被100整除的为闰年或者能被400整除的是闰年.

输入 year = 2005;

leap = (Mod[year,4] = = 0 && Mod[year,100] ! = 0) || (Mod[year,400] = = 0);

if[leap,x = "是闰年",x = "不是闰年"];

x

输出 "不是闰年"

例9.63 运输公司对用户计算运费,路程 s 越远,每吨每千米运费越低,标准如下:

$s < 250$	没有折扣
$250 \leqslant s < 500$	2%折扣
$500 \leqslant s < 1000$	5%折扣
$1000 \leqslant s < 2000$	8%折扣
$2000 \leqslant s < 3000$	10%折扣
$3000 \leqslant s$	15%折扣

设每吨每千米运费为 p,货物重量为 w,距离为 s,折扣为 d,则总运费 f 计算公式为 $f = p * w * s * (1 - d)$.

输入 p = 100;

w = 20;

s = 300;

Which[s < 250,d = 0,s > = 250&&s < 500,d = 0.02,s > = 500&&s < 1000,d = 0.05,s > = 1000&&s < 2000,d = 0.08,s > = 2000&&d < 3000,d = 0.10,True,d = 0.15];

f = p * w * s * (1 - d)

输出 588000

习题 9 - 10

1. 找出在100到300内能同时被3和13整除的自然数.

2. 对自然数 k 从10开始到100,取 $s = 1$ 做赋值 $s = s * k$,并显示对应的值,直到 s 的值大于5000终止.

3. 指出语句 For[i = 1;t = x,i * i < 10,i + + ,t - - ;Print[t]]的初始值、条件、循环变量修正式和循环体,分析执行过程和显示结果.

4. 编制30以内的减法自测程序.

5. 编写一个显示不超过 n 的全部素数的函数.

6. 一根绳子长32768m,每天截去1/2,问多少天长度小于1m?

7. 求一个整数的所有因子.

8. 利用牛顿迭代法解方程 $x^5 - 2x^3 + 4x^2 + 20 = 0$ 的解.

9. 求四次方小于 10^{20} 的最大的正整数.

10. 同时画5个不同周期的不同颜色的正弦图形.

总习题 9

1. 计算 12、126、600 的最大公约数.

2. 造一个九九乘法表,只要求以表格形式显示乘积结果.

3. 写出与下列数学条件等价的 Mathematica 逻辑表达式.

（1）$m > s$ 且 $m < t$,即 $m \in (s,t)$;

（2）$x \le -12$ 或 $x \ge 12$,即 $x \notin (-12,12)$;

（3）$x \in (-4,9)$ 且 $y \notin (-3,8)$.

4. 定义函数 $f(x) = x^3 + x^2 + \dfrac{1}{x+1} + \cos x$,求当 $x = 1,3.1,\dfrac{\pi}{2}$ 时,$f(x)$ 的值,再求 $f(x^2)$.

5. 定义函数 $f(x) = \begin{cases} e^x, & x \le 0 \\ \ln x, & 0 < x \le e \\ \sqrt{x}, & x > e \end{cases}$,求当 $x = -100,1.5,2,3,100$ 时,$f(x)$ 的值(要求具有 40 位有效数值).

6. 输出 500 至 1000 之间能被 5 或 11 整除的所有自然数.

7. 根据公式 $\dfrac{\pi}{4} = 1 - \dfrac{1}{3} + \dfrac{1}{5} - \dfrac{1}{7} + \cdots + \dfrac{(-1)^n}{2n+1} + \cdots$,求当 $n = 100,1000,10000$ 时 π 的近似值,并与真实值比较.

8. 已知斐波那奇数列可由式 $a_n = a_{n-1} + a_{n-2}$,$n = 3,4,\cdots$ 生成,其中 $a_1 = a_2 = 1$,求斐波那奇数列的前 40 项.

9. 输出显示小于 20 的素数.

10. 找出方程 $2x + 3y + z/4 = 200$ 在 $[0,200]$ 内的整数解.

11. 定义一个函数,自变量是 n,函数值是 n 阶方阵

$$f[n] = \begin{bmatrix} 0 & 1 & \cdots & n-1 \\ 1 & 0 & 1 & \cdots & n-2 \\ 2 & 1 & 0 & \cdots & n-3 \\ \vdots & \vdots & \vdots & \ddots & \vdots \\ n-1 & n-2 & n-3 & \cdots & 0 \end{bmatrix}_{n \times n}$$

12. 编写程序包计算矢量的 $\|x\|_1$（1-范数）、$\|x\|_2$（2-范数）和 $\|x\|_\infty$（∞-范数）:

$$\|x\|_1 = \sum_{i=1}^{n} |x_i|, \qquad \|x\|_2 = \sqrt{\sum_{i=1}^{n} |x_i|^2}, \qquad \|x\|_\infty = \max |x_i|.$$

第 9 章习题答案

习题 9-1

1. 输入 $x = 10$; $y = 20$

2. 输入 $x = 5.2$; $y = 5.3$

3. 输入 $x = 6 + 3I$; $y = 6 + 5I$

4. 输入 x = "student"

5. 输入 x = 15；x^2

输出 225

输入 Unset[x]；x^2

输出 x^2

6. 输入 x^3 + 2*x^2 + x /. {x -> 2}

输出 18

7. 输入 Clear[y]；y^3 + 2*y^2 + y/. {y -> sin[x]}

输出 sin[x] + 2 sin[x]^2 + sin[x]^3

8. 输入 Clear[x,y,z]；x^3 + 2*x*y^2 + y^3/. {x -> 3, y -> sin[z]}

输出 27 + 6 sin[z]^2 + sin[z]^3

9. 输入 Clear[x,y,z]；x^2 + y^2 /. {x -> sin[z], y -> cos[z]}

输出 cos[z]^2 + sin[z]^2

10. 输入 f = Plot[Cos[x], {x, -3,3}]

输出对应图形结果.

习题 9 - 2

1. 输入 "i am a teacher"

2. 输入 "2/ 3 3/ 4 6/ 5"

3. 输入 Characters["thanks"]

输出 {"t","h","a","n","k","s"}

4. 输入 StringSplit["thank you very much"]

输出 {"thank","you","very","much"}

5. 输入 ToUpperCase["i love you"]

输出 "I LOVE YOU"

6. 输入 StringTrim["welcome to you "]

输出 "welcome to you"

7. 输入 StringDrop["hello,this is my book",5]

输出 ",this is my book"

8. 输入 StringDrop["hello,this is my book", -5]

输出 "hello,this is my"

9. 输入 StringJoin["te","ch","er"]

输出 "techer"

10. 输入 StringPosition["my book,my school,my home","my"]

输出 {{1,2},{10,11},{21,22}}

习题 9 - 3

1. 略. 2. 略. 3. 略.

4. 输入 N[(10*(Sin[2*Pi/ 3] + 1/ (1 + Exp[-5])))/ (8*(Cos[Pi/ 6] - Log[2]/ (2 + 3^(1/ 5)))))]

输出 3.56211

5. 输入 x = 5；y = 3；x > y x < y x == y x ! = y

394

输出　True False False True

6. 输入　A = False;

B = True;

! A

A && B

A || B

Implies[A,B]

输出　True False True True

7. 输入　And[m > 10,m < 20]　或　m > 10 && m < 20

8. 输入　Or[m < 20,m > 30]　或　m < 20 || m > 30

9. 输入　And[And[x > −10,x < 10],or[y < −5,y⩾9]]　或 x > −10&&x < 10&&(y < −5 || y⩾9)

10. False　True False　True

习题 9 − 4

1. x_称为模式. 这是一类重要实体,它可以表示函数定义中的变量,可以看成高级语言函数定义的形式参数. 模式"x_"表示匹配任何形式参数的表达式,而 x 类似于数学里的一个常量. 即 f[x]只代表 f[x_]在某一点的值.

2. 输入　Unset[x]

f[x_] = Cos[Exp[x]] − Sin[Exp[x]/2];

f[2]

Plot[f[x],{x, −4,4}]

输出相应图形.

3. 输入　Unset[x];

f[x_] = x^3 + 2 * x − 30;

f[−5]

Plot[f[x],{x, −6,6}]

输出相应图形.

4. 输入　f[x_] := Cos[x] − Pi/2 /; x < −Pi/2

f[x_] := x /; (x > = −Pi) && (x < = 1)

f[x_] := Sin[x − 1] + 1 /; x > 1

Plot[f[x],{x, −15,15}]

输出相应图形.

5. 输入　f[x_,y_] := x^2 + x * y + y^2 * Cos[x]

f[Pi/2,3]

输出　(3 \[Pi])/2 + \[Pi]^2/4

6. 输入 f[1,2]　　　　输出　10

输入 f[1,2,w]　　　输出　10w

输入 f[a,b,c,d]　　输出　5 abcd

7. 输入　f[x_] = x^3 + x^2 + x

Save["student. m",f]

FilePrint["student. m"]

输出　f[x_] = x + x^2 + x^3

8. 输入　Function[x,x^3 + x^4 + x^5][6]

输出　9288

9. 输入　Function[{x,y},x^2 + 2 * x * y + y^2][5,6]

输出　121

10. 输入　g = (#1^3 + #2^3)&

　　　　　g[3,5]

输出　152

习题 9 – 5

1. 略.　2. 略.　3. 略.　4. 略.　5. 略.

6. 输入　g[x_] : = Module[{m,n},m = Max[x]; n = Min[x]; m^3 – n^3];

　　　　　x = {1,2,3,4,5,6,7,8,9,10};

　　　　　g[x]

输出　999

7. 输入　mm : = Module[{x,y,z},x = Pi/ 3; y = pi/ 6; z = Sin[x]^2 + Cos[y]^
　　　　　2;];

　　　　　mm

输出　3/ 2

8. 输入　mmm : = Module[{x = 2 * Pi/ 3,y = Pi/ 6},N[(10 * (Sin[2 * Pi/ 3] +
1/ (1 + Exp[– 5])))/ (8 * (Cos[Pi/ 6] –　Log[2]/ (2 + 3^(1/ 5))))]]

输出　3.56211

9. 略.　10. 略.

习题 9 – 6

1. 略.　2. 略.　3. 略.　4. 略.

5. 输入　f[x_,y_] : = If[x * y > = 0,x^2 + y^2,x/ y]

6. 输入　g[x_] : = If[x < – 1,Cos[x] * Sin[x],If[x > 1,Cos[x^2],Abs[x]]]

7. 输入　h[x_] : = Which[x < 0,Abs[x],

　　　　　x > = 0 && x < 6,Cos[x],

　　　　　x > = 16 && x < 20,x^2/ 2,

　　　　　True,0]

8. 输入　f[x_] : = Which[x < 1,x + 6,x < 2, – 2 * x + 9,x < 3,x + 3,

　　　　　x < 4, – 4 x + 18]

　　　　　Plot[f[x],{x, – 2,4}]

输出相应图形.

9. 输入　f[x_] : = Switch[x,_? NumberQ,If[x ! = 0,1/ x,x],_? MatrixQ,

　　　　　If[Det[x] ! = 0,Inverse[x],x],_,x];

10. 输入　f[x_] : = Switch[Mod[x,3],

　　　　　0,Print["0 is the remainder on division of",x,"by 5"],

　　　　　1,Print["1 is the remainder on division of",x,"by 5"],

$2,\mathrm{Print}[\text{"}2\text{ is the remainder on division of"},x,\text{"by }5\text{"}],$

$3,\mathrm{Print}[\text{"}3\text{ is the remainder on division of"},x,\text{"by }5\text{"}],$

$4,\mathrm{Print}[\text{"}4\text{ is the remainder on division of"},x,\text{"by }5\text{"}]]$

习题 9 – 7

1. 略.   2. 略.   3. 略.   4. 略.

5. 输入 x = 10.0;

　　　　Do[x = (x + 20/ x)/ 2,{10}]; x

输出 4.47214

6. 输入 list = {1,2,3,4,5,6};

　　　　Do[Print[i^3],{i,list}]

输出 1

　　　8

　　　27

　　　64

　　　125

　　　216

7. 输入 {x,y} = {117,36};

　　　　While[y ! = 0,{x,y} = {y,Mod[x,y]}]; x

输出 9

8. 输入 For[s = 0; n = 1,n < = 100,n + + ,s + = n]; s

输出 5050

9. 输入 f[x_] : = 0.5 + Sin[x];

　　　　FixedPoint[f,0]

输出 1.4973

10. For[n = 1;i = 1,i < = 10,i + + ,n = n * i];n

　　n = 1;i = 1;While[i < = 10,n = n * i;i + +];n

　　n = 1;Do[n = n * i,{i,1,10}];n

习题 9 – 8

1. 略.   2. 略.

3. 输入 s = 0;

　　　　i = 10;

　　　　While[2 = = 2,s = s + i;

　　　　i = i + 1;

　　　　If[s > 200,Break[]]]

　　　　Print["从 10 到",i – 1,"累加的和为",s]

输出 SequenceForm["从 10 到",22,"累加的和为",208]

4. 输入 r =0;

　　　　Do[If[EvenQ[i],Continue[]];r + =i,{i,10}];r

输出 25

5. 输入 Do[Print[i]; If[i > 2,Break[]],{i,10}]

输出　1
　　　　　2
　　　　　3

6. 输入　f[a_] : = Module[{x = 1. ,xp},
　　　　Label[begin];
　　　　If[Abs[xp － x] < 10^ －8,Goto[end]];
　　　　xp = x;
　　　　x = (x + a/x)/2;
　　　　Goto[begin];
　　　　Label[end];
　　　　x]

7. 略. 8. 略. 9. 略. 10. 略.

习题 9 － 9

1. 略. 2. 略. 3. 略.

4. 输入　BeginPackage["Zhouchang`"];
　　　　zhouc::usage ="计算三角形周长";
　　　　zhouc[x_,y_,z_] : = x + y + z;
　　　　EndPackage[];

5. 输入　BeginPackage["square`"];
　　　　square::usage = "square[x] gives x^ 2";
　　　　square[x_] : = x^ 2;
　　　　EndPackage[];

6. 输入　BeginPackage["jisuan`"];
　　　　cal::usage = "计算 sin(x)^ 2 + cos(x)^ 2";
　　　　cal[x_] : = Sin[x]^ 2 + Cos[x]^ 2;
　　　　EndPackage[];

7. 输入　BeginPackage["gongyue`"];
　　　　gys::usage = "计算 x,y 的最大公约数";
　　　　gys[x_,y_] : = While[y ! = 0,{x,y} = {y,Mod[x,y]}];
　　　　EndPackage[];

8. 输入　BeginPackage["caller`"];
　　　　　　f::usage = "计算表达式值";
　　　　　　f[x_] : = Cos[x] － Pi/2 / ; x < －Pi/2;
　　　　　　f[x_] : = x / ; (x > = －Pi) && (x < = 1);
　　　　　　f[x_] : = Sin[x － 1] + 1 / ; x > 1;
　　　　EndPackage[];

9. 输入　BeginPackage["caller`"];
　　　　f::usage = "计算 sin(x)^ 2 + cos(x)^ 2";
　　　　f[x_] : = x^ 3 + x^ 4 + x^ 5;
　　　　EndPackage[];

10. 输入　BeginPackage["caller`"];

　　　　f::usage $=$ "计算 $\sin(x)^2 + \cos(x)^2$";

　　　　f[x_,y_] := x^3 + x^4;

　　　　EndPackage[];

习题 9 – 10

1. 输入　Do[If[Mod[i,3] == 0 && Mod[i,13] == 0,Print[i]],{i,100,300}]

输出　117

　　　156

　　　195

　　　234

　　　273

2. 输入　s = 1;

　　　　Do[s *= k; Print[s]; If[s > 5000,Break[]],{k,10,100}]

输出　10

　　　110

　　　1320

　　　17160

3. 初始值为 $i=1$;$t=x$,i 为循环变量;条件为 $i*i<10$;循环变量修正式为 $i++$

4. 输入　For[i = 1,i <= 10,i++,t = Random[Integer,{10,30}];

　　　　s = Random[Integer,{0,10}]; Print[t,"–",s,"="]; y = Input[];

　　　　While[y! = t – s,Print[t,"–",s,"=",y,"Wong！Try again!"];

　　　　Print[t,"–",s,"="]; y = Input[]] ;

　　　　Print[t,"–",s,"=",y,"Good"]]

5. 输入　f[n_] := (t = {}; Do[If[PrimeQ[i],AppendTo[t,i]],{i,2,n}]; t) /;

　　　　IntegerQ[n] && n > 1

6. 输入　n =32768;i =0;While[n >= 1,i++;n =n/2];i

输出　16

7. 输入　n = Input["n="]; Print["n=",n]; t = {}; For[i = 1,i <= n,i++,

　　　　If[Mod[n,i] == 0,AppendTo[t,i]]]; t

　　　　n = 12

输出　{1,2,3,4,6,12}

8. 输入　f[x_] := x^5 – 2*x^3 + 4*x^2 + 20;

　　　　x0 = 2.0;

　　　　For[i = 1,i < 5,i++,x1 = x0 – f[x0]/f'[x0]; Print[i,"　　",x1];

　　　　x0 = x1]

输出　1　1.27778

　　　2　– 0.595368

　　　3　2.88066

　　　4　2.23905

9. 输入　n = 1; While[n^4 < 10^(20),n = n + 1]

$$Print[\{n-1\},\{(n-1)\hat{~}4\}]$$

10. 输入　n = 5;
$$Do[p[i] = Plot[Sin[i*x],\{x,0,Pi/2\},PlotStyle \rightarrow \{RGBColor[i/n,1-$$
$$i/n,0]\}],\{i,1,n\}]$$
$$Show[Table[p[i],\{i,1,n\}]]$$

总习题 9

1. 略.　2. 略.　3. 略.

4. 输入　$f[x\_]:=x\hat{~}3+x\hat{~}2+1/(x+1)+Cos[x]$
$$f[\{1,3.1,Pi/2,x\hat{~}2\}]$$
输出相应结果.

5. 输入　$f[x\_]:=E\hat{~}x/;x<=0$
$$f[x\_]:=Log[x]/;0<x<=E$$
$$f[x\_]:=Sqrt[x]/;x>E$$
$$N[f[\{-100,1.5,2,3,100\}],40]$$
输出相应结果.

6. 输入　$Do[If[Mod[i,11]==0\&\&Mod[i,5]==0,Print[i]],\{i,500,1000\}]$

7. 输入　$pi[n\_]:=4.*Sum[(-1)\hat{~}i/(2*i+1),\{i,0,n\}];$
$$N[pi[\{100,1000,10000\}]]$$
输出　$\{3.15149,3.14259,3.14169\}$

8. 输入　$a[1]=a[2]=1;$
$$a[n\_]:=a[n-1]+a[n-2];$$
$$Table[a[i],\{i,1,30\}]$$
输出　$\{1,1,2,3,5,8,13,21,34,55,89,144,233,377,610,987,1597,2584,4181,6765,$
$10946,17711,28657,46368,75025,121393,196418,317811,514229,832040\}$

9. 输入　$n=0;While[(n=n+1)<20,If[PrimeQ[n],Print[n]]]$
输出相应结果.

10. 输入　$Do[z=100-x-y;$
$If[2*x+3*y+z/4==100,Print["x=",x," y=",y," z=",z]],\{x,0,100\},\{y,0,$
$100\}]$

输出　x = 2 y = 26 z = 72
　　　x = 13 y = 19 z = 68
　　　x = 24 y = 12 z = 64
　　　x = 35 y = 5 z = 60

11. 输入　$Clear[i,j];$
$$f[n\_]:=Table[Abs[i-j],\{i,1,n\},\{j,1,n\}]$$
$$TableForm[f[10]]$$

12. 输入　$BeginPackage["package`"];$
$$norm::usage="the norm of x";$$
$$Begin["`Context`"];$$
$$norm[x\_,p\_]:=Which[p==1,Sum[Abs[x][[i]],\{i,1,Length[x]\}],$$

```
p = = 2, Sqrt[Sum[Abs[x][[i]]^2, {i, 1, Length[x]}]], True, Max[Abs
[x]]];
End[];
    EndPackage[];
```

参 考 文 献

［1］同济大学数学系. 工程数学线性代数［M］.5 版. 北京:高等教育出版社,2007.

［2］白同亮,高桂英. 线性代数及其应用［M］.北京:北京邮电大学出版社,2007.

［3］丁大正. Mathematica 在大学数学课程中的应用［M］.北京:电子工业出版社,2006.

［4］阳明盛,林建华.Mathematica 基础及数学软件［M］. 大连:大连理工大学出版社,2006.

［5］张韵华. Mathematica 7 实用教程［M］.合肥:中国科学技术大学出版社, 2011.

［6］姜启源. 数学模型［M］.3 版. 北京:高等教育出版社,2009.

［7］赵静,但琦,等.数学建模与数学实验［M］.北京:高等教育出版社,2002.

［8］李汉龙,缪淑贤,等.Mathematica 基础及其在数学建模中的应用［M］. 北京:国防工业出版社,2013.

［9］华中科技大学数学系. 概率论与数量统计［M］.北京:高等教育出版社,2005.

［10］同济大学数学系. 高等数学［M］.北京:高等教育出版社,2011.

［11］丁大正.Mathematica 基础与应用［M］.北京:电子工业出版社,2013.

［12］李汉龙,缪淑贤,等.数学建模入门与提高［M］.北京:国防工业出版社,2013.

［13］李尚志,陈发来,等.数学实验［M］.北京:高等教育出版社,1999.